普通高等院校土木专业"十一五"规划精品教材

地基处理技术

Ground Improvement Techniques

（第二版）

丛书审定委员会

王思敬　彭少民　石永久　白国良

李　杰　姜忻良　吴瑞麟　张智慧

编　著　郑俊杰

华中科技大学出版社

中国·武汉

普通高等院校土木专业"十一五"规划精品教材

总　序

　　教育可理解为教书与育人。所谓教书,不外乎是教给学生科学知识、技术方法和运作技能等,教学生以安身之本。所谓育人,则要教给学生做人道理,提升学生的人文素质和科学精神,教学生以立命之本。我们教育工作者应该从中华民族振兴的历史使命出发,来从事教书与育人工作。作为教育本源之一的教材,必然要承载教书和育人的双重责任,体现两者的高度结合。

　　中国经济建设高速持续发展,国家对各类建筑人才需求日增,对高校土建类高素质人才培养提出了新的要求,从而对土建类教材建设也提出了新的要求。这套教材正是为了适应当今时代对高层次建设人才培养的需求而编写的。

　　一部好的教材应该把人文素质和科学精神的培养放在重要位置。教材中不仅要从内容上体现人文素质教育和科学精神教育,而且还要从科学严谨性、法规权威性、工程技术创新性来启发和促进学生科学世界观的形成。简而言之,这套教材有以下特点。

　　一方面,从指导思想来讲,这套教材注意到"六个面向",即面向社会需求、面向建筑实践、面向人才市场、面向教学改革、面向学生现状、面向新兴技术。

　　二方面,教材编写体系有所创新。结合具有土建类学科特色的教学理论、教学方法和教学模式,这套教材进行了许多新的教学方式的探索,如引入案例式教学、研讨式教学等。

　　三方面,这套教材适应现在教学改革发展的要求,提倡所谓"宽口径、少学时"的人才培养模式。在教学体系、教材编写内容和数量等方面也做了相应改变,而且教学起点也可随着学生水平做相应调整。同时,在这套教材编写中,特别重视人才的能力培养和基本技能培养,适应土建专业特别强调实践性的要求。

　　我们希望这套教材能有助于培养适应社会发展需要的、素质全面的新型工程建设人才。我们也相信这套教材能达到这个目标,从形式到内容都成为精品,为教师和学生,以及专业人士所喜爱。

中国工程院院士　王思敬

2006 年 6 月于北京

内 容 提 要

    本书结合现行相关规范,详细介绍了当前国内外常用的和最新的地基处理技术(包括换填垫层法、排水固结法、强夯法、灰土挤密桩法和土挤密桩法、砂桩法、碎石桩法、石灰桩法、水泥土搅拌法、夯实水泥土桩法、高压喷射注浆法、水泥粉煤灰碎石桩法、加筋法、灌浆法、特殊土地基处理方法),分别阐明了每种地基处理方法的加固机理、设计计算方法、施工工艺和质量检验等内容,并列举了工程实例。为便于读者全面理解和掌握这些地基处理方法,本书也介绍了地基处理的监测与检验方法、复合地基基本理论以及多元复合地基法。

    为了方便教学,本书配有免费电子课件,如有需要,可与华中科技大学出版社联系(电话:027-87544529;电子邮箱:171447782@qq.com)。

    本书可作为大学土木工程及相关专业本科生的教材,可供土建、交通、水利、电力、港口、铁道、地质等部门从事岩土工程勘察、设计、施工的技术人员和管理人员使用,也可作为准备国家注册土木工程师(岩土)资格考试的参考书。

再 版 前 言

自 2004 年本书出版以来,地基处理技术又有了长足的发展。20 世纪 80 和 90 年代,各种地基处理技术,如石灰桩法、水泥土搅拌桩法、CFG 桩法等在建筑工程领域得到了非常广泛的应用。近些年来,水泥土搅拌桩法和 CFG 桩等地基处理技术在公路工程、铁路工程、港口工程、水利工程等领域得到越来越广泛的应用。

地基处理技术的快速发展表现在多种地基处理技术的综合应用。除了真空预压法和堆载预压法相结合形成的真空-堆载预压法外,还有多种竖向增强体形成的多桩型复合地基法(也称为组合桩复合地基法或刚-柔性桩复合地基法)、竖向增强体和水平向增强体形成的双向增强体复合地基法(也称为桩网复合地基法),编者将其统称为多元复合地基法。多元复合地基方法目前正在我国的各行各业开始应用,还处在快速发展之中。

考虑到很多高等院校的土木工程、道路桥梁和渡河工程、水利工程等相关专业的"地基处理技术"课程的学时所限,本次修订在第一版的基础上作了较大的删减,将原书的 20 章减少为 18 章,而且部分章节也作了适当删减;但全书的结构没有变,仍分为 4 篇(第 1 篇为总论,包括第 1 章绪论、第 2 章地基处理监测与检验方法;第 2 篇为均质人工地基处理方法,包括第 3 章换填垫层法、第 4 章排水固结法和第 5 章强夯法;第 3 篇为复合地基处理方法,包括第 6 章复合地基基本理论、第 7 章灰土挤密桩法和土挤密桩法、第 8 章砂桩法、第 9 章碎石桩法、第 10 章石灰桩法、第 11 章水泥土搅拌法、第 12 章夯实水泥土桩法、第 13 章高压喷射注浆法、第 14 章水泥粉煤灰碎石桩(CFG 桩)法、第 15 章多元复合地基法;第 4 篇为其他地基处理方法,包括第 16 章加筋法、第 17 章灌浆法和第 18 章特殊土地基处理),第一版中的第 19 章既有建(构)筑物地基基础加固和第 20 章倾斜建(构)筑物纠偏在本次修订中被删去,附录中的专业名词汉英对照表仍然保留。书中最后列出了编写本书过程中所参考的文献,编者在此也要向这些资料的作者表示衷心的感谢。

在本次修订中,编者对第 15 章多元复合地基法作了较大的改动,对多元复合地基进行了定义和分类,同时对一些多桩型复合地基和双向增强体复合地基的研究成果作了简要介绍。本次修订还在每章后增加了习题,供读者思考练习,巩固所学内容。

笔者的研究生杨庆年、章荣军、马强、赵冬安、陈强、张军、徐志军、蒲诃夫、李沛莹、董友扣、张娟和罗烈日同学参与了部分编辑、绘图和校对工作,在此表示感谢。

限于时间和编者水平,书中的错误和不当之处在所难免,敬请读者在使用过程中批评指正,批评意见请发送到编者的电子信箱:zhengjj@hust.edu.cm。

编著者
2009 年 7 月于喻园

前　言

随着我国国民经济持续高速的增长,各种基础设施建设的投入不断加大,土木工程得到了前所未有的发展。岩土工程作为其中最为重要的一个领域,遇到了很多新的课题。地基处理又是岩土工程中最为活跃且最具生命力的一个分支,近十余年来,土木工程建设的发展极大地推动了地基处理技术研究和应用水平的提高。

我国地域辽阔,软土及其他不良地基土分布范围非常广,加上上部结构物对地基的变形要求也越来越严,因此,地基处理技术在土木工程建设中的应用越来越广。

目前,国内外地基处理的方法很多,其中相当多的方法尚在不断发展之中,每一种地基处理方法都有它的适用范围和局限性,没有哪一种地基处理方法是万能的。工程设计中只能根据工程的具体特点,从几种可行的地基处理方法中,经过技术及经济的综合比选,确定最优的地基处理方案。

本书配合新规范,介绍了土木工程中主要且常用的地基处理方法,对各种地基处理的方法阐明其加固机理、设计方法、施工方法以及质量检验方法,而且对各种地基处理方法附有工程实例,旨在使读者对目前土木工程中常用的地基处理方法有一个较为全面的了解,增加地基处理的专门知识,提高解决地基处理工程实际问题的能力。

全书分 4 篇,共 20 章。第 1 篇为总论;第 2 篇为均质人工地基,包括换填法、排水固结法、强夯法和强夯置换法,共 3 章;第 3 篇为复合地基,包括复合地基基本理论、灰土挤密桩法和土挤密桩法、砂桩法、碎石桩法、石灰桩法、水泥土搅拌法、夯实水泥土桩法、高压喷射注浆法、水泥粉煤灰碎石桩法、多元复合地基法,共 10 章;第 4 篇为其他地基处理方法,包括加筋法、灌浆法、特殊土地基处理方法,最后介绍了既有建(构)筑物地基基础加固、倾斜建(构)筑物纠偏。其中多元复合地基法是近 10 年来在工程实践中总结出的新方法,在某些难处理地基工程中应用具有较好的技术效果和经济效益。

本书引用了很多参考书籍和文献,在此,谨向这些资料的作者表示衷心的感谢。

特别要指出的是,本书各章所引用的工程实例,均在《建筑地基处理技术规范》JGJ 79—2002 颁布之前,故其中的若干表达符号与现行规范不一致,为尊重原文作者,绝大部分都没有修改。

非常感谢湖北省建筑科学研究设计院的袁内镇教授级高级工程师在百忙中审阅了全部书稿,并提出了很多宝贵的意见。

还要向研究生邢泰高、聂重军、彭宏、黄海松、鲁燕儿表示感谢。他们完成了大量的编辑、校稿和制图工作,为本书的顺利出版付出了辛勤的劳动。

由于水平有限,书中难免存在错误和不当之处,敬请读者批评指正。

编著者

2004 年 4 月于喻园

目　　录

第 1 篇　总　　论

1　绪论 ……………………………………………………………………… (3)

　1.1　地基处理的目的和意义 ……………………………………………… (3)

　1.2　地基处理方法分类及应用范围 ……………………………………… (6)

　1.3　地基处理方法的选用原则 …………………………………………… (11)

　1.4　地基处理工程的施工管理 …………………………………………… (12)

　1.5　地基处理技术的最新发展 …………………………………………… (13)

　习题 ……………………………………………………………………… (16)

2　地基处理监测与检验方法 ……………………………………………… (18)

　2.1　概述 …………………………………………………………………… (18)

　2.2　地基水平位移及沉降观测 …………………………………………… (20)

　2.3　地基中应力测试 ……………………………………………………… (22)

　2.4　载荷试验 ……………………………………………………………… (24)

　2.5　静力触探试验 ………………………………………………………… (30)

　2.6　圆锥动力触探试验 …………………………………………………… (32)

　习题 ……………………………………………………………………… (32)

第 2 篇　均质人工地基处理方法

3　换填垫层法 ……………………………………………………………… (35)

　3.1　概述 …………………………………………………………………… (35)

　3.2　垫层的作用 …………………………………………………………… (35)

　3.3　土的压实原理 ………………………………………………………… (36)

　3.4　垫层设计 ……………………………………………………………… (37)

　3.5　粉煤灰垫层 …………………………………………………………… (41)

　3.6　垫层施工方法 ………………………………………………………… (43)

　3.7　质量检验 ……………………………………………………………… (45)

　习题 ……………………………………………………………………… (46)

4　排水固结法 ……………………………………………………………… (48)

　4.1　概述 …………………………………………………………………… (48)

4.2 排水固结法的原理 ………………………………………………… (49)

4.3 堆载预压设计计算 ………………………………………………… (50)

4.4 砂井排水固结设计计算 ………………………………………… (52)

4.5 真空预压设计计算 ………………………………………………… (55)

4.6 施工方法 …………………………………………………………… (57)

4.7 真空-堆载联合预压法 …………………………………………… (64)

4.8 质量检验 …………………………………………………………… (65)

4.9 工程实例 …………………………………………………………… (67)

习题 …………………………………………………………………… (69)

5 强夯法 …………………………………………………………………… (71)

5.1 概述 ………………………………………………………………… (71)

5.2 加固机理 …………………………………………………………… (72)

5.3 设计 ………………………………………………………………… (75)

5.4 施工 ………………………………………………………………… (79)

5.5 质量检验 …………………………………………………………… (80)

5.6 工程实例 …………………………………………………………… (80)

习题 …………………………………………………………………… (81)

第3篇 复合地基处理方法

6 复合地基基本理论 …………………………………………………… (85)

6.1 复合地基的定义与分类 ………………………………………… (85)

6.2 复合地基的常用类型 …………………………………………… (87)

6.3 复合地基常用概念 ……………………………………………… (88)

6.4 竖向增强体复合地基承载力计算 ……………………………… (91)

6.5 水平向增强体复合地基承载力计算 …………………………… (94)

6.6 复合地基沉降计算方法 ………………………………………… (95)

习题 …………………………………………………………………… (99)

7 灰土挤密桩法和土挤密桩法 ………………………………………… (100)

7.1 概述 ………………………………………………………………… (100)

7.2 加固原理 …………………………………………………………… (101)

7.3 设计计算 …………………………………………………………… (103)

7.4 施工 ………………………………………………………………… (106)

7.5 质量检验 …………………………………………………………… (107)

7.6 工程实例 …………………………………………………………… (108)

习题 …………………………………………………………………… (110)

8　砂桩法 ·· (111)

　　8.1　概述 ·· (111)

　　8.2　加固原理 ·· (112)

　　8.3　设计计算 ·· (113)

　　8.4　施工 ·· (115)

　　8.5　质量检验 ·· (119)

　　8.6　工程实例 ·· (119)

　　习题 ·· (120)

9　碎石桩法 ·· (122)

　　9.1　概论 ·· (122)

　　9.2　振冲碎石桩法 ·· (122)

　　9.3　其他碎石桩法 ·· (126)

　　9.4　碎石桩复合地基设计 ·· (128)

　　9.5　质量检验 ·· (129)

　　9.6　工程实例 ·· (130)

　　习题 ·· (131)

10　石灰桩法 ··· (133)

　　10.1　概述 ··· (133)

　　10.2　加固原理 ·· (135)

　　10.3　设计计算 ·· (139)

　　10.4　施工 ··· (142)

　　10.5　质量检验 ·· (145)

　　10.6　工程实例 ·· (146)

　　习题 ·· (148)

11　水泥土搅拌法 ·· (150)

　　11.1　概述 ··· (150)

　　11.2　加固机理 ·· (152)

　　11.3　室内试验 ·· (153)

　　11.4　设计计算 ·· (156)

　　11.5　施工 ··· (159)

　　11.6　质量检验 ·· (160)

　　11.7　工程实例 ·· (162)

　　习题 ·· (164)

12　夯实水泥土桩法 ·· (165)

　　12.1　概述 ··· (165)

　　12.2　作用机理 ·· (167)

12.3 设计计算 …………………………………………… (167)

12.4 施工 …………………………………………… (169)

12.5 质量检验 …………………………………………… (172)

12.6 工程实例 …………………………………………… (172)

习题 …………………………………………… (174)

13 高压喷射注浆法 …………………………………………… (175)

13.1 概述 …………………………………………… (175)

13.2 定义及其种类 …………………………………………… (175)

13.3 特点及适用范围 …………………………………………… (177)

13.4 设计计算 …………………………………………… (179)

13.5 施工 …………………………………………… (184)

13.6 质量检验 …………………………………………… (186)

13.7 工程实例 …………………………………………… (186)

习题 …………………………………………… (189)

14 水泥粉煤灰碎石桩(CFG 桩)法 …………………………………………… (190)

14.1 概述 …………………………………………… (190)

14.2 褥垫层技术 …………………………………………… (191)

14.3 CFG 桩复合地基工程特性 …………………………………………… (194)

14.4 CFG 桩复合地基设计计算 …………………………………………… (196)

14.5 CFG 桩复合地基施工 …………………………………………… (203)

14.6 施工检测及验收 …………………………………………… (211)

习题 …………………………………………… (212)

15 多元复合地基法 …………………………………………… (214)

15.1 概述 …………………………………………… (214)

15.2 多元复合地基的定义及分类 …………………………………………… (215)

15.3 多桩型复合地基法 …………………………………………… (216)

15.4 双向增强体复合地基法 …………………………………………… (223)

习题 …………………………………………… (229)

第 4 篇　其他地基处理方法

16 加筋法 …………………………………………… (233)

16.1 概述 …………………………………………… (233)

16.2 加筋土挡墙 …………………………………………… (235)

16.3 土钉 …………………………………………… (239)

16.4 土工合成材料 …………………………………………… (243)

16.5 工程实例 …………………………………………… (253)

　　习题 ……………………………………………………………………（255）

17　灌浆法 ………………………………………………………………（257）

　17.1　概述 ………………………………………………………………（257）

　17.2　灌浆材料 …………………………………………………………（259）

　17.3　灌浆法分类及其原理 ……………………………………………（261）

　17.4　灌浆设计 …………………………………………………………（262）

　17.5　灌浆施工方法 ……………………………………………………（267）

　17.6　质量检验 …………………………………………………………（270）

　17.7　工程实例 …………………………………………………………（271）

　　习题 ……………………………………………………………………（273）

18　特殊土地基处理 ……………………………………………………（274）

　18.1　概述 ………………………………………………………………（274）

　18.2　膨胀土地基处理 …………………………………………………（274）

　18.3　湿陷性黄土地基处理 ……………………………………………（287）

　18.4　液化地基处理 ……………………………………………………（291）

　18.5　工程实例 …………………………………………………………（293）

　　习题 ……………………………………………………………………（294）

附录　专业名词汉英对照表 …………………………………………（296）

参考文献 …………………………………………………………………（313）

第1篇 总 论

- 绪论
- 地基处理监测与检验方法

1 绪 论

1.1 地基处理的目的和意义

地基是指承受建筑荷载的地层。地基所面临的问题有以下四个方面。

(1) 承载力及稳定性问题。当地基的抗剪强度不足以支承上部结构的自重及外荷载时,地基就会产生局部或整体剪切破坏。

(2) 沉降、水平位移及不均匀沉降问题。当地基在上部结构的自重及外荷载作用下产生过大的变形时,会影响结构物的正常使用,特别是超过建筑所能容许的不均匀沉降时,结构可能开裂破坏。沉降量过大时,不均匀沉降往往也较大。

(3) 地基的渗透量或水力坡降超过容许值时,会发生水量损失,或因潜蚀和管涌而可能导致失事。

(4) 地震、机器以及车辆的振动、海浪作用和爆破等动力荷载可能引起地基土,特别是饱和无黏性土的液化、失稳和震陷等危害。这类地基问题也可能分别概括于上述稳定和变形问题中,只不过它是由于动力荷载引起的。

在土木工程建设中,当天然地基不能满足建筑对地基的要求时,需对天然地基进行加固改良,形成人工地基,以满足建筑对地基的要求,保证其安全与正常使用。这种地基加固改良称为地基处理(ground improvement 或 ground treatment)。

地基处理的目的是利用换填、夯实、挤密、排水、胶结、加筋和热学等方法对地基土进行加固,用以改良地基土的工程特性,主要表现在以下几个方面。

(1) 提高地基土的抗剪强度　地基的剪切破坏表现在:建筑的地基承载力不够;偏心荷载及侧向土压力的作用使建筑失稳;填土或建筑荷载使邻近的地基土产生隆起;土方开挖时边坡失稳;基坑开挖时坑底隆起。地基的剪切破坏反映了地基土的抗剪强度不足,因此,为了防止剪切破坏,就需要采取一定措施以增加地基土的抗剪强度。

(2) 降低地基土的压缩性　地基土的压缩性表现在:建筑的沉降和差异沉降较大;由于有填土或建筑荷载,地基会产生固结沉降;作用于建筑基础的负摩擦力引起建筑的沉降;大范围地基的沉降和不均匀沉降;基坑开挖引起邻近地面沉降;降水使地基产生固结沉降。地基的压缩性反映在地基土的压缩模量指标的大小。因此,需要采取措施以提高地基土的压缩模量,从而减少地基的沉降或不均匀沉降。

(3) 改善地基土的透水特性　地基的透水性表现在:堤坝等基础产生的地基渗漏;基坑开挖工程中,因土层内夹粉砂或粉土而产生流砂和管涌。这些都是地下水的运动中所出现的问题,必须为此采取措施使地基土降低透水性和减少其水压力。

(4) 改善地基的动力特性　地基的动力特性表现在:地震时饱和松散粉细砂(包括部分粉土)将产生液化;由于交通荷载或打桩等原因,邻近地基产生振动下沉。为此,需要采取措施防止地基液化,并改善其振动特性以提高地基的抗震性能。

(5) 改善特殊土的不良地基特性　主要是消除或减弱黄土的湿陷性和膨胀土的胀缩特性等。

天然地基是否需要进行地基处理取决于地基土的性质和建筑对地基的要求两个方面。地基处理的对象是软弱地基和特殊土地基。在土木工程建设中经常遇到的软弱土和不良土主要包括:软黏土,人工填土,部分砂土和粉土,湿陷性土,有机质土和泥炭土,膨胀土,多年冻土,盐渍土,岩溶、土洞和山区地基以及垃圾填埋土地基等。

(1) 软黏土　软黏土是软弱黏性土的简称,有时简称为软土。它主要是第四纪后期形成的海相、泻湖相、三角洲相、溺谷相和湖沼相的黏性土沉积物或河流冲积物,也有的属于新近淤积物。大部分是饱和的,其天然含水量大于液限,孔隙比大于1.0。当天然孔隙比大于1.5时,称为淤泥;当天然孔隙比大于1.0而小于1.5时,称为淤泥质土。软黏土的特点是:天然含水量高($40\%\sim90\%$);天然孔隙比大($1.0\sim2.0$);抗剪强度低(不排水抗剪强度$5\sim25$ kPa);压缩系数高($0.5\sim1.5$ MPa^{-1});压缩模量低($1\sim5$ MPa);渗透系数小($10^{-6}\sim10^{-8}$ cm/s)。软黏土地基承载力低,在荷载作用下,地基沉降变形大、不均匀沉降也大,而且由于软黏土具有流变性,除了固结应力引起的固结变形之外,在剪应力作用下,土体处于长期变形过程中。沉降稳定的历时比较长,一般需要几年甚至几十年。软黏土地基是在工程建设中遇到最多的需要处理的软弱地基,它广泛分布在我国沿海以及内地河流两岸和湖泊地区。例如天津、连云港、上海、杭州、宁波、温州、福州、厦门、湛江、广州、深圳、珠海等沿海地区,以及昆明、武汉、南京、九江、南通、马鞍山等内陆地区。

(2) 人工填土　人工填土按照物质组成和堆填方式可以分为素填土、杂填土和冲填土三类。按堆填时间分为老填土和新填土两类。堆填时间超过10年的黏性土和堆填时间超过5年的粉土,均称为老填土。

素填土是由碎石、砂或粉土、黏性土等一种或几种材料组成的填土,其中不含杂质或含杂质较少。若分层压实则称为压实填土。其性质取决于填土性质、压实程度以及堆填时间。

杂填土是由人类活动形成的无规则堆积物,由大量建筑垃圾、工业废料或生活垃圾组成,其成分复杂,性质也不相同,且无规律性。在大多数情况下,杂填土是比较疏松的和不均匀的,在同一场地的不同位置,地基承载力和压缩性也可能有较大的差异。

冲填土是由水力冲填泥沙形成的。冲填土的性质与冲填泥沙的来源以及冲填时的水力条件有密切关系。含黏土颗粒较多的冲填土往往是欠固结的,其强度和压缩性指标都比同类天然沉积土差。以粉细砂为主的冲填土,其性质基本上和粉细砂相同。

填土一般会产生较大的固结沉降。

（3）部分砂土和粉土　主要指饱和的粉细砂和砂质粉土。处于饱和状态的粉细砂及砂质粉土,虽然在静载作用下具有较高的强度,但在机器振动、车辆荷载、波浪或地震力的反复作用下有可能产生液化或大量的震陷变形。地基会因液化而丧失承载能力。如需要考虑动力荷载,这种地基也经常需要进行处理。

（4）湿陷性土　湿陷性土包括湿陷性黄土,粉砂土和干旱、半干旱地区具有崩解性的碎石土等。是否属湿陷性土可根据野外浸水载荷试验确定。在工程建设中遇到较多的是湿陷性黄土。

湿陷性黄土是指在覆盖土层的自重应力或自重应力与建筑物附加应力综合作用下,受水浸湿后,土的结构迅速破坏,并发生显著的附加下沉,其强度也迅速降低的黄土。由于黄土湿陷而引起的建筑物不均匀沉降是造成黄土地区工程事故的主要原因。黄土在我国特别常见,地层多、厚度大、广泛分布在甘肃、陕西、山西大部分地区,以及河南、河北、山东、宁夏、辽宁、新疆等部分地区。当用黄土作为建筑地基时,首先要判断它是否具有湿陷性,然后才考虑是否需要进行地基处理以及如何处理。

（5）有机质土和泥炭土　有机质含量大于5%的土称为有机质土,有机质含量大于60%的土称为泥炭土。

土中有机质含量高,强度往往降低,压缩性增大,特别是泥炭土,其含水量极高,压缩性很大,且不均匀,一般不宜作为天然地基,需要进行地基处理。

（6）膨胀土　膨胀土是指黏粒成分主要由亲水性黏土矿物组成的黏性土,在环境的温度和湿度变化时会产生强烈的胀缩变形。利用膨胀土作为建筑地基时,如果没有采取必要的措施进行地基处理,常会给建筑造成危害。膨胀土在我国分布范围很广,广西、云南、湖北、河南、安徽、四川、河北、山东、陕西、江苏、内蒙古、贵州和广东等地均有不同范围的分布。

（7）多年冻土　多年冻土是指温度连续三年或三年以上保持在零摄氏度或零摄氏度以下,并含有冰的土层。多年冻土的强度和变形有许多特殊性。多年冻土作为建筑的地基须慎重考虑,需要采取处理措施。青藏铁路建设中遇到了很多冻土的问题,都妥善地得到了解决。

（8）盐渍土　易溶盐含量(即易溶盐的质量与干土质量之比)超过0.3%的土称为盐渍土。盐渍土中的盐遇水溶解后,物理和力学性质均会发生变化,强度降低。盐渍土地基浸水后,因盐溶解而产生地基溶陷。某些盐渍土(如含 Na_2SO_4 的土)在温度或湿度变化时,会发生体积膨胀。盐渍土中的盐溶液还会导致地下设施材料腐蚀。我国盐渍土主要分布在西北干旱地区的新疆、青海、甘肃、宁夏、内蒙古等地势低平的盆地和平原中。

（9）岩溶、土洞和山区地基　岩溶又称"喀斯特",它是石灰岩、白云岩、泥灰岩、大理石、岩盐、石膏等可溶性岩层受水的化学和机械作用而形成的溶洞、溶沟、裂隙以及由于溶洞的顶板塌落使地表产生陷穴、洼地等现象和作用的总称。土洞是岩溶地区上覆土层被地下水冲蚀或被地下水潜蚀所形成的洞穴。岩溶和土洞对建筑的影响很大,可能造成地面变形,地基陷落,发生渗水和涌水现象。在岩溶地区修建建筑时要特别重视岩溶和土洞的影响。

山区地基地质条件比较复杂,主要表现在地基的不均匀性和场地的稳定性两个方面。山区基岩表面起伏大,且可能有大块孤石,这些因素常会导致建筑基础产生不均匀沉降。另外,在山区常有可能遇到滑坡、崩塌和泥石流等不良地质现象,给建筑造成直接的或潜在的威胁。在山区修建建筑时要重视地基的稳定性和避免过大的不均匀沉降,必要时需进行地基处理。

(10)垃圾填埋土地基 近年来垃圾填埋土地基的处理问题逐步引起人们的重视。垃圾填埋土地基非常复杂,其性质主要取决于填埋的垃圾类别和性质。垃圾填埋土的地基处理目的主要有两方面:一类是防止其对周围环境影响,特别是对地下水的污染;另一类是垃圾填埋土地基的利用。

除了在上述各种软弱和不良地基上建造建筑时需要考虑地基处理外,当旧房改造、加层、工厂设备更新和道路加宽等造成荷载增大,对原来地基提出更高要求,原地基不能满足新的要求时;或者在开挖深基坑,建造地下商场、地下车库、地下铁道等工程中有土体稳定、变形或渗流问题时,也需要进行地基处理。地基处理也常用于减小或消除施工扰动对周围环境的影响。

随着我国现代化建设事业的发展,越来越多的土木工程需要对地基进行处理,采用人工地基以满足建筑对地基的要求。各种各样的建筑对地基的要求是不同的,不同地区天然地基的情况也有很大的差别。即使在同一地区,地质情况也可能有较大的差异,这就决定了地基处理问题的复杂性。是采用天然地基,还是采用人工地基?采用人工地基时选取何种地基处理方案?这是建造建筑前首先需要解决的问题。处理是否恰当,不仅影响建筑的安全和使用,而且对建设速度和工程造价有很大的影响,很多时候甚至成为工程建设中的关键问题。

在土木工程领域中,与上部结构比较,地基的不确定因素多、问题复杂、难度大。地基问题处理不好,后果非常严重。据调查统计,世界各国发生的各种土木工程建设中的工程事故,地基问题常常是主要原因。地基问题处理好,不仅安全可靠而且具有较好的经济效益。

近20年来我国地基处理技术发展很快,地基处理队伍不断壮大,地基处理技术水平不断提高,地基处理已成为土木工程领域中非常活跃的一个热点。总结国内外地基处理方面的经验教训、推广和发展各种地基处理新技术、进一步提高地基处理技术水平,这对于加快工程建设速度和节约建设投资具有非常重要的意义。

1.2 地基处理方法分类及应用范围

现有的地基处理方法很多,新的地基处理方法还在不断发展。要对各种地基处理方法进行精确的分类是困难的。根据地基处理的加固原理,地基处理方法可分为以下 7 类。

1. 换填垫层法

换填垫层法的基本原理是挖除浅层软弱土或不良土,分层碾压或夯实换填材料。垫层按换填的材料可分为砂(或砂石)垫层、碎石垫层、粉煤灰垫层、干渣垫层、土(灰土)垫层等。换填垫层法可提高持力层的承载力,减少沉降量;消除或部分消除土的湿陷性和胀缩性;防止土的冻胀作用及改善土的抗液化性。常用机械碾压、平板振动和重锤夯实进行施工。

该法常用于基坑面积宽大和开挖土方较大的回填土方工程,一般适用于处理浅层软弱土层(淤泥质土、松散素填土、杂填土、浜填土以及已完成自重固结的冲填土等)与低洼区域的填筑。一般处理深度为 2~3 m。此法适用于处理浅层非饱和软弱土层、湿陷性黄土、膨胀土、季节性冻土、素填土和杂填土。

2. 振密挤密法

振密挤密法的原理是采用一定的手段,通过振动、挤压使地基土体孔隙比减小,强度提高,达到地基处理的目的。

1) 表层压实法

采用人工(或机械)夯实、机械碾压(或振动)对填土、湿陷性黄土、松散无黏性土等软弱土或原来比较疏松的表层土进行压实。也可采用分层回填压实加固。此法适用于含水量接近于最佳含水量的浅层疏松黏性土、松散砂性土、湿陷性黄土及杂填土等。

2) 重锤夯实法

利用重锤自由下落时的冲击能来夯实浅层土,使其表面形成一层较为均匀的硬壳层。此法适用于无黏性土、杂填土、非饱和黏性土及湿陷性黄土。

3) 强夯法

利用强大的夯击能,迫使深层土液化和动力固结,使土体密实,用以提高地基土的强度并降低其压缩性,消除土的湿陷性、胀缩性和液化性。此法适用于碎石土、砂土、素填土、杂填土、低饱和度的粉土与黏性土及湿陷性黄土。

4) 振冲挤密法

振冲挤密法一方面依靠振冲器的强力振动使饱和砂层发生液化,颗粒重新排列,孔隙比减小;另一方面依靠振冲器的水平振动力,形成垂直孔洞,在其中加入回填料,使砂层挤压密实。此法适用于砂性土和粒径小于 0.005 mm 的黏粒含量低于 10% 的黏性土。

5) 土桩与灰土桩法

利用打入钢套管(或振动沉管、炸药爆破)在地基中成孔,通过挤压作用,使地基土变得密实,然后在孔中分层填入素土(或灰土)后夯实而成土桩(或灰土桩)。此法适用于处理地下水位以上的湿陷性黄土、新近堆积黄土、素填土和杂填土。

6) 砂桩

在松散砂土或人工填土中设置砂桩,能对周围土体产生挤密作用或同时产生振密作用,可以显著提高地基强度,改善地基的整体稳定性,并减小地基沉降量。此法适用于处理松砂地基和杂填土地基。

7) 爆破法

利用爆破产生振动使土体产生液化和变形,从而获得较大的密实度,用以提高地基承载力和减小地基沉降量。此法适用于饱和净砂、非饱和但经灌水饱和的砂、粉土和湿陷性黄土。

3. 排水固结法

排水固结法的基本原理是软土地基在附加荷载的作用下,逐渐排出孔隙水,使孔隙比减小,产生固结变形。在这个过程中,随着土体超静孔隙水压力的逐渐消散,土的有效应力增加,地基抗剪强度相应增加,并使沉降提前完成或提高沉降速率。

排水固结法主要由排水和加压两个系统组成。排水可以利用天然土层本身的透水性,也可设置砂井、袋装砂井和塑料排水板之类的排水体。加压主要有地面堆载法、真空预压法和降低地下水位法等。

1) 堆载预压法

在建造建筑物以前,通过临时堆填土石等方法对地基加载预压,达到预先完成部分地基沉降,并通过地基土固结提高地基承载力,然后撤除荷载,再建造建筑物。临时的预压堆载一般等于建筑物的荷载,但为了减少由于次固结而产生的沉降,预压荷载也可大于建筑物荷载,这称为超载预压。此法适用于加固软黏土地基。

2) 砂井法(包括袋装砂井、塑料排水带等)

在软黏土地基中,设置一系列砂井,在砂井之上铺设砂垫层或砂沟,人为地增加土层固结排水通道,缩短排水距离,从而加载固结,并加速强度增长。砂井法通常辅以堆载预压,称为砂井堆载预压法。此法适用于透水性低的软弱黏性土,但对于泥炭土等不适用。

3) 真空预压法

在黏性土层上铺设砂垫层,然后用薄膜密封砂垫层,用真空泵对砂垫层及砂井抽气和抽水,使地下水位降低,同时在大气压力作用下加速地基固结。此法适用于能在加固区形成(包括采取措施后形成)稳定负压边界条件的软土地基。

4) 降低地下水位法

通过降低地下水位使土体中的孔隙水压力减小,从而增大有效应力,促进地基固结。此法适用于地下水位接近地面而开挖深度不大的工程,特别适用于饱和粉砂、细砂地基。

5) 电渗排水法

在土中插入金属电极并通以直流电,由于直流电场作用,土中的水从阳极流向阴极,然后将水从阴极排出,且不让水在阳极附近补充,借助电渗作用可逐渐排除土中水。在工程上常利用它降低黏性土中的含水量或降低地下水位来提高地基承载力或边坡的稳定性。此法适用于饱和软黏土地基。

4. 置换法

置换法的基本原理是以砂、碎石等材料置换软土,与未加固部分形成复合地基,达到提高地基强度的目的。

1)振冲置换法(碎石桩法)

碎石桩法是利用一种单向或双向振动的振冲器,在黏性土中边喷高压水流边下沉成孔,边填入碎石边振实,形成碎石桩。桩体和原来的黏性土构成复合地基,从而达到提高地基承载力和减小沉降的目的。此法适用于地基土的不排水抗剪强度大于20 kPa的淤泥、淤泥质土、砂土、粉土、黏性土和人工填土等地基。对不排水强度小于20 kPa的软土地基,采用碎石桩时必须慎重。

2)石灰桩法

在软弱地基中利用机械或人工成孔,填入作为固化剂的生石灰(或生石灰与其他活性掺合料粉煤灰、煤渣等)并压实形成桩体,利用生石灰的吸水、膨胀、放热作用以及土与石灰的物理、化学作用,改善桩体周围土体的物理、力学性质;由于石灰与活性掺合料的化学反应导致桩体强度提高,桩体与土形成复合地基,从而达到地基加固的目的。此法适用于加固软弱黏性土地基。

3)强夯置换法

对厚度小于7 m的软弱土层,边强夯边填碎石,形成深度3~7 m、直径为2 m左右的碎石墩体,碎石墩与周围土体形成复合地基。此法适用于加固软黏土地基。

4)水泥粉煤灰碎石桩法(CFG桩法)

将碎石、石屑、粉煤灰和少量水泥加水拌和,用振动沉管桩机或其他成桩机具制成的一种具有一定黏结强度的桩。在桩顶铺设褥垫层,桩、桩间土和褥垫层一起形成复合地基。此法适用于黏性土、粉土、砂土和已自重固结的素填土等地基。

5. 加筋法

加筋法的基本原理是通过在土层中埋设强度较高的土工合成材料、拉筋、受力杆件等提高地基承载力、减小沉降、维持建筑物或土坡稳定。

1)土工合成材料

利用土工合成材料的高强度、高韧性等力学性能,扩散土中应力,增大土体的抗拉强度,改善土体或构成加筋土以及各种复合土工结构。此法适用于砂土、黏性土和填土,或用做反滤、排水和隔离材料。

2)加筋土

将抗拉能力很强的拉筋埋置在土层中,通过土颗粒和拉筋之间的摩擦力使拉筋和土体形成一个整体,用以提高土体的稳定性。此法适用于人工填土的路堤和挡墙结构。

3)土层锚杆

土层锚杆是依赖于土层与锚固体之间的黏结强度来提供承载力的,它适用于一切需要将拉应力传递到稳定土体中去的工程结构,如边坡稳定、基坑支护、地下结构抗浮、高耸结构抗倾覆等。

4)土钉

土钉技术是在土体内放置一定长度和分布密度的土钉体,使其与土共同作用,用以弥补土体自身强度的不足。不仅提高了土体的整体刚度,又弥补了土体的抗拉强度和抗剪强度低的弱点,显著提高了整体稳定性。此法适用于开挖支护和天然边坡的加固。

5)树根桩法

此法是在地基中沿不同方向,设置直径为 $75\sim250$ mm 的小直径桩;可以是竖直桩,也可以是斜桩;形成如树根状的桩群,以支撑结构物,或用以挡土,稳定边坡。此法适用于软弱黏性土和杂填土地基。

6. 胶结法

胶结法的基本原理是在软弱地基中部分土体内掺入水泥、水泥砂浆以及石灰等固化物,形成加固体,与未加固部分形成复合地基,以提高地基承载力和减少沉降。

1)灌浆法

此法是用压力泵将水泥或其他化学浆液注入土体,以达到提高地基承载力、减少沉降、防渗、堵漏等目的。此法适用于处理岩基、砂土、粉土、淤泥质土、粉质黏土、黏土和一般人工填土,也可加固暗浜和在托换工程中应用。

2)高压喷射注浆法

此法是将带有特殊喷嘴的注浆管,通过钻孔置入要处理土层的预定深度,然后将水泥浆液以高压冲切土体,在喷射浆液的同时,以一定的速度旋转、提升,形成水泥土圆柱体;若喷嘴提升而不旋转,则形成墙状固结体。此法可提高地基承载力、减少沉降、防止砂土液化、管涌和基坑隆起。此法适用于淤泥、淤泥质土、黏性土、粉土、黄土、砂土、人工填土等地基。对既有建筑可进行托换加固。

3)深层搅拌法

此法是利用水泥、石灰或其他材料作为固化剂的主剂,通过特制的深层搅拌机械,在地基深处就地将软土和固化剂(水泥、石灰浆液或粉体)强制搅拌,形成坚硬的拌和柱体,与原地层共同形成复合地基。此法适用于正常固结的淤泥、淤泥质土、粉土、饱和黄土、素填土、黏性土以及无流动地下水的饱和松散砂土等地基。

7. 冷热处理法

1)冻结法

此法是通过人工冷却,使地基温度降低到孔隙水的冰点以下,使之冷却,从而具有理想的截水性能和较高的承载能力。此法适用于饱和的砂土或软黏土地层中的临时处理。

2)烧结法

此法是通过渗入压缩的热空气和燃烧物,并依靠热传导,将细颗粒土加热到

100 ℃以上,从而增加土的强度,减小变形。此法适用于非饱和黏性土、粉土和湿陷性黄土。

1.3　地基处理方法的选用原则

选用地基处理方法要力求做到安全适用、技术先进、经济合理、确保质量、保护环境。

我国地域辽阔,工程地质和水文地质条件千变万化,各地施工机械条件、技术水平、经验积累以及建筑材料品种与价格差异很大,在选用地基处理方法时一定要因地制宜,要充分发挥各地的优势,有效地利用地方资源。

地基处理的核心是处理方法的正确选择与实施。而对于某一具体工程来讲,在选择处理方法时需要综合考虑各种影响因素,如建筑的体型、刚度,结构受力体系,建筑材料和使用要求,荷载大小、分布和种类,基础类型、布置和埋深,基底压力,天然地基承载力,稳定安全系数,变形容许值,地基土的类别、加固深度、上部结构要求、周围环境条件,材料来源,施工工期,施工队伍技术素质,施工技术条件,设备状况和经济指标等。对地基条件复杂、需要应用多种处理方法的重大项目还要详细调查施工区内地形及地质成因、地基成层状况、软弱土层厚度、不均匀性和分布范围、持力层位置及状况、地下水情况及地基土的物理和力学性质;施工中需考虑对场地及邻近建筑可能产生的影响、占地大小、工期及用料等。只有综合分析上述因素,才能获得最佳的处理效果。

地基处理的方法很多,但是没有一种方法是万能的。对每一具体工程均应进行具体细致的分析,从地基条件、处理要求(处理后地基应达到的各项指标、处理的范围、工程进度等)、工程费用以及材料、机具来源等各方面进行综合考虑,以确定合适的地基处理方法。

地基处理方案的确定可按下列步骤进行。

(1) 收集详细的工程地质、水文地质及地基基础的设计资料。

(2) 根据结构类型、荷载大小及使用要求,结合地形地貌、地层结构、土质条件、地下水特征、周围环境和相邻建筑等因素,初步拟定几种可供选择的地基处理方案。另外,在选择地基处理方案时,应同时考虑上部结构、基础和地基的共同作用;也可选用加强结构措施(如设置圈梁和沉降缝等)和处理地基相结合的方案。

(3) 对初步选定的各种地基处理方案,分别从处理效果、材料来源及消耗、机具条件、施工进度、环境影响等方面进行认真的技术经济分析和对比,根据安全可靠、施工方便、经济合理等原则,因地制宜地选择最佳的处理方法。值得注意的是,每一种处理方法都有一定的适用范围、局限性和优缺点,必要时也可选择两种或多种地基处理方法组成的综合方案。

(4) 对已选定的地基处理方法,应按建筑的重要性和场地复杂程度,可在有代表性的场地上进行相应的现场试验和试验性施工,并进行必要的测试,以验算设计参数和检验处理效果。如达不到设计要求时,应查找原因、采取措施或修改设计。

地基处理设计程序如图 1-1 所示。

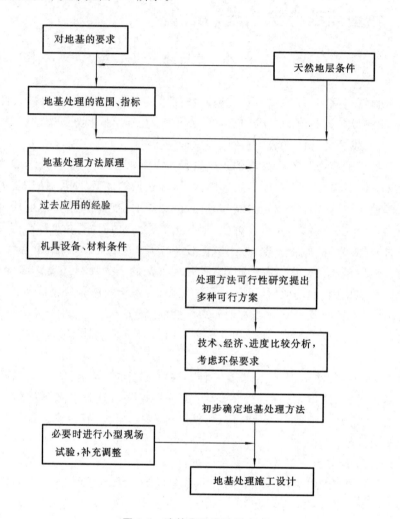

图 1-1 地基处理设计程序

1.4 地基处理工程的施工管理

地基处理工程具有如下的特点:

(1) 大部分地基处理方法的加固效果不是在施工结束后就能全部发挥;

(2) 每一项地基处理工程都有它的特殊性;

(3) 地基处理是隐蔽工程,很难直接检验其加固效果。

对于选定的地基处理方案,在设计完成之后,必须严格施工管理,否则会丧失良好处理方案的优越性。施工的各个环节的质量标准要严格掌握,施工计划要安排合理,因为地基加固后的强度往往需要一定的时间才会有所增强。随着时间的延长,强度会增长,模量也必然会提高,因此可通过调整施工速度,确保地基的稳定性和安全度。

在地基处理施工过程中,现场人员仅了解施工工序是不够的,还必须很好地了解所采用的地基处理方法的原理、技术标准和质量要求;经常进行施工质量和处理效果的检验,使施工符合规范要求,以确保施工质量。一般在地基处理施工前、施工中和施工后,都要对被加固的地基进行现场测试,以便及时了解地基土的加固效果,从而修正设计方案或调整施工计划。有时为了获得某些施工参数,还必须于施工前在现场进行地基处理的原位试验。有时在地基加固前,为了保证邻近建筑的安全,还要对邻近建筑或地下设施进行沉降和裂缝等监测。

1.5　地基处理技术的最新发展

地基处理是古老而又年轻的领域,灰土垫层基础和短桩处理在我国应用历史悠久,可追溯到 2000 多年以前。随着地基处理工程实践的发展,人们在改造土的工程性质的同时,不断地丰富了对土的特性研究和认识,从而又进一步推动了地基处理技术和方法的更新,因而使其成为岩土工程领域中一个具有非常强的生命力的分支。

随着我国土木工程建设持续、高速的发展,地基处理技术在我国得到了飞速发展。老方法得到改进,新方法不断涌现。高压喷射注浆法、振冲法、强夯法、深层搅拌法等许多地基处理技术从国外引进后,在我国的工程实践中得到较大的发展。近 20 年来,在工程实践中还发展了许多新的地基处理技术,如真空预压法、CFG 桩刚性桩复合地基法、EPS 超轻质填料法等,尤其是近年来的发展给人以耳目一新的感觉。

表 1-1 是几种主要地基处理方法在我国开始应用的时间。一些成熟的常用方法有了进一步发展,不少新的方法已出现并在技术上日渐成熟,有的已进入实用阶段。

表 1-1　部分地基处理方法在我国最早应用的年份

地基处理方法	最早应用的年份
EPS 超轻质填料法	1995 年
普通砂井法	20 世纪 50 年代
真空预压法	1980 年
袋装砂井法	20 世纪 70 年代
塑料排水带法	1981 年
砂桩法	20 世纪 50 年代
土桩法及灰土桩法	20 世纪 50 年代中期
振冲法	1977 年
强夯法	1978 年
高压喷射注浆法	1972 年

续表

地基处理方法	最早应用的年份
浆液深层搅拌法	1977 年
粉体喷射搅拌法	1983 年
土工合成材料法	20 世纪 70 年代末
强夯置换法	1988 年
刚性桩复合地基法	1981 年
锚杆静压桩法	1982 年
掏土纠倾法	20 世纪 60 年代初
顶升纠倾法	1986 年
树根桩法	1981 年
沉管碎石桩法	1987 年
石灰桩法	1953 年

　　地基处理技术最新发展反映在地基处理机械、材料、地基处理设计计算理论、施工工艺、现场监测技术以及地基处理新方法的不断发展和多种地基处理方法的综合应用等各个方面。

　　为了满足日益发展的地基处理工程的需要,近些年来地基处理机械发展很快,例如我国强夯机械已基本形成了系列化、标准化。深层搅拌机型号增加,除单轴深层搅拌机和固定双轴搅拌机、浆液喷射和粉体喷射深层搅拌机外,近年来研制成功了可变距双轴深层搅拌机、多头深层搅拌机和可同时喷浆和喷粉的深层搅拌机,搅拌深度不断增大,成桩直径也在扩大,海上深层搅拌机已投入使用。高压喷射注浆机械发展很快,出现了不少新的高压喷射设备,喷射压力的提高,增加了对地层的冲切搅拌能力。水平旋喷机械的成功,使高压喷射注浆法进一步扩大了应用范围。应用于排水固结法的塑料排水带插带机的出现大大提高了工作效率,塑料排水带插带深度已超过30 m。振冲器最大功率已达 135 kW,振密砂层达 26 m。干法振动成孔器研制成功,使干法振动碎石桩技术得到应用,地基处理机械的发展使地基处理能力得到极大的提高。

　　新材料的应用,不仅使一些原有的地基处理方法效能提高,而且产生了一些新的地基处理方法。土工合成加筋材料的发展促进了加筋土法的发展,轻质土工合成材料 EPS 作为填土材料形成 EPS 超轻质料填土法。灌浆材料如超细水泥、粉煤灰水泥浆材、硅粉水泥浆材等水泥系浆材和化学浆材的发展有效地扩大了灌浆法的应用范围,满足了工程需要。近年来,地基处理还同工业废料的利用结合起来。粉煤灰垫层、石灰粉煤灰桩复合地基、钢渣桩复合地基、渣土桩复合地基等的应用取得了较好的社会效益和经济效益。

　　地基处理的工程实践促进了地基处理计算理论的发展。复合地基理论随着地基处理技术的发展得到发展,逐步形成了复合地基承载力和沉降计算理论。除复合地基理论外,对强夯加固地基的机理、强夯法加固深度、砂井法非理想井计算理论,真空预压法计算理论方面都有不少新的研究成果。地基处理理论的发展又反过来推动地基处理技术新的进步。

各项地基处理方法的施工工艺近年来也得到不断的改进和提高，不仅有效地保证和提高了施工质量，提高了工效，而且扩大了应用范围。真空预压法施工工艺的改进使该技术应用得到推广，石灰桩施工工艺的改进使石灰桩法走向成熟，长螺旋钻孔工艺使 CFG 桩刚性桩复合地基法在全国得到大面积的推广，经济效益和社会效益显著。

地基处理的监测日益得到人们的重视。在地基处理施工过程中和施工后进行监测，可用以指导施工、检查处理效果、检验设计参数。监测手段愈来愈多，监测精度日益提高。地基处理逐步实行信息化施工，有效地保证了施工质量，取得了较好的经济效益。

近年来，发展了许多新的地基处理方法。例如强夯置换碎石桩（墩）法较之强夯法可提高地基承载力，减少沉降，而且应用范围扩大到软黏土。由水泥、粉煤灰、碎石形成的 CFG 桩，与桩间土、褥垫层形成的刚性桩复合地基，可大幅度提高地基承载力，减少沉降。

地基处理技术的发展还表现在多种地基处理方法综合应用水平的提高。如真空预压法和堆载预压法的综合应用、多桩型复合地基法（包括石灰桩和深层搅拌桩水泥土桩法、CFG 桩和深层搅拌桩法、CFG 桩和石灰桩法等）的应用、双向增强体复合地基法（也称为桩网复合地基法、桩承式加筋复合垫层法）的应用等，重视多种地基处理方法的综合应用可取得较好的技术效果、经济效益和社会效益。

目前地基处理已成为土力学与岩土工程领域一个主要的分支学科，国际土力学与岩土工程协会下有专门的地基处理学术委员会。中国土力学与岩土工程学会1984 年成立了地基处理学术委员会，并于 1986、1989、1992、1995、1997、2000、2002、2004、2006、2008 年分别召开了十届全国地基处理学术讨论会；1988 年编著出版了《地基处理手册》，2000 年修订出版了《地基处理手册》（第二版），2008 年修订出版了《地基处理手册》（第三版）；1990 年开始出版《地基处理》杂志，提供了推广和交流地基处理新技术的园地。我国建设部于 1991 年颁布了《建筑地基处理技术规范》JGJ 79—91，2002 年又修订出版了《建筑地基处理技术规范》JGJ 79—2002。交通部1997 年发布了《公路软土地基路堤设计与施工技术规范》JTJ 017—96，对公路工程中软土地基处理设计、施工起到了重要的指导作用。此外，对湿陷性黄土、膨胀土等特殊土也出版了相应的规范规程。

总之，地基处理已成为土木工程建设中的热点之一，它已得到工程勘察、设计、施工、监理、教学、科研和管理部门的重视。地基处理技术的进步已产生了巨大的经济效益和社会效益，我国的地基处理技术总体上已处于国际先进水平。

地基处理领域是土木工程中最为活跃的领域之一，非常具有挑战性。复杂的地基以及现代土木工程对地基日益严格的要求，给广大的土木工程师，特别是岩土工程师提出了一个又一个新的课题，让我们面对挑战，锐意进取，潜心研究，勇于创新，使我国的地基处理技术得到更快更大的发展。

习 题

一、问答题

1. 地基所面临的问题有哪些方面?

2. 地基处理的目的是什么?

3. 土木工程中经常遇到的不良土有哪些?

4. 地基处理方法可分为哪几大类? 简述每一种地基处理方法的应用范围。

5. 地基处理方法的选用原则是什么? 简述地基处理方案的确定步骤。

6. 地基处理工程的特点是什么?

7. 如何进行地基处理的施工管理?

8. 对较深厚的松散砂土地基,采用哪几种方法进行处理较经济?

9. 对较深厚的软弱饱和黏性土地基,采用哪几种方法进行处理较经济?

10. 一海港扩建码头,地基为海相沉积淤泥,厚达 40 m。规划在一年后修建公路、办公楼与仓库,需大面积进行地基加固,试选择具体的地基处理方案。

二、选择题

1. 地基处理所面临的问题有_____。

A. 强度及稳定性问题　　　B. 压缩不均匀沉降问题　　　C. 渗漏问题

D. 液化问题　　　E. 特殊土的特殊问题

2. 我国的《建筑地基基础设计规范》中规定:软弱地基就是指压缩层主要由_____构成的地基。

A. 淤泥　　　B. 淤泥质土　　　C. 冲填土

D. 杂填土　　　E. 其他高压缩性土层

3. 地基处理的目的有_____。

A. 提高地基承载力　　　B. 防治泥石流　　　C. 防治滑坡

D. 提高土层抗渗透变形能力　　　E. 减少地基变形

F. 防止地基液化、震陷、侧向位移　　　G. 防止水土流失

4. 对于饱和软黏土适用的处理方法有_____。

A. 表层压实法　　　B. 强夯法　　　C. 降水预压法

D. 堆载预压法　　　E. 搅拌桩法　　　F. 振冲碎石桩法

5. 对于松砂地基适用的处理方法有_____。

A. 强夯法　　　B. 预压法　　　C. 挤密碎石桩法

D. 碾压法　　　E. 粉喷桩法　　　F. 深层搅拌桩法

G. 真空预压法　　　H. 振冲碎石桩法

6. 对于液化地基适用的处理方法有_____。

A. 强夯法　　　B. 预压法　　　C. 挤密碎石桩法

D. 表层压实法　　　E. 粉喷桩法　　　F. 深层搅拌桩法

G. 真空预压法　　　H. 振冲法

7. _____属于地基处理方法。

A. 钻孔灌注桩法　　　B. 水泥搅拌桩法　　　C. 砂桩法

D. CFG 桩法　　　E. 预应力管桩法

8. _____属于软土。

A. 泥炭　　　B. 黄土　　C. 红土　　　D. 杂填土　　　E. 淤泥质土

F. 冲填土　　G. 细砂土　　H. 粉砂土　　I. 坡积土　　　J. 残积土

9. 在选择确定地基处理方案以前应综合考虑的因素包括_____。

A. 气象条件因素　　　　　　　B. 人文政治因素

C. 地质条件因素　　　　　　　D. 结构物因素

2 地基处理监测与检验方法

2.1 概述

目前各种地基处理方法在工程实践中得到了大量应用,取得了显著的技术效果和经济效益。但是由于地基处理问题的复杂性,一般还难以对每种方法进行严密的理论分析,还不能在设计时作精确的计算与设计,往往只能通过施工过程中的监测和施工后的质量检验来保证工程质量。因此,地基处理现场监测和质量检验测试是地基处理工程的重要环节。

地基处理施工过程中的现场监测对某些地基处理方法来说是很重要的,有时甚至是必不可少的。例如,强夯处理施工时的振动监测和排水固结法施工中的孔隙水压力监测。为有效控制地基处理的施工质量,《建筑地基处理技术规范》对每一种地基处理方法都规定了施工过程中的检测方法。例如,石灰桩的施工检测可采用静力触探、动力触探试验,检测部位为桩中心及桩间土。

对地基处理的效果检验,应在地基处理施工结束后,经过一定时间休止恢复后再进行。因为地基加固后有一个时效作用,复合地基的强度和模量的提高往往需要一定的时间。效果检验的方法有:载荷试验、钻孔取样、静力触探试验、动力触探试验、标准贯入试验、取芯试验等。有时需要采用多种手段进行检验,以便综合评价地基处理效果。

1. 现场监测与质量检验的目的

（1）为工程设计提供依据。

（2）作为大面积施工的控制和指导。

（3）为地基处理工程验收提供依据。

（4）为理论研究提供实验依据。

2. 现场监测与质量检验的内容与方法

（1）地基与桩体强度,包括单桩和复合地基静载荷试验、标准贯入试验、静力触探与动力触探试验、桩身高应变检测、钻芯法等。

（2）地基变形,包括地基沉降与水平位移测试。

（3）应力监测,包括土压力和孔隙水压力测试。

（4）桩身完整性,采用桩身低应变检测和声波透射法测试。

（5）动力特性,采用波速测试、地基刚度测试等。

对于软土地基加固的试验工程,监测仪器的布置如图 2-1 所示。常用监测项目见表 2-1。

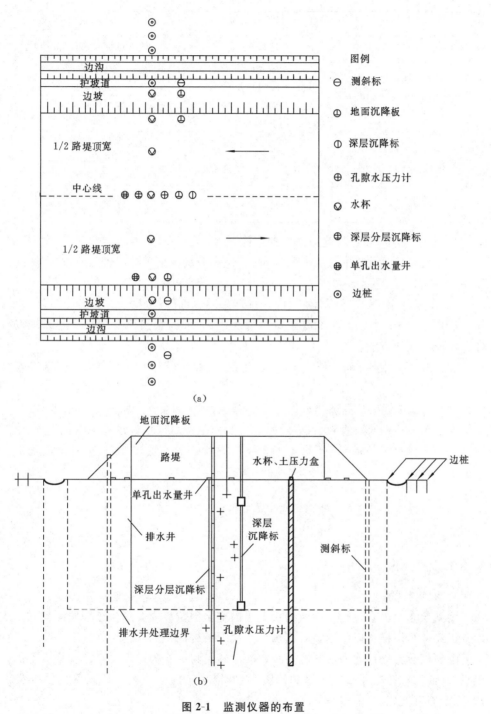

图例

⊝　测斜标

⊔　地面沉降板

⊍　深层沉降标

⊕　孔隙水压力计

⊘　水杯

⊕　深层分层沉降标

⊕　单孔出水量井

⊙　边桩

(a)

(b)

图 2-1　监测仪器的布置

(a) 观测仪器平面布设；(b) 观测仪器断面布设

表 2-1　常用监测项目一览表

监 测 项 目		仪 器 名 称
沉降	地表沉降	地表型沉降仪(沉降板)
	地基深层沉降	深层沉降标
	地基分层沉降	深层分层沉降标
水平位移	地面水平位移	水平位移边桩
	地基土体水平位移	地下水平位移标
应力	地基孔隙水压力	孔隙水压力计
	土压力	土压力计(盒)
	承载力	载荷试验仪
其他	地下水位	地下水位观测仪
	出水量	单孔出水量计

3. 现场监测与质量检验应注意的问题

为了检验地基处理的效果,通常在同一地点分别在处理前后进行测试,以进行对比,并注意以下问题。

(1)前后两次测试应尽量使用同一仪器和同一标准进行。

(2)由于各种测试方法都有一定的适用范围,因此必须根据测试目的和现场条件选择最有效的方法。

(3)无论何种方法都有一定的局限性,故应尽可能采用多种方法,进行综合评价。

(4)测试位置应尽量选择有代表性的部位,测试数量按有关规定要求进行。

现场测试一般具有直观、代表性强、工效高、避免取样运输过程中的扰动等优点,但也有不能测定土的基本参数和不易控制应力状态等不足之处,故有时仍需辅以一定的室内试验。

2.2　地基水平位移及沉降观测

2.2.1　测斜仪

1. 测斜仪的用途

测斜仪是一种有效且精确地测量土层内部水平位移或变形的工程监测仪器。应用其工作原理同样可以监测临时或永久性地下结构周壁的水平位移。

测斜仪分为固定式和活动式两种。固定式是将测头固定埋设在结构物内部的固定点上;活动式即先埋设带导槽的测斜管,间隔一定时间将测头放入管内沿导槽滑动,测定斜度变化,计算水平位移。

2. 测斜仪的分类及特点

活动式测斜仪按测头传感元件不同,可细分为滑动电阻式、电阻应变片式、钢弦式及伺服加速度计式。

滑动电阻式测斜仪的特点是测头坚固可靠,缺点是测量精度不高;电阻应变片式测斜仪的优点是产品价格便宜,缺点是量程有限,耐用时间不长;钢弦式测斜仪的特点是受湿度、温度和外界环境的干扰影响较小;伺服加速度计式测斜仪具有精度高、量程大和可靠性好等优点。

3. 测斜仪的组成

活动式测斜仪由四大部分组成:装有重力式测斜传感元件的测头、测读仪、电缆、测斜管。

4. 埋设与观测要点

1) 导管的埋设

(1) 首先用钻探工具钻成合适口径的孔,然后将导管放入孔内。导管连接部分应防止污泥进入,导管与钻孔壁之间用砂填充。

(2) 在连接导管时,应将孔槽对准,使纵向的扭曲减小到最低程度。放入导管时,应注意将十字形槽口对准所测的水平位移。

(3) 为了消除土的变形对导管产生的负摩擦的影响,除使导管接头处相对移动外,还可在管外涂润滑剂等。

(4) 在可能的情况下,应尽量将导管埋入硬层中作为固定端;否则导管顶端应校正。

(5) 导管埋好后,需停留一段时间,使钻孔中的填土密实,贴紧导管。

2) 测定方法

(1) 将测头的感应方向对准水平位移方向的导槽,放至导管的最底部。

(2) 将电缆线与接收指示器连接,打开开关。

(3) 指示器读数稳定后,提升电缆线到欲测位置;每次应保证在同一位置处进行测读。

(4) 将测头提升至管口处,旋转 180°,再按上述步骤进行测量,这样可消除测斜仪本身的固有误差。

5. 资料整理

根据指示器反映的倾斜角进行计算,得出每个区段的位移量,以底部固定端或管口校正值为基点,将各区段的位移量累计起来,得出水平位移曲线。为了解水平位移随地面荷载变化的趋势,应将相应的观测值绘于同一图上,以便分析水平位移的趋势。

2.2.2 分层沉降仪

分层沉降仪可用来监测由开挖、打桩等地下工程引起的周围深层土体的竖向位移(沉降或隆起)的变化。

1. 分层沉降仪的组成

分层沉降仪由地面接收仪器和地下材料埋入部分两大部分组成:前者包括测头

部分、测量电缆部分、接收系统、绕线盘,后者包括分层沉降管、接头、封盖、沉降磁环等。

2. 使用方法

以 CJY80 沉降仪为例,测量时,拧松绕线盘后面的止紧螺钉,让绕线盘自由转动后,按下电源按钮,手持电缆,将测头放入沉降管中,缓慢地向下移动。当测头穿过土层中的磁环时,接收系统的蜂鸣器便会发出连续不断的蜂鸣声,此时读出电缆在管口处的深度数值,像这样由上向下地测量到孔底,称为进程测读。当从该沉降管内收回测量电缆时,测头也会通过土层中的磁环,接收系统的蜂鸣器再次发出蜂鸣声,此时需读出测量电缆在管口处的深度数值,如此测量到孔口,称为回程测读。磁环在土层中的实际深度取进程测度深度与回程测度深度的平均值。

2.3 地基中应力测试

地基中的应力测试,就是测定土体在受力情况下土压力、孔隙水压力值及其消散速度和程度。通过这个测试可计算地基土的固结度,推算土体强度随时间变化的规律,控制施工速度。

2.3.1 土压力计

1. 土压力计的基本条件

(1) 必须要有足够的强度和耐久性。

(2) 能够灵敏、准确地反映土压力的变化,并具有重现性。

(3) 加压、减压时线性特性良好。

(4) 应力集中的影响小。

(5) 对温度变化的影响要稳定。

(6) 在整个测量过程中,土压力计和二次仪表均应稳定可靠。

2. 土压力计的分类

按原理来分,有液压式、气压平衡式、电气式(包括差动电阻式、电阻应变式、电感式等)、钢弦式。目前国内常用的有差动电阻式和钢弦式。

3. 埋设要点

(1) 埋设土压力计时,应注意对土体的扰动、与结构物固定的程度(接触式土压力计)、膜盒与土的接触情况,并作详细记录。

(2) 埋设土压力计时,要注意回填土的性状应与周围土体一致,否则会引起土压力的重新分布(见图 2-2)。

(3) 接触式土压力计的埋设应根据不同工程对象采用不同的方法。在结构物侧面安装土压力计时,应在混凝土浇筑到预定标高处,将土压力计固定到预测的位置上,土压力计承压面必须与结构物表面齐平。在结构物基底上埋设土压力计时,要先

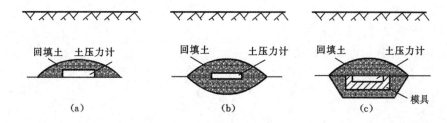

图 2-2　土压力计的埋设方法

将土压力计埋设在预测的混凝土块内,整平地面,然后将土压力计放上,并将预制块浇筑在基底内。

(4) 除膜盒的埋设外,电缆线的埋设也是至关重要的,否则在施工中容易遭受破坏。各测头电缆按一定线路集中于观测站中,并将土压力计的编号、规格及埋设位置、时间等记入考证表内。

4. 观测和资料整理

1) 差动电阻式土压力计

(1) 将比例电桥安放平稳,逐个接通集线箱上各个电缆插头,按操作步骤测读电阻值及电阻比。

(2) 测量时,在调节电桥平稳过程中,如检流计指针有反常情况,或与前次观测值相差很大时,应中止观测,进行检查。检查内容有:电桥本身、集线箱接线处的接触情况、总电阻和分线电阻等。

(3) 将观测的数据记入记录表中。

(4) 以土压力为纵坐标,以时间为横坐标绘制土压力变化过程线。

2) 钢弦式土压力计

(1) 钢弦式土压力计的观测,一般采用频率接收器。

(2) 按动电钮,交流电源向土压力计内电磁铁输入瞬时脉冲电流,起振钢弦。同时,电钮接通标准钢弦的电磁铁电路,标准钢弦也起振。电磁振荡通过电子射线管,反映到荧光屏上。调节测微螺旋,通过杠杆装置改变标准钢弦的张力,使其振荡平稳变化。当两钢弦同频率振动时,荧光屏上的成像由椭圆变成一条静止的直线,这时从测微圆盘上的刻度读出频率数,从而换算出土压力计所受的压力。

(3) 整理资料,绘制土压力变化过程线。

2.3.2　孔隙水压力计

1. 理想孔隙水压力计具备的条件

(1) 必须有足够的强度和耐久性。

(2) 要求测头处的孔隙水体积不改变或改变不大,亦即测量的延滞时间要短。

(3) 读数稳定,这对长期观测的仪器特别重要。

(4) 测头体积要小,外形平整光滑,以便在压入埋设时尽可能地减小对土体的扰动和原有应力的改变。

(5) 测量方便,设备费用低廉。

2. 孔隙水压力计的主要类型

孔隙水压力计的类型有液压式、电气式(包括黏着型电阻式、电感式及差动电阻式)、钢弦式及气压平衡式等几种。

3. 埋设要点

一般采用以下三种方法。

(1) 钻孔埋设法 在埋设地点用钻探机具钻孔,达到要求的深度或标高后,先在孔底填入部分干净砂,将测头放入,再在测头周围填砂,最后用膨胀性黏土将上部钻孔全部封好。

(2) 压入法 如果土质较软,可将测头缓缓压入埋设标高。若有困难,可先成孔至埋设标高以上 1 m 处,再将测头压入,上部也全部严密封好。

(3) 设置法 此法适用于填土工程中,在填土过程中随时埋入。

采用钻孔法时,土体的原有孔隙水压力降至零。同时测头周围填砂,不可能达到原有土的密度。因此,测头周围土体产生变形,这就大大地影响了孔隙水压力测量精度。而压入法对土体的局部扰动相当大,所引起的超孔隙水压力也很大。不论哪一种方法,都不可避免地要改变土体中的孔隙水压力,因此最好是在施工前较早地埋好仪器。

4. 观测和资料整理

(1) 差动电阻式和钢弦式孔隙水压力计的观测与土压力计的观测方法相同。

(2) 对液压封闭双管式孔隙水压力计,观测前,先用无气水充水排气。为了避免气泡溶于水中,可在压力库中放一球胆,充水时将气压入球胆。充水压力不宜过大,否则会对测头附近的土产生冲刷。在连续观测中,若有气泡产生,也要适当排除。

应用连接器时,要采用合理的操作方法。首先,参考上次的读数,估计预测的压力进行预调,其次要给一定的平衡时间,才能得出准确的数据。

(3) 将观测的成果及时记入记录表内,并随时计算、校核、整理和分析,绘制孔隙水压力与荷载关系曲线以及孔隙水压力等值线,提出对设计、施工的意见和建议。

2.4 载荷试验

载荷试验是在一定面积的承压板上(或桩顶上)向地基土(或桩)逐级施加荷载,并观测每级荷载下地基土(或桩)的变形特征。其优点是对地基土基本不产生扰动。利用其成果确定地基(或桩)的承载力是可靠的,既可直接用于工程设计,也可用于检验施工效果,另外对于预估建筑的沉降也很有效。

载荷试验可分为单桩载荷试验和地基载荷试验。

单桩载荷试验分为单桩竖向静载荷试验和单桩水平向静载荷试验。由于单桩水平向静载荷试验在地基处理工程中应用较少,因此,本书仅介绍单桩竖向静载荷试验。

地基载荷试验可分为天然地基载荷试验和复合地基载荷试验。天然地基载荷试验按试验深度分为浅层载荷试验和深层载荷试验。深层载荷试验按承压板形状分为深层平板载荷试验和螺旋板载荷试验。由于深层载荷试验在地基处理工程中应用较少,因此,本书仅介绍天然地基的浅层平板载荷试验和复合地基载荷试验。

2.4.1 单桩竖向静载荷试验

1. 试验开始时间

(1) 预制桩 如果地基土为砂土,则应在预制桩打入或压入 7 d 后,方可进行载荷试验。如果地基土为黏性土,则视土的强度恢复情况而定,一般应在 15 d 后方可进行载荷试验。对于饱和软黏土,不得少于 25 d。

(2) 灌注桩 为保证试验结果符合桩的实际情况,对灌注桩进行的静载荷试验应在桩身混凝土达到设计强度后才能进行。

2. 试验加载装置

加载反力装置宜采用锚桩,当采用堆载时应遵守以下规定。

(1) 堆载加于地基的压应力不宜超过地基承载力特征值。

(2) 堆载的限值可根据其对试桩和对基准桩的影响确定。

(3) 堆载量大时,宜利用桩(可利用工程桩)作为堆载的支点。

(4) 试验反力装置的最大抗拔或承重能力应满足试验加载的要求。

压力由千斤顶提供,千斤顶的反力由锚桩承担,或由压重平台的重物施加。试桩、锚桩(压重平台支座)和基准桩之间的中心距离应符合表 2-2 的规定。

表 2-2 试桩、锚桩和基准桩之间的中心距离

反 力 系 统	试桩与锚桩 (或压重平台支座墩边)	试桩与基准桩	基准桩与锚桩 (或压重平台支座墩边)
锚桩横梁反力装置	≥4d 且	≥4d 且	≥4d 且
压重平台反力装置	>2.0 m	>2.0 m	>2.0 m

注:d 为试桩或锚桩的设计直径,取其较大者(如试桩或锚桩为扩底桩时,试桩与锚桩的中心距不应小于 2 倍扩大端直径)。

3. 试验加载方式

单桩竖向静载荷试验的加载方式,应采用慢速维持荷载法。

4. 载荷分级

(1) 加载分级 加载时,荷载分级不应小于 8 级,每级加载量宜为预估极限荷载的 1/8~1/10。

(2) 卸载分级 卸载时,每级卸载值为加载值的两倍。

5. 沉降测读及稳定标准

桩顶沉降观测宜用百(千)分表。

(1) 加载时沉降测读　每级加载后,测读桩沉降量的间隔时间:初始为 5、10、15 min 时各测读一次,以后每隔 15 min 读一次,累计 1 h 后每隔 0.5 h 读一次。

(2) 稳定标准　在每级荷载作用下,桩的沉降量连续两次在每小时内小于 0.1 mm 时可视为稳定。

(3) 卸载时沉降测读　卸载后每隔 15 min 测读一次,读两次后,隔 0.5 h 再读一次,即可卸下一级荷载。全部卸载后,隔 3～4 h 再测读一次。

6. 试验终止加载的条件

符合下列条件之一时可终止加载:

(1) 当荷载-沉降(Q-s)曲线上有可判定极限承载力的陡降段,且桩顶总沉降量超过 40 mm;

(2) $\dfrac{\Delta s_{n+1}}{\Delta s_n} \geqslant 2$,且经 24 h 尚未达到稳定[①];

(3) 25 m 以上的非嵌岩桩,Q-s 曲线呈缓变型时,桩顶总沉降量为 60～80 mm;

(4) 在特殊条件下,可根据具体要求加载至桩顶总沉降量大于 100 mm。

7. 单桩竖向极限承载力的确定

单桩竖向极限承载力应按下列方法确定。

(1) 作荷载-沉降(Q-s)曲线和其他辅助分析所需的曲线。

(2) 当曲线陡降段明显时,取相应于陡降段起点的荷载值作为极限承载力。

(3) 当 $\dfrac{\Delta s_{n+1}}{\Delta s_n} \geqslant 2$,且经 24 h 尚未达到稳定时,取第 n 级荷载值作为极限承载力。

(4) 当 Q-s 曲线呈缓变形时,取桩顶总沉降量 $s=40$ mm 所对应的荷载值作为极限承载力。当桩长大于 40 m 时,宜考虑桩身的弹性压缩。

(5) 按上述方法有困难时,可结合其他辅助分析方法综合判定。对桩基沉降有特殊要求者,应根据具体情况选取。

(6) 参加统计的试桩,当满足其极差不超过平均值的 30% 时,可取其平均值作为单桩竖向极限承载力。极差超过平均值的 30% 时,宜增加试桩数量并分析离差过大的原因,结合工程具体情况确定极限承载力。若桩基承台下的桩数为 3 根及 3 根以下,则取最小值。

(7) 将单桩竖向极限承载力除以安全系数 2,即为单桩竖向承载力特征值 R_a。

2.4.2　天然地基平板载荷试验

天然地基平板载荷试验的目的是确定浅层地基土层的承压板下应力主要影响范围内的承载力和变形特性。浅层平板载荷试验只适用于地表浅层地基和地下水位以上的地层。

---

① 　Δs_n 为第 n 级荷载的沉降增量;Δs_{n+1} 为第 $n+1$ 级荷载的沉降增量;桩底支承在坚硬岩(土)层上,桩的沉降量很小时,最大加载量不应小于设计荷载的两倍。

1. 试验设备

（1）承压板 为符合轴对称的弹性理论解，平板载荷试验宜采用圆形刚性承压板。板的尺寸应根据土的软硬或岩体裂隙密度来选用。国外采用的标准承压板直径为 0.305 m。土的浅层平板载荷试验的承压板面积不应小于 0.25 m^2，根据国内的实际经验，一般采用 0.25～0.5 m^2。对软土和粒径较大的填土，其承压板面积不应小于 0.5 m^2，否则，容易发生歪斜。对碎石土，要注意碎石的最大粒径，对硬的裂隙黏土及岩层，要注意裂隙的影响。

（2）加载装置 加载装置包括压力源、载荷台架或反力构架。加载方式有两种，即堆重加载和油压千斤顶反力加载。

（3）沉降观测装置 沉降观测装置有百分表、沉降传感器或水准仪等，其精度不应低于±0.01 mm。要满足所规定的精度要求和线性特性等条件。承压板的沉降测量精度影响沉降稳定标准。

2. 试验方法

1）试坑

浅层平板载荷试验的试坑宽度或直径不应小于承压板宽度或直径的 3 倍，试坑底的试验土层应避免扰动，保持其原状结构和天然湿度，并在承压板下铺设不超过 20 mm 的砂垫层找平，保证承压板与土之间有良好的接触，并尽快安装试验设备。

为了保证试验的地基土的天然湿度与原状结构，应注意以下几点。

（1）试验前应在坑底预留 20～30 cm 的原土层，待试验开始时再挖去，并立即放下载荷板。

（2）对软黏土或饱和的松散砂，在承压板周围应预留 20～30 cm 厚的原土作为保护层。

（3）在试坑底板标高低于地下水位时，应先将水位降到坑底标高以下，并在坑底铺设 2 cm 厚的砂垫层，再放下承压板，等水位恢复以后进行试验。

2）加荷方式

加荷方式应采用分级维持荷载沉降相对稳定法（常规慢速维持荷载法）。有地区经验时，可采用分级加荷沉降非稳定法（快速法）或等沉降速率法。加荷等级宜取10～12级，并不应少于 8 级，荷载量测精度不应低于最大荷载的±1%。

3）沉降测读

（1）加荷沉降观测时间间隔 对慢速维持荷载法，每级荷载施加后，间隔 5、5、10、10、15、15 min 测读一次沉降，以后间隔 30 min 测读一次沉降。

（2）沉降稳定标准 当在连续 2 小时内，每小时的累计沉降量小于 0.1 mm 时，则认为沉降已趋稳定，可施加下一级荷载。

（3）卸荷沉降测读 当需要卸载观测回弹时，每级卸载量可为加荷增量的 2 倍，历时 1 h，每隔 15 min 观测一次。荷载完全卸载后，继续观测 3 h。

4）试验终止条件

一般情况下，载荷试验应加载至破坏，获得完整的 $p\text{-}s$ 曲线，以便确定承载力特征值。只有当试验目的为检验地基土的性质时,加荷至设计要求承载力的两倍可终止。其他情形应尽可能加荷至地基土的极限承载力,以评价承载力的安全度。

当试验出现下列情况之一时,即认为地基土已达到极限状态,可终止试验:

(1) 承压板周围的土出现明显侧向挤出,周边岩土出现明显隆起或径向裂缝持续发展;

(2) 本级荷载的沉降量大于前级荷载沉降量的 5 倍,$p\text{-}s$ 曲线出现明显的陡降;

(3) 在某级荷载下 24 h 沉降速率不能达到相对稳定标准;

(4) 总沉降量与承压板直径(或宽度)之比超过 0.06。

当满足前三种情况之一时,其对应的前一级荷载确定为极限荷载。

3. 资料整理

(1) 绘制压力-沉降量($p\text{-}s$)关系曲线。

(2) 由 $p\text{-}s$ 曲线确定地基承载力特征值。

① 当 $p\text{-}s$ 曲线具有明显直线段及转折点时,一般将转折点所对应的压力定为比例界限值,取该比例界限所对应的荷载值为地基承载力特征值。

② 当曲线无明显直线段及转折点时,可用下述方法确定比例界限:

A. 在某一级荷载下,其沉降增量超过前一级荷载压力下的沉降增量的两倍时,该压力即为比例界限;

B. 绘制 $\lg p\text{-}\lg s$ 曲线,曲线上的转折点所对应的压力即为比例界限。

③ 将曲线陡降段的渐近线和横坐标的交点定为极限荷载值。当极限荷载值小于对应比例界限的荷载值的两倍时,取极限荷载值的一半作为地基承载力特征值。

④ 当不能按上述要求确定时,若承压板面积为 0.25~0.5 m²,可取 $s/b=0.01\sim0.015$ 所对应的荷载,但其值不应大于最大加载量的一半。

(3) f_{ak} 值的确定。同一土层参加统计的试验点不应少于 3 点,当试验实测值的极差不超过其平均值的 30% 时,取此平均值作为该土层的地基承载力特征值 f_{ak}。

(4) 计算变形模量 E_0。变形模量 E_0(MPa)可由载荷试验成果 $p\text{-}s$ 曲线的直线变形段按弹性公式计算。

4. 成果应用

(1) 确定地基土承载力特征值。

(2) 确定湿陷性黄土的湿陷起始压力。

(3) 计算基础的沉降量。

5. 影响试验精度的主要因素

(1) 承压板尺寸 不同的承压板尺寸对土层的沉降量和极限压力均有一定的影响,一般用面积为 1000~5000 cm² 的承压板所得的成果比较可靠。

(2) 沉降稳定标准 每级荷载作用下的沉降稳定标准不同,则所观测的沉降量及所得的 $p\text{-}s$ 曲线和变形模量也不同。

(3) 承压板埋深 承压板埋深应与基础埋深一致。埋深越小,$p\text{-}s$ 曲线界限值越小。

（4）地基土的均匀性　载荷试验的影响深度为 1.5～2 倍承压板宽度，在这个影响范围内，只有土层的成因、类型、含水量相同时，试验成果才能反映同一土层的真实工程性质。如果土层较多，且为重要建筑的持力层，则要分层做载荷试验。

2.4.3　复合地基载荷试验

复合地基载荷试验用于测定承压板下应力主要影响范围内复合土层的承载力和变形参数。复合地基载荷试验一般包括单桩复合地基载荷试验和多桩复合地基载荷试验。

1. 试验要点

（1）复合地基载荷试验的承压板应具有足够的刚度。单桩复合地基载荷试验的承压板可采用圆形或方形，面积为一根桩承担的处理面积；多桩复合地基载荷试验的承压板可用方形或矩形，其尺寸按实际桩数所承担的处理面积确定。桩的中心（或形心）应与承压板的中心保持一致，并与荷载作用点相重合。

（2）承压板底面标高应与桩顶设计标高相适应。承压板底面下宜铺设与设计复合地基垫层相应的垫层，垫层厚度宜取 50～150 mm，桩身强度高时宜取大值。垫层上宜设中砂或粗砂找平层。试验标高处的试坑长度和宽度，应不小于承压板尺寸的 3 倍。基准梁的支点应设在试坑之外。

（3）加荷等级可分为 8～12 级，最大加载压力不应小于设计要求压力值的 2 倍。

（4）每加一级荷载前后均应测读承压板的沉降量一次，以后每半小时测读一次。当一小时内沉降量小于 0.1 mm 时，即可加下一级荷载。

（5）当出现下列现象之一时可终止试验：

① 沉降急剧增大，土被挤出或承压板周围出现明显的隆起；

② 承压板的累计沉降量已大于其宽度或直径的 6%；

③ 当达不到极限荷载，而最大加载压力已大于设计要求压力值的 2 倍。

（6）卸载级数可为加载级数的一半，等量卸载，每卸一级，间隔 0.5 h，测读回弹量，待卸完全部荷载后间隔 3 h 测读总回弹量。

2. 复合地基承载力特征值的确定

（1）当 $p\text{-}s$ 曲线上能确定出极限荷载，而其值不小于对应比例界限的 2 倍时，可取比例界限作为复合地基承载力特征值；当其值小于对应比例界限的 2 倍时，可取极限荷载的一半作为复合地基承载力特征值。

（2）当 $p\text{-}s$ 曲线是平缓的光滑曲线时，可按相对变形值确定复合地基承载力特征值。

① 对于砂石桩、振冲桩或强夯置换墩复合地基：当以黏性土为主的地基，可取 s/b 或 s/d 等于 0.015 所对应的压力（s 为载荷试验承压板的沉降量；b 和 d 分别为承压板宽度和直径，当其值大于 2 m 时，按 2 m 计算）；当以粉土或砂土为主的地基，可

取 s/b 或 s/d 等于 0.01 所对应的压力。

② 对于土挤密桩、石灰桩或柱锤冲扩桩复合地基,可取 s/b 或 s/d 等于 0.012 所对应的压力。对灰土挤密桩复合地基,可取 s/b 或 s/d 等于 0.008 所对应的压力。

③ 对于水泥粉煤灰碎石桩或夯实水泥土桩复合地基:当以卵石、圆砾、密实粗中砂为主的地基,可取 s/b 或 s/d 等于 0.008 所对应的压力;当以黏性土、粉土为主的地基,可取 s/b 或 s/d 等于 0.01 所对应的压力。

④ 对于水泥土搅拌桩或旋喷桩复合地基,可取 s/b 或 s/d 等于 0.006 所对应的压力。

⑤ 对于有经验的地区,也可按当地经验确定相对变形值。

按相对变形值确定的承载力特征值不应大于最大加载压力的一半。

(3) 复合地基载荷试验的试验点的数量不应少于 3 点,当满足其极差不超过平均值的 30% 时,可取其平均值作为复合地基承载力特征值。

2.5　静力触探试验

静力触探试验(CPT,cone penetration test)是用静力匀速将标准规格的圆锥形探头按一定的速率压入土(或其他介质)中,同时量测探头阻力,测定土(或其他介质)的力学特性的方法。静力触探试验具有勘探和测试双重功能。

在地基处理过程中,可用静力触探试验对灰土桩、石灰桩等桩体进行触探,由量测到的探头阻力来推求桩身强度,进而判断桩身质量。

1. 静力触探的用途

(1) 划分土层。

(2) 确定地基处理前后砂土的密度和黏性土的状态。

(3) 判断地基处理后桩身强度及成桩质量。

(4) 评价地基处理前后土的承载力、压缩性质、不排水强度、砂土液化等特性。

(5) 检查人工填土的质量。

(6) 探测桩基持力层,预估沉桩可能性和单桩承载力。

2. 试验设备

(1) 加压系统,包括主机和触探杆。

(2) 反力系统,可以采用三种形式:仪器自重、外加重物、地锚。

(3) 探头,分为单桥和双桥探头。

(4) 量测和记录仪器。量测方式有如下两种:

① 间断测记　采用人工记录,一般每 5 cm 记录一次;

② 连续自动记录　用电子电位差计自动记录贯入阻力随深度的变化曲线。

3. 试验要点

(1) 整平场地,设置反力装置,安装触探机,以保证探杆垂直贯入。

（2）选用适当探头，检查探头和量测仪器是否合格和正常，接通电源。

（3）贯入土中 0.5～1.0 m，然后提升 5 cm 左右，静置约 10 min，调整零位或测记初读数。

（4）正式开始贯入，并记录贯入阻力，标准贯入速率为 (1.2 ± 0.3) m/min。在 6 m 以内，每 1～2 m 测记一次零读数；超过 6 m 后，每 5～6 m 测记一次零读数。

（5）到达预定深度后，测记零读数，提升探杆和探头，拆除设备。

4. 资料整理

（1）原始记录误差和异常现象的改正和处理。

（2）算出各点的比贯入阻力 p_s（单桥探头）、锥头阻力 q_c 及侧阻力 f_s（双桥探头）。

（3）绘制单孔静力触探曲线图。

（4）根据静力触探成果，分析地基处理效果。

5. 在石灰桩桩身质量检测中的应用

1）石灰桩施工检测

石灰桩施工检测可采用静力触探的手段对成桩质量和桩体密实度进行检验。一般在成桩后 7～10 d 内进行桩体静力触探检验。成桩的其他条件相同，土质和配合比不同时，桩身 p_s 值将不尽相同，其数据表明：成桩质量符合要求的桩，7～10 d 内桩身 p_s 值的变化范围为 2.5～4.0 MPa。表 2-3 列出了桩身质量的判别标准。

表 2-3　石灰桩桩身质量标准

天然地基承载力特征值 f_{ak}/kPa	桩身 p_s 值/MPa		
	不合格	合格	良
$f_{ak}<70$	<2.0	2.0～3.5	>3.5
$f_{ak}>70$	<2.5	2.5～4.0	>4.0

p_s 值不合格的桩，参考施工记录确定补桩范围，在施工结束前完成补桩，如用 N_{10} 轻便触探检验，以每 10 击相当于 $p_s=1$ MPa，按表 2-3 换算。试验证明，当底部桩身具有一定强度时，由于化学反应的结果，其后期强度可以提高，但当 7～10 d 内，比贯入阻力很小（p_s 值小于 1 MPa）时，其后期强度的提高有限。

2）石灰桩复合地基竣工验收检测

按《建筑地基处理技术规范》JGJ 79—2002，石灰桩复合地基竣工验收检测应采用复合地基载荷试验。经验尚不成熟的地区可同时采用载荷试验与静力触探（或轻便动力触探）等方法，待积累到较多的数据足以得到两种方法判定复合地基承载力的相关关系以后，即可采用静力触探一种方法进行复合地基加固效果检测。

用静力触探来确定石灰桩复合地基的加固效果是较简捷的方法。它主要通过与载荷试验对比来间接地得到 p_s 值与复合地基承载力 f_{spk} 及压缩模量 E_{sp} 值的关系。静力触探应在地基加固区的不同部位随机抽样进行测试，检测部位为桩中心及桩间土，每两点为一组，检测组数不少于总桩数的 1%。静力触探检测深度应大于桩长，如有异常情况,应增加测点并判明原因(如探头是否偏出桩体等)。关于桩体强度的确定,可取 $0.1\ p_s$ 为桩体比例界限,这是经过桩体取样在试验机上做抗压试验求得比例界限与原位静力触探 p_s 值对比的结果。根据比例极限值及桩间土承载力,可用石灰桩复合地基的承载力公式来计算复合地基承载力,但仅适用于掺合料为粉煤灰、煤渣的情况。

2.6 圆锥动力触探试验

圆锥动力触探试验(DPT,dynamic penetration test)是用一定质量的重锤,以一定高度的自由落距,将标准规格的圆锥形探头贯入土(或其他介质)中,根据打入土(或其他介质)中一定距离所需的锤击数,判定土(或其他介质)的力学特性的方法。圆锥动力触探试验具有勘探和测试双重功能。

圆锥动力触探试验的类型可分为轻型、重型和超重型三种。锤重分别为 10 kg、63.5 kg 和 120 kg。轻型动力触探可应用于石灰桩的施工检测,即通过锤击数来判定石灰桩桩体的密实度。重型动力触探可应用于碎石桩的桩体密实度检验。通过对碎石桩轴心处采用重型动力触探试验进行桩的密实程度检测,采用的判别准则见表2-4。当连续出现下沉量大于 7 cm 的桩长达 0.5 m,或间断出现大于 7 cm 下沉量的累计桩长在 1 m 以上的桩,应采取补强措施。

表 2-4 碎石桩密实程度判别准则

连续 5 击下沉量/cm	密 实 程 度
<7	密实
7~10	不够密实
10~13	不密实
>13	松散

习 题

1. 为什么说地基处理现场监测和质量检验是地基处理工程的重要环节?
2. 试述地基处理现场监测与质量检验的目的、内容与方法以及应注意的问题。
3. 简述单桩竖向静载荷试验、天然地基载荷试验和复合地基载荷试验的试验方法及承载力确定方法。
4. 静力触探和动力触探在地基处理工程检测中有哪些应用?

第 2 篇　均质人工地基处理方法

- 换填垫层法
- 排水固结法
- 强夯法

3 换填垫层法

3.1 概述

当软土地基的承载力和变形满足不了设计要求,而软土层的厚度又不是很大时,将基础底面以下处理范围内的软土层部分或全部挖除,然后分层换填强度较高的砂(碎石、素土、灰土、炉渣、粉煤灰)或其他性能稳定、无侵蚀性的材料,并压实至所要求的密实度为止,这种地基处理方法称为换填垫层法,简称为换填法。换填法多用于公路构筑物的地基处理,在建筑工程中也有一定范围的应用。换填法的加固原理是根据土中附加应力分布规律,使垫层承受上部较大的应力,软弱土层承担较小的应力,以满足设计对地基的要求。

机械碾压、重锤夯实、平板振动可作为压(夯、振)实垫层的不同施工方法,这些施工方法不但可处理分层回填,又可加固地基表层土。

垫层通常按所换填的材料命名,例如砂垫层、碎石垫层、素土垫层、干渣垫层和粉煤灰垫层等。

虽然不同材料的垫层,其应力分布稍有差异,但从试验结果分析,其极限承载力还是比较接近的。通过沉降观测资料发现,不同材料垫层的特点基本相似,故可以近似地按砂垫层的计算方法进行计算。但对湿陷性黄土、膨胀土、季节性冻土等某些特殊土采用换填垫层法处理时,因其主要处理目的是为了消除或部分消除地基土的湿陷性、膨胀性和冻胀性,所以在设计时所需考虑解决问题的关键也应有所不同。

3.2 垫层的作用

垫层具有以下作用。

1. 提高持力层的承载力

通过扩散作用使传到垫层下软弱层的应力减小。

2. 减小沉降量

一般地基浅层部分的沉降量在总沉降量中所占的比例是比较大的。以条形基础为例,在相当于基础宽度深度范围内的沉降量约占总沉降量的 50%,如以密实砂或其他填筑材料代替上部软弱土层,就可以减小这部分的沉降量。砂垫层或其他垫层对应力的扩散作用,使作用在下卧土层的压力较小,这样也会相应减小下卧土层的沉降量。

3. 加速软弱土层的排水固结

不透水基础直接与软弱土层相接触时,在荷载的作用下,软弱土地基中的水被迫绕基础两侧排出，因而使基底下的软弱土不易固结，形成较大的孔隙水压力，还可能导致由于地基强度降低而产生塑性破坏的危险。砂垫层和砂石垫层等垫层材料透水性大，软弱土层受压后，垫层可作为良好的排水面，使基础下面的孔隙水压力迅速消散，加速垫层下软弱土层的固结和提高其强度，避免地基土塑性破坏。

4. 防止冻胀

因为粗颗粒的垫层材料孔隙大，不易产生毛细现象，因此可以防止寒冷地区土中的冰所造成的冻胀。这时，砂垫层的底面应满足当地冻结深度的要求。

5. 消除膨胀土的胀缩作用

在各类工程中，垫层所起的主要作用有时也是不同的，对膨胀土地基而言主要是消除膨胀土的胀缩作用。

换填法适用于淤泥、淤泥质土、湿陷性黄土、素填土、杂填土地基及暗沟、暗塘等的浅层处理。通常基坑开挖后，利用分层回填压实，也可处理较深的软弱土层，但经常由于地下水位高而需要采取降水措施；坑壁放坡占地面积大或需要基坑支护，以及施工土方量大、弃土多等因素，从而使处理费用增高、工期拖长，因此换填法的处理深度通常宜控制在 3 m 以内，但也不宜小于 0.5 m。如果垫层太薄，则换填垫层的作用也不显著。

3.3　土的压实原理

当黏性土的土样含水量较小时，粒间引力较大，在一定的外部压实作用下，如果还不能有效地克服引力而使土粒相对移动，这时压实效果就比较差；当增大土样含水量时，结合水膜逐渐增厚，减小引力，土粒在相同压实功能条件下易于移动而挤密，所以压实效果较好；但当土样含水量增大到一定程度后，孔隙中就出现了自由水，结合水膜的扩大作用就不大了，因而引力的减小也不显著，此时自由水填充在孔隙中，从而阻止了土粒的移动，所以压实效果又趋下降。这就是土的压实原理。

在工程实践中，对垫层碾压质量的检验，要求能获得填土的最大干密度 ρ_{dmax}。其最大干密度可用室内击实试验确定。在标准的击实方法条件下，对于不同含水量的土样，可得到不同的干密度 ρ_{d}，从而绘制干密度 ρ_{d} 和制备含水量 w 的关系曲线，在曲线上 ρ_{d} 的峰值，即为最大干密度 ρ_{dmax}，与之相应的制备含水量即为最优含水量 w_{op}。通常情况下，理论曲线高于实验曲线，其原因是由于理论曲线是在假定土中空气被全部排出而孔隙完全被水所占据的条件下导出的，但事实上空气不可能被完全排除，因此实际的干密度就比理论值小。

上述分析是对某一特定压实功能而言的，如果改变压实功能，则曲线的基本形态不变，但曲线位置却发生移动。在加大压实功能时，最大干密度增大，最优含水量却减小，亦即压实功能愈大，则愈容易克服粒间引力，因此在较低含水量下可达到更大的密实程度。

相同的压实功能对不同土料的压实效果并不完全相同，黏粒含量较多的土，土粒间的引力就较大，只有在比较大的含水量时，才能达到最大干密度的压实状态。

击实试验是用锤击方法使土的密度增加,以模拟现场土压实的室内试验。实际上击实试验中,土样是在有侧限的击实筒内,不可能发生侧向位移,力作用在有侧限体积的整个土体上,且夯实均匀,在最优含水量状态下所获得的最大干密度。而现场施工的土料,土块大小不一,含水量和铺填厚度又很难控制均匀,实际压实土的均质性差。因此,对现场土的压实,应以压实系数 λ(土的控制干密度 ρ_d 与最大干密度 ρ_{dmax} 之比)与施工含水量(最优含水量 $w_{op}\pm2\%$)来进行检验。

3.4 垫层设计

1. 垫层厚度的确定

垫层厚度 z(见图 3-1)应根据需置换软弱土的深度或下卧土层的承载力确定,并符合式(3-1)的要求。

$$p_z + p_{cz} \leqslant f_{az} \tag{3-1}$$

式中:p_z——相应于荷载效应标准组合时,垫层底面处的附加压力值(kPa);

p_{cz}——垫层底面处土的自重压力值(kPa);

f_{az}——垫层底面处经深度修正后的地基承载力特征值(kPa)。

垫层厚度不宜小于 0.5 m,也不宜大于 3 m。

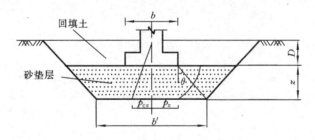

图 3-1 垫层内应力分布

垫层底面处的附加压力值 p_z 可分别按式(3-2)、式(3-3)进行简化计算。

对于条形基础

$$p_z = \frac{b(p_k - p_c)}{b + 2z\tan\theta} \tag{3-2}$$

对于矩形基础

$$p_z = \frac{bl(p_k - p_c)}{(b + 2z\tan\theta)(l + 2z\tan\theta)} \tag{3-3}$$

式中:b——矩形基础或条形基础底面的宽度(m);

l——矩形基础底面的长度(m);

p_k——相应于荷载效应标准组合时,基础底面处的平均压力值(kPa);

p_c——基础底面处土的自重压力值(kPa);

z——基础底面下垫层的厚度(m);

θ——垫层的压力扩散角,宜通过试验确定,当无试验资料时,可按表 3-1 选用。

表 3-1　压力扩散角 θ

z/b	换 填 材 料		
	中砂、粗砂、砾砂、圆砾、角砾、石屑、卵石、碎石、矿渣	粉质黏土、粉煤灰	灰土
0.25	20°	6°	28°
≥0.50	30°	23°	28°

注:① 当 $z/b<0.25$ 时,除灰土取 $\theta=28°$ 外,其余材料均取 $\theta=0°$,必要时,宜由试验确定;
　　② 当 $0.25<z/b<0.5$ 时,θ 值可用内插法求得。

2. 垫层宽度的确定

垫层底面的宽度应满足基础底面应力扩散的要求,可按下式确定。

$$b' \geqslant b + 2z\tan\theta \tag{3-4}$$

式中:b'——垫层底面宽度(m);

θ——压力扩散角,可按表 3-1 采用;当 $z/b<0.25$ 时,仍按表中 $z/b=0.25$ 取值。

整片垫层底面的宽度可根据施工的要求适当加宽。

垫层顶面宽度可从垫层底面两侧向上按基坑开挖期间保持边坡稳定的当地经验放坡确定。垫层顶面每边超出基础底边不宜小于 300 mm。

3. 垫层承载力的确定

经换填处理后的地基,由于理论计算方法尚不够完善,垫层的承载力宜通过现场载荷试验确定。当无试验资料时,可按表 3-2 选用,并应验算下卧层的承载力。

表 3-2　各种垫层的承载力

施工方法	换填材料类别	压实系数 λ_c	承载力特征值 f_{ak}/kPa
碾压、振密或重锤夯实	碎石、卵石	0.94~0.97	200~300
	砂夹石(其中碎石、卵石的质量分数为 30%~50%)		200~250
	土夹石(其中碎石、卵石的质量分数为 30%~50%)		150~200
	中砂、粗砂、砾砂、角砾、圆砾		150~200
	粉质黏土		130~180
	灰土	0.93~0.95	200~250
	粉煤灰	0.90~0.95	120~150
	石屑	—	120~150
	矿渣	—	200~300

注:① 压实系数 λ_c 为土的控制干密度 ρ_d 与最大干密度 ρ_{dmax} 的比值,土的最大干密度宜采用击实试验确定,碎石或卵石的最大密度可取 2.0~2.2 t/m³;
　　② 采用轻型击实试验时,压实系数 λ_c 宜取高值;采用重型击实试验时,压实系数 λ_c 可取低值;
　　③ 矿渣垫层的压实指标为最后两遍压实的压陷差小于 2 mm;
　　④ 压实系数小的垫层,承载力特征值取低值,反之取高值;
　　⑤ 原状矿渣垫层取低值,分级矿渣或混合矿渣垫层取高值。

4. 沉降计算

对于垫层下存在软弱下卧层的建筑,在进行地基变形计算时应考虑邻近基础对软弱下卧层顶面应力叠加的影响。当超出原地面标高的垫层或换填材料的重度高于天然土层重度时,宜早换填,并应考虑其附加的荷载对建筑及邻近建筑的影响。

垫层地基的变形由垫层自身变形和下卧层变形组成。粗粒换填材料的垫层在满足本节前面的条件下,在施工期间垫层自身的压缩变形已基本完成,且量值很小,垫层地基的变形可仅考虑其下卧层的变形。但对于细粒材料的尤其是厚度较大的换填垫层或对沉降要求严格的建筑,应计算垫层自身的变形,有关垫层的模量应根据试验或当地经验确定。在无试验资料或经验时,可参照表3-3选用。

表 3-3 垫层模量 （单位:MPa）

垫层材料	压缩模量 E_s	变形模量 E_0
粉煤灰	8～20	—
砂	20～30	—
碎石、卵石	30～50	—
矿渣	—	35～70

注:压实矿渣的 E_0/E_s 比值可按 1.5～3 取用。

垫层下卧层的变形量可按现行国家标准《建筑地基基础设计规范》GB 50007 的有关规定计算。下卧层顶面承受换填材料本身的压力超过原天然土层压力较多的工程,地基下卧层将产生较大的变形。如工程条件许可,宜尽早换填,以使由此引起的大部分地基变形在上部结构施工之前完成。

5. 垫层材料的选用

1）砂石

砂石是良好的换填材料。砂石垫层材料宜选用碎石、卵石、角砾、圆砾、砾砂、粗砂、中砂或石屑(粒径小于 2 mm 的部分不应超过总重的 45%),应级配良好,不含植物残体、垃圾等杂质。对具有排水要求的砂垫层宜控制含泥量不大于 3%。当使用粉细砂作换填材料时,应改善材料的级配状况,在掺入不少于总重 30% 的碎石或卵石使其颗粒不均匀系数不小于 5,并拌和均匀后,方可用于铺填垫层。砂石的最大粒径不宜大于 50 mm,并通过试验确定虚铺厚度、振捣遍数、振捣器功率等技术参数。对湿陷性黄土地基,不得选用砂石等透水材料。

开挖基坑时应避免坑底土层扰动,可保留 200 mm 厚土层暂不挖去,待铺砂前再挖至设计标高,如有浮土必须清除。当坑底为饱和软土时,须在与土面接触处铺一层细砂起反滤作用,其厚度不计入砂石垫层设计厚度内。

砂石垫层施工一般可采用振动碾或振动压实机等压密,其压实效果、分层铺填厚度、压实遍数、最优含水量等应根据具体施工方法及施工机具通过现场试验确定,也可根据施工方法的不同控制最优含水量。用平板振动器时,最优含水量为 15%～

20%；用平碾及蛙式夯时，最优含水量为 8%～12%；采用插入式振动器时，宜对饱和的碎石、卵石或矿渣充分洒水湿透后进行机械压实。

同一建筑下砂石垫层设计厚度不同时，顶面标高应相同，厚度不同的砂石垫层搭接处或分段施工的交界处，应做成踏步或斜坡，加强捣实，并酌量增加质量检查点。

2) 粉质黏土

土料中有机质含量不得超过 5%，亦不得含有冻土或膨胀土，不得夹有砖、瓦和石块等渗水材料，当含有碎石时，粒径不宜大于 50 mm。当采用粉质黏土大面积换填并使用大型机械夯压时，土料中的碎石粒径可稍大于 50 mm，但不宜大于 100 mm，否则将影响垫层的夯压效果。

3) 灰土

灰土的体积配合比宜为 2∶8 或 3∶7。土料宜采用粉质黏土，不宜使用块状黏土和砂质粉土，不得含有松软杂质，并应过筛，其颗粒粒径不得大于 15 mm。灰土强度随土料中黏粒含量增高而加大，塑性指数小于 4 的粉土中的黏粒含量太少，不能达到提高灰土强度的目的，因而不能用于拌和灰土。石灰宜采用新鲜的消石灰，其颗粒粒径不得大于 5 mm。

4) 粉煤灰

可用于道路、堆场和小型建筑物、构筑物等的换填垫层。粉煤灰垫层上宜覆土 0.3～0.5 m。粉煤灰垫层中采用掺加剂时，应通过试验确定其性能及适用条件。作为建筑物垫层的粉煤灰应符合有关放射性安全标准的要求。粉煤灰垫层中的金属构件、管网宜采用适当的防腐措施。大量填筑粉煤灰时应考虑对地下水和土壤的环境影响。

5) 矿渣

垫层使用的矿渣是指高炉重矿渣，可分为分级矿渣、混合矿渣及原状矿渣。矿渣垫层主要用于堆场、道路和地坪，也可用于小型建筑物和构筑物地基。选用矿渣的松散重度不小于 11 kN/m³，有机质及含泥总量不超过 5%。设计、施工前必须对选用的矿渣进行试验，在确认其性能稳定并符合安全规定后方可使用。作为建筑物垫层的矿渣应符合对放射性安全标准的要求。易受酸、碱影响的基础或地下管网不得采用矿渣垫层。大量填筑矿渣时，应考虑对地下水和土壤的环境影响。

6) 其他工业废渣

在有可靠试验结果或成功工程经验时，对质地坚硬、性能稳定、无腐蚀性和放射性危害的工业废渣等均可用于填筑换填垫层。被选用工业废渣的粒径、级配和施工工艺等应通过试验确定。

7) 土工合成材料

由分层铺设的土工合成材料与地基土构成加筋垫层。所用土工合成材料的品种与性能及填料的土类应根据工程特性和地基土条件，按照现行国家标准《土工合成材料应用技术规范》GB 50290 的要求,通过设计并进行现场试验后确定。

作为加筋的土工合成材料应采用抗拉强度较高、受力时伸长率不大于 5%、耐久性好、抗腐蚀的土工格栅、土工格室、土工垫或土工织物等土工合成材料;垫层填料宜用碎石、角砾、砾砂、粗砂、中砂或粉质黏土等材料。当工程要求垫层具有排水功能时,垫层材料应具有良好的透水性。在软土地基上使用加筋垫层时,应保证建筑稳定并满足允许变形的要求。

采用土工合成材料加筋垫层时,应根据工程荷载的特点、对变形的要求、对稳定性的要求、地基土的工程性质、地下水的性质以及土工合成材料的工作环境等,选择土工合成材料的类型、布置形式及填料品种。

3.5 粉煤灰垫层

粉煤灰垫层是对软土地基采用的换填加固技术之一。粉煤灰排放堆积,不仅占用宝贵的土地资源,而且对生态环境构成不同程度的污染。建造贮灰场又要耗费国家大量的基本建设投资费用和农业用地。因此,对粉煤灰的处理和利用已成为我国一个比较突出的经济和社会问题,迫切需要在岩土工程范围内开发利用粉煤灰资源,将粉煤灰作为软土换填材料使用。经上海宝钢工程、上海冷轧薄板工程、上海关港港区工程、上海外高桥港区工程等各项重点建设工程填筑粉煤灰垫层的工程实例证明,粉煤灰是一种良好的地基处理材料,具有良好的物理力学性能,能满足工程设计技术要求。

粉煤灰垫层适用于厂房、机场、公路和堆场等工程的大面积填筑。

1. 粉煤灰的工程特性及其对环境的影响

1)自重轻

粉煤灰的重度比黏性土小得多,一般松散重度为 $6\sim7$ kN/m³,经轻型击实试验后,干重度为 $9.2\sim13.5$ kN/m³。粉煤灰比土要轻得多,产生差别的原因在于粉煤灰主要是以硅、铝为主的非晶态玻璃球体组成,结晶矿物含量较少。而黏性土矿物都由石英、长石和黏土矿物等晶体矿物组成,因此粉煤灰的相对密度和重度均比黏性土为小。粉煤灰自重轻给回填土工程带来有利的一面,可降低对下卧土层的压力,减小沉降;如利用该特点,道路路堤的填筑工程高度现在可提高至 8 m,可打破土路堤 4.5 m 的高度极限。

2)击实性能好

粉煤灰的颗粒组成特点,使它具有可振实或碾压的条件,击实试验曲线峰值段比天然土具有相对宽的最优含水量区间,粉煤灰的最优含水量变动幅度是 $\pm4\%$,大于土的 $\pm2\%$ 的变动幅度。因此,粉煤灰在回填施工过程中达到设计密实度要求的含水量容易控制,施工质量容易得到保证。

3)抗剪强度

抗剪试验按直剪(快剪)和三轴剪(固结不排水剪)分别进行,粉煤灰的内摩擦角

φ、黏聚力 c 均与粉煤灰的灰种、剪切方法、压实系数大小和龄期长短有关。上海规范 DBJ 08—40—94 指出，c、φ 值应通过室内土工试验确定。若无试验资料时可定为：当压实系数为 0.90～0.95 时，黏聚力为 5～30 kPa，内摩擦角为 23°～30°。

4）压缩性

粉煤灰的压缩性能与击实功能、密实度和饱和程度等因素有关，上海规范指出应通过土工试验确定。若无试验资料，当压实系数为 0.90～0.95 时，压缩模量为 8～20 MPa。

5）承载能力

由粉煤灰垫层经压实后承载能力的试验结果得知，粉煤灰垫层具有遇水后强度降低的特性。当无试验资料时，对压实系数为 0.90～0.95 的浸水垫层，其容许承载力可采用 120～200 kPa，但尚应满足软弱下卧层的强度与地基变形要求。

6）渗透性

由于粉煤灰颗粒组成近似砂质粉土，压实过程中与压实初期都具有较大的渗透系数，但随着龄期的增加，渗透性能逐渐减弱。上海粉煤灰初始渗透系数在 10^{-4}～10^{-5} cm/s 之间变化，明显大于黏性土。良好的透水性能给多雨地区的施工带来方便，并且由于透水性好，由外力引起的孔隙水压力也消散得快。

粉煤灰还具有较强的龄期效应。处于松散状态下的细颗粒并有水存在时，会在常温下与氢氧化钙产生化学反应，形成具有胶凝能力的化合物，这种反应即成为火山反应。这种反应的产物有效填充了孔隙，从而使强度和抗渗性能得到改善，前述抗剪强度和承载能力随龄期提高，其原因也在于此。这一特性还能使垫层在后期形成一块具有隔水性能的板块，其刚度和强度均较好，这就大大地改善了地基的承载能力。

7）抗液化性

粉煤灰经压实后是否能避免在振动条件下液化，对此，在宝钢工程中进行了较为系统的分析。通过标准贯入试验证明不会发生液化。不同于抗地震能力较低的粉土或粉砂，由于粉煤灰具有一定的胶凝作用，在压实系数大于 0.9 时，即可抵抗 7 度地震液化。

8）对环境的影响

粉煤灰是一种碱性材料，遇水后由于碱性可溶物的析出，pH 值会升高，如宝钢粉煤灰的 pH 值可达 10～12。同时粉煤灰中还含有一定量的微量有害元素和放射性元素，因此粉煤灰在填筑过程中是否能推广应用，在很大程度上取决于是否能满足我国现行的有关环境保护方面的要求。

实践表明，粉煤灰的 pH 值及硼、微量有害元素、放射性元素等的含量一般能满足有关环境保护的要求。

2. 粉煤灰垫层的设计和施工

（1）前已述及各种材料的垫层设计都可近似地按砂垫层的计算方法进行计算，故对粉煤灰垫层的地基承载力计算、下卧层强度的验算和地基沉降的计算方法与砂

(砂石、碎石)垫层基本相同,此处不再赘述。

(2)粉煤灰垫层可采用分层压实法。压实可用平板振动器、蛙式打夯机、压路机或振动压路机等。机具选用应按工程性质、设计要求和工程地质条件等确定,粉煤灰垫层不应采用水沉法或浸水饱和施工。

(3)对过湿的粉煤灰应沥干装运,装运时含水量以15%～25%为宜,底层粉煤灰宜选用较粗的灰,并使含水量稍低于最优含水量。

(4)施工压实参数(ρ_{dmax}、w_{op})可由室内轻型击实试验确定,压实系数应根据工程性质、施工机具、地质条件等因素选定,一般可取0.90～0.95。

(5)填筑应分层铺筑与碾压、设置泄水沟或排水盲沟。垫层四周宜设置具有防冲刷功能的帷幕。

(6)虚铺厚度和碾压应通过现场小型试验确定。若无试验资料时,可选用铺筑厚度为200～300 mm,碾压后的压实厚度为150～200 mm。

(7)对小型工程可采用人工分层摊铺,在整平后用平板振动器或蛙式打夯机进行压实。施工时应一板压1/3～1/2板往复压实,由外围向中间进行,直至达到设计密实度要求为止。

大中型工程可采用机械摊铺,在整平后用履带式机具初压两遍,然后用中、重型压路机碾压,施工时应一轮压1/3～1/2板往复碾压,后轮必须超过两施工段的接缝。碾压次数一般为4～6遍,碾压至达到设计密实度要求为止。

(8)施工时宜当天铺筑,当天压实。若压实时呈松散状,则应洒水湿润再压实,所洒水的水质应不含油质,pH值为6～9。若出现"橡皮土"现象,则应暂缓压实,并采取开槽、翻开晾晒或换灰等方法处理。

(9)施工时压实含水量应控制在最优含水量区间 $w_{op}\pm4\%$ 范围内。

(10)施工时最低气温不低于0 ℃,以防粉煤灰含水冻胀。

3.6　垫层施工方法

垫层施工方法按密实方法分类有:机械碾压法、重锤夯实法和平板振动法。施工时应根据不同的换填材料选择施工机械。

1. 机械碾压法

机械碾压法是采用各种压实机械(见表3-4)来压实地基土的密实方法。此法常用于基坑底面积宽大,开挖土方量较大的工程。

工程实践中,对垫层碾压质量的检验要求获得填土最大干密度。其关键在于施工时控制每层的铺设厚度和最优含水量,其最大干密度和最优含水量宜采用击实试验确定。为了将室内击实试验的结果应用于设计和施工中,必须研究室内击实试验和现场碾压的关系。所以施工参数(如施工机械、铺填厚度、碾压遍数与填筑含水量等)都必须由工地试验确定。在施工现场相应的压实功能下,由于现场条件终究与室内试验不同,因而对现场应以压实系数 λ_c 与施工含水量进行控制。在不同的场合,可按表 3-4 选用。

表 3-4 垫层的每层铺填厚度及压实遍数

施 工 设 备	每层铺填厚度/mm	每层压实遍数
平碾(8～12 t)	200～300	6～8
羊足碾(5～16 t)	200～350	8～16
蛙式夯(200 kg)	200～250	3～4
振动碾(8～15 t)	600～1300	6～8
振动压实机(2 t,振动力 98 kN)	1200～1500	10
插入式振动器	200～500	—
平板式振动器	150～250	—

2. 重锤夯实法

重锤夯实法是用起重机械将夯锤提升到一定高度,然后自由落锤,不断重复夯击以加固地基的密实方法。重锤夯实法一般适用于地下水位距地表 0.8 m 以上稍湿的黏性土、砂土、湿陷性黄土、杂填土和分层填土。

重锤夯实采用圆台形锤,锤重宜大于 2 t,锤底面的单位静压力宜为 15～20 kPa,夯锤落距宜大于 4 m。

重锤夯实宜一夯挨一夯顺次进行。在独立柱基基坑内,宜按先外后里的顺序夯击。同一基坑底面标高不同时,应按先深后浅的顺序逐层夯实,一般累计夯击 10～15 遍。最后两击平均夯沉量:对砂土应不超过 5～10 mm,对细颗粒土应不超过 10～20 mm。

重锤夯实的现场试验应确定最少夯击遍数、最后两遍平均夯沉量和有效夯实深度等。有效夯实深度一般可达 1 m 左右,并可消除 1.0～1.5 m 厚湿陷性黄土层的湿陷性。

3. 平板振动法

平板振动法是使用振动压实机来处理无黏性土或黏粒含量少、透水性较好的松散杂填土等地基的密实方法。

振动压实机的工作原理是由电动机带动两个偏心块,以相同速度方向转动而产生很大的垂直振动力。这类振动机的转速为 1160～1180 r/min,振幅为 3.5 mm,质量为 2 t,振动力可达到 50～100 kN,并能通过操纵机械使它前后移动或转弯。

振动压实的效果与填土成分、振动时间等因素有关。一般振动时间越长,效果越好,但振动时间超过某一值后,振动引起的下沉基本稳定,即使再继续振动也不能起到进一步的压实作用。为此,需要在施工前进行试振,得出稳定下沉量和时间的关系。对主要由炉渣、碎砖、瓦块组成的建筑垃圾,振实时间为 3～5 min,有效振动深度为 1.2～1.5 m。

振实范围应从基础边缘放出 0.6 m 左右,先振基槽两边,后振中间,其振实的标准是以振动机原地振实不再继续下沉为合格,并辅以轻便触探试验检验其均匀性及影响深度。振实后地基的承载力宜通过现场载荷试验确定。一般经振实的杂填土地基的承载力可达 100~120 kPa。

砂石料宜采用振动碾或振动压实机等压密,其压实效果、分层铺填厚度、压实遍数、最优含水量等应根据具体施工方法及施工机具通过现场试验确定,也可根据施工方法的不同控制最优含水量。采用平板振动器时,最优含水量为 15%~20%;采用平碾及蛙式夯时,最优含水量为 8%~12%;采用插入式振动器时,宜对饱和的碎石、卵石或矿渣充分洒水湿透后进行夯压。

对垫层底部存在古井、古墓、洞穴、旧基础、暗塘等软硬不均的部位时,应先予以清理后,再用砂石逐层回填夯实,并经检验合格后,方可铺填上一层砂石料后再行施工。

严禁扰动垫层下卧的软土。为防止践踏、受冻、浸泡或暴晒过久,坑底可保留200 mm 厚土层暂不挖去,待铺砂石料前再挖至设计标高;如有浮土,必须清除;当坑底为饱和软土时,必须在土面接触处铺一层细砂起反滤作用,其厚度不计入垫层设计厚度内。

砂石垫层的底面宜铺设在同一标高上,如置换深度不同,基底土层面应挖成阶梯或斜坡搭接,并按先深后浅的顺序施工,搭接处应夯压密实。垫层竣工后,应及时施工基础和回填基坑。

垫层的施工方法、分层铺填厚度、每层压实遍数等宜通过试验确定。一般情况下,垫层的分层铺填厚度可取 200~300 mm。为保证分层压实质量,应控制机械碾压速度,一般平碾为 2 km/h;羊足碾为 3 km/h;振动碾为 2 km/h;振动压实机为0.5 km/h。

人工级配的砂石应拌和均匀。用细砂作填料时,应注意地下水的影响,且不宜使用平振法、插振法和水振法。

当地下水位高于基坑底面时,宜采用排水或降水措施,还应注意边坡稳定,以防止坍土混入砂石垫层中。

3.7 质量检验

对粉质黏土、灰土、粉煤灰和砂石垫层的施工质量检验可用环刀法、贯入仪法、静力触探、轻型动力触探或标准贯入试验检验;对砂石、矿渣垫层可用重型动力触探试验检验,并均应通过现场试验以设计压实系数所对应的贯入度为标准检验垫层的施工质量。压实系数也可采用环刀法、灌砂法、灌水法或其他方法检验。

下面介绍砂(砂石、碎石)垫层的质量检验所采用的主要方法。

1. 环刀法

用容积不小于 200 cm³ 的环刀压入每层 2/3 的深度处取样,取样前测点表面应刮去 30~50 mm 厚的松砂,环刀内砂样应不包含大于 10 mm 的泥团和石子。测定其干密度应符合设计要求才认为合格。

砂石或卵(碎)石垫层的质量检验,可在砂石(或碎石、卵石、砾石)垫层中设置纯砂点,在相同的施工条件下,用环刀取样测定其干密度。

2. 贯入测定法

先将砂垫层表面 30~50 mm 厚的砂刮去,然后用钢筋的贯入度大小来定性地检查砂垫层的质量。根据砂垫层的控制干密度预先进行相关性试验来确定贯入度值。可采用直径 20 mm 及长度 1.25 m 的平头钢筋,自 700 mm 高处自由落下,贯入深度以不大于根据该砂的控制干密度测定的深度为合格。

砂(砂砾、碎石)垫层填筑工程竣工质量验收可采用以下方法中的一种或几种方法进行检测:静载荷试验;标准贯入试验法;N_{10} 轻便触探法;动测法;静力触探法等。

当有成熟经验表明通过分层施工质量检查能满足工程要求时,也可不进行工程质量的整体验收。

垫层的施工质量检验必须分层进行,而且应在每层的压实系数符合设计要求后铺填上层土。

采用环刀法检验垫层的施工质量时,取样点应位于每层厚度的 2/3 处。检验点数量:对大基坑每 50~100 m² 不应少于 1 个检验点;对于基槽,每 10~20 m 不应少于 1 个点;每个独立柱基不应少于 1 个点。采用贯入仪或动力触探检验垫层的施工质量时,每分层检验点的间距应小于 4 m。

对重锤夯实垫层的质量检验,除按试夯要求检查施工记录外,总夯沉量不应小于试夯总夯沉量的 90%。

竣工验收采用载荷试验检验垫层承载力时,每个单体工程不宜少于 3 点;对于大型工程则应按单体工程的数量或工程的面积确定检验点数。为保证载荷试验的有效影响深度不小于换填垫层处理的厚度,载荷试验压板的边长或直径不应小于垫层厚度的 1/3。

习 题

一、问答题

1. 什么是换填垫层法?

2. 换填垫层具有什么作用?

3. 换填垫层设计包含哪些内容?

4. 垫层的施工方法有哪些?

5. 垫层施工完成后,如何进行质量检验?

二、选择题

1. 在人工填土地基的换填垫层法中,_____不宜于用做填土材料。

A. 级配砂石　　　　B. 矿渣　　　　C. 膨胀性土　　　　D. 灰土

2. 采用换填垫层法处理软弱地基时,确定垫层宽度时应考虑的几个因素是_____。

A. 满足应力扩散从而满足下卧层承载力要求

B. 对沉降要求是否严格

C. 垫层侧面土的强度,防止垫层侧向挤出

D. 振动碾的压实能力

3. 采用换土垫层法处理湿陷性黄土时,对填料分层夯实时,填料应处的状态是_____。

A. 天然湿度   B. 翻晒晾干

C. 最优含水量下   D. 与下卧层土层含水量相同

4. 在用换填法处理地基时,垫层厚度确定的依据是_____。

A. 垫层土的承载力   B. 垫层底面处土的自重压力

C. 下卧土层的承载力   D. 垫层底面处土的附加压力

5. 换填法处理软土或杂填土的主要目的是_____。

A. 消除湿陷性   B. 置换可能被剪切破坏的土层

C. 消除土的胀缩性   D. 降低土的含水量

6. 对于满足下卧层承载力要求、垫层底宽要求、压实标准的普通建筑物换填垫层处理地基,其变形计算采用_____的方法。

A. 可只计算下卧层的变形

B. 垫层的沉降加下卧层沉降,下卧层的附加应力按布辛奈斯克的弹性力学解计算

C. 垫层的沉降加下卧层沉降,下卧层的附加应力按扩散角计算

D. 垫层的沉降加下卧层沉降,复合模量按载荷试验决定

三、计算题

1. 某办公楼设计砖混结构条形基础,作用在基础顶面中心荷载 $N=250$ kN/m。地基表层为杂填土,$\gamma_1=18.2$ kN/m³,层厚 $h_1=1.00$ m;第2层为淤泥质粉质黏土,$\gamma_2=17.6$ kN/m³。$w=42.5\%$,层厚8.40 m,地下水位深3.5 m。条形基础宽1.5 m,埋深1 m,拟采用粗砂垫层处理,试设计砂垫层。

2. 有一宽度为2 m 的条形基础,基础埋深1 m,作用于基底平面处的平均有效应力为100 kPa。软弱土层的承载力特征值为80 kPa,重度为17 kN/m³。现采用砂垫层处理,砂的重度为17 kN/m³,压力扩散角 $\theta=30°$,地下水位在基础底面处。试求砂垫层的最小厚度。

4　排水固结法

4.1　概述

排水固结法(consolidation)是处理软黏土地基的有效方法之一。对于天然地基,该法先在地基中设置砂井或塑料排水带等竖向排水体,然后利用建筑本身重量分级逐渐加载,或者在建筑物建造以前,在场地上先行加载预压,使土体中的孔隙水排出,逐渐固结,地基发生沉降,同时强度逐步提高。

排水固结法可解决以下两个问题。

(1) 沉降问题　使地基的沉降在加载预压期间大部分或基本完成,使建筑物在使用期间不致产生不利的沉降和沉降差。

(2) 稳定问题　加速地基土的抗剪强度的增长,从而提高地基的承载力和稳定性。

排水固结法适用于处理淤泥质土、淤泥和冲填土等饱和黏性土地基。对沉降要求较高的建筑物,如冷藏库、机场跑道等,常采用预压法处理地基。待预压期间的沉降达到设计要求后,移去预压荷载再建造建筑物。对于主要应用排水固结法来加速地基土抗剪强度的增长以缩短工期的工程,如路堤、土坝等,则可利用本身的重量分级逐渐施加,使地基土强度的提高适应上部荷载的增加,最后达到设计荷载。

排水固结法的核心由排水系统和加压系统两部分组合而成。

排水系统由水平排水垫层和竖向排水体构成。竖向排水体可选用普通砂井、袋装砂井或塑料排水板。设置排水系统主要在于改变地基原有的排水边界条件,增加孔隙水排出的途径,缩短排水距离。当软土层较薄或土的渗透性较好而施工期较长时,可仅在地面铺设一定厚度的砂垫层,然后加载,土层中的水竖向流入砂垫层而排出。当工程上遇到深厚的、透水性很差的软黏土层时,可在地基中设置砂井等竖向排水体,地面上连以排水砂垫层,构成排水系统。

加压系统即起固结作用的荷载,它使地基土的固结压力增加而使土体产生固结。

工程上广泛使用且行之有效的增加固结压力的方法是堆载法,此外,还有真空法、降低地下水位法、电渗法和联合法。采用真空法、降低地下水位法、电渗法不会像堆载法那样有可能引起地基土的剪切破坏,所以较为安全,但操作技术比较复杂。

排水固结法的设计,主要是根据上部结构荷载的大小、地基土的性质以及工期要求确定竖向排水体的直径、间距、深度和排列方式;确定预压荷载的大小和预压时间,使通过预压后的地基能满足建筑物对变形和稳定性的要求。

4.2 排水固结法的原理

　　饱和软黏土地基在荷载作用下,孔隙中的水被慢慢排出,孔隙体积慢慢地减小,地基发生固结变形。同时,随着超静孔隙水压力消散,有效应力逐渐提高,地基土的强度逐渐增长。现以图 4-1 为例加以说明。当土样的天然固结压力为 σ'_0 时,其孔隙比为 e_0,在 $e\text{-}\sigma'_c$ 曲线上其相应的点为 A 点,当压力增加 $\Delta\sigma'$,固结终了时,变为 C 点,孔隙比减小了 Δe,曲线 $\overset{\frown}{ABC}$ 称为压缩曲线。与此同时,抗剪强度与固结压力成比例地由 A 点提高到 C 点。所以,土体在受固结压力时,一方面孔隙比减小产生压缩,一方面抗剪强度也得到提高。如从 C 点卸除压力 $\Delta\sigma'$,则土样发生膨胀,图中 $\overset{\frown}{CEF}$ 为卸

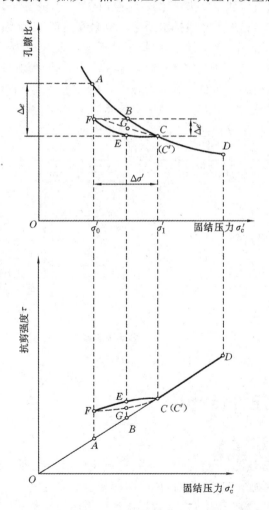

图 4-1　排水固结法增大地基土密实度的原理

荷膨胀曲线,如从 F 点再加压 $\Delta\sigma'$,土样发生再压缩,沿虚线变化到 C',其相应的强度包线如图 4-1 所示。从再压缩曲线 $\overset{\frown}{FGC'}$ 可清楚地看出,固结压力同样从 σ'_0 增加了 $\Delta\sigma'$,而孔隙比减小值为 $\Delta e'$,$\Delta e'$ 比 Δe 小得多。这说明,如果在建筑物场地先加一个和上部建筑物相同的压力进行预压,使土层固结(相当于压缩曲线上从 A 点变化到 C 点),然后卸除荷载(相当于在膨胀曲线上由 C 点变化到 F 点),再建造建筑物(相当于再压缩曲线上从 F 点变化到 C' 点),这样,建筑物所引起的沉降即可大大减小。如果预压荷载大于建筑物荷载,即所谓超载预压,则效果更好。因为经过超载预压,当土层的固结压力大于使用荷载下的固结压力时,原来的正常固结黏土层将处于超固结状态,而使土层在使用荷载下的变形大为减小。

土层的排水固结效果和它的排水边界条件有关。如图 4-2(a)所示的排水边界条件,即土层厚度相对荷载宽度来说比较小,这时土层中的孔隙水向上下面透水层排出而使土层发生固结,这称为竖向排水固结。根据固结理论,黏性土固结所需的时间和排水距离的平方成正比,土层越厚,固结延续的时间越长。为了加速土层的固结,最有效的方法是增加土层的排水途径,缩短排水距离。砂井、塑料排水板等竖向排水体就是为此目的而设置的,如图 4-2(b)所示。这时土层中的孔隙水主要从水平向通过砂井排出,另有部分孔隙水从竖向排出。砂井缩短了排水距离,因而大大加速了地基的固结速率(或沉降速率),这一点无论从理论上还是从工程实践上都得到了证实。

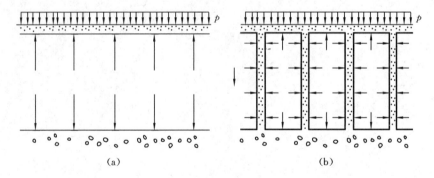

图 4-2 排水固结法的原理

(a) 竖向排水情况;(b) 砂井地基排水情况

4.3 堆载预压设计计算

1. 堆载预压的计算步骤

软黏土地基抗剪强度较低,无论是直接建造建筑物还是进行堆载预压往往都不可能快速加载,而必须分级逐渐加荷,待前期荷载下地基强度增加到足以加下一级荷载时才可加下一级荷载。具体计算步骤是首先用简便的方法确定一个初步的加荷计划,然后校核这一加荷计划下地基的稳定性和沉降。

（1）利用天然地基土的抗剪强度计算第一级容许施加的荷载 p_1，对饱和软黏土可采用下式估算。

$$p_1 = \frac{5.14c_u}{K} + \gamma D \tag{4-1}$$

式中：K——安全系数，建议采用 $1.1 \sim 1.5$；

$\quad c_u$——天然地基的不排水抗剪强度（kPa）；

$\quad \gamma$——基底标高以上土的重度（kN/m³）；

$\quad D$——基础埋深（m）。

（2）计算第一级荷载下地基强度增长值。在 p_1 荷载作用下，经过一段时间预压，地基强度会提高，提高以后的地基强度为

$$c_{u1} = \eta(c_u + \Delta c'_u) \tag{4-2}$$

式中：η——考虑剪切蠕动及其他因素的强度折减系数；

$\quad \Delta c'_u$——p_1 作用下地基因固结而增长的强度。

（3）计算 p_1 作用下达到确定的固结度所需要的时间。目的在于确定第一级荷载停歇的时间，亦即第二级荷载开始施加的时间。

（4）根据第（2）步所得到的地基强度 c_{u1} 计算第二级所能施加的荷载 p_2。p_2 可近似地按下式估算。

$$p_2 = \frac{5.52c_{u1}}{K} \tag{4-3}$$

求出在 p_2 作用下地基固结度达 70％时的强度以及所需要的时间，然后计算第三级所能施加的荷载，依次可计算出以后的各级荷载和停歇时间。

（5）按以上步骤确定的加荷计划进行每一级荷载下地基的稳定性验算。如稳定性不满足要求，则调整加荷计划。

（6）计算预压荷载下地基的最终沉降量和预压期间的沉降量。这一项计算的目的在于确定预压荷载卸除的时间。这时地基在预压荷载下所完成的沉降量已达到设计要求，所残余的沉降量是建筑物所允许的。

2. 超载预压

对沉降有严格限制的建筑物，应采用超载预压法处理地基。经超载预压后，如受压土层各点的有效竖向应力大于建筑物荷载引起的相应点的附加总应力，则今后在建筑物荷载作用下地基土将不会再发生主固结变形，而且将减小次固结变形，并推迟次固结变形的发生。

超载预压可缩短预压时间，如图 4-3 所示，在预压过程中，任一时刻地基的沉降量可表示为

$$s_t = s_d + \overline{U}_t s_c + s_s \tag{4-4}$$

式中：s_t——t 时刻地基的沉降量（mm）；

$\quad s_d$——由于剪切变形而引起的瞬时沉降（mm）；

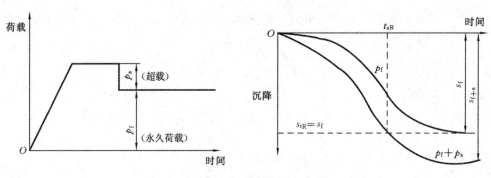

图 4-3 超载预压消除主固结沉降

$\overline{U}_t$——t 时刻地基的平均固结度；

s_c——最终固结沉降(mm)；

s_s——次固结沉降(mm)。

式(4-4)可用于以下两种情况：

(1) 确定所需的超载压力值 p_s，以保证使用(或永久)荷载 p_f 作用下预期的总沉降量在给定的时间内完成；

(2) 确定在给定超载下达到预定沉降量所需要的时间。

在永久填土或建筑物荷载 p_f 作用下，地基的固结沉降采用通常的方法计算。

为了消除超载卸除后继续发生的主固结沉降，超载应维持到使土层中间部位的固结度 $U_{z(f+s)}$ 达到下式要求。

$$U_{z(f+s)} = \frac{p_f}{p_f + p_s} \tag{4-5}$$

该方法要求将超载保持到在 p_f 作用下所有的点都完全固结为止，这时土层的大部分将处于超固结状态。因此，这是一个安全度较大的方法，它所预估的 p_s 值或超载时间都大于实际所需的值。

对有机质黏土、泥炭土等，次固结沉降在总沉降中占有相当的比例，采用超载预压法对减小永久荷载下的次固结沉降有一定的效果，计算原则是把 p_f 作用下的总沉降看做主固结沉降和次固结沉降之和。

4.4 砂井排水固结设计计算

1925 年，美国人丹尼尔·莫兰将垂直砂井用于费城-奥克兰海湾大桥公路软土地基的加固，1926 年获得专利。

砂井法问世以后，因缺乏理论根据而按经验设计。1940—1942 年，巴隆(Barron)根据太沙基的固结理论，提出砂井法的设计计算方法。我国从 20 世纪 50 年代起开始应用砂井法。

砂井法主要适用于没有较大集中荷载的大面积荷重或堆料工程，例如水库土坝、油罐、仓库、铁路路堤、储矿场以及港口的水工建筑物等工程。

1. 砂井设计

砂井设计包括砂井直径、间距、深度、排列方式、范围、砂料选择和砂垫层厚度选取等。

1) 砂井直径和间距

主要取决于土的固结特性和施工期限的要求。"细而密"比"粗而稀"效果好。砂井直径一般为 300～400 mm，袋装砂井直径为 70～120 mm。

工程上常用的井距，一般为砂井直径的 6～8 倍，袋装砂井的井距一般为砂井直径的 15～30 倍。设计时，可先假定井距，再计算固结度，若不能满足要求，则可缩小井距或延长工期。

2) 砂井深度

主要根据土层的分布、地基中附加应力大小、施工期限和施工条件以及地基稳定性等因素确定，一般为 10～25 m。

(1) 当软土层不厚且底部有透水层时，砂井应尽可能穿过软土层。

(2) 当深厚的压缩土层间有砂层或砂透镜体时，砂井应尽可能打至砂层或砂透镜体，而采用真空预压时应尽可能避免砂井与砂层相连接，以免影响真空效果。

(3) 对于无砂层的深厚地基则可根据其稳定性及建筑物在地基中造成的附加应力与自重应力之比值确定（一般为 0.1～0.2）。

(4) 若砂层中存在承压水，由于承压水的长期作用，黏土中就存在着超静孔隙水压力，这对黏性土固结和强度增长都是不利的，所以宜将砂井打到砂层，利用砂井加速承压水的消散。

(5) 按稳定性控制的工程，如路堤、土坝、岸坡、堆料等，砂井深度应通过稳定分析确定，砂井长度应大于最危险滑动面的深度。

(6) 按沉降控制的工程，砂井长度可从压载后的沉降量满足上部建筑物容许的沉降量来确定。

3) 砂井排列

图 4-4 为砂井采用等边三角形和正方形的两种平面布置形式，以等边三角形排列较为紧凑和有效。当砂井为正方形排列时，砂井的有效排水范围为正方形；当为等边三角形排列时则为正六边形，并认为在该有效范围内的水是通过位于其中的砂井排出。在实际进行固结计算时，由于多边形作为边界条件求解很困难，巴隆建议每个砂井的影响范围由多边形改为由面积与多边形面积相等的圆来求解，等效圆的直径 d_e 与砂井间距 l 的关系如下。

正方形排列时，有 $$d_e = 1.13l \qquad (4\text{-}6)$$

等边三角形排列时，有 $$d_e = 1.05l \qquad (4\text{-}7)$$

式中：d_e——砂井的有效直径；

l——砂井间距。

4) 砂井布置范围

砂井的布置范围一般可由基础的轮廓线向外延伸 2～4 m。

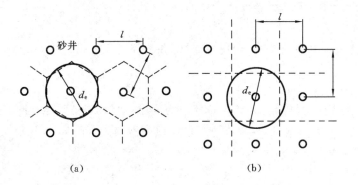

图 4-4   砂井平面布置图

(a) 等边三角形布置； (b) 正方形布置

5）砂料

宜选用中粗砂,其含泥量不能超过 3%。

6）砂垫层

砂井顶部铺设砂垫层,可使砂井排水有良好的通道,将水排到工程场地以外。砂垫层厚度一般取 0.5 m 左右。

2. 沉降计算

地基土的总沉降一般包括瞬时沉降、固结沉降和次固结沉降三部分。瞬时沉降是在荷载作用下由于土的畸变所引起的,它在荷载作用下会立即发生。固结沉降是由于孔隙水的排出而引起土体积减小所造成的,占总沉降的主要部分。次固结沉降则是由于超静孔隙水压力消散后,在恒值有效应力作用下土骨架的蠕变所致。

次固结大小与土的性质有关。泥炭土、有机质土或高塑性黏土的次固结沉降在总沉降中占很可观的部分,而其他土则所占比例不大。在建筑使用年限内,次固结沉降经判断可以忽略的话,则最终总沉降量可认为是瞬时沉降量与固结沉降量之和。软黏土的瞬时沉降 s_d 一般按弹性理论公式计算。目前工程上,固结沉降 s_c 通常采用单向压缩分层总和法计算,这只有当荷载面积的宽度或直径大于可压缩土层的厚度或当可压缩土层位于两层较坚硬的土层之间时,单向压缩才可能发生,否则应对沉降计算值进行修正以考虑三向压缩的效应。

1）单向压缩固结沉降 s_c 的计算

应用一般单向压缩分层总和法将地基分成若干薄层,其中第 i 层的压缩量为

$$\Delta s_i = \frac{e_{0i} - e_{1i}}{1 + e_{0i}} h_i \tag{4-8}$$

总压缩量为

$$s_c = \sum_{i=1}^{n} \Delta s_i \tag{4-9}$$

式中：e_{0i}——第 i 层中点之土自重应力所对应的孔隙比；

e_{1i}——第 i 层中点之土自重应力和附加应力之和所对应的孔隙比；

h_i——第 i 层土厚度。

e_{0i} 和 e_{1i} 从室内固结试验所得的 e-σ'_c 曲线上查得。

2）瞬时沉降 s_d 的计算

软黏土地基由于侧向变形而引起的瞬时沉降占总沉降相当可观的部分，特别是在荷载比较大且加荷速率比较快的情况下，因为此时地基中产生了局部塑性区。

s_d 这一部分沉降量，目前是采用弹性理论公式计算，当黏土地基厚度较大，作用于其上的圆形或矩形面积上的压力为均布时，s_d 可按照下式计算。

$$s_d = C_d pb \left(\frac{1-\mu^2}{E} \right) \tag{4-10}$$

式中：p——均布荷载；

b——荷载面积的直径或宽度；

C_d——考虑荷载面积形状和沉降计算点位置的系数（见表 4-1）；

E、μ——土的弹性模量和泊松比。

表 4-1　半无限弹性表面各种均布荷载面积上各点的 C_d 值

形状		中心点	角点或边点	短边中心	长边中心	平均
圆形		1.00	0.64	0.64	0.64	0.35
圆形（刚性）		0.79	0.79	0.79	0.79	0.79
正方形		1.12	0.56	0.76	0.76	0.95
正方形（刚性）		0.99	0.99	0.99	0.99	0.99
矩形长宽比	1.5	1.36	0.67	0.89	0.97	1.15
	2	1.52	0.76	0.98	1.12	1.30
	3	1.78	0.88	1.11	1.35	1.52
	5	2.10	1.05	1.27	1.68	1.83
	10	2.53	1.26	1.49	2.12	2.25
	100	4.00	2.00	2.20	3.60	3.70
	1000	5.47	2.57	2.94	5.03	5.15
	10000	6.90	3.50	3.70	6.50	6.60

4.5　真空预压设计计算

真空预压法是先在需加固的软土地基表面铺设一层透水砂垫层或砂砾层，再在其上覆盖一层不透气的塑料薄膜或橡胶布,四周密封好,与大气隔绝,在砂垫层内埋设渗水管道,然后与真空泵连通进行抽气,使透水材料保持较高的真空度,在土的孔隙水中产生负的孔隙水压力,使土中孔隙水和空气逐渐吸出,从而使土体固结。

真空预压法适用于饱和均质黏性土及含薄层砂夹层的黏性土,特别适用于新吹填土、超软地基的加固,但不适用于在加固范围内有足够的水源补给的透水土层,以及无法堆载的倾斜地面和施工场地狭窄等场合。

真空预压在抽气后薄膜内气压逐渐下降,薄膜内外形成一个压力差(称为真空度),由于土体与砂垫层和塑料排水板间的压差,从而发生渗流,使孔隙水沿着砂井或塑料排水板上升而流入砂垫层内,被排出塑料薄膜外;地下水在上升的同时,形成塑料板附近的真空负压,使土体内的孔隙水压形成压差,促使土中的孔隙水压力不断下降,地基有效应力不断增加,从而使土体固结,直至加固区土体与排水体中压差趋向于零,此时渗流停止,土体固结完成。所以真空预压过程是在总应力不变的条件下,孔隙水压力降低和有效应力增加的过程,实质为利用大气压差作为预压荷载,使土体逐渐排水固结的过程。

真空预压法加固软土地基同堆载预压法一样,完全符合有效应力原理,只不过是负压边界条件的固结过程,因此,只要边界条件与初始条件符合实际,各种固结理论(如太沙基理论、比奥理论等)和计算方法都可求解。

工程经验和室内试验表明,土体除在正、负压作用下侧向变形方向不同外,其他固结特性无明显差异。真空预压加固中,竖向排水体间距、排列方式、深度的确定、土体固结时间的计算,一般可采用与堆载预压基本相同的方法进行。

真空预压的设计内容主要包括密封膜内的真空度、加固土层要求达到的平均固结度、竖向排水体的尺寸、加固后的沉降和工艺设计等。

1. 膜内真空度

真空预压效果与密封膜内所能达到的真空度程度关系极大。根据国内一些工程的经验,当采用合理的工艺和设备,膜内真空度一般可维持在 600 mmHg 左右,相当于 80 kPa 的真空压力,此值可作为最低膜内设计真空度。

2. 加固区内要求达到的平均固结度

一般可采用 80% 的固结度,如工期许可,也可采用更大一些的固结度作为设计要求达到的固结度。

3. 竖向排水体

一般采用袋装砂井或塑料排水带。真空预压处理地基时,必须设置竖向排水体。因为砂井(袋装砂井或塑料排水带)能将真空度从砂垫层中传至土体,并将土体中的水抽至砂垫层然后排出。若不设置砂井就起不到上述作用,达不到加固的目的。竖向排水体的规格、排列方式、间距和深度的确定见 4.4 小节。

抽真空的时间与土质条件和竖向排水体的间距密切相关。竖向排水体的间距越小,土体达到相同的固结度所需的时间越短(见表 4-2)。

表 4-2　袋装砂井间距与所需时间关系表

袋装砂井间距/m	固结度/(%)	所需时间/d
1.3	80	40～50
	90	60～70
1.5	80	60～70
	90	85～100
1.8	80	90～105
	90	120～130

4. 沉降计算

先计算加固前在建筑物荷载下天然地基的沉降量,然后计算真空预压期间所完成的沉降量,两者之差即为预压后在建筑物使用荷载下可能发生的沉降。预压期间的沉降可根据设计要求达到的固结度推算加固区所增加的平均有效应力,从 $e\text{-}\sigma'_c$ 曲线上查出相应的孔隙比进行计算。

对承载力要求高,沉降限制严格的建筑,可采用真空-堆载联合预压法。工程实践表明,真空预压和堆载预压的效果是可叠加的,但真空和堆载必须同时作用。

真空预压的面积不得小于基础外缘所包围的面积,一般真空的边缘应比建筑基础外缘超出不小于 3 m;另外,每块预压的面积应尽可能大,根据加固要求彼此间可搭接或有一定间距。加固面积越大,加固面积与周边长度之比也越大,气密性就越好,真空度就越高(见表 4-3)。

表 4-3　真空度与加固面积关系表

加固面积 F/m^2		264	900	1250	2500	3000	4000	10000	20000
周边长度 S/m		70	120	143	205	230	260	500	900
F/S		3.77	7.5	8.74	12.2	13.04	15.38	20	22.2
真空度	单位为 kPa	68.6	70.6	80	81	84	87	91	97
	单位为 mmHg	515	530	600	610	630	650	680	730

真空预压的关键在于要有良好的气密性,使预压区与大气层隔绝。当在加固区发现有透气层和透水层时,一般可在塑料薄膜周边采用另加水泥土搅拌桩的壁式密封措施。

真空预压法一般能取得相当于 78～92 kPa 的等效荷载堆载预压法的效果。

4.6　施工方法

4.6.1　堆载预压施工方法

要保证排水固结法的加固效果,从施工角度考虑,主要应重视以下三个环节:铺设水平垫层、设置竖向排水体和施加固结压力。

1. 水平垫层的施工

排水垫层的作用是使在预压过程中,从土体进入垫层的渗流水迅速地排出,使土层的固结能正常进行,防止土颗粒堵塞排水系统。因而垫层的质量将直接关系到加固效果和预压时间的长短。

1)垫层材料

垫层材料应采用透水性好的砂料,其渗透系数一般不低于 $1×10^{-2}$ cm/s,同时能起到一定的反滤作用。通常采用级配良好的中粗砂,黏粒含量不大于 3%。一般不宜采用粉砂和细砂。也可采用连通砂井的砂沟来代替整片砂垫层。排水盲沟的材料一般采用粒径为 3~5 cm 的碎石或砾石。

2)垫层尺寸

(1)一般情况下,陆上排水垫层厚度为 0.5 m 左右,水下垫层为 1.0 m 左右。对新吹填不久的或无硬壳层的软黏土及水下施工的特殊条件,应采用厚的排水垫层或混合料排水垫层。

(2)排水层兼作持力层时,则还应满足承载力的有关要求。对于天然地面承载力较低而不能满足正常施工的地基,可适当加大砂垫层的厚度。

(3)排水砂垫层宽度等于铺设场地宽度,砂料不足时,可用砂沟代替砂垫层。

(4)砂沟的宽度为 2~3 倍砂井直径,一般深度为 40~60 cm。

(5)盲沟的尺寸与其布置形式和数量有关,设计时可采用达西定律。

3)垫层施工

排水砂垫层目前有以下四种施工方法。

(1)当地基表层有一定厚度的硬壳层,且其承载力较高,能承载一般运输机械时,一般采用机械分堆摊铺法,即先堆成若干砂堆,然后用机械或人工摊平。

(2)当硬壳层承载力不足时,一般采用顺序推进摊铺法。

(3)当软土地基表面很软,如新沉积或新吹填不久的超软地基,首先要改善地基表面的承载条件,使其能承载施工人员或轻型运输工具。

(4)当对超软地基表面采取了加强措施,但承载能力仍然很差且一般轻型机械上不去时,通常采用人工或通过轻便机械顺序推进铺设。

不论采用何种施工方法,都应避免对软土表层的过大扰动,以免砂和淤泥混合,影响垫层的排水效果。另外,在铺设砂垫层前,应清除干净砂井顶面的淤泥和其他杂物,以利于砂井排水。水平排水垫层的施工与铺设方法见表 4-4。

2. 竖向排水体施工

竖向排水体包括普通砂井、袋装砂井、塑料排水带等。

1)普通砂井施工

砂井施工要求:保持砂井连续和密实,并且不出现缩颈现象;尽量减小对周围土的扰动;砂井的长度、直径和间距应满足设计要求。

表 4-4　水平排水垫层的施工与铺设方法

施工要求	砂垫层铺设方法	
	按砂源供应情况采用	按场地情况采用
① 垫层平面尺寸和厚度符合设计要求,厚度误差为±h/10(h 为垫层设计厚度),每100 m² 挖坑检验; ② 与竖向排水通道连接好,不允许杂物堵塞或隔断连接处; ③ 不得扰动天然地基土; ④ 不得将泥土或其他杂物混入垫层; ⑤ 真空预压垫层,其面层 4 cm 厚度范围内不得有带棱角的硬物	① 一次铺设:砂源丰富时,可一次铺设砂层至设计厚度; ② 分层铺设:砂源供应不及时,可分层铺设,每次铺设厚度为设计厚度的1/2,铺完第一层后,进行垂直排水通道施工,再铺第二层	① 机械施工法:地基能承受施工机械运行时,可机械铺砂; ② 人工铺设法:地基较软不能承受机械碾压时,可用人力车或轻型传递带由外向里(或由一边向另一边)铺设;当地基很软,施工人员无法上去施工时,可采用铺设荆笆或其他透水性好的编织物的方法

砂井施工一般先在地基中成孔,再在孔内灌砂形成砂井。砂井成孔和灌砂方法见表 4-5。选用时应尽量选用对周围土体扰动小且施工效率高的方法。

表 4-5　砂井成孔和灌砂方法

类　型	成 孔 方 法		灌 砂 方 法	
使用套管	管端封闭	冲击打入 振动打入	用压缩空气	静力提拔套管 振动提拔套管
		静力压入	用饱和砂	静力提拔套管
	管端敞口	射水排土 螺旋钻排土	浸水自然下沉	静力提拔套管
不使用套管	旋转、射水 冲击、射水		用饱和砂	

砂井成孔的典型方法有套管法、射水法、螺旋钻成孔法和爆破法。

(1)套管法　此法是将带活瓣管尖或套有混凝土端靴的套管沉到预定深度,然后在管内灌砂、拔出套管形成砂井。根据沉管工艺的不同,又分为静压沉管法、锤击沉管法、锤击静压联合沉管法和振动沉管法。振动沉管法目前最为常用。

(2)射水法　射水法是指通过射水管形成高速水流的冲击和环刀的机械切削,使土体破坏,并形成一定直径和深度的砂井孔,然后灌砂而形成砂井。射水法成井的设备比较简单,对土的扰动较小,但在泥浆排放、塌孔、缩颈、串孔、灌砂等方面都还存在一定的问题。

(3)螺旋钻成孔法　该法以动力螺旋钻钻孔,属于干钻法施工,提钻后孔内灌砂成形。此法适用于砂井长度在 10 m 以内、土质较好,且不会出现缩颈、塌孔现象的软弱地基。此法所用设备简单而机动,成孔比较规整,但灌砂质量较难掌握,对很软弱的地基也不太适用。

(4) **爆破法** 此法是先用直径 73 mm 的螺旋钻钻成一个达到砂井设计深度的孔,在孔中放置由引爆线和炸药组成的条形药包,爆破后将孔扩大,然后往孔内灌砂形成砂井。这种方法施工简易,不需要复杂的机具,适用于深度 6~7 m 的浅砂井。

以上各种成孔方法,必须保证砂井的施工质量,以防缩颈、断颈或错位现象。

砂井的灌砂量,应按砂在中密状态时的干密度和井管外径所形成的体积计算,其实际灌砂量按质量控制要求,不得小于计算值的 95%。

为了避免砂井出现断颈或缩颈现象,可用灌砂的密实度来控制灌砂量。灌砂时可适当灌水,以利密实。

砂井位置的偏差不应大于井径,垂直度偏差不应大于 1.5%,深度不得小于设计要求。

普通砂井是常用的施工方法,但是存在如下缺点:

(1) 套管成孔法在打设套管时必将扰动其周围土,使透水性减弱(即涂抹作用);

(2) 射水成孔法对含水量高的软土地基施工质量难以保证,砂井中容易混入较多的泥砂;

(3) 螺旋成孔法在含水量高的软土地基中也难做到孔壁直立,施工过程中需要排除废土,而处理废土需要人力、场地和时间,因此它的适用范围也受到一定的限制;

(4) 对含水量很高的软土,应用砂井容易产生缩颈、断颈和错位现象。

普通砂井即使在施工时能形成完整的砂井,但当地面荷载较大时,软土层会产生侧向变形,也有可能使砂井错位。

2) 袋装砂井施工

袋装砂井是用具有一定伸缩性和抗拉强度很高的聚丙烯或聚乙烯编织袋装满砂子形成的砂井,它基本上解决了大直径砂井中所存在的问题,使砂井的设计和施工更加科学化,保证了砂井的连续性,实现了施工设备轻型化,比较适合于在软弱地基上施工;同时使用砂量大为减少、施工速度加快、工程造价降低,是一种比较理想的竖向排水体。

(1) **施工机具和工效** 袋装砂井成孔的方法有锤击打入法、水冲法、静力压入法、钻孔法和振动贯入法。

(2) **砂袋材料的选择** 砂袋材料必须选用抗拉强度高、抗腐蚀和抗紫外线能力强、透水性好、柔韧性好、透气性好并且在水中能起滤网作用和不外露砂料的材料制作。国内采用过的砂袋材料有麻布和聚丙烯编织袋。

(3) **施工要求** 灌入砂袋的砂宜用干砂,并应灌制密实。砂袋长度应较砂井孔长 50 cm,使其放入井孔内后能露出地面,以便埋入排水砂垫层中。

袋装砂井施工时,所用钢管的内径宜略大于砂井直径,不宜过大,以减小施工过程中对地基土的扰动。另外,拔管后带上砂袋的长度不宜超过 0.50 m。

3）塑料排水带施工

塑料排水带根据结构形式可分为多孔质单一结构型和复合结构型两种。

（1）插带机械　塑料排水带的施工质量在很大程度上取决于施工机械的性能，有时会成为制约施工的重要因素。

由于插带机大多在软弱地基上施工，因此要求行走装置具有机械移位迅速、对位准确、整机稳定性好、施工安全、对地基土扰动小、接地压力小等性能。按机型分有轨道式、滚动式、履带浮箱式、履带式和步履式等多种。

（2）塑料排水带的导管靴与桩尖　一般打设塑料排水带的导管靴有圆形和矩形两种。由于导管靴断面不同，所用桩尖各异，并且一般都与导管分离。桩尖的主要作用是在打设塑料排水带过程中防止淤泥进入导管内，并且对塑料排水带起锚定作用，防止提管时将塑料排水带拔出。

（3）塑料排水带打设顺序　定位→将塑料排水带通过导管从管靴穿出→将塑料排水带与桩尖连接贴紧管靴并对准桩位→插入塑料排水带→拔管剪断塑料排水带等。

在施工中应注意以下几点：

① 塑料排水带滤水膜在转盘和打设过程中应避免损坏，防止淤泥进入带芯堵塞输水孔，影响塑料排水带的排水效果；

② 塑料排水带与桩尖连接要牢固，避免提管时脱开，将塑料排水带拔出；

③ 桩尖平端与导管靴配合要适当，避免错缝，防止淤泥在打设过程中进入导管，增大对塑料排水带的阻力，甚至将塑料排水带拔出；

④ 严格控制间距和深度，如塑料排水带拔起 2 m 以上者应补打；

⑤ 塑料排水带需接长时，为减小带与导管阻力，应采用滤水膜内平搭接的连接方法，为保证输水畅通并有足够的搭接强度，搭接长度需 200 mm 以上。

3. 预压荷载的施工

1）利用建筑物自重加压

利用建筑物本身重量对地基加压是一种经济而有效的方法。此法一般应用于以地基的稳定性为控制条件，能适应较大变形的建筑，如路堤、土坝、储矿场、油罐、水池等。特别是对油罐或水池等建筑，先进行充水加压，一方面可检验罐壁本身有无渗漏现象，同时，还利用分级逐渐充水预压，使地基土强度得以提高，满足稳定性要求。对路堤、土坝等建筑，由于填土高、荷载大，地基的强度不能满足快速填筑的要求，故工程上都采用严格控制加荷速率和逐层填筑的方法，以确保地基的稳定性。

利用建筑物自重预压处理地基，应考虑给建筑物预留沉降高度，保证建筑物预压后其标高满足设计要求。

在处理油罐等容器地基时，应保证地基沉降的均匀度，保证罐基中心和四周的沉降差异在设计许可范围内，否则应分析原因，在沉降和不均匀沉降过大时采取措施进行纠偏。

2) 堆载预压

堆载预压的材料一般以散料为主,如石料、砂、砖等。大面积施工时通常采用自卸汽车与推土机联合作业。对超软地基的堆载预压,第一级荷载宜用轻型机械或人工作业。

施工时应注意以下几点。

(1) 堆载面积要足够大。堆载的顶面积不小于建筑的底面积。堆载的底面积也应适当扩大,以保证建筑范围内的地基得到均匀加固。

(2) 堆载要求严格控制加荷速率,以保证在各级荷载下地基的稳定性,同时要避免部分堆载过高而引起地基的局部破坏。

(3) 对超软黏性土地基,荷载的大小、施工工艺更要精心设计,以避免对土的扰动和破坏。

4.6.2　真空预压施工方法

1. 加固区划分

加固区划分是真空预压施工的重要环节,理论计算结果和实际加固效果均表明,每块真空预压加固场地的面积宜大不宜小。目前国内单块真空预压面积已达30000 m²。但如果受施工能力或场地条件限制,需要把场地划分成几个加固区域分期加固,则划分区域时应考虑以下几个因素。

(1) 按建筑物分布情况,应确保每栋建筑位于一块加固区域之内,建筑边线距加固区有效边线根据地基加固厚度可取 2～4 m 或更大些。应避免两块加固区的分界线横过建筑物。否则将会由于两块加固区分界区域的加固效果差异而导致建筑物发生不均匀沉降。

(2) 应考虑竖向排水体打设能力、加工大面积密封膜的能力、大面积铺膜的能力和经验,以及射流装置和滤管的数量等方面的综合指数。

(3) 应以满足建筑工期要求为依据,一般加固面积 6000～10000 m² 为宜。

(4) 在风力很大的地区施工时,应在可能的情况下适当减小加固区面积。

(5) 加固区之间的距离应尽量减小或者共用一条封闭沟。

2. 工艺设备

抽真空工艺设备包括真空源和一套膜内、膜外管路。

(1) 真空源目前国内大多采用射流真空装置,射流真空装置由射流箱和离心泵组成。抽真空装置的布置视加固面积和射流装置的能力而定,一套高质量的抽真空装置在施工初期可负担 1000～1200 m² 的加固面积,后期可负担 1500～2000 m² 的加固面积。抽真空装置设置数量,应以始终保持密封膜内高真空度为原则。膜下真空度一般要求大于 80 kPa。

(2) 膜外管路连接着射流装置的回阀、截水阀和管路。过水断面应能满足排水量,且能承受 100 kPa 径向力而不变形破坏的要求。

（3）膜内水平排水滤管。目前常用直径为 $60\sim70$ mm 的铁管或硬质塑料管。为了使水平排水滤管标准化并能适应地基沉降变形,滤水管一般加工成每根 5 m 长;滤水部分钻有直径为 $8\sim10$ mm 的滤水孔,孔距 5 cm,三角形排列;滤水管外绕直径为 3 mm 铅丝(圈距 5 cm),外包一层尼龙窗纱布,再包滤水材料构成滤水层。目前常用的滤水层材料为土工聚合物。

（4）滤水管的布置与埋设。滤水管的平面布置一般采用条形或鱼刺形排列,遇到不规则场地时,应因地制宜地进行滤水管排列设计,保证真空负压快速而均匀地传至场地各个部位。

滤水管的排距 l 一般为 $6\sim10$ m,最外层滤水管距场地边的距离为 $2\sim5$ m。滤水管之间的连接采用软连接,以适应场地沉降。

滤水管埋设在水平排水砂垫层的中部,其上应有 $0.10\sim0.20$ m 砂覆盖层,防止滤水管上尖锐物体刺破密封膜。

3. 密封系统

密封系统由密封膜、密封沟和辅助密封措施组成。一般选用聚乙烯或聚氯乙烯薄膜。

加工好的密封膜面积要大于加固场地面积,一般要求每边应大于加固区相应边 $2\sim4$ m。为了保证整个预压过程中的密实性,塑料膜一般宜铺设 $2\sim3$ 层,每层膜铺好后应检查和粘补漏处。膜周边的密封可采用挖沟折铺膜。在地基土颗粒细密、含水量较大、地下水位浅的地区采可用平铺膜。

密封沟的截面尺寸应视具体情况而定,密封膜与密封沟内坡密封性好的黏土接触,其长度 a 一般为 $1.3\sim1.5$ m,密封沟的密封长度 b 应大于 0.8 m,其深度 d 也应大于 0.8 m,以保证周边密封膜上足够的覆土厚度和压力。

如果密封沟底或两侧有碎石或砂层等渗透性好的夹层存在,应将该夹层挖除干净,回填 40 cm 厚的软土。

由于某种原因,密封膜和密封沟发生漏气现象时,施工中必须采用辅助密封措施,如膜上沟内同时覆水、封闭式板桩墙或封闭式板桩墙内覆水等。

4. 抽气阶段施工要求与质量要求

（1）膜上覆水一般应在抽气后膜内真空度达 80 kPa 且确信密封系统不存在问题时方可进行,此段时间一般为 $7\sim10$ d。

（2）保持射流箱内满水和低温,射流装置空载情况下均应超过 96 kPa。

（3）经常检查各项记录,发现膜内真空度值小于 80 kPa 等异常现象,应尽快分析原因并采取措施补救。

（4）冬季抽气,应避免过长时间停泵;否则,膜内、膜外管路会发生冰冻而堵塞,抽气很难进行。

（5）下料时,应根据不同季节预留塑料膜伸缩量。热合时,每幅塑料膜的拉力应基本相同。防止形状不规整密封膜的使用,以免不符合设计要求。

(6) 在气温高的季节,加工完毕的密封膜应堆放在阴凉通风处。堆放时,塑料膜之间应适当撒放滑石粉,堆放的时间不能过长,以防止互相粘连。

(7) 在铺设滤水管时,滤水管之间要连接牢固,选用合适的滤水层且包裹严实,避免抽气后进入射流装置。

(8) 铺膜前,应用砂料将砂井填充密实;密封膜破裂后,可用砂料将井孔填充密实至砂垫层顶面,然后分层将密封膜粘牢,以防止砂井孔处下沉导致密封膜破裂。

(9) 抽气阶段要求达到膜内真空度值大于 80 kPa;停止预压时,地基固结度要求大于 80%;预压的沉降稳定标准为连续 5 d 实测沉降速率不大于 2 mm/d。

在真空预压法的施工中,应注意以下要点。

① 在大面积软基加固工程中,每块预压区面积尽可能大,因为这样可加快工程进度和消除更多的沉降量。

② 两个预压区的间隔不宜过大,需根据工程要求和土质决定,一般以 2~6 m 较好。

③ 膜下管道在不降低真空度的条件下应尽可能少,为减少费用,可取消主管,全部采用滤管,由鱼刺形排列改为环形排列。

④ 砂井间距应根据土质情况和工期要求来确定。当砂井间距从 1.3 m 增至 1.8 m 时,达到相同固结度所需时间增率与堆载预压法相同。

⑤ 当冬季的气温降至 −17 ℃时,如对薄膜、管道、水泵、阀门及真空表等采取常规保温措施,则可照常作业。

工程实践表明,直径 7 cm 的袋装砂井和塑料排水带都有较好的透水性能。实测结果显示,在同等条件下,达到相同固结度所需的时间接近。采用何种排水通道,主要由它的造价和施工条件而定。

真空预压施工技术和真空施工设备也得到了不断的发展。为了保证真空设备正常安全运行,便于操作管理和控制间歇抽气以节约能源,现已研制出微机检测和自动控制系统,提高了功效,降低了成本。

4.7 真空-堆载联合预压法

当地基预压荷载大于 80 kPa 时,应在真空预压抽真空的同时再施加定量的堆载,这种方法称为真空-堆载联合预压法。真空预压与堆载预压联合加固,其加固效果是可以叠加的,因为它们符合有效应力原理,并且已经过工程实践证明。真空预压是逐渐降低土体的孔隙水压力,不增加总应力;而堆载预压是增加土体总应力,同时使孔隙水压力增大,然后逐渐消散。

两者叠加,既抽真空降低孔隙水压力又堆载增加总应力,使孔隙水压力增大,然后消散。开始时抽真空使土中孔隙水压力降低,有效应力增大,经不长时间(7~10 d)后,在土体保持稳定的情况下堆载,使土体产生正孔隙水压力,并与抽真空产生的负孔隙水压力叠加。正、负孔隙水压力叠加,转化的有效应力为消散的正、负孔隙压力绝对值之和。现以瞬间加荷为例,对土中任一点 m 的应力转换加以说明。不同时刻土中 m 点总应力和有效应力见表 4-6。

表 4-6 土中任意点 (m) 应力与时间转换关系

情 况	总应力 σ	有效压力 σ'	孔隙水压力 u
$t=0$ (未抽真空未堆载)	σ_0	$\sigma_0'=\gamma'h_m$	$u_0=\gamma_w h_m+p_a$
$0 \leqslant t \leqslant \infty$ (既抽真空又堆载)	$\sigma_t=\sigma_0+\Delta\sigma_1$	$\sigma_t'=\gamma'h_m+$ $[(p_a-p_n)+\Delta\sigma_1]U_t$	$u_t=\gamma_w'h_m+p_a+$ $[(p_a-p_n)+\Delta\sigma_1](1-U_t)$
$t \rightarrow \infty$ (既抽真空又堆载)	$\sigma=\sigma_0+\Delta\sigma_1$	$\sigma'=\gamma'h_m+(p_a-p_n)+\Delta\sigma_1$	$u=\gamma_w'h_m+p_a$

注:m 点的深度为 h_m,地下水位与地面齐平,堆载量为 $\Delta\sigma_1$,土的有效重度为 γ',水的重度为 γ_w,大气压力为 p_a,抽真空土中 m 点的大气压力逐渐降至 p_n,t 时的固结度为 U_t。

对一般软黏土,当膜下真空度稳定地达到 80 kPa 后,抽真空 10 d 左右可进行上部堆载施工,即边抽真空,边连续施加堆载。对高含水量的淤泥类土,当膜下真空度稳定地达到 80 kPa 后,一般抽真空 20～30 d 可进行堆载施工;荷载大时可分级施加,分级数通过稳定计算确定。

在进行上部堆载之前,必须在密封膜上铺设防护层,保护密封膜的气密性。防护层可采用编织布或无纺布等,其上铺设 100～300 mm 厚的砂垫层,然后再行堆载。堆载时宜采用轻型运输工具,并不得损坏密封膜。在进行上部堆载施工时,应密切观察膜下真空度的变化,发现漏气,应及时处理。

采用真空-堆载联合预压法,既能加固软土地基,又能较大幅度地提高地基承载力,其工艺流程为:

铺砂垫层 → 打设竖向排水通道 → 铺膜 → 抽气 → 堆载 → 结束

真空-堆载联合预压施工时,除了要按真空预压和堆载预压的要求进行以外,还应注意以下几点:

(1)堆载前要采取可靠措施保护密封膜,防止堆载预压时刺破密封膜;

(2)堆载底层部分应先采用颗粒较细且不含硬块状的堆载物,如砂料等;

(3)选择合适的堆载时间和荷重。

4.8 质量检验

排水固结法加固地基施工中经常进行的质量检验和检测项目有孔隙水压力观测、沉降观测、侧向位移观测、真空度观测、地基土物理力学指标检测等。

1. 现场检验

1) 孔隙水压力观测

孔隙水压力现场观测时,可根据测点孔隙水压力-时间变化曲线,反算土的固结系数,推算该点不同时间的固结度,从而推算强度增长,并确定下一级施加荷载的大小。根据孔隙水压力和荷载的关系曲线可判断该点是否达到屈服状态,因而可用来控制加荷速率,避免加荷过快而造成地基破坏。

目前常用钢弦式孔隙水压力计和双管式孔隙水压力计现场观测孔隙水压力。

在堆载预压工程中,一般在场地中央、载物坡顶处及载物坡脚处不同深度设置孔隙水压力观测仪器,而真空预压工程则只需在场内设置若干个测孔。测孔中测点布置垂直距离为 1~2 m,不同土层也应设置测点,测孔的深度应大于待加固地基的深度。

2) 沉降观测

沉降观测是排水固结加固工程最基本最重要的观测项目之一。观测内容包括:荷载作用范围内地基的总沉降、荷载外地面沉降或隆起、分层沉降以及沉降速率等。

堆载预压工程的地面沉降标应沿场地对称轴线上设置,场地中心、坡顶、坡脚和场外 10 m 范围内均需设置地面沉降标,以掌握整个场地的沉降情况和场地周围地面隆起情况。

真空预压工程地面沉降标应在场内有规律地设置,各沉降标之间距离一般为20~30 m,边界内外适当加密。

深层沉降一般用磁环或沉降观测仪在场地中心设置一个测孔,孔中测点位于各土层的顶部。

3) 水平位移观测

水平位移观测包括边桩水平位移和沿深度的水平位移两部分。它是控制堆载预压加荷速率的重要手段之一。

真空预压的水平位移指向加固场地,不会造成加固地基的破坏。

地表水平位移标一般由木桩或混凝土制成,布置在预压场地的对称轴线上和场地边线不同距离处;深层水平位移则由测斜仪测定,测孔中的测点距离为 1~2 m。

4) 真空度观测

真空度观测分为真空管内真空度、膜下真空度和真空装置的工作状态。膜下真空度则能反映整个场地"加载"的大小和均匀度。膜下真空度测头要求分布均匀,每个测头监控的预压面积为 1 000~2 000 m²,抽真空期间一般要求真空管内真空度值大于 90 kPa,膜下真空度值大于 80 kPa。

5) 地基土物理、力学指标检测

通过对比加固前后地基土物理、力学指标,可直观地反映出排水固结法加固地基的效果。

现场观测的测试要求见表 4-7。

表 4-7 现场观测的测试要求

观测内容	观测目的	观测次数	备注
沉降	推算固结程度，控制加荷速率	① 4次/日；② 2次/日；③ 1次/日；④ 4次/年	①——加荷期间，加荷后1个星期内观测的次数；②——加荷停止后第2个星期至1个月内观测的次数；③——加荷停止1个月后观测的次数；④——若软土层很厚，产生次固结情况时观测的次数
坡趾侧向位移	控制加荷速率	①② 1次/日；③ 1次/2日	
孔隙水压	测定孔隙水压增长和消散情况	① 8次/日；② 2次/日；③ 1次/日	
地下水位	了解水位变化，计算孔隙水压	1次/日	

2. 竣工质量检验

预压法竣工验收检验应符合下列规定：

（1）排水竖井处理深度范围内和竖井底面以下受压土层，经预压所完成的竖向变形和平均固结度应满足设计要求；

（2）应对预压的地基土进行原位十字板剪切试验和室内土工试验。必要时，尚应进行现场载荷试验，试验数量不应少于3点。

4.9 工程实例

1. 工程概况

浙江炼油厂位于浙江省镇海县境内，整个厂区坐落在杭州湾南岸的海滩上，厂区大小油罐60余个，其中10000 m³的油罐10个，罐体采用钢制焊接固定拱顶的结构。10000 m³的油罐直径 $D=31.28$ m，采用钢筋混凝土环形基础，环基高度取决于油罐沉降大小和使用要求，设计环基高 $h=2.30$ m，其中填砂。

罐区地基土属第四纪滨海相沉积的软黏土，土质十分软弱，而油罐基底压力达191.4 kPa，所以油罐地基采用砂井并充水预压处理。

2. 土层分析和各土层物理力学性质

场地地基土层自上而下分为以下几层：第一层为黄褐色粉质黏土硬壳层，超固结土，厚度1 m左右；第二层为淤泥质黏土，厚度约3.20 m；第三层为淤泥质粉质黏土，其中夹有薄层粉砂，平均厚度为4.0 m；第四层为淤泥质黏土，其中含有粉砂夹层；下部粉砂夹层逐渐增多而过渡到粉砂层，平均厚度为9.30 m；第五层为粉、细、中砂混合层，其中以细砂为主并混有黏土，平均厚度为8.0 m；第五层以下为黏土、粉质黏土及淤泥质黏土层，距地面50.0 m左右为厚砂层，基岩在80 m以下。各土层的物理、力学性质指标见表4-8。从土工试验资料来看，主要持力层土含水量高（超过液限），

表 4-8　各层土的主要物理、力学性质指标

| 层序 | 土层名称 | 含水量/（%） | 容重/（kN/m³） | 孔隙比 | 液限/（%） | 塑限/（%） | 塑性指数 | 液性指数 | 压缩系数/（cm²/kg） | 固结系数/（10⁻³cm²/s） | | 三轴固结快剪 | | 十字板强度/（kN/m²） |
										竖向 C_v	径向 C_h	c'/（kN/m²）	φ'/（°）	
1	粉质黏土	31.3	19.1	0.87	34.7	19.3	15.5	0.78	0.036	1.57	1.82	—	—	—
2	淤泥质黏土	46.7	17.7	1.28	40.4	21.3	19.1	1.33	0.114	1.12	0.91	0	26.1	17.5
3	淤泥质粉质黏土	39.1	18.1	1.07	33.1	19.0	14.1	1.42	0.066	3.40	4.81	11.4	28.9	24.8
4	淤泥质黏土	50.2	17.1	1.40	41.4	21.3	20.1	1.43	0.102	0.81	3.15	0	25.7	41.0
5	细粉中砂	30.1	18.4	0.90	23.5	16.3	7.2	1.91	0.023	—	—	—	—	—
6a	粉质黏土	32.3	18.4	0.90	29.0	17.9	11.1	1.29	0.038	3.82	6.28	—	—	—
6b	淤泥质黏土	41.2	17.6	1.20	41.0	21.3	19.7	1.01	0.061	—	—	—	—	—
7	黏土	44.4	17.3	1.28	46.7	25.3	21.4	0.89	0.045	—	—	—	—	—
8	粉质黏土	32.4	18.3	0.97	33.8	20.7	13.1	0.89	0.028	—	—	—	—	—

压缩性高，抗剪强度低。第三、四层由于含有薄砂层夹层，其水平向渗透系数大于竖向渗透系数，这对加速土层的排水固结是有利的。

3. 砂井设计

砂井直径 40 cm，间距 2.5 m，采用等边三角形布置，井径比 $n=6.6$。考虑到地面下 17 m 处有粉细中砂层，为便于排水，砂井长度定为 18 m，砂井的范围一般比构筑物基础稍大为好，该工程基础外设两排砂井以利于基础外地基土强度的提高，减小侧向变形。砂井布置如图 4-5 所示。

4. 砂井施工

该工程采用高压水冲法施工，即在普通钻机杆上接上喷水头，外面罩上一定直径的切土环刀，由高压水和切土环刀把泥浆泛出地面从排水沟排出，当孔内水含泥量较少时倒入砂而形成砂井。该法的优点是机具简单，成本低，对土的结构扰动小，缺点是砂井的含泥量较其他施工方法的高。施工时场地上泥浆多，在铺砂垫层前必须进行清理。

5. 效果评价

该工程进行了现场沉降观测和孔隙水压力观测。根据观测结果，从稳定方面看，在充水预压过程中，除个别测点外，孔隙水压力和沉降速率实测结果均未超过控制标准，罐外地面无隆起现象，说明在充水过程中地基是稳定的。从固结效果来看，充水高度达罐顶后 30 d（即充水开始后 110 d）孔隙水压力已经基本消散。放水前实测值

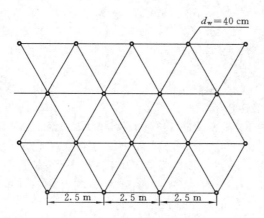

图 4-5 砂井布置平面图

已接近最终值,说明固结效果是显著的。因此,可认为该工程采用砂井充水预压的方案是成功的。

习 题

一、问答题

1. 排水固结法适用于处理何种地基土?

2. 排水固结法是如何提高地基土的强度和减小地基的沉降的?

3. 真空预压加固法为什么不可能使地基的承载力提高到 100 kPa?如果要使地基预压后提高到 100 kPa 以上,还需采取什么附加措施?

4. 堆载预压与真空预压的加固机理有什么差别?

5. 真空-堆载联合预压法有什么优点?

二、选择题

1. 采用真空预压处理软基时,固结压力_____。

A. 应分级施加,防止地基被破坏

B. 应分级施加以逐级提高地基承载力

C. 最大固结压力可根据地基承载力提高幅度的需要确定

D. 可一次加上,地基不会发生破坏

2. 砂井堆载预压法不适合于_____。

A. 砂土   B. 杂填土   C. 饱和软黏土   D. 冲填土

3. 砂井或塑料排水板的作用是_____。

A. 预压荷载下的排水通道   B. 提高复合模量

C. 起竖向增强体作用   D. 形成复合地基

4. 采用预压法进行地基处理时,必须在地表铺设_____。

A. 塑料排水管   B. 排水砂垫层   C. 塑料排水带   D. 排水沟

5. 当采用真空预压法进行地基处理时,真空预压的膜下真空度应保持在_____。

A. 800 mmHg   B. 600 mmHg   C. 400 mmHg   D. 300 mmHg

6. 下列施工措施中,_____不属于排水固结措施。

A. 砂井   B. 井点降水   C. 水平砂垫层   D. 塑料排水板

7. 为了消除在永久荷载使用期的变形,现采用砂井堆载预压法处理地基,下述设计方案中比较有效的是_____。

A. 预压荷载等于80%永久荷载,加密砂井间距   B. 超载预压

C. 等荷预压,延长预压时间   D. 真空预压

8. 砂井地基的固结度与单根砂井的影响圆直径和砂井的直径之比 n(即井径比)有关,因此有_____。

A. 井径比 n 越小,固结度越大   B. 井径比 n 越大,固结度越小

C. 对固结度影响不大   D. 井径比 n 达到某一值时,固结度不变

三、计算题

某堆场地基,淤泥质黏土厚 18 m,$w=50\%$,$C_v=1.5\times10^{-3}$ cm^2/s,在堆场荷载 80 kPa 作用下,求得最终沉降量为 60 m,若允许沉降量为 12 cm,试求可采用的预压荷载和在此条件下地基土的固结度。

5 强 夯 法

5.1 概述

强夯法是 20 世纪 60 年代末首先在法国发展起来的,国外称之为动力固结法或动力压实法,以区别于静力固结法。它一般是将 10～40 t 的重锤以 10～40 m 的落距,对地基土施加强大的冲击能,在地基土中形成冲击波和动应力,使地基土压实和振密,以加固地基土,达到提高强度、降低压缩性、改善砂土的抗液化条件、消除湿陷性黄土的湿陷性的目的。

强夯法 1969 年首次应用于法国的 Riviera 夯实滨海填土。该场地是新近填筑的,地表下为 9 m 厚的碎石填土,其下是 12 m 厚疏松的砂质粉土,场地上要求建造 20 栋 8 层的住宅楼。由于碎石填土完全是新近填筑的,如使用桩基,将意味要产生占单桩承载力 60%～70% 的负摩擦力,很不经济;且对较轻的结构如果不同时使用桩基支承,则结构将产生差异沉降,可能导致结构的破坏。后采用堆载预压,堆土 5 m 厚,在约 100 kPa 压力下,历时 3 个月,沉降平均仅 20 cm,承载力仅提高 30%,加固效果不显著。后由法国工程师 L. Menard 提出采用重 80 kN 的重锤,以落距 10 m,每击冲击能 800 kN·m,总能量 1200 kJ/m² 的参数将该场地夯击一遍,地面沉降了 50 cm。夯后检测表明土的物理力学指标得到改善,旁压仪的资料显示土的强度提高了 2～3 倍。建造的 8 层住宅楼竣工后,其平均沉降仅为 13 mm,而差异沉降可忽略不计。

1971 年后,该方法在法国、英国、德国、瑞典等国家得到了推广,各届国际土力学及基础工程学会会议及世界各地区域性土力学会议上都有大量论文发表。1978 年 11 月至 1979 年初,我国交通部一航局科研所及其协作单位首次在天津新港 3 号公路进行了强夯试验研究。在初次掌握了此方法的基础上,于 1979 年 8 月又在秦皇岛码头堆煤场细砂地基进行了试验并正式使用,效果显著。此后,强夯法在全国各地迅速推广,据不完全统计,迄今全国已有十几个省市在数百项工程中采用,发表了大量论文,取得了明显的经济和社会效益。

强夯法经过 30 余年的发展,已广泛应用于工业与民用建筑、仓库、油罐、公路、铁路、飞机场跑道及码头的地基处理中,它主要适用于加固砂土和碎石土、低饱和度粉土与黏性土、湿陷性黄土、杂填土和素填土等地基。

对于饱和黏性土地基,近年来发展了强夯置换法,这是利用夯击能将碎石、矿渣等材料强力挤入地基,在地基中形成碎石墩,并与墩间土形成碎石墩复合地基,提高地基承载力和减小沉降。强夯置换法适用于高饱和度的粉土与软塑至流塑的黏性土等地基上对变形要求不严的工程。强夯置换法在设计前必须通过现场试验确定其适用性和处理效果。强夯法置换碎石墩法属于复合地基法,将在第 8 章碎石桩法中作简要介绍,本章不赘述。

5.2　加固机理

1. 概述

关于强夯法加固地基的机理,虽然国内外学者从不同的角度进行了大量的研究,但至今尚未形成成熟和完善的理论。对强夯法加固地基的机理认识,首先应分宏观机理和微观机理。宏观机理从加固区土所受冲击力、应力波的传播、土的强度对土加密的影响作出解释。微观机理对冲击力作用下土微观结构的变化,如土颗粒的重新排列、连接作出解释。宏观机理是外部表现,微观机理是内部依据。其次应对饱和土和非饱和土加以区别,饱和土存在孔隙水排出土才能压实固结这一问题。还应区分黏性土和非黏性土,它们的渗透性不同,黏性土存在固化内聚力,砂土则不然。另外对一些特殊土,如湿陷性黄土、填土、淤泥等,由于它们具有各自的特殊性能,其加固机理也存在特殊性。强夯机理研究中还有一个必须研究的内容就是夯击能量的传递,即确定夯击能量中真正用于加固地基的那部分能量和该部分能量加固地基的原理。

Leon 认为,强夯加固作用应与土层在被处理过程中的三种不同机理有关。其一是加密作用,以空气和气体的排出为特征;其二是固结作用,以孔隙水的排出为特征;其三是预加变形作用,以各种颗粒成分在结构上的重新排列以及颗粒结构和形态的改变为特征。由于加固地基土的复杂性,他认为不可能建立对各类地基具有普遍意义的理论。

目前普遍一致的看法是,经强夯后,土强度提高过程可分为四个阶段:

(1) 夯击能量转化,同时伴随强制压缩或振密(包括气体的排出、孔隙水压力上升);

(2) 土体液化或土体结构破坏(表现为土体强度降低或抗剪强度丧失);

(3) 排水固结压密(表现为渗透性能改变、土体裂隙发展、土体强度提高);

(4) 触变恢复并伴随固结压密(包括部分自由水又变成薄膜水,土的强度继续提高)。

其中第一阶段是瞬时发生的,第四阶段是强夯终止后很长时间才能达到的(可长达几个月以上),中间两个阶段则介于上述两者之间。

2. 饱和土的加固机理

目前对于饱和黏性土主要是用 Menard 提出的动力固结模型来分析土强度的增长过程、夯击能量的传递机理、在夯击能量作用下孔隙水的变化机理以及强夯的时间效应等。

1）动力固结模型

Menard 提出的动力固结模型（见图 5-1）主要有以下几个方面的特点。

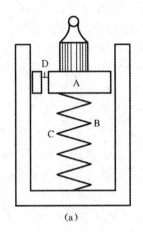 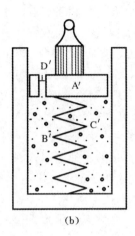

（a）　　　　　　　　　　（b）

图 5-1　太沙基模型和动力固结模型对比图

（a）太沙基模型；（b）动力固结模型

A—无摩擦活塞；A′—有摩擦活塞；B—不可压缩的液体

B′—含有少量气泡；液体可压缩；C—定比弹簧；C′—不定比弹簧；

D—不变孔径；D′—可变孔径

（1）有摩擦的活塞　夯击土被压缩后，含有空气的孔隙具有滞后现象，气相体积不能立即膨胀，也就是夯坑较深的压密土被外围土约束而不能膨胀，这一特征用有摩擦的活塞表示。

（2）液体可压缩　由于土体中有机物的分解，土中总是有微小气泡，其体积为土体积的 1%～3%，这是强夯时土体产生瞬间压密变形的条件。

（3）不定比弹簧　夯击时土体结构破坏，土颗粒周围弱结合水由于振动和温度影响变成自由水，孔压上升，土的强度降低。随着孔隙水压力降低、结构恢复、强度增加，因此弹簧强度是可变的。

（4）变孔径排水活塞　夯击能转换成波的形式向土中传递，使土中的应力场重新分布。当土中某点拉应力大于土体的抗拉能力时，该点出现裂隙，形成树根状排水网路，孔隙水得以顺利逸出，这是变孔径排水的理论基础。强夯时夯坑及邻近夯坑的涌水冒砂现象说明了这点。

2）夯击能的传递机理

由弹性波的传播理论知，强夯法产生的巨大能量将转化为压缩波（P 波）、剪切波（S 波）和瑞利波（R 波）在土中传播。体波（压缩波与剪切波）沿着一个半球波阵面径向地向外传播，而瑞利波则沿着一个圆柱波阵面径向地向外传播。

压缩波传播速度最快，但它仅携带振动能量的 7% 左右，其质点运动是属于平行于波阵面方向的一种推拉运动,这种波使孔隙水压力增大,同时还使土粒错位;随后到达的剪切波占振动能量的 26%,其质点运动引起和波阵面方向正交的横向位移;瑞利波传播速度最慢,携带振动能量的 67%,瑞利波的质点运动是由水平向和竖向分量所组成。剪切波和瑞利波的水平分量使土颗粒间受剪,可使土密实。

对于位于均质各向同性弹性半空间表面上竖向振动的、均布的圆形振源,由于瑞利波占了来自竖向振动的总输入能量的 2/3,且瑞利波随距离的增加而衰减要比体波慢得多,所以对于位于或接近地面的地基土,瑞利波的竖向分量起到松动作用。但最新研究表明,瑞利波的传播也有利于深层地基土的压实。

3) 土强度的增长过程机理

在重复夯击作用下,施加于土体的夯击能迫使土结构破坏,孔隙水压力上升,使孔隙水中气体逐渐受到压缩,因此土体的沉降量与夯击能成正比。当气体体积分数接近零时,土体便变得不可压缩。当施加的夯击能使孔隙水压力上升到与覆盖压力相等时,土体即产生液化。图 5-2 所示为强夯阶段土的强度增长过程。图中表明,当土体出现液化或接近液化时,土体中将产生裂隙,土的渗透性骤增,孔隙水得以顺利排出。随着孔隙水压力的消散,土中裂隙闭合,土颗粒间接触将较夯击前紧密,土的抗剪强度和变形模量会有较大幅度增长。孔隙水压力完全消散后,土的抗剪强度与变形模量仍会缓慢增加,此阶段为触变恢复阶段。经验表明,如以孔隙水压力消散后测得的数值作为新的强度基值(一般在夯击后 1 个月),则 6 个月后,强度平均增加 20%～30%,变形模量增加 30%～80%。实际上这一现象对所有细颗粒土都是明显的,只是程度不同而已。

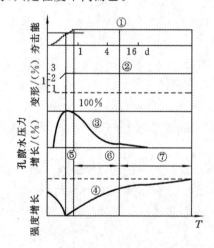

图 5-2　强夯阶段土的强度增长过程

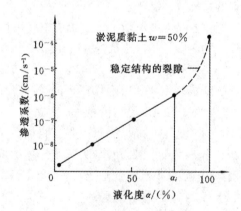

图 5-3　土的渗透系数与液化度关系曲线

4) 孔隙水压力变化机理

在强大夯击能的作用下,土中孔隙水压力上升,随着时间推移,土中孔隙水压力会逐渐消散。消散过程中,土的渗透性不断变化,图 5-3 是土的渗透系数与液化度关系曲线。图中液化度为孔隙水压力与压力之比,当液化度小于 α_i 时,渗透系数随液化度成比例增长;当液化度超过 α_i 时,渗透系数骤增。这是因为当出现的孔隙水压力大于颗粒间侧向压力时,土颗粒间出现裂隙,形成了良好的排水通道。故在有规则网格布置夯点的现场,通过积聚的夯击能量,在夯坑四周会形成有规则的垂直裂隙,夯坑附近出现涌水现象。因此,现场夯击前测定的渗透系数不能反映夯击后孔隙水压力迅速消散的特性。

当孔隙水压力消散到小于颗粒间侧向压力时,裂隙即自行闭合,土中水的运动重新恢复常态。国外资料报道,夯击时出现的冲击波,也会将土颗粒间的吸附水转化为自由水,因而促进了毛细管通道横截面的增大。

综上所述,动力固结理论与静力固结理论相比,有如下不同之处:①荷载与沉降的关系具有滞后效应;②由于土中气泡的存在,孔隙水具有压缩性;③土颗粒骨架的压缩模量在夯击过程中不断改变,渗透系数亦随时间而变化。

此外 Gambin 认为,强夯法与一般固结理论的不同之处还在于强夯作用下(冲击荷载)土的应力-应变曲线也是不同的。

3. 非饱和土的加固机理

采用强夯加固非饱和土是基于动力压密的概念,即用冲击型动力荷载使土体中的孔隙体积减小,土体变得更为密实,从而提高其强度。

在土体形成的漫长历史年代中,由于各种非常复杂的风化过程,各种土颗粒的表面通常包裹着一层矿物和有机物的多种新化合物或胶体物质的凝胶,土颗粒形成一定大小的团粒,这种团粒具有相对的水稳定性和一定的强度。而土颗粒周围的孔隙被气体和液体(例如水)所充满,即土体是由固相、液相和气相三部分组成。在压缩波能量的作用下,土颗粒互相靠拢。因为气相的压缩性比固相和液相的压缩性大得多,所以气体部分首先被排出,颗粒进行重新排列,由天然的紊乱状态进入稳定状态,孔隙就大为减小。这种体积变化和塑性变化将使土体在外荷作用下达到新的稳定状态。当然,在波动能量作用下,土颗粒和其间的液体受力也可能变形,但这些变形相对颗粒间的移动、孔隙减少来说是较小的,因此,可以认为非饱和土的夯实变形主要是由于颗粒的相对位移而引起的,也可以说非饱和土的夯实过程,就是土中的气相被挤出的过程。

黄土强夯前后的微观分析结果表明,强夯产生的冲击波作用破坏了黄土的原有结构,改变了土体中各类孔隙的分布状态以及它们之间的相对含量。特别是上层新近堆积黄土,强夯后特大孔隙及大孔隙完全消除,微孔隙显著增加,土体由松散到密实。当土体达到最密实时,孔隙体积可减少 60% 左右,土体接近二相状态,即饱和状态。

5.3 设计

1. 有效加固深度

Menard 曾提出用下列公式估算有效加固深度。

$$H \approx \sqrt{Mh/10} \tag{5-1}$$

式中:H——有效加固深度(m);

M——夯锤重(kN);

h——落距(m)。

由式(5-1)估算的有效加固深度较实测值大,可采用 0.34~0.8 的修正系数进行修正。但对同一类土,采用不同能量夯击时,其修正系数并不相同。单击夯击能越大时,修正系数越小。对于同一类土,采用一个修正系数并不能得到满意的结果。影响有效加固深度的因素有单击夯击能、地基土的性质、不同土层的厚度、埋藏顺序和地下水位等,有效加固深度应根据现场试夯或当地经验值确定。在缺少试验资料或经验时,《建筑地基处理技术规范》JGJ 79—2002 建议了其取值范围,见表 5-1。

表 5-1 强夯法的有效加固深度 (单位:m)

单击夯击能/(kN·m)	碎石土、砂土等粗颗粒土	粉土、黏性土、湿陷性黄土等细颗粒土
1000	5.0~6.0	4.0~5.0
2000	6.0~7.0	5.0~6.0
3000	7.0~8.0	6.0~7.0
4000	8.0~9.0	7.0~8.0
5000	9.0~9.5	8.0~8.5
6000	9.5~10.0	8.5~9.0
8000	10.0~10.5	9.0~9.5

注:强夯法的有效加固深度应从最初起夯面算起。

2. 单击夯击能

在设计中,根据需要加固的深度初步确定采用的夯击能,然后再根据机具条件确定起重设备、夯锤尺寸以及自动脱钩装置等。

起重设备可采用履带式起重机或轮胎式起重机,也可采用专门制作的三脚架和轮胎式强夯机。当锤重超过吊机卷扬机能力时,不能使用单缆锤施工工艺,需要利用滑轮组,并借助脱钩装置来起落夯锤。

夯锤的平面一般有圆形和方形,又分气孔式和封闭式。圆形带有气孔的锤较好,它可以克服方形锤由于两次夯击落地不完全重合而造成的能量损失。气孔宜上下贯通,孔径可取 250~300 mm,它可减小起吊夯锤的吸力和夯锤着地时的能量损失。锤底面积宜按土的性质确定,对砂性土一般为 3~4 m²,对黏性土不宜小于 6 m²。锤底静接地压力可取 25~40 kPa,锤重一般为 10~25 t,最大夯锤已重达 40 t,落距为 8~25 m。对相同的夯击能量,常选用大落距方案,这样能获得较大的接地速度,可将大部分的能量有效地传到地下深处,增加深层夯实效果,减小消耗在地表土层塑性变形的能量。

自动脱钩装置由工厂定型生产。夯锤挂在脱钩装置上,当起重机将夯锤吊到既定高度时,脱钩装置使锤自由下落进行夯实。

3. 最佳夯击能

从理论上讲,在最佳夯击能作用下,地基土中出现的孔隙水压力达到土的自重压力,这样的夯击能称为最佳夯击能。在黏性土中,由于孔隙水压力消散缓慢,当夯击能逐渐增大时,孔隙水压力相应地叠加,因此可根据孔隙水压力的叠加来确定最佳夯击能。在砂性土中,孔隙水压力增长及消散过程仅为几分钟,因此孔隙水压力不能随夯击能增加而叠加,可根据最大孔隙水压力增量与夯击次数关系来确定最佳夯击能。

夯点的夯击次数可按现场试夯得到的夯击次数和夯沉量关系曲线确定,并应同时满足下列条件。

(1) 最后两击的平均夯沉量不宜大于下列数值:当单击夯击能小于4000 kN·m时为50 mm;当单击夯击能为4000～6000 kN·m时为100 mm;当单击夯击能大于6000 kN·m时为200 mm。

(2) 夯坑周围地面不应发生过大的隆起。

(3) 不因夯坑过深而发生提锤困难。

也可参照夯坑周围土体隆起的情况予以确定,就是当夯坑的竖向压缩量最大而周围土体的隆起最小时的夯击数,为该点的夯击次数。夯坑周围地面隆起量太大,说明夯击效率降低,则夯击次数要适当减少。对于饱和细粒土,击数可根据孔隙水压力的增长和消散来决定;当被加固的土层将发生液化时,此时的击数即为该遍击数,以后各遍击数也可按此确定。

4. 夯击遍数

夯击遍数应根据地基土的性质确定。一般来说,由粗颗粒土组成的渗透性强的地基,夯击遍数可少些;反之,由细颗粒土组成的渗透性弱的地基,夯击遍数要求多些。根据工程实践经验,对于大多数工程一般可采用点夯2～3遍,最后再以低能量满夯2遍,一般均能取得较好的夯击效果。对于渗透性较差的细颗粒土,必要时夯击遍数可适当增加。

由于表层土是基础的主要持力层,如处理不好,将会增加建筑物的沉降和不均匀沉降。因此,必须重视满夯的夯实效果。除了采用低能量满夯2遍外,还可采用轻锤或低落距锤多次夯击,以及锤印搭接等措施。

5. 间歇时间

两遍夯击之间的间隔时间取决于土中超静孔隙水压力的消散时间,但土中超静孔隙水压力的消散速率与土的类别、夯点间距等有关。有条件时最好能在试夯前埋设孔隙水压力传感器,通过试夯确定超静孔隙水压力的消散时间,从而决定两遍夯击之间的间隔时间。当缺少实测资料时,可根据地基土的渗透性确定:对于渗透性较差的黏性土地基,间隔时间不应少于3～4周;对于渗透性较好的地基,超静孔隙水压力消散很快,夯完一遍,第二遍可连续夯击。

6. 夯击点布置

夯击点布置是否合理与夯实效果有直接的关系。夯击点位置可根据基底平面形状,采用等边三角形、等腰三角形或正方形布置。对于某些基础面积较大的建筑物,为便于施工,可按等边三角形或正方形布置夯点;对于办公楼、住宅建筑等,可根据承重墙位置布置夯点,一般可采用等腰三角形布点,这样就保证了横向承重墙以及纵墙和横墙交接处墙基下均有夯击点;对于工业厂房来说,也可按柱网来设置夯击点。

夯击点间距的确定,一般根据地基土的性质和要求处理的深度而定。对于细颗粒土,为便于超静孔隙水压力的消散,夯点间距不宜过小。当要求处理深度较大时,第一遍的夯点间距更不宜过小,以免夯击时在浅层形成密实层而影响夯击能向深层传递。此外,若各夯点之间的距离太小,在夯击时上部土体易向周围已夯成的夯坑中挤出,从而造成坑壁坍塌,夯锤歪斜或倾倒,而影响夯实效果。第一遍夯击点间距可取夯锤直径的 2.5~3.5 倍,第二遍夯击点位于第一遍夯击点之间。以后各遍夯击点间距可适当减小。对加固深度较深或单击夯击能较大的工程,第一遍夯击点间距宜适当增大。

图 5-4 表示了两种夯击点布置及夯击次序。图 5-4(a)中,13 个击点夯一遍分三次完成。第一次夯 5 个点,4.2 m×4.2 m 正方形布置;第二次夯 4 个点,4.2 m×4.2 m正方形布置;第三次夯 4 个点,3 m×3 m 正方形布置;三次完成后 13 个夯击点为2.1 m×2.1 m 正方形布置;图 5-4(b)中,9 个击点夯一遍分三次完成。第一次夯 4个点,6 m×6 m 正方形布置;第二次夯 1 个点,6 m×6 m 正方形中心;第三次夯 4 个点,4.2 m×4.2 m 正方形布置;三次完成后 9 个夯击点为 3 m×3 m 正方形布置。

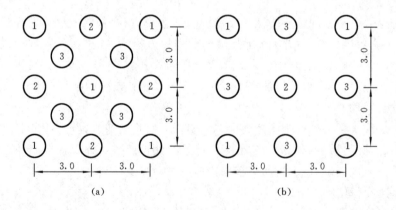

图 5-4 夯击点布置及夯击次序(单位:m)

7. 处理范围

由于基础的应力扩散作用,强夯处理范围应大于建筑物的基础范围,具体放大范围可根据建筑结构类型和重要性等因素综合考虑确定。对于一般建筑,每边超出基础外缘的宽度宜为基底下设计处理深度的 1/2 至 2/3,并不宜小于 3 m。

8. 承载力确定

强夯地基承载力特征值应通过现场载荷试验确定,初步设计时也可根据夯后原位测试和土工试验指标按现行国家标准《建筑地基基础设计规范》GB 50007 的有关规定确定。

9. 现场测试

现场测试主要包括下述内容。

(1)地面沉降观测 每夯击一次应及时测量夯击坑及其周围地面的沉降量和隆起量。通过每次夯击后夯击坑的沉降量控制夯击数。通过地面沉降观测可以估计强夯处理地基的效果。

(2)孔隙水压力观测 沿夯击点等距离不同深度以及等深度不同距离埋设孔隙水压力测头,测量在夯击和间歇过程中地基土体中孔隙水压力沿深度和水平距离变化的规律,从而确定夯击点的影响范围,合理选用夯击点间距和夯击间歇时间等。

(3)强夯振动影响范围观测 通过测试地面振动加速度可以了解强夯振动影响范围。通常将地表的最大振动加速度等于 $0.98 \mathrm{m/s^2}$(即认为相当于地震烈度 7 度)的位置作为设计时振动影响的安全距离。强夯振动的周期比地震短得多,强夯振动作用范围也远比地震小,因此,强夯对建筑物振动影响肯定比地震小,上述采用的设计标准是偏于安全的。一般建议夯坑离建筑物的最小距离为 15～20 m,也有距离只有 3 m(单击夯击能 $100 \times 10 \mathrm{kN \cdot m}$)进行强夯法处理的报道。为了减小强夯振动对建筑物的影响,可在夯区周围设置隔振沟。

(4)深层沉降和侧向位移测试 为了解强夯处理过程中深层土体的位移情况,可在地基中设置深层沉降标测量不同深度土体的竖向位移和在夯坑周围埋设测斜管测量土体侧向位移沿深度的变化。通过对地基深层沉降和侧向位移的测试可有效地了解强夯处理有效加固深度和夯击的影响范围。

5.4 施工

强夯法施工可按下列步骤进行:

(1)清理并平整施工场地;

(2)标出第一遍夯点位置,并测量场地高程;

(3)起重机就位,夯锤置于夯点位置;

(4)测量夯前锤顶高程;

(5)将夯锤起吊到预定高度,开启脱钩装置,待夯锤脱钩自由下落后,放下吊钩,测量锤顶高程,若发现因坑底倾斜而造成夯锤歪斜时,应及时将坑底整平;

(6)重复步骤(5),按设计规定的夯击次数及控制标准,完成一个夯点的夯击;

(7)换夯点,重复步骤(3)至(6),完成第一遍全部夯点的夯击;

(8)用推土机将夯坑填平,并测量场地高程;

(9) 在规定的间隔时间后,按上述步骤逐次完成全部夯击遍数,最后用低能量满夯,将场地表层松土夯实,并测量夯后场地高程。

施工过程中应有专人负责下列监测工作:

(1) 开夯前应检查夯锤质量和落距,以确保单次夯击能量符合设计要求;

(2) 在每一遍夯击前,应对夯点放线进行复核,夯完后检查夯坑位置,发现偏差或漏夯应及时纠正;

(3) 按设计要求检查每个夯点的夯击次数和每击的夯沉量。

5.5 质量检验

强夯处理后的地基竣工验收承载力检验应在施工结束后间隔一定时间方可进行:对于碎石土和砂土地基,其间隔时间可取 7~14 d;对于粉土和黏性土地基可取 14~28 d。

强夯处理后的地基竣工验收时,承载力检验应采用原位测试和室内土工试验。对简单场地上的一般建筑,每个建筑地基的载荷试验检验点不应少于 3 点;对复杂场地或重要建筑地基,应增加检验点数。

5.6 工程实例

1. 河北藁城热电厂松砂地基强夯法处理(聂海年、李最新,1992)

工程地质情况:自上而下第 1 层为黄褐色粉质黏土和粉土,夹有粉砂透镜体,层厚一般为 1.5~3.0 m,最厚 4.0 m,最薄 1.0 m;第 2 层由灰褐色粉细砂、中砂组成,夹有粉土透镜体,层厚一般为 4.4~7.4 m,最厚 8.4 m,最薄 4.3 m;第 3 层为黄褐色-灰褐色粉质黏土、粉土夹粉细砂透镜体,层厚 2~6 m,最厚 8.5 m;第 4 层由灰褐色粉细砂、中砂组成,层厚 2~5 m,最厚 7.5 m,最薄 1.4 m;地基承载力为 110~130 kPa,在洪水期,6 m 以上产生液化。

强夯法施工要素:夯锤直径 2.1 m,高 1.2 m,锤重 105 kN,落距 10~12 m;夯点采用三角形布置,夯点距离 5 m;夯击点夯击数由最后三夯沉降量控制在 30~50 mm 确定;采用一遍连夯方法施工。

加固效果检验:采用标准贯入试验和静力触探试验;标准贯入锤击数,处理前为 7~12 击,处理后为 15~25 击;加固效果显著;静力触探试验 p_s 值处理后比处理前增加 23%~64%;加固深度达到 6 m,消除了砂土地基液化,地基承载力提高到 170~190 kPa。

2. 前湾港煤堆场轨道吹填砂土地基强夯法处理(杨进,1991)

工程地质情况:自上而下第 1 层为含贝壳松散黄色细砂,厚度 1.5 m;第 2 层为含贝壳黄色粗砂,厚度 2.5 m;第 3 层为含少量小石子和贝壳灰黄色粗砂,厚度

3.0 m;第 4 层为含有机质黑色亚黏土,厚度 2.6 m;第 5 层为风化岩。

强夯法施工要素:夯锤重 160 kN,落距 12～14 m;铺设 300 mm 山皮石和 500 mm 片石垫层,并用 90 kN 振动碾压机将垫层碾压 4 遍;夯点布置以轨道轴线为中线,向两侧均匀布点,夯点布置以及每遍夯击顺序如图 5-5 所示;分三遍夯击,每夯击点分别夯 14 击、12 击和 10 击,以最后两夯下沉小于 100 mm 为标准;最后以振动碾压机碾压 4 遍。

加固效果检验:采用载荷板试验,当 $p=560$ kPa 时,p-s 曲线未出现拐点,地基未破坏;夯点上地基变形模量 $E_0=48.3$ MPa,夯点间地基土变形模量 $E_0=41.3$ MPa;分层沉降观测表明吹填砂层中的压缩量占总沉降量的 80% 左右,下卧软土层占 20% 左右;地基土夯后的标准贯入锤击数比夯前平均提高了 167%。

3. 兰州乳品厂杂填土地基强夯法处理(叶书麟,1994)

工程地质情况:第 1 层为以工业建筑垃圾为主的人工填土,厚度为 4.5～5.7 m,承载力为 37.5 kPa,并具有较大的湿陷性;第 2 层为淤泥质亚黏土和粉细砂透镜体薄层,厚度 0.8～2.0 m;第 3 层为卵石层;地下水位深度为 4.8～5.3 m。

强夯施工要素:夯锤重 100 kN,落距 18 m;夯点正方形布置,夯点间距 3.5 m;采用一遍顺次夯击的方法,每夯击点 12 击,每夯平均下沉量为 50～80 mm。

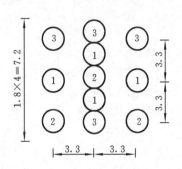

图 5-5　夯点布置及夯击顺序示意图(单位:m)

加固效果检验:浸水载荷试验表明,处理后地基容许承载力为 300 kPa;强夯前,天然地基在 100 kPa 压力时浸水附加沉降为 233 mm;强夯处理后,在 200 kPa 压力时,于地表下 1.5 m 和 3.5 mm 处浸水附加沉降分别为 1.5 mm 和 0.55 mm,处理效果良好。

4. 兰州市兰化公司 25 街区湿陷性黄土地基强夯法加固试验(叶书麟,1994)

工程地质情况:Ⅱ级自重湿陷性黄土,厚度 28 m,其中湿陷性土层厚度为 13.1 m。

强夯施工要素:夯锤重 104 kN,落距为 18 m;夯点正方形布置,夯点间距 3 m;试验区共 18 个夯点。

强夯处理效果:有效处理深度 7.70 m,干重度由夯前的 12.6～13.8 kN/m³ 提高到 14.5～17.2 kN/m³。处理后地基土为非湿陷性土,黏聚力由夯前的 14～20 kPa 提高到 21～62 kPa,内摩擦角无明显变化。

习　　题

一、问答题

1. 试述强夯法与重锤夯实法的区别。

2. 强夯法适用于何种土类?

3. 强夯法设计包含哪些内容?如何确定强夯的设计参数?

4. 采用强夯法施工后,为什么对于不同的土质地基,进行质量检测的间隔时间不同?

二、选择题

1. 强夯法不适用于_____地基土。

    A. 松散砂土   B. 杂填土   C. 饱和软黏土   D. 湿陷性黄土

2. 利用 1 000 kN·m 能量强夯挤密砂土层,其有效加固深度为_____。

    A. 15 m   B. 10 m   C. 5 m   D. 8 m

3. 强夯法处理地基时,其处理范围应大于建筑物基础范围内,且每边应超出基础外缘的宽度宜为设计处理深度的_____,并不宜小于 3 m。

    A. 1/4～3/4   B. 1/2～2/3   C. 1/5～3/5   D. 1/3～1.0

4. 我国自 20 世纪 70 年代引进强夯法施工,并迅速在全国推广应用,至今,我国采用的最大夯锤为 40 t,常用的夯锤重为_____。

    A. 5～15 t   B. 10～25 t   C. 15～30 t   D. 20～45 t

5. 当采用强夯法施工时,两遍夯击之间的时间间隔的确定主要依据取决于_____。

    A. 土中超静孔隙水压力的消散时间

    B. 夯击设备的起落时间

    C. 土压力的恢复时间

    D. 土中有效应力的增长时间

三、计算题

某新建大型企业,经岩土工程勘察,地表为耕植土,层厚 0.8 m;第 2 层为粉砂,松散,层厚 6.5 m;第 3 层卵石,层厚 5.8 m。地下水位埋深 2.00 m。考虑用强夯法加固地基,试设计锤重与落距,以进行现场试验。

第3篇　复合地基处理方法

- 复合地基基本理论
- 灰土挤密桩法和土挤密桩法
- 砂桩法
- 碎石桩法
- 石灰桩法
- 水泥土搅拌法
- 夯实水泥土桩法
- 高压喷射注浆法
- 水泥粉煤灰碎石桩(CFG 桩)法
- 多元复合地基法

6 复合地基基本理论

6.1 复合地基的定义与分类

当天然地基不能满足建筑对地基的要求时,需要进行地基处理,形成人工地基,以保证建筑的安全与正常使用。地基处理方法很多,按地基处理的加固原理分类,主要有下述 7 大类:换填垫层法、振密挤密法、排水固结法、置换法、加筋法、胶结法及冷热处理法等。

经过处理形成的人工地基通常有三种类型:均质地基、复合地基和桩基。人工地基中的均质地基是指天然地基在地基处理过程中加固区土体性质得到全面改良的地基。加固区土体的物理力学性质基本上是相同的,加固区的范围,无论是平面位置与深度,与荷载作用对应的地基持力层或压缩层范围相比较都满足一定的要求,如图 6-1(a)所示。例如均质的天然地基是采用排水固结法形成的人工地基。在排水固结过程中,加固区范围内地基土体中孔隙比减小,抗剪强度提高,压缩性减小。加固区内土体性质比较均匀。若采用排水固结法处理的加固区域与荷载作用面积相应的持力层厚度和压缩层厚度相比较也已满足一定要求,则这种人工地基可视为均质地基。均质地基已在第 2 篇中作了介绍。

天然地基经地基处理形成的均质加固区的厚度与荷载作用面积或者与其相应持力层和压缩层厚度相比较小时,在荷载作用影响区内,由两层性质相差较大的土体组成的地基称为人工地基中的双层地基,如图 6-1(b)所示。采用换填法或表层压实法处理形成的人工地基,当处理范围比荷载作用面积较大时,可归属于人工地基中的双层地基。人工地基中的双层地基承载力和变形计算方法基本上与天然双层地基的计算方法相同。

复合地基(composite ground,composite foundation)是指天然地基在地基处理过程中部分土体得到增强或被置换,或在天然地基中设置加筋材料,加固区由基体(天然地基土体或被改良的天然地基土体)和增强体两部分组成的人工地基。上部结构的荷载由基体和增强体共同承担。

复合地基根据地基中增强体的方向可分为水平向增强体复合地基、竖向增强体复合地基、斜向增强体复合地基和双向增强体复合地基,其中水平向增强体复合地基和竖向增强体复合地基见图 6-1(c)和图 6-1(d)。

竖向增强体习惯上称为桩(pile),有时也称为柱(column)。竖向增强体复合地基通常称为桩体复合地基或桩式复合地基。目前在工程中应用的竖向增强体有碎石桩、砂桩、水泥土桩、石灰桩、土桩、灰土桩、CFG 桩、混凝土桩等。根据竖向增强体的

（第二版）

86 地基处理技术(第二版)

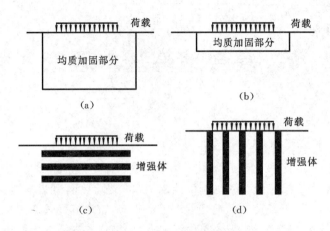

图 6-1　人工地基的分类
(a) 均质人工地基；(b) 双层地基；
(c) 水平向增强体复合地基；(d) 竖向增强体复合地基

性质,桩体复合地基又可分为散体材料桩复合地基、黏结材料桩复合地基和多桩型复合地基,其中黏结材料桩复合地基又可分为柔性桩复合地基和刚性桩复合地基。散体材料桩复合地基包括碎石桩复合地基和砂桩复合地基等。散体材料桩只有依靠周围土体的围箍作用才能形成桩体。相对应于散体材料桩,黏结材料桩又包括柔性桩和刚性桩,也有人将其称为半刚性桩和刚性桩。柔性桩复合地基包括灰土桩复合地基和石灰桩复合地基等。刚性桩复合地基包括 CFG 桩复合地基和低强度混凝土桩复合地基等。严格来讲,桩体的刚度不仅与材料性质有关,还与桩的长径比有关,应采用桩土相对刚度来描述。

水平向增强体复合地基主要指加筋土地基。随着土工合成材料的发展,加筋土地基应用愈来愈多。加筋材料主要有土工织物、土工膜、土工格栅和土工格室等。

复合地基中增强体方向不同,复合地基性状不同。桩体复合地基中,桩体是由散体材料组成还是由黏结材料组成,以及黏结材料桩的刚度大小,都将影响复合地基荷载传递性状。复合地基根据工作机理可作如下分类(见图 6-2)。

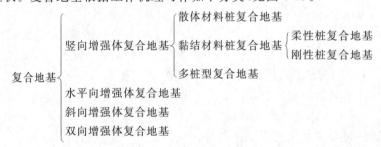

图 6-2　复合地基分类图

在某些工程中,出于工程安全和经济性考虑,有时将竖向增强体中的桩体长度设计为长短不等,此时所形成的竖向增强体复合地基也称为长短桩复合地基。长短桩复合地基未列入上述分类图中。

当竖向增强体采用刚性桩、柔性桩或散体材料桩中的两种或两种以上与天然地基土所形成的人工地基称为多桩型复合地基(见图 6-2)。

由水平向增强体、竖向增强体与天然地基土所形成的人工地基,称为双向增强体复合地基(见图 6-2)。

笔者认为多桩型复合地基和双向增强体复合地基可以统称为多元复合地基,多元复合地基未列入上述的分类图。关于多元复合地基,本书第 15 章作了较为详细的介绍。

桩体复合地基具有以下两个基本的特点:

(1) 加固区由基体和增强体两部分组成,是非均质的和各向异性的;

(2) 在荷载作用下,基体和增强体共同承担荷载的作用。

前一特征使复合地基区别于均质地基,后一特征使复合地基区别于桩基础。从某种意义上讲,复合地基介于均质地基和桩基之间。

形成复合地基的条件是基体与增强体在荷载作用下,通过两者变形协调,共同分担荷载。

6.2 复合地基的常用类型

在工程实践中应用的复合地基类型很多,可从下述三个方面来分类:增强体设置方向;增强体材料;基础刚度以及是否设置垫层。

复合地基中增强体除竖向设置和水平向设置外,可斜向设置,还可以竖向和水平向同时设置(此种情形也称为双向增强体复合地基或桩网复合地基)。在形成复合地基时,竖向增强体可以采用同一长度,也可采用长短桩的形式,长桩和短桩可采用同一材料制桩,也可采用不同材料制桩。采用不同材料制桩时即形成多桩型复合地基。笔者将多桩型复合地基和双向增强体复合地基统称为多元复合地基。多元复合地基法在工程实践中正得到越来越广泛的应用,它既可有效提高地基承载力,又可大幅度减少沉降,具有很好的技术效果和经济效益。

对增强体材料,水平向增强体多采用土工合成材料,如土工格栅、土工织物等;竖向增强体可采用砂石桩、水泥土桩、土桩与灰土桩、CFG 桩等。目前,在双向增强体复合地基法处理高速公路和铁路路基时,也常采用预应力混凝土管桩作为竖向增强体。

在建筑工程中,桩体复合地基承担的荷载通常是通过钢筋混凝土基础传来的,而在路堤工程中,荷载是由刚度比钢筋混凝土基础小得多的路堤直接传递给桩体复合地基(双向增强体复合地基除外)的。前者基础刚度比增强体刚度大,而后者路堤材料刚度往往比增强体材料刚度小。理论研究和现场实测表明刚性基础下和路堤下复合地基性状存在较大的差异。为叙述方便,将填土路堤下复合地基称为柔性基础下复合地基。柔性基础下复合地基的沉降通常比刚性基础下复合地基的沉降大。

对刚性基础下的桩体复合地基有时需设置一层柔性垫层以改善复合地基的受力状态。

综上所述,复合地基常用类型分类如下。

(1)增强体设置方向:竖向;水平向;斜向;竖向和水平向同时设置(双向增强体复合地基)。

(2)增强体材料:土工合成材料,如土工格栅、土工织物等;砂石桩;石灰桩、水泥土桩等;CFG桩和低强度混凝土桩等;两种以上竖向增强体(多桩型复合地基)。

(3)基础刚度和垫层设置:刚性基础,设垫层;刚性基础,不设垫层;柔性基础,设垫层;柔性基础,不设垫层。

(4)增强体长度:等长度;不等长度(长短桩复合地基)。

由于增强体设置方向不同、增强体的材料组成差异、基础刚度以及垫层情况不同、增强体长度不一定相同,复合地基的类型非常复杂,要建立可适用于各种类型复合地基承载力和沉降计算的统一公式是困难的,或者说是不可能的。在进行复合地基设计时一定要因地制宜,不能盲目套用一般理论,应该以一般理论作指导,结合具体工程进行精心设计。

6.3　复合地基常用概念

1. 复合地基面积置换率

竖向增强体复合地基中,竖向增强体习惯上称为桩体,基体称为桩间土体。若桩体的横截面积为A_p,该桩体所承担的加固面积为A_e,则复合地基面积置换率的定义为

$$m = \frac{A_p}{A_e} \tag{6-1}$$

实际工程中,由于地基土性质的变化、上部结构荷载的不均匀性以及基础平面尺寸等因素的影响,不可能在整个基础下都是等间距布桩。对只在基础下布桩的复合地基,桩的截面面积之和与基础总面积相等的复合土体面积之比,称为平均面积置换率。

桩体在平面上的布置形式最常用的有三种:等边三角形布置、正方形布置和矩形布置。三种布置形式如图6-3所示。

若桩体为圆柱形,直径为d,则对等边三角形布置、正方形布置和矩形布置的情形,复合地基面积置换率分别为

$$m = \frac{\pi d^2}{2\sqrt{3}s^2} \quad (\text{等边三角形布置}) \tag{6-2}$$

$$m = \frac{\pi d^2}{4s^2} \quad (\text{正方形布置}) \tag{6-3}$$

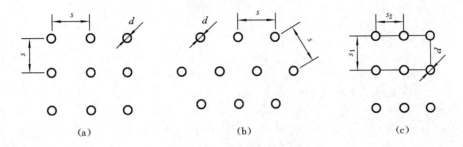

图 6-3 桩体平面布置形式

(a) 正方形布置；(b) 等边三角形布置；(c) 矩形布置

$$m = \frac{\pi d^2}{4 s_1 s_2} \quad （矩形布置） \tag{6-4}$$

式中：s——等边三角形布桩和正方形布桩时的桩间距；

s_1、s_2——长方形布桩时的行间距和列间距。

2. 复合地基桩土应力比

对某一复合土体单元，在荷载作用下，假设桩顶应力为 σ_p，桩间土表面应力为 σ_s，则桩土应力比 n 为

$$n = \sigma_p / \sigma_s \tag{6-5}$$

实际工程中，即使是单一桩型的复合地基，由于桩处在基础下的部位不同或桩距不同，桩土应力比 n 也不同。将基础下桩的平均桩顶应力与桩间土平均应力之比定义为平均桩土应力比。

基础下的平均桩土应力比是反映桩土荷载分担的一个参数，当其他参数相同时，桩土应力比越大，桩承担的荷载占总荷载的百分比越大。此外，桩土应力比对某些桩型（例如碎石桩）也是复合地基的设计参数。

一般情况下，桩土应力比与桩体材料、桩长、面积置换率有关。其他条件相同时，桩体材料刚度越大，桩土应力比就越大；桩越长，桩土应力比就越大；面积置换率越小，桩土应力比就越大。

3. 复合地基桩土荷载分担比

复合地基桩土荷载分担比即桩与土分担荷载的比例。复合地基中桩土的荷载分担既可用桩土应力比表示，也可用桩土荷载分担比 δ_p、δ_s 表示：

$$\delta_p = P_p / P \tag{6-6}$$

$$\delta_s = P_s / P \tag{6-7}$$

式中：P_p——桩承担的荷载；

P_s——桩间土承担的荷载；

P——总荷载。

当平均面积置换率 m 已知后，桩土荷载分担比和桩土应力比可以相互表示。

当测得了桩土荷载分担比 δ_p、δ_s 后，可求得桩顶平均应力为

$$\sigma_p = \frac{P\delta_p}{A_p} = \frac{P\delta_p}{mA_e} \tag{6-8}$$

桩间土平均应力为

$$\sigma_s = \frac{P\delta_s}{A_s} = \frac{P\delta_s}{(1-m)A_e} \tag{6-9}$$

式中：A_s——加固单元中土的面积，$A_s = A_e - A_p$。

桩土应力比为

$$n = \frac{\sigma_p}{\sigma_s} = \frac{(1-m)\delta_p}{m\delta_s} \tag{6-10}$$

式(6-10)为用桩土荷载分担比来表示桩土应力比的表达式。

同样，当测定了桩土应力比后，可求得桩土荷载分担比。用桩土应力比表示的任一荷载时的力平衡方程为

$$\frac{P}{A_e} = [1+m(n-1)]\sigma_s$$

$$\sigma_s = \frac{P}{A_e[1+m(n-1)]}$$

$$\sigma_p = n\sigma_s = \frac{nP}{A_e[1+m(n-1)]}$$

$$P_p = \sigma_p A_p = \frac{mnP}{1+m(n-1)}$$

$$\delta_p = \frac{P_p}{P} = \frac{mn}{1+m(n-1)} \tag{6-11}$$

$$P_s = \sigma_s A_s = \frac{P(1-m)}{1+m(n-1)}$$

$$\delta_s = \frac{P_s}{P} = \frac{1-m}{1+m(n-1)} \tag{6-12}$$

式(6-11)和式(6-12)即为用桩土应力比表示的桩土荷载分担比。

4. 复合模量

复合模量表征复合土体抵抗变形的能力，数值上等于某一应力水平时复合地基应力与复合地基相对变形之比。通常复合模量可用桩抵抗变形能力与桩间土抵抗变形能力的某种叠加来表示。计算式为

$$E_{sp} = mE_p + (1-m)E_s \tag{6-13}$$

式中：E_p——桩体压缩模量；

E_s——桩间土压缩模量；

E_{sp}——复合模量。

式(6-13)是在某些特定的理想条件下导出的，其条件为：复合地基上的基础为绝对刚性；桩端落在坚硬的土层上，即桩不产生向下的刺入变形。该公式的缺陷在于不能反映桩长的作用和桩端阻效应。

实际工程中，桩的模量直接测定比较困难。通过假定桩土模量比等于桩土应力

比,采用复合地基承载力的提高系数计算复合模量。

承载力提高系数 ζ 可由下式计算。

$$\zeta = \frac{f_{spk}}{f_{ak}} \qquad (6-14)$$

ζ 也是模量提高系数,复合土层的复合模量为

$$E_{sp} = \zeta E_s \qquad (6-15)$$

6.4 竖向增强体复合地基承载力计算

竖向增强体复合地基又称为桩体复合地基。现有的桩体复合地基承载力计算公式认为,复合地基承载力是由桩体的承载力和地基承载力两部分组成的。如何合理估计两者对复合地基承载力的贡献是桩体复合地基承载力计算的关键。

复合地基在荷载作用下破坏时,一般情况下桩体和桩间土两者不可能同时达到极限状态。若复合地基中桩体先发生破坏,则复合地基破坏时桩间土承载力发挥到多少是需要估计的。若桩间土先发生破坏,复合地基破坏时桩体承载力发挥到多少也只能估计。复合地基中的桩间土的极限荷载与天然地基是不同的。同样,复合地基中的桩所能承担的极限荷载与一般单桩也是不同的。

桩体复合地基中,散体材料桩、柔性桩和刚性桩的荷载传递机理是不同的。桩体复合地基上基础刚度大小、是否设置垫层、垫层的厚度等都对复合地基受力性状有较大影响,在桩体复合地基承载力计算中都要考虑这些因素的影响。因此,桩体复合地基的承载力计算比较复杂。

桩体复合地基承载力计算的两种思路:

(1) 分别确定桩体的承载力和桩间土的承载力,根据一定的原则叠加两部分得到复合地基的承载力;

(2) 将桩体和桩间土组成的复合地基作为整体来考虑,确定复合地基的极限承载力。

采用第一种思路计算桩体复合地基承载力时可应用式(6-16)。

$$p_{cf} = K_1 \lambda_1 m p_{pf} + K_2 \lambda_2 (1-m) p_{sf} \qquad (6-16)$$

式中:p_{cf}——复合地基极限承载力(kPa);

p_{pf}——桩体极限承载力(kPa);

p_{sf}——天然地基极限承载力(kPa);

K_1——反映复合地基中桩体实际极限承载力与单桩极限承载力不同的修正系数,与地基土质情况、成桩方法等因素有关,一般大于1.0;

K_2——反映复合地基中桩间土实际极限承载力与天然地基极限承载力不同的修正系数,与地基土质情况、成桩方法等因素有关,可能大于1.0,也可能小于1.0;

λ_1——复合地基破坏时,桩体发挥其极限强度的比例,也称为桩体极限强度发挥度;

λ_2——复合地基破坏时,桩间土发挥其极限强度的比例,也称为桩间土极限强度发挥度;

m——复合地基面积置换率。

系数 K_1 和 K_2 与工程地质情况、桩体设置方法、桩体材料等因素有关。由于复合地基种类很多,目前很难对各种不同的复合地基分别给出 K_1 和 K_2 值。这有待于理论研究和工程实践经验的积累。

若能有效地确定复合地基中桩体和桩间土的实际极限承载力,而且破坏模式是桩体先破坏引起复合地基全面破坏,则承载力计算式(6-16)可改写为

$$p_{cf} = mp_{pf} + \lambda(1-m)p_{sf} \tag{6-17}$$

式中:p_{pf}——桩体实际极限承载力(kPa);

p_{sf}——桩间土实际极限承载力(kPa);

m——复合地基面积置换率;

λ——桩体破坏时,桩间土极限强度发挥度。

复合地基的容许承载力 p_{cc} 计算式为

$$p_{cc} = \frac{p_{cf}}{K} \tag{6-18}$$

式中:K——安全系数。

如果采用承载力特征值表示,类似式(6-17)的复合地基承载力特征值 f_{spk} 可用式(6-19)、式(6-20)表示。

$$f_{spk} = mf_{pk} + \beta(1-m)f_{sk} \tag{6-19}$$

$$f_{spk} = m\frac{R_a}{A_p} + \beta(1-m)f_{sk} \tag{6-20}$$

式中:f_{spk}——复合地基承载力特征值(kPa);

m——复合地基面积置换率;

f_{pk}——桩体承载力特征值(kPa);

f_{sk}——处理后桩间土承载力特征值(kPa);

R_a——单桩竖向承载力特征值(kN);

A_p——桩的截面积(m²);

β——桩间土承载力折减系数。

在上两式中,式(6-19)适用于散体材料桩和桩身强度较低的柔性桩复合地基,其中 β 通常可取 1.0;式(6-20)适用于桩身强度较高的柔性桩和刚性桩复合地基,其中 β 通常小于 1.0。

采用第二种思路计算桩体复合地基极限承载力是将桩体和桩间土组成的复合土体作为整体来考虑,常用稳定分析法计算。

稳定分析的方法很多,一般可采用圆弧分析法计算。圆弧分析法计算原理如图

6-4 所示。在圆弧分析法中,假设地基土的滑动面呈圆弧形。在圆弧滑动面上,总剪切力记为 T,总抗剪力记为 S,则沿该圆弧滑动面发生滑动破坏的安全系数 K 为

$$K = \frac{S}{T} \tag{6-21}$$

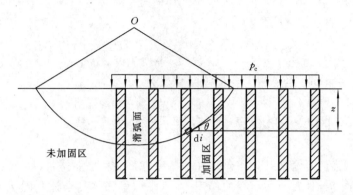

图 6-4 圆弧分析法

取不同的圆弧滑动面可得到不同的安全系数值,通过试算可以找到最危险的圆弧滑动面,并可确定最小的安全系数值。通过圆弧分析法即可根据要求的安全系数计算地基承载力,也可按确定的荷载计算地基在该荷载作用下的安全系数。

在圆弧分析法计算中,假设的圆弧滑动面往往经过加固区和未加固区。地基的强度应分区计算。加固区和未加固区土体应采用不同的强度指标。未加固区采用天然土体强度指标。加固区土体强度指标可采用复合土体综合强度指标,也可分别采用桩体和桩间土的强度指标计算。

复合地基加固区复合土体的抗剪强度 τ_c 可用下式表示。

$$
\begin{aligned}
\tau_c &= (1-m)\tau_s + m\tau_p \\
&= (1-m)\left[c + (\mu_s p_c + \gamma_s z)\cos^2\theta\tan\varphi_s\right] \\
&\quad + m(\mu_p p_c + \gamma_p z)\cos^2\theta\tan\varphi_p
\end{aligned} \tag{6-22}
$$

式中:τ_s——桩间土抗剪强度(kPa);

τ_p——桩体抗剪强度(kPa);

m——复合地基面积置换率;

c——桩间土黏聚力(kPa);

p_c——复合地基上作用的荷载(kPa);

μ_s——应力降低系数,$\mu_s = 1/[1+m(n-1)]$;

μ_p——应力集中系数,$\mu_p = n/[1+m(n-1)]$;

n——桩土应力比;

γ_s,γ_p——桩间土体和桩体的重度(kN/m³);

φ_s,φ_p——桩间土体和桩体的内摩擦角;

θ——滑弧在地基某深度处剪切面与水平面的夹角(°),如图 6-4 所示;

z——分析中所取的单元弧段的深度。

若 $\varphi_s = 0$,则式(6-22)可改写为

$$\tau_c = (1-m)c + m(\mu_p p_c + \gamma_p z)\cos^2\theta\tan\varphi_p \tag{6-23}$$

复合土体综合强度指标可采用面积比法计算。复合土体黏聚力 c_c 和内摩擦角 φ_c 可用式(6-24)、式(6-25)表示。

$$c_c = c_s(1-m) + mc_p \tag{6-24}$$

$$\tan\varphi_c = \tan\varphi_s(1-m) + m\tan\varphi_p \tag{6-25}$$

式中:c_s、c_p——桩间土的黏聚力和桩体的黏聚力。

6.5 水平向增强体复合地基承载力计算

水平向增强体复合地基主要包括在地基中铺设各种加筋材料,如土工织物、土工格栅等形成的复合地基。在荷载的作用下,水平向增强体复合地基的工作性状是很复杂的,加筋体的作用以及工作机理也很复杂。水平向增强体复合地基的工作性状与加筋体长度、加筋体强度、加筋层数以及加筋体与土体间的黏聚力和摩擦系数等有关。水平向增强体复合地基的破坏有滑弧破坏、加筋体绷断、承载破坏和薄层挤出等多种形式,影响因素也很多。到目前为止,许多问题尚未完全搞清楚,水平向增强体复合地基的计算理论还处在不断发展之中,尚不成熟。以下介绍 Florkiewicz(1990)承载力公式,供参考。

图 6-5 表示一水平向增强体复合地基上的条形基础。刚性条形基础宽度为 B,下卧厚度为 Z_0 的加筋复合土层,其视黏聚力为 c_r,内摩擦角为 φ_0,复合土层下的天然土层黏聚力为 c、内摩擦角为 φ。Florkiewicz 认为基础的极限载荷 $q_f B$ 是无加筋体 ($c_r = 0$) 的双层土体系的常规承载力 $q_0 B$ 和由加筋引起的承载力提高值 $\Delta q_f B$ 之和,即

$$q_f = q_0 + \Delta q_f \tag{6-26}$$

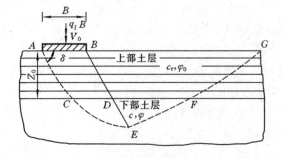

图 6-5 水平向增强体复合地基上的条形基础

复合土层中各点的视黏聚力 c_r 值取决于所考虑的方向,其表达式为

$$c_r = \sigma_0 \frac{\sin\delta\cos(\delta - \varphi_0)}{\cos\varphi_0} \tag{6-27}$$

式中:δ——所考虑的方向与加筋体方向的倾斜角;

σ_0——加筋体材料的纵向抗拉强度。

采用极限分析法分析,地基土体滑动模式取 Prandtl 滑移面模式,当加筋复合土层中加筋体沿滑移面 AC 断裂时,地基破坏,此时刚性基础速度为 V_0,加筋体沿 AC 面断裂引起的能量消散率增量为

$$D = \overline{AC}c_\mathrm{r}V_0\,\frac{\cos\varphi_0}{\sin(\delta-\varphi_0)} = \sigma_0 V_0 Z_0 \cot(\delta-\varphi_0) \tag{6-28}$$

根据式(6-28),承载力的提高值可用下式表示。

$$\Delta q_\mathrm{f} = \frac{D}{V_0 B} = \frac{Z_0}{B}\sigma_0 \cot(\delta-\varphi_0) \tag{6-29}$$

上述分析中忽略了 $ABCD$ 区和 $BGFD$ 区中由于加筋体存在($c_\mathrm{r}\neq0$)导致的能量耗散率增量的增加。

δ 值根据 Prandtl 的破坏模式确定,将式(6-29)的计算结果与试验资料进行比较后表明,该法可推荐于实际工程的计算。

6.6 复合地基沉降计算方法

在各类复合地基沉降的实用计算方法中,通常将总沉降分为两个部分。设复合地基加固区的压缩量为 s_1,加固区下卧层土体压缩量为 s_2,则复合地基总沉降 s 为加固区压缩量与加固区下卧层土体压缩量之和。即

$$s = s_1 + s_2 \tag{6-30}$$

加固区压缩量可采用复合模量法、应力修正法和桩身压缩量法计算。下卧层压缩量通常采用分层总和法计算。

1. 加固区压缩量计算方法

1) 复合模量法(E_c 法)

将复合地基加固区中增强体和基体两部分视为一复合土体,采用复合压缩模量来评价复合土体的压缩性。

$$s_1 = \sum_{i=1}^{n} \frac{\Delta P_i}{E_{\mathrm{cs}i}} H_i \tag{6-31}$$

式中:ΔP_i——第 i 层复合土层上附加应力增量;

H_i——第 i 层复合土层的厚度。

竖向增强体复合地基的复合土层的压缩模量 E_cs 通常采用面积加权平均法计算,即

$$E_\mathrm{cs} = mE_\mathrm{p} + (1-m)E_\mathrm{s} \tag{6-32}$$

式中:E_p——桩体压缩模量;

E_s——桩间土压缩模量;

m——复合地基面积置换率。

2) 应力修正法(E_s法)

在竖向增强体复合地基中,增强体的存在使作用在桩间土上的荷载密度比作用在复合地基上的平均荷载密度要小。在采用应力修正法计算压缩量时,根据桩间土分担的荷载和桩间土的压缩模量,忽略增强体的存在,用分层总和法计算加固土层的压缩量 s_1。

竖向增强体复合地基中,桩间土分担的荷载为

$$p_s = \frac{p}{1 + m(n-1)} = \mu_s p \qquad (6\text{-}33)$$

式中:p——复合地基上的平均荷载密度;

μ_s——应力减小系数或称应力修正系数,$\mu_s = \dfrac{1}{1 + m(n-1)}$。

复合地基加固区土层压缩量 s_1 采用分层总和法计算。

$$s_1 = \sum_{i=1}^{n} \frac{\Delta p_{si}}{E_{si}} H_i = \mu_s \sum_{i=1}^{n} \frac{\Delta p_i}{E_{si}} H_i = \mu_s s_{1s} \qquad (6\text{-}34)$$

式中:Δp_i——未加固地基在载荷 p 作用下第 i 层土上的附加应力增量;

Δp_{si}——复合地基中第 i 层土中的附加应力增量,相当于未加固地基在荷载 p 作用下第 i 层土上的附加应力增量;

s_{1s}——未加固地基在荷载 p 作用下与加固区相应厚度土层范围内的压缩量;

μ_s——应力减小系数或称应力修正系数,$\mu_s = \dfrac{1}{1 + m(n-1)}$。

3) 桩身压缩量法(E_p法)

在荷载作用下,复合地基加固区的压缩量也可通过计算桩身压缩量来得到。设桩底端刺入下卧层的沉降变形量为 Δ,桩身压缩量为 s_p,则相应加固区土层的压缩量 s_1 为

$$s_1 = s_p + \Delta \qquad (6\text{-}35)$$

根据作用在桩体上的荷载和桩体变形模量计算桩身压缩量。竖向增强体复合地基中,桩体分担的荷载为

$$p_p = \frac{np}{1 + m(n-1)} = \mu_p p \qquad (6\text{-}36)$$

式中:p——复合地基上的平均荷载密度;

μ_p——应力集中系数,$\mu_p = \dfrac{n}{1 + m(n-1)}$。

若桩侧阻力为平均分布,桩底端承力密度为 p_{b0},则桩身压缩量为

$$s_p = \frac{(\mu_p p + p_{b0})}{2 E_{p0}} l \qquad (6\text{-}37)$$

式中:l——桩身长度,等于加固区厚度;

E_{p0}——桩身压缩模量。

在以上复合地基加固区压缩量的三种计算方法中,复合模量法相对而言使用比较方便,适用于散体材料桩复合地基和柔性桩复合地基。

2. 加固区下卧土层压缩量计算方法

下卧土层压缩量 s_2 的计算常采用分层总和法,即

$$s_2 = \sum_{i=1}^{n} \frac{e_{1i} - e_{2i}}{1 + e_{1i}} H_i = \sum_{i=1}^{n} \frac{a_i(p_{2i} - p_{1i})}{1 + e_i} H_i = \sum_{i=1}^{n} \frac{\Delta p_i}{E_{si}} H_i \quad (6\text{-}38)$$

式中:e_{1i}——根据第 i 分层的自重应力平均值 $\dfrac{\sigma_{ci} + \sigma_{c(i-1)}}{2}$(即 p_{1i})从土的压缩曲线上

得到的相应的孔隙比;其中,σ_{ci}、$\sigma_{c(i-1)}$ 分别为第 i 分层土层底面处和顶面处的自重应力;

e_{2i}——根据第 i 分层的自重应力平均值 $\dfrac{\sigma_{ci} + \sigma_{c(i-1)}}{2}$(即 p_{1i})与附加应力平均值

$\dfrac{\sigma_{zi} + \sigma_{z(i-1)}}{2}$ 之和(即 p_{2i})从土的压缩曲线上得到的相应的孔隙比;其中,

σ_{zi}、$\sigma_{z(i-1)}$ 分别为第 i 分层土层底面处和顶面处的附加应力;

H_i——第 i 分层土的厚度;

a_i——第 i 分层土的压缩系数;

E_{si}——第 i 分层土的压缩模量。

在计算下卧层压缩量 s_2 时,作用在下卧层上的荷载是难以精确计算的。目前在工程应用上,常采用下述几种方法计算。

1)应力扩散法

这是工程上应用较多的方法。如图 6-6 所示,设复合地基上作用的荷载为 p,作用宽度为 B,长度为 D,加固区厚度为 h,压力扩散角为 θ,则作用在下卧层上的荷载 p_b 为

$$p_b = \frac{DBp}{(B + 2h\tan\theta)(D + 2h\tan\theta)} \quad (6\text{-}39)$$

对平面应变情况,式(6-39)简化为

$$p_b = \frac{Bp}{B + 2h\tan\theta} \quad (6\text{-}40)$$

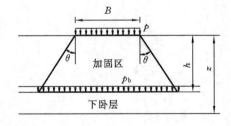

图 6-6 应力扩散法

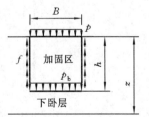

图 6-7 等效实体法

2)等效实体法

当桩距较小时,多采用此法。如图 6-7 所示,将复合地基加固区视为一等效实体,作用在下卧层上的荷载作用面与作用在复合地基上的相同。设复合地基上荷载为 p,作用宽度为 B,长度为 D,加固区厚度为 h,f 为等效实体侧阻力密度,则作用在

下卧层上的荷载 p_b 为

$$p_b = \frac{BDp - (2B + 2D)hf}{BD} \qquad (6\text{-}41)$$

对平面应变情况,式(6-41)可简化为

$$p_b = p - \frac{2h}{B}f \qquad (6\text{-}42)$$

应用等效实体法的计算困难在于侧阻力 f 值的合理选用。当桩土相对刚度较小时,侧阻力很难合理估计,选用不合理时误差可能很大。事实上,桩侧切应力分布很复杂,对该法的适用性应加强研究。

3) 改进 Geddes 法

黄绍铭等建议采用下述方法计算复合地基土层中的应力。设复合地基总荷载为 P,桩体承担 P_p,桩间土承担 P_s。桩间土承担的荷载 P_s 在地基中产生的竖向应力 σ_{z,p_s} 的计算方法与天然地基中应力计算方法相同,可应用布辛奈斯克解。桩体承担的荷载 P_p 在地基中所产生的竖向应力采用 Geddes 法计算。然后叠加两部分应力得到地基中总的竖向应力,再采用分层总和法计算复合地基加固区下卧层压缩量 s_2。

S. D. Geddes 认为长度为 L 的单桩在荷载 Q 作用下对地基土产生的作用力,可近似地视作如图 6-8 所示的桩端集中力 Q_p、均匀分布的桩侧阻力 Q_r 和随深度线性增长分布的桩侧阻力 Q_t 等三种形式荷载的组合。Geddes 根据弹性理论半无限体中作用一集中力的 Mindlin 应力解积分,导出了单桩的上述三种形式荷载在地基中产生的应力计算公式。地基中的竖向应力 $\sigma_{z,Q}$ 可按下式计算。

$$\sigma_{z,Q} = \sigma_{z,Q_p} + \sigma_{z,Q_r} + \sigma_{z,Q_t} = Q_p K_p / L^2 + Q_r K_r / L^2 + Q_t K_t / L^2 \qquad (6\text{-}43)$$

式中:K_p、K_r、K_t——竖向应力系数。

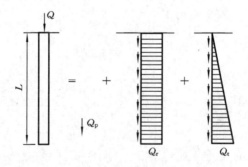

图 6-8　单桩荷载分解为三种荷载的组合

对于由 n 根桩组成的桩群,地基中的竖向应力可对这 n 根桩逐根采用式(6-43)计算后叠加求得。

由桩体载荷 P_p(即 Q)和桩间土载荷 P_s 共同产生的地基中的竖向应力表达式为

$$\sigma_z = \sum_{i=1}^{n} (\sigma_{z,Q_p i} + \sigma_{z,Q_r i} + \sigma_{z,Q_t i}) + \sigma_{z,p_s} \qquad (6\text{-}44)$$

根据上式计算地基土中附加应力,采用分层总和法可计算复合地基沉降。

习　题

一、问答题

1. 什么是复合地基?一般是如何分类的?

2. 桩体复合地基有何基本特点?

3. 根据增强体的不同特性,复合地基常用的类型有哪些?

4. 试述复合地基面积置换率、桩土应力比、桩土荷载分担比、复合模量的概念。

5. 桩体复合地基通常有哪两种计算思路?水平向增强体复合地基的承载力一般与哪些因素有关?

6. 复合地基的加固区和加固区下卧层的沉降一般有哪些计算方法?

二、选择题

1. _____属于复合地基加固。

a. 深层搅拌法　b. 换填法　c. 沉管碎石桩法　d. 真空预压法　e. 强夯法

A. a 和 b　　　B. a 和 c　　　C. a 和 d　　　D. a 和 c

2. 复合地基复合体沉降量计算中的主要力学参数是_____。

A. 复合地基承载力　　　　B. 复合地基的复合模量

C. 桩土应力比　　　　　　D. 原状土的承载力

3. 在下列地基处理方法中,_____不属于复合地基方法。

A. 强夯法　　　B. 灌浆法　　　C. 石灰桩法　　　D. 排水固结法

4. 下面的几种桩中,属于柔性材料桩的是_____。

A. 灰土挤密桩　B. 碎石桩　　　C. 石灰桩　　　D. 水泥粉煤灰碎石桩

三、计算题

某软土地基上建一座五层住宅楼,天然地基承载力特征值为 90 kPa,采用碎石桩进行地基处理,设计桩长为 5 m,桩径 0.8 m,若桩体承载力特征值为 300 kPa,采用正方形布桩,桩距 1.5 m。求复合地基的面积置换率以及复合地基承载力特征值。

7 灰土挤密桩法和土挤密桩法

7.1 概述

利用成孔过程中的横向挤压作用,桩孔内土被挤向周围,使桩间土挤密,然后将灰土或素土分层填入桩孔内,并分层夯填密实至设计标高。前者称为灰土挤密桩法,后者称为土挤密桩法。夯填密实的灰土挤密桩或土挤密桩,与挤密的桩间土形成复合地基。上部荷载由桩体和桩间土共同承担。对土挤密桩法而言,若桩体和桩间土密实度相同时,形成均质地基。

土挤密桩法是苏联阿别列夫教授于 1934 年首创,并在工程建设中得到广泛应用。我国自 20 世纪 50 年代中期开始在西北黄土地区进行土挤密桩法的研究和应用。20 世纪 60 年代中期,西安地区在土挤密桩法的基础上成功地应用了灰土挤密桩法,并在 70 年代起逐步推广应用。1985 年,陕西省率先编制了《灰土桩和土桩挤密地基设计施工及验收规范》DBJ 24—2—85,在省内颁布试行。国家标准《湿陷性黄土地区建筑规范》GBJ 25—90 和国家行业标准《建筑地基处理技术规范》JGJ 79—2002 均编入了灰土挤密桩法和土挤密桩法。

灰土挤密桩法和土挤密桩法适用于处理地下水位以上的湿陷性黄土、素填土、杂填土等地基,不适用于地下水位以下使用。当地基土的含水量大于 24%、饱和度超过 65% 时,成孔及拔管过程中,桩孔容易缩颈,桩孔周围容易隆起,挤密效果差,此时不宜采用。灰土挤密桩和土挤密桩法处理地基深度一般为 5~15 m。若用于处理 5 m 以内土层,其综合效果不如强夯法、重锤夯实法以及换填垫层法。对大于 15 m 的土层,若地下水位较深,也有采用螺旋钻取土成孔,分层回填灰土,并强力夯实,使加固深度超过 20 m 的黄土地基加固实例。

当以消除地基的湿陷性为主要目的时,宜采用土挤密桩法;当以提高地基土的承载力或增强其水稳性为主要目的时,宜采用灰土挤密桩法。灰土挤密桩法除采用石灰和土制备成灰土挤密桩外,近年来,发展了采用石灰、粉煤灰和土制备成二灰土挤密桩,以及采用建筑垃圾(如颗粒尺寸较大时需粉碎)掺入少量水泥或石子制备成渣土挤密桩等。

灰土挤密桩法和土挤密桩法具有原位处理、深层挤密和以土治土的特点,在我国西北和华北地区广泛用于处理深厚湿陷性黄土、素填土和杂填土地基,具有较好的经济效益和社会效益。

7.2 加固原理

1. 土的侧向挤密

国内外一些学者认为:成桩时沿桩孔周围土体应力的变化与圆柱形孔扩张时所产生的应力变化相似。如图 7-1 所示,在半径为 R_u 的桩孔外产生半径为 R_p 的塑性区,塑性区以外为弹性区。塑性区最大半径 R_p 可按下式计算。

$$R_p = R_u \sqrt{\frac{E_0}{2(1+\mu)(c\cos\varphi + q\sin\varphi)}} \tag{7-1}$$

式中:E_0——土的变形模量(kPa);

　　　μ——土的泊松比;

　　　c——土的黏聚力(kPa);

　　　φ——土的内摩擦角(°);

　　　q——土的原始固结压力(kPa)。

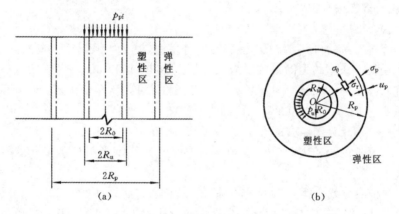

图 7-1　圆柱形孔扩张

若用黄土有关力学性质指标(E_0、μ、c 和 φ)常见值计算,求得在黄土中挤压成孔时,$R_p = (1.43 \sim 1.90)d$(d 为桩孔直径),与试验实测桩周挤密影响半径基本一致。

单桩挤密的试验结果表明,在孔壁附近土的干密度 ρ_d 接近其最大干密度 ρ_{dmax},压实系数 $\lambda_c \approx 1.0$。依次向外土的干密度逐渐减小,直至接近原始干密度 ρ_{d0}。对应于 $\rho_d = \rho_{d0}$ 的界限点即为"挤密影响区"半径,其值通常为 $(1.5 \sim 2.0)d$。如果为消除黄土的湿陷性,则应以 $\lambda_c \geqslant 0.9$ 或 $\rho_d > 1.5 \text{ g/cm}^3$ 为界,确定满足使用要求的"有效挤密区"。单个桩孔"有效挤密区"半径通常为 $(1.0 \sim 1.5)d$。

相邻两桩挤密的试验结果表明,在两桩挤密区的交界处挤密效果产生叠加效应。桩距愈小,叠加效应愈显著。

土的含水量和原始干密度对挤密效果有显著影响。当含水量过低时,由于土呈坚硬状态,塑性小,有效挤密区相应缩小。当含水量过高时,由于挤压引起超静孔隙水压力,使土体只能向外围移动而造成挤密效果不佳,且孔壁附近的土受扰动而使强度降低。因此,拔出桩管时桩孔容易出现缩颈、回淤等情况。由此可知,含水量对挤密效果影响很大。其次,土的原始干密度对挤密范围及效果也有显著影响。原始干密度小时,有效挤密范围小,效果也差。原始干密度是设计桩间距的基本依据。

2. 土挤密桩挤密

土挤密桩复合地基是由素土夯填的土桩和桩间挤密土体组合而成。桩孔内夯填的土料多为就近挖运的黄土类土,其土质及夯实的标准与桩间挤密土基本一致,因此,土挤密桩和桩间土的物理力学性质指标也相近,这已为大量的现场试验结果所证实。

土挤密桩地基接触压力测试证明,在刚性基础下同一部位处,土挤密桩上的接触应力 σ_p 与桩间土上的接触应力 σ_s 相差不大(应力分担比 $\sigma_p/\sigma_s \approx 1$),部分夯填质量较高的土桩,桩土应力比也仅达到 1.6~1.8。基底接触压力的分布与土垫层的情况相似,在同一平面可作为均质地基考虑。土桩挤密地基的加固作用主要是增加土的密实度,降低土中孔隙率,从而达到消除地基湿陷性和提高水稳定性的工程效果。

3. 灰土挤密桩挤密

1) 灰土挤密桩的力学性质

土中掺入石灰后,产生离子交换和凝硬等反应,使土的强度显著提高,并且具有一定的水稳性。灰土的无侧限抗压强度一般为 500~1000 kPa。灰土的水稳定性可用其饱和状态下的抗压强度与普通潮湿状态下的强度之比即软化系数来表示。灰土的软化系数一般为 0.54~0.90,平均约为 0.70。

灰土的变形模量随应力的大小而异,通常为 40~200 MPa。

灰土挤密桩的长径比大于 6 时,在竖向荷载作用下变形与荷载传递规律具有下述特点。

(1) 在极限荷载作用下,灰土挤密桩顶面上应力通常为灰土试件无侧限抗压强度的 50%~100%,即灰土已处于过渡阶段或已达到破坏阶段。灰土挤密桩的破坏主要发生在桩身上部 $(1.0~1.5)d$ 长度内。载荷试验后挖开地基查明,在容许荷载作用下不少灰土挤密桩的桩顶已被压裂(长度 $(1.0~1.5)d$),而下段桩身仍保持完好。夯击密实的灰土挤密桩压裂破坏后仍然具有由裂块间的咬合力和摩擦力构成的剩余强度,仍可与桩间土共同作用保持整个地基的稳定性。由此可知,灰土挤密桩的承载力主要取决于桩身强度。

(2) 灰土挤密桩的桩顶沉降主要是桩身的压缩量。桩身压缩量约占总沉降量的 2/3。在全部桩身压缩量中,桩顶 $(1.0~1.5)d$ 段内的变形占 60%~85%。有时灰土挤密桩即使达到破坏状态,而桩底仍未产生沉降。

(3) 灰土挤密桩承担的荷载是通过桩周摩擦力向周围土体传递的。灰土挤密桩传递荷载的深度是有限的,一般不超过 $(6~10)d$。

2) 灰土挤密桩地基的特性

灰土挤密桩挤密地基的原理目前还处于探索阶段。根据现有的试验研究资料可以大致了解一些基本特性。

试验表明,载荷板为刚性时,在均布荷载作用下,灰土挤密桩地基的基底压力分布与土挤密桩地基有显著的差别。基底均布压力为 150 kPa(尚未超过地基承载力特征值)时,灰土挤密桩上应力已超过 600 kPa,桩间土上应力为 50~100 kPa,应力分担比 $\sigma_p/\sigma_s = 9.2 \sim 15.6$。测试结果表明,灰土挤密桩面积只占基底面积约 20%,却承担了 50%左右的荷载。

灰土桩在灰土挤密桩复合地基中的作用:分担荷载,降低土中应力;桩对土的侧向约束作用;提高地基的承载力和变形模量;增强消除湿陷性的效果。

从灰土挤密桩复合地基的分层应力分布情况可以知道,在基础下一定深度内(2~4 m),灰土挤密桩具有分担荷载的明显作用,而在这一深度以下土层中它仅起到类似于土挤密桩地基的作用。所以,灰土挤密桩地基的下卧层强度验算也可按土垫层原理进行,据此确定处理层厚度。灰土挤密桩复合地基的各项力学性质指标(承载力特征值、变形模量 E_0、抗剪强度指标 c、φ 等)可用试验方法确定,也可按面积加权平均法计算。计算结果能否与试验结果一致,取决于选用的各项参数是否符合实际情况。这个问题还有待深入研究。

7.3 设计计算

前面已经提到当以消除地基的湿陷性为主要目的时宜采用土挤密桩法,当以提高地基承载力为主要目的时宜采用灰土挤密桩法。因此,首先应根据场地工程地质条件和建筑的类型和要求,明确地基处理的目的,确定是采用土挤密桩法,还是采用灰土挤密桩法。在荷载作用下,土挤密桩法形成的复合地基,桩土应力比往往接近于1.0,实际上是均质地基;灰土挤密桩法形成的复合地基,桩土应力比较大。灰土挤密桩法比土挤密桩法提高地基承载力效果明显。通常,对湿陷性黄土地基,若上部建筑物荷载较小时,为消除黄土的湿陷性,可采用土挤密桩法;若同时还要较大幅度地提高承载力,减小沉降,而采用土挤密桩法不能满足要求时,可采用灰土挤密桩法。对杂填土或素填土地基,可视加固要求确定采用土挤密桩法还是灰土挤密桩法。

采用土挤密桩或灰土挤密桩处理后形成的复合地基,其承载力特征值应通过现场单桩或多桩复合地基载荷试验确定。当无试验资料时,《建筑地基处理技术规范》JGJ 79—2002 规定,对灰土挤密桩复合地基的承载力特征值,不宜大于处理前的 2.0倍,并不宜大于 250 kPa;对土挤密桩复合地基的承载力特征值,不宜大于处理前的1.4 倍,并不宜大于 180 kPa。

灰土挤密桩法和土挤密桩法一般采用等边三角形排列桩孔,如图 7-2 所示,其设计计算一般包括下述几方面:桩孔直径选用;桩孔间距设计;布桩范围的确定;桩长设计;桩孔填料的选用。下面分别加以介绍。

1. 桩孔直径选用

根据所选用的成孔设备、成孔方法以及场地土质情况,确定桩孔直径,一般取

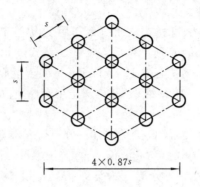

图 7-2 等边三角形排列桩孔

300~450 mm 为宜。

2. 桩孔间距设计

桩孔间距设计从消除湿陷性和提高地基承载力两个方面来考虑。

(1) 为消除黄土的湿陷性,挤密后的桩间土平均压实系数 $\bar{\eta}_c$ 不应小于 0.90,对重要工程不宜小于 0.93。桩孔间距可为桩孔直径的 2.0~2.5 倍,也可按下式估算。

$$s = 0.95d \sqrt{\frac{\bar{\eta}_c \rho_{dmax}}{\bar{\eta}_c \rho_{dmax} - \bar{\rho}_d}} \tag{7-2}$$

式中:s——桩孔之间的中心距离(m);

d——桩孔直径(m);

ρ_{dmax}——桩间土的最大干密度(kg/m³);

$\bar{\rho}_d$——地基处理前土的平均干密度(kg/m³);

$\bar{\eta}_c$——桩间土经成孔挤密后的平均挤密系数,对重要工程不宜小于 0.93,对一般工程不应小于 0.90。

桩间土的挤密系数 $\bar{\eta}_c$ 应按下式计算。

$$\bar{\eta}_c = \frac{\bar{\rho}_{d1}}{\rho_{dmax}} \tag{7-3}$$

式中:$\bar{\rho}_{d1}$——在成孔挤密深度内,桩间土的平均干密度(kg/m³);平均试样数不应少于 6 组。

(2) 从提高地基承载力考虑可由复合地基承载力公式得到桩孔间距表达式。复合地基承载力表达式为

$$f_{spk} = mf_{pk} + (1-m)f_{sk} \tag{7-4}$$

式中:f_{spk}——复合地基承载力特征值(kPa);

f_{pk}——灰土挤密桩承载力特征值(kPa);

f_{sk}——桩间土承载力特征值(kPa);

m——复合地基面积置换率。

对于等边三角形排列桩孔,复合地基面积置换率表达式为

$$m = 0.9069 \frac{d^2}{s^2} \qquad (7\text{-}5)$$

式中:s——桩孔间距(m);

d——桩孔直径(m)。

结合式(7-4)和式(7-5),可得

$$s = 0.95d \sqrt{\frac{f_{pk} - f_{sk}}{f_{spk} - f_{sk}}} \qquad (7\text{-}6)$$

在上述推导中,忽略了在挤密过程中由于桩孔的扩大引起置换率的变化。实际上,f_{sk}常采用挤密前地基土的承载力特征值。对灰土挤密桩,f_{pk}常取 500 kPa。

3. 布桩范围的确定

灰土挤密桩和土挤密桩处理地基的面积,应大于基础或建筑底层平面的面积,以保证地基的稳定性。

局部处理通常不考虑防渗隔水作用。试验研究成果和工程实践经验表明:对非自重湿陷性黄土、素填土、杂填土等地基,处理范围每边超出基底边缘的宽度不小于 0.25b(b 为基础短边宽度),并不小于 0.5 m;对于自重湿陷性黄土地基,处理范围每边超出基底边缘的宽度应该不小于 0.75b,且不小于 1.0 m。这样可使基底下被处理土层不致产生不良的侧向变形。

整片处理通常要求具有防渗隔水作用。每边超出建筑物外墙基础外缘的处理宽度应大于基础局部处理的宽度,通常按压力扩散角 θ 或按处理土层厚度的 1/2 确定,并不应小于 2 m。这样可防止水从处理土层的交界面渗入地基,提高整片处理地基的效果。

4. 桩长设计

灰土挤密桩和土挤密桩处理地基的深度,应根据建筑场地的土质情况、工程要求和成孔及夯实设备等综合因素确定。

灰土挤密桩和土挤密桩的桩长设计原则如下。

(1)考虑到 5 m 以内土层加固可采用较为简便的换填法、强夯法等方法处理,而大于 15 m 的土层加固受成孔设备条件限制,往往采用其他方法,故处理深度一般为 5~15 m。

(2)当以消除地基湿陷性为主要目的时,对非自重湿陷性地基,一般处理至地基压缩层下限,或处理至非湿陷性土层顶面为止。

(3)当以提高地基承载力为主要目的时,应对基础下持力层范围内的高压缩性($a_{1\sim2} \geqslant 0.5$ MPa)土层进行处理,下卧层顶面的承载力应满足设计要求。

(4)当以减小沉降为主要目的时,可用沉降量控制。沉降计算可参阅复合地基沉降计算部分,加固区复合压缩模量可用下式计算。

$$E_c = mE_p + (1-m)E_s \qquad (7\text{-}7)$$

式中:E_c——复合地基加固层复合压缩模量(MPa);

E_p——桩体压缩模量(MPa);

E_s——桩间土压缩模量(MPa);

m——复合地基面积置换率。

5. 桩孔填料的选用

桩孔内的填料,应根据工程要求或处理地基的目的确定,桩体的夯实质量宜用平均压实系数$\overline{\lambda}_c$控制。

当桩孔内用灰土或素土分层回填、分层夯实时,桩体内的平均压实系数$\overline{\lambda}_c$值,均不应小于0.96。

土挤密桩填料多选用与桩间土性质相近的就近挖运的黄土类土。灰土挤密桩填料多采用消石灰与土的体积配合比为2∶8或3∶7。

7.4 施工

灰土挤密桩和土挤密桩的施工应按设计要求和现场条件选用沉管(振动或锤击)、冲击或爆扩等方法进行成孔,使土向孔的周围挤密。

1. 成孔和回填夯实施工应符合的要求

(1) 成孔施工时,地基土宜接近最优含水量。当含水量低于12%时,宜加水增湿至最优含水量。

(2) 桩孔中心点的偏差不应超过桩距设计值的5%。

(3) 桩孔垂直度偏差不应大于1.5%。

(4) 对沉管法,其直径和深度应与设计值相同;对冲击法或爆扩法,桩孔直径的误差不得超过设计值的±70 mm,桩孔深度不应小于设计深度的0.5 m。

(5) 向孔内填料前,孔底必须夯实,然后用素土或灰土在最优含水量状态下分层回填夯实。回填土料一般采用过筛(筛孔尺寸不大于20 mm)的粉质黏土,并不得含有有机质;粉煤灰采用含水量为30%~50%的湿粉煤灰;石灰用块灰消解(闷透)3~4 d并过筛后的熟石灰,其粗颗粒粒径不大于5 mm。灰土应拌和均匀至颜色一致后及时回填夯实。

桩孔填料夯实机目前有两种:一种是偏心轮夹杆式夯实机;另一种是电动卷扬机提升式夯实机。前者可上、下自动夯实,后者需人工操作。

夯锤形状一般采用下端呈抛物线锤体形的梨形锤或长形锤。两者重量均不小于0.1 t。夯锤直径应小于桩孔直径100 mm左右,使夯锤自由下落时将填料夯实。填料时每一锹料夯击一次或两次。夯锤落距一般在600~700 mm,每分钟夯击25~30次,长6 m的桩可在15~20 min内夯击完成。

(6) 成孔和回填夯实的施工顺序宜间隔进行,当整片处理时,宜从里(或中间)向外间隔1~2孔进行,对大型工程可采用分段施工;当局部处理时,宜从外向里间隔1~2孔进行。基础底面以上应预留0.7~1.0 m厚的土层,待施工结束后,将表层挤松的土挖除或分层夯击密实。

2. 施工中可能出现的问题和处理方法

（1）夯填时，桩孔内有渗水、涌水、积水现象，可将孔内水排出地表，或将水下部分改为混凝土桩或碎石桩，水上部分仍为土挤密桩。

（2）沉管成孔过程中遇障碍物时，可采取以下措施处理：

① 用洛阳铲探查并挖除障碍物，也可在其上面或四周适当增加桩数，以弥补局部处理深度的不足，或从结构上采取适当措施进行弥补；

② 对未填实的墓穴、坑洞、地道等，若面积不大、挖除不便时，可将桩打穿通过，并在此范围内增加桩数，或从结构上采取适当措施进行弥补。

（3）回填夯实时造成缩颈、堵塞、挤密成孔困难、孔壁坍塌等情况，可采取以下措施处理：

① 当含水量过大，缩颈比较严重时，可向孔内填干砂、生石灰块、碎砖渣、干水泥、粉煤灰；如含水量过小，可预先浸水，使之达到或接近最优含水量；

② 遵守成孔顺序，由外向里间隔进行（硬土由里向外）；

③ 施工中宜打一孔，填一孔，或隔几个桩位跳打夯实；

④ 合理控制桩的有效挤密范围。

7.5 质量检验

成桩后，应及时抽样检验灰土挤密桩或土挤密桩处理地基的质量。对一般工程，主要检查施工记录、检测全部处理深度内桩体和桩间土的干密度，并将其换算为平均压实系数 $\overline{\lambda}_c$ 和平均挤密系数 $\overline{\eta}_c$。对重要工程，除检测上述内容外，还应测定全部处理深度内桩间土的压缩性和湿陷性。抽样检验的数量，对一般工程不应少于桩总数的 1%，对重要工程不应少于桩总数的 1.5%。

夯实质量的检测方法有下列几种。

1）轻便触探检验法

先通过试验夯填，求得检定锤击数，施工检验时以实际锤击数不小于检定锤击数为合格。

轻便触探检测应在夯填后 24 h 内进行，其检测的有效深度一般为 3～4 m。

2）环刀取样检验法

先用洛阳铲在桩孔中心挖孔或通过剖开桩身，从基底算起沿深度方向每隔 1.0～1.5 m 用带长柄的小环刀分层取出原状夯实土样，测定其干密度和压实系数。有效检测深度一般为 5～6 m。

3）载荷试验法

对重要的大型工程应进行现场载荷试验和浸水载荷试验，直接测试承载力和湿陷情况。

灰土挤密桩或土挤密桩地基竣工验收时，承载力检验应采用复合地基载荷试验。

检验数量不应少于桩总数的 0.5％,且每项单体工程不应少于 3 点。

当复合地基载荷试验的压力-沉降曲线上极限荷载能确定,而其值不小于对应比例界限的 2 倍时,可取比例界限作为复合地基承载力特征值;当其值小于对应比例界限的 2 倍时,可取极限荷载的一半作为复合地基承载力特征值。

当按相对变形值确定复合地基承载力特征值时,对土挤密桩复合地基,可取 s/b(或 s/d)等于 0.012 所对应的压力;对灰土挤密桩复合地基,可取 s/b(或 s/d)等于 0.008 所对应的压力。

7.6 工程实例

1. 工程概况

陕西省农牧产品贸易中心大楼(现名金龙大酒店)是一栋包括住宿、办公、贸易和服务功能的综合性建筑,主楼地面以上 17 层,局部 19 层,高 59.7 m;地下一层,平面尺寸 32.45 m×22.9 m,剪力墙结构,地下室顶板以上总重 185 MN,基底压力 303 kPa。主楼三面有 2～3 层的裙房,结构为大空间框架结构,柱距 4.80 m 和 3.75 m,裙房与主楼用沉降缝分开。主楼基础采用箱形基础,地基采用灰土挤密桩法处理,成功地解决了地基湿陷和承载力不足的问题,建筑沉降显著减少且基本均匀,取得了良好的技术效果和经济效益。

2. 工程地质条件

建筑场地位于西安市北关外龙首塬上,地下水位深约 16 m。地层构造自上而下分别为黄土状粉质黏土或粉土与古土壤相间,黄土(4)以下为粉质黏土、粉砂和中砂,勘察孔深至 57 m。基底以下主要土层及其工程性质见表 7-1。

表 7-1　主要土层的工程性质

土层名称	层底深度/m	含水量/(％)	承载力标准值/kPa	压缩模量/MPa
黄土(1-1)	≤5	18.6	110	5.9
黄土(1-2)	6.8～9.5	18.6	150	5.9
黄土(1-3)	10.5～12.0	21.3	130	14.2
古土壤(1)	15.8～16.6	21.8	150	14.1
黄土(2-1)	18.6～21.7	(水位以下)	120	5.9
黄土(2-2)	23.0～24.6	(水位以下)	140	6.6
黄土(2-3)	26.5～28.3	(水位以下)	180	8.6
古土壤(2)	27.7～28.3	(水位以下)	250	12.6

注:古土壤(2)以下为黄土(3)、古土壤(3)、黄土(4)及粉质黏土(1)等,其承载力≥280 kPa,压缩模量≥11.4 MPa。

场地内湿陷性黄土层深 10.6～12.0 m,7 m 以上土的湿陷性较强,湿陷系数 $\delta_s=0.040～0.124$;7 m 以下土的湿陷系数 $\delta_s \leqslant 0.020$,湿陷性已比较弱。分析判定,该场地属于Ⅱ～Ⅲ级自重湿陷性黄土场地。

3. 设计与施工

1) 地基与基础的方案设计

从工程地质条件看,建筑场地具有较强的自重湿陷性,且在 27 m(黄土 2-3 层)以上地基土的承载力偏低,压缩性较高。同时,在 27 m 以下也没有理想的坚硬桩端持力层。在研究地基基础方案时,曾拟采用两层箱基加深基础埋深和扩大箱基面积的办法,但这种方法使裙房与高层接合部的沉降差异及基础高低的衔接处理更加困难,且在建筑功能上也无必要。另一种设想的方案是采用桩基,由于没有坚硬的持力层,单桩承载力仅为 750～800 kN,承载力效率低,费用较高,且上部土为自重湿陷性黄土,负摩擦阻力的问题也较棘手。经分析比较后,设计采用了单层箱基和灰土挤密桩法处理地基的方案,具体做法是:

(1) 将地下室层高从 4.0 m 增大到 5.4 m,按箱基设计;

(2) 箱基下地基采用灰土挤密桩法处理,它既可消除地基土的全部湿陷性,又可提高地基的承载力,处理深度可满足要求;

(3) 灰土挤密桩顶面设 1.1 m 厚的 3:7 灰土垫层,整片的灰土垫层可使灰土挤密桩地基受力更加均匀,且可使箱基面积适当扩大;

(4) 对裙楼独立柱基也可同样采用灰土挤密桩法处理,以减小地基的沉降;在施工程序上,采取先高层主楼后低层裙房的做法,尽量减少高低层间的沉降差。

2) 灰土挤密桩的设计与施工

灰土挤密桩直径按施工条件定为 $d=0.46$ m。为了确定合理的桩孔间距,在现场进行了挤密试验。当桩距 $s=1.10$ m 时,桩间土的压实系数 λ_c 小于 0.93,达不到全部消除湿陷性的要求。后确定将桩距改为 $2.2d$,即 $s=1.0$ m。通过计算,当 $s=2.2d$ 时,桩间土的平均干密度可达到 16 kN/m^3,压实系数 $\lambda_c \geqslant 0.93$。根据古土壤(1)以上的黄土层需要处理的原则,设计桩长 7.5 m,桩端标高为 -13.7 m。包括 1.1 m 厚的灰土垫层,处理层的总厚度为 8.6 m。通过验算,传至灰土挤密桩地基的压力为 243 kPa,低于原地基承载力的 2 倍,同时也不超过 250 kPa,符合规范的规定。

施工采用沉管法成孔。施工及建设单位对成孔及夯填施工进行了严格的监督和检验,每一桩孔夯填的灰土数量和夯击次数均进行检查和记录,施工质量比较可靠。

4. 效果检验与分析

勘察单位估算建筑物的沉降时,分别按分层总和法和固结应力史法计算主楼的沉降量为 284.4 mm 和 269.6 mm。再根据地基处理后的情况,按适用于大型基础的变形模量法计算的沉降量仅为 66.5 mm。到施工主体完成并砌完外墙时观测,实测沉降量为 20～45 mm,预估建筑全部建成后的最大沉降将达到 64.5 mm,与按变形模量法的计算结果基本一致。

根据最后一次的观测结果,主楼的倾斜为南北方向 0.00031,东西方向几乎为零,西南与东北两对角的倾斜值最大,也仅为 0.00063,均小于规范允许倾斜值 0.003。农贸中心建成后,结构完好无损,使用正常。经验证明,在深厚强湿陷黄土地基上的高层建筑,只要精心设计和施工,采用灰土挤密桩法处理地基可以获得满意的技术效果和经济效益,并可使地基基础工程大为简化,加快建设速度。

习　　题

一、问答题

1. 灰土挤密桩法和土挤密桩法适用于处理何种地基土?

2. 灰土桩与石灰桩有何区别?

3. 灰土挤密桩法和土挤密桩法对于提高承载力来说哪一个更有效?

4. 灰土挤密桩法和土挤密桩法复合地基载荷试验按相对变形值确定复合地基承载力时,其沉降比分别取多少?

二、选择题

1. 采用土挤密桩法整片处理湿陷性黄土时,成孔挤密施工顺序宜为_____。

A. 由外向里、间隔 1～2 孔进行　　　　B. 由里向外、间隔 1～2 孔进行

C. 由一侧开始,顺序向另一侧进行　　　D. 对成孔顺序没有要求

2. 在整片基础下设计主要起挤密作用的土桩或灰土桩时,重复挤密面积最小的布桩方式为_____。

A. 正三角形　　　B. 正方形　　　C. 矩形　　　D. 等腰梯形

3. 在灰土桩中,挤密地基所用的石灰不应采用_____。

A. 消石灰　　　B. 水化石灰　　　C. 钙质熟石灰　　　D. 生石灰

4. 土桩和灰土桩挤密法适用于处理_____地基土。

A. 地下水位以上,深度 5～15 m 的湿陷性黄土

B. 地下水位以下,含水量大于 25% 的素填土

C. 地下水位以上,深度小于 15 m 的人工填土

D. 地下水位以下,饱和度大于 0.65 的杂填土

5. 土桩与灰土桩挤密法应归为_____方法。

A. 浅层处理法　　　B. 复合地基处理法　　　C. 振密、挤密法　　　D. 柔性材料桩法

三、计算题

某湿陷性黄土地基,其干密度 $\rho_d = 1.35$ g/cm³,孔隙比 $e = 1.0$,最优含水量为 17%,最大干密度 $\rho_{dmax} = 1.73$ g/cm³。为了消除其湿陷性,进行土挤密桩法加密。桩直径 $d = 400$ mm,要求平均挤密系数 $\eta_c = 0.92$。若桩按照等边三角形布置,则桩距为多少? 如果桩距为 0.9 m,则挤密后的孔隙比是多少?

8 砂 桩 法

8.1 概述

砂桩法是指利用振动或冲击方式,在软弱地基中成孔后,填入砂并将其挤压入土中,形成较大直径的密实砂桩的地基处理方法。主要包括砂桩置换法、挤密砂桩法等。

砂桩于 19 世纪 30 年代起源于欧洲,用于在海湾沉积软土上建造兵工厂的地基工程中。当时的设计桩长为 2 m,桩径为 0.2 m,每根桩承担的荷载为 10 kN。此后,在长时间内由于没有实用的设计计算方法,缺少先进的施工工艺和施工设备而影响了它的发展。第二次世界大战以后,砂桩法在苏联得到广泛应用并取得了较大成就。初期,砂桩采用冲孔捣实施工法,以后又采用水冲振动施工法,其缺点都是质量不佳和处理深度较浅。20 世纪 50 年代后期,出现了振动式和锤击式施工方法。1958 年,日本开始采用振动式重复压拔管施工方法,这一方法的应用使砂桩地基处理技术发展到一个新的水平,使其施工质量和施工效率均有显著提高,处理深度可达 30 m 左右。

砂桩最初是用于处理松散砂土和人工填土地基的,而在软弱黏性土地基上的应用不太成功。因为软弱黏性土的渗透性小、灵敏度大,成桩过程中产生的超孔隙水压力不能迅速消散,挤密效果较差,而且因扰动而破坏了土的天然结构,降低了土的抗剪强度。现在在这方面也取得了一定的经验。根据国外的经验,在软弱黏性土中形成砂桩复合地基后,再对其进行加载预压,以提高地基强度和整体稳定性,并减少工后沉降;国内的实践也表明,如不进行预压,砂桩施工后的地基在荷载作用下仍有较大的沉降变形,对沉降要求较严的建筑物难以满足要求。因此,使用砂桩构成砂桩复合地基,对它再进行堆载预压,可显著提高地基强度,改善地基的整体稳定性,并减小地基沉降量。

我国在 1959 年首次在上海重型机器厂采用锤击沉管挤密砂桩法处理地基,1978年又在宝山钢铁厂采用振动重复压拔管砂桩施工法处理原料堆场地基。这两项工程为我国在饱和软弱黏性土中采用砂桩特别是砂桩地基处理方法取得了丰富的经验。近十多年来,砂桩法在我国工业与民用建筑、交通、水利等工程建设中得到了广泛应用。工程实践表明,砂桩法用于处理松散砂土和塑性指数不高的非饱和黏性土地基,其挤密(或振密)效果好,不仅可以提高地基的承载力、减少地基的固结沉降,而且可以防止砂土由于振动或地震所产生的液化。砂桩处理饱和软弱黏性土地基时,主要是置换作用,可以提高地基承载力和减少沉降,同时,还起排水通道作用,能够加速地基的固结。

8.2　加固原理

地基土的土质不同,对砂桩的作用原理也不尽相同。

1. 在松散砂土中的作用

1) 挤密作用

砂土和粉土属于单粒结构,其组成单元为松散粒状体,渗透系数大,一般大于 10^{-4} cm/s。单粒结构总处于松散至紧密状态。在松散状态时,颗粒的排列位置是极不稳定的,在动力和静力作用下会重新进行排列,趋于较稳定的状态。即使颗粒的排列接近较稳定的密实状态,在动力和静力作用下颗粒也将发生位移,改变其原来的排列位置。松散砂土在振动力作用下,其体积缩小可达 20%。

采用冲击法或振动法往砂土中下沉桩管和一次拔管成桩时,由于桩管下沉对周围砂土产生很大的横向挤压力,桩管将地基中同体积的砂挤向周围的砂层,使其孔隙比减小,密度增大,这就是挤密作用。有效挤密范围可达 3～4 倍桩直径。这就是通常所谓的"挤密砂桩"。

2) 振密作用

采用振动法往砂土中下沉桩管和逐步拔出桩管成桩时,下沉桩管会对周围砂层产生挤密作用,拔起桩管会对周围砂层产生振密作用,有效振密范围可达 6 倍桩直径左右。振密作用比挤密作用更显著,其主要特点是砂桩周围一定距离内地面发生较大的下沉。采用这种成桩方法的砂桩称为"振密砂桩"。

2. 在软黏土中的作用

1) 置换作用

密实的砂桩在软弱黏性土中取代了同体积的软弱黏性土(置换作用),形成复合地基,使承载力有所提高,地基沉降也变小。载荷试验和工程实践证明,砂桩复合地基承受外荷载时,发生压力向砂桩集中的现象,使桩周围土层承受的压力减小,沉降也相应减小。砂桩复合地基与天然的软弱黏性土地基相比,地基承载力增大率和沉降减小率都与置换率成正比关系。根据我国在淤泥粉质黏土和淤泥质黏土中形成的砂桩复合地基的载荷试验,在同等荷载作用下,其沉降可比天然地基减小 20%～30%。

2) 排水作用

在软弱黏性土地基中,砂桩可以像砂井一样起排水作用,从而加快地基的固结沉降速率。砂桩复合地基与天然地基载荷试验的对比表明,在荷载相同的条件下,前者的沉降稳定时间比后者短得多。以上海宝山钢铁总厂的对比试验为例,在荷载板面积影响范围内为饱和的粉质黏土和淤泥质粉质黏土,在载荷约为 160 kPa 时,砂桩复合地基沉降稳定时间为 69～70 h,而天然地基为 190 小时,说明砂桩对促进地基固结沉降具有十分显著的作用。

3. 砂桩用途

(1) 在松散砂土中,可用于增大相对密度,防止振动液化。

(2) 在软黏土中,可用于提高地基承载力,加速固结沉降,改善地基的整体稳定性。

8.3 设计计算

1. 加固范围

加固范围应根据建筑物的重要性和场地条件及基础形式而定。对于一般基础,在基础外应布置 1～3 排桩;对于可液化地基,在基础外缘扩大宽度不应小于可液化土层厚度的 1/2,并不应小于 5 m;对高等级公路,一般应处理至边缘外 1～3 m。

2. 桩位布置

对大面积满堂处理,桩位宜采用等边三角形布置;对独立或条形基础,桩位宜采用正方形或矩形布置。

3. 加固深度

加固深度应根据软弱土层的性质、厚度或工程要求按下列原则确定:

(1) 当软土层不厚时,应穿透软土层;

(2) 当软土层较厚时,对于按变形控制的工程,加固深度应满足砂桩复合地基变形不超过地基容许变形值并满足下卧层承载力的要求;

(3) 当软土层厚度较大时,对于按稳定性控制的工程,加固深度应不小于最危险滑动面以下 2 m 的深度;

(4) 在可液化地基中,加固深度应按抗震处理深度确定;

(5) 桩长不宜小于 4 m。

4. 桩径

根据置换率要求、成桩方法、施工机械能力等因素综合考虑确定砂桩直径。在饱和软弱黏性土中应尽可能采用较大的直径。目前国内采用的桩径一般为 0.3～0.8 m,国外最大达 2 m。

5. 材料

宜使用中粗混合砂,含泥量不大于 5%。在对砂桩成型没有足够约束力的软弱黏性土中,可以使用砂和角砾混合料。桩孔填料量应通过现场试验确定,估算时可按设计桩孔体积乘以充盈系数 1.2～1.4 确定。

6. 垫层

砂桩施工完毕后,地面应铺设 30～50 cm 厚的砂垫层或砂石垫层。垫层要分层铺设,用平板振动器振实。

当地面很软不能保证施工机械正常行驶和操作时,可以在砂桩施工前铺设垫层。

7. 桩距计算

砂桩的间距应通过现场试验确定。对粉土和砂土地基,不宜大于砂石桩直径的4.5 倍;对黏性土地基,不宜大于砂石桩直径的 3 倍。初步设计时,也可按下列公式估算。

1) 砂土和粉土地基

可根据挤密后要求达到的孔隙比 e_1 来确定。

等边三角形布置时,有

$$s = 0.95\ \xi d\ \sqrt{\frac{1+e_0}{e_0-e_1}} \qquad (8\text{-}1)$$

正方形布置时,有

$$s = 0.89\ \xi d\ \sqrt{\frac{1+e_0}{e_0-e_1}} \qquad (8\text{-}2)$$

$$e_1 = e_{max} - D_{r1}(e_{max} - e_{min}) \qquad (8\text{-}3)$$

式中:s——砂桩间距(m);

d——砂桩直径(m);

ξ——修正系数,当考虑振动下沉密实作用时可取 $1.1\sim1.2$;不考虑振动下沉密实作用时可取 1.0;

e_0——地基处理前砂土的孔隙比,可按原状土样试验确定,也可根据动力或静力触探等对比试验确定;

e_1——地基挤密后要求达到的孔隙比;

e_{max}、e_{min}——砂土的最大、最小孔隙比,可按现行国家标准《土工试验方法标准》GB/T 50123 的有关规定确定;

D_{r1}——地基挤密后要求达到的相对密实度,可取 $0.70\sim0.85$。

2) 黏性土地基

等边三角形布置时,有 $\qquad s = 1.08\ \sqrt{A_e} \qquad (8\text{-}4)$

正方形布置时,有 $\qquad s = \sqrt{A_e} \qquad (8\text{-}5)$

式中:A_e——1 根砂桩承担的处理面积(m^2),其计算式为

$$A_e = \frac{A_p}{m} \qquad (8\text{-}6)$$

其中:A_p——砂桩的截面积(m^2);

m——面积置换率。

8. 复合地基承载力

砂桩复合地基承载力特征值应通过现场复合地基载荷试验确定,初步设计时,也可通过下列方法估算。

(1) 砂土地基 可根据挤密后砂土的密实状态,按现行国家标准《建筑地基基础

设计规范》GB 50007 的有关规定确定。

（2）对黏性土或粉土地基采用砂桩处理所形成的复合地基，可按式（8-7）～式（8-9）计算。

$$f_{spk} = mf_{pk} + (1-m)f_{sk} \tag{8-7}$$

或

$$f_{spk} = [1+m(n-1)]f_{sk} \tag{8-8}$$

$$m = d^2/d_e^2 \tag{8-9}$$

式中：f_{spk}——砂桩复合地基承载力特征值（kPa）；

$\quad f_{pk}$——桩体承载力特征值（kPa），宜通过单桩载荷试验确定；

$\quad f_{sk}$——处理后桩间土承载力特征值（kPa），宜按当地经验取值，如无经验时，可取天然地基承载力特征值；

$\quad m$——桩土面积置换率；

$\quad n$——桩土应力比；

$\quad d$——桩身平均直径（m）；

$\quad d_e$——1 根桩分担的处理地基面积的等效圆直径。

等边三角形布桩时，有 $\quad d_e = 1.05s \tag{8-10}$

正方形布桩时，有 $\quad d_e = 1.13s \tag{8-11}$

矩形布桩时，有 $\quad d_e = 1.13\sqrt{s_1 s_2} \tag{8-12}$

其中：s, s_1, s_2——桩间距、纵向间距和横向间距。

8.4 施工

1. 施工标高

砂桩施工标高一般应高于基础底面设计标高 1～2 m，以便开挖基坑时将没有充分挤实的或被挤松的表层土完全挖去。

如果砂桩施工后对地基表层 1～2 m 深度内的土层进行适当处理，则砂桩施工可以从基底设计标高开始。

2. 砂含水量

施工时砂的含水量对砂桩密实性有很大影响，应根据成桩方法分别规定。

（1）采用单管冲击式或振动式一次打拔管成桩法或复打桩时，使用饱和砂。

（2）采用双管冲击式或单管振动式重复压拔管成桩法时，使用 7%～9% 含水量的砂。在饱和土中施工时也可采用天然湿度砂或干砂。

3. 施工顺序

在松散砂土中，首先施工外围桩，然后施工隔排的桩。对于最后几排桩，如下沉桩管困难时，可适当增大桩距。

在软弱黏性土中，砂桩成型困难时可隔排施工，各排中的桩也可间隔施工。

4. 成桩试验

施工前要进行成桩试验，如不能满足设计要求，应调整桩间距、填料量等施工参数,重新进行试验或修改施工工艺设计。

5. 成桩工艺

施工可采用振动沉管、锤击沉管等成桩法。当用于消除粉细砂及粉土液化时,宜用振动沉管成桩法。

1) 振动沉管法

振动沉管法分为一次拔管法、逐步拔管法和重复压拔管法三种。

(1) 一次拔管法。成桩工艺步骤如图 8-1 所示。

① 桩管垂直对准桩位。

② 启动振动桩锤,将桩管振动沉入土中,达到设计深度后对桩管周围的土进行挤密或挤压。

③ 从桩管上端的投料漏斗加入砂料,数量根据设计确定,为保证顺利下料,可适当加水。

④ 边振动边拔管直至拔出地面。

质量控制项目如下。

① 桩身的连续性和密实度 通过拔管速度控制桩身的连续性和密实度。拔管速度应通过试验确定,对于一般地层情况,拔管速度为 1~2 m/min。

② 桩身直径 通过填砂的数量来控制桩身直径。利用振动将桩靴充分打开,顺利下料。当砂的数量达不到设计要求时,应在原位再沉管投料一次或在旁边补打一根桩。

(2) 逐步拔管法。成桩工艺步骤如图 8-1 所示。

① 施工步骤同一次拔管法步骤。

② 逐步拔管,边振动边拔管,每拔管 50 cm,停止拔管继续振动,停拔时间 10~20 s,继续拔管,直至将桩管拔出地面。

质量控制项目如下。

① 桩身的连续性和密实度 通过控制拔管的速度不要太快来保证桩身的连续性、不致断桩或缩颈。拔管速度慢,可使砂料有充分的时间振密,从而保证桩身的密实度。

② 桩的直径 应按设计要求数量投加砂料来保证。

(3) 重复压拔管法。成桩工艺步骤如图 8-2 所示。

① 桩管垂直就位,闭合桩靴。

② 将桩管沉入地基土中达到设计深度。

③ 按设计规定的砂料量向桩管内投入砂料。

④ 边振动边拔管,拔管高度根据设计确定。

⑤ 边振动边向下压管,下压的高度由设计和试验确定。

⑥ 停止拔管,继续振动,停拔时间长短按规定要求。

⑦ 重复步骤③~⑥,直至桩管拔出地面。

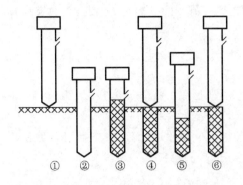

图 8-1　一次拔管和逐步拔管成桩工艺

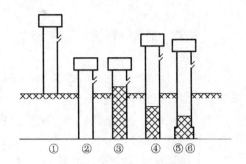

图 8-2　重复压拔管成桩工艺

质量控制项目如下。

① 桩身的连续性　应通过适当的拔管速度、拔管高度和压管高度来控制桩身的连续性。拔管速度太快,砂料不易排出;拔管高度较大而桩管高度又较小时,容易造成桩身投料不连续。

② 桩的直径　利用拔管速度和下压桩管的高度进行控制。拔管时使砂料充分排出,压管高度较大时则形成的桩径也较大。

③ 桩体密实度　桩体密实度除了受压管高度大小影响外,还与桩管的留振时间有关。留振时间长,则桩身密实度大。一般情况下,桩管每提高 100 cm,下压 30 cm,然后留振 10～20 s。

2) 锤击成桩法

锤击成桩法可分为单管成桩法和双管成桩法两种。

(1) 单管成桩法。成桩工艺步骤如图 8-3 所示。

① 桩管垂直就位,下端为活瓣桩靴时则对准桩位,下端为开口的则对准已按桩位埋好的预制钢筋混凝土锥形桩尖。

② 启动蒸汽桩锤或柴油桩锤将桩管打入土层至设计深度。

③ 从加料漏斗向桩管内灌入砂料。当砂量较大时,可分两次灌入:第一次灌总

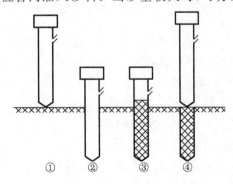

图 8-3　单管锤击式成桩工艺

料量的 2/3 或灌满桩管,然后上拔桩管;当能容纳剩余的砂料时再第二次加够所需砂料。

④ 按规定的拔管速度,将桩管拔出。

质量控制项目如下。

① 桩身连续性　桩身的连续性用拔管速度来控制。拔管速度根据试验确定,一般土质条件下,拔管速度为 1.5～3.0 m/min。

② 桩的直径　用灌砂量来控制桩的直径。灌砂量没有达到要求时,可在原位再沉入桩管投料(复打)一次,或在旁边沉管投料补打一根桩。

(2) 双管成桩法。成桩工艺步骤如图 8-4 所示。

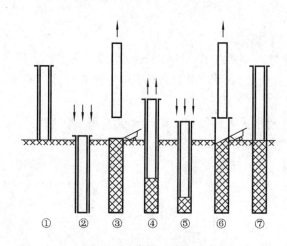

图 8-4　双管锤击式成桩工艺

① 桩管垂直就位。

② 启动蒸汽桩锤或柴油桩锤,将内、外管同时打入土层中至设计规定的深度。

③ 拔起内管至一定高度不致堵住外管上的投料口,打开投料口门,将砂料装入外管里。

④ 关闭投料口门,放下内管压在外管内的砂面上,拔起外管,使外管上端与内管和桩锤接触。

⑤ 启动桩锤,锤击内、外管将砂料压实。桩底第一次投料较少,如填一手推车约 0.15 m³,(只是桩身每次投料的一半),然后锤击压实,这一阶段称做“座底”,“座底”可以保证桩长和桩底的密实度。

⑥ 拔起内管,向外管里加砂料,每次投料为两手推车约 0.30 m³。

⑦ 重复步骤④～⑥,直至拔管接近桩顶为止。

⑧ 制桩达到桩顶时,即最后 1～2 次加料每次加 1 手推车或 1.5 手推车砂料,进行锤击压实,至设计规定的桩长或桩顶标高,这一阶段称做“封顶”。

质量控制项目如下。

① 桩身连续性　拔管时如没有发生拔空管现象,一般可避免断桩。

② 桩的直径和桩身密实度 用贯入度和填料量两项指标双重控制桩的直径和密实度。对于以提高地基承载力为主要处理目的的非液化土,以贯入度控制为主,填料量控制为辅;对于以消除砂土和粉土地震液化为主要处理目的的地基土,则以填料量控制为主,以贯入度控制为辅。贯入度和填料量可通过试桩确定。

8.5 质量检验

(1) 施工后应间隔一定时间方可进行质量检验。对饱和黏性土地基,应间隔28 d后进行质量检验,对粉土、砂土和杂填土地基,质量检验宜在7 d以后进行。

(2) 砂桩的施工质量检验。砂桩的施工质量检验可采用单桩载荷试验。对桩体可采用动力触探试验检测,对桩间土可采用标准贯入、静力触探、动力触探或其他原位测试等方法进行检测。检测数量不应少于桩孔总数的2%。

(3) 砂桩地基的竣工验收检验。砂桩地基竣工验收时,承载力检验应采用复合地基载荷试验。试验数量不应少于总桩数的0.5%,且每个单体建筑不应少于3点。

8.6 工程实例

1. 工程概况

山西省财政厅办公大楼总建筑面积5480 m²。七层部分屋顶标高为28.2 m,长为15.9 m,宽为14.5 m;六层部分屋顶标高为23.1 m,长为45.5 m,宽为13.2 m。设计采用钢筋混凝土片筏基础。

2. 地基条件

地基主要是由冲积、洪积成因的饱和粉质黏土(稍密~中密)和粉细砂组成。第一层粉质黏土深度从-1.20 m到-3.20 m,第二层粉质黏土深度从-6.40 m到-9.00 m。第一层粉细砂深度从-3.20 m到-6.40 m,第二层粉细砂深度从-9.00 m到-16.00 m。粉细砂标贯值$N=2\sim7$,相对密度$D_r=0.35\sim0.45$。粉细砂物理性质指标列入表8-1。

表 8-1 粉细砂物理性质指标

项目 土名	颗粒组成/(%)							有效粒径 D_{10}	平均粒径 D_{50}	不均匀系数 U
	10~4/mm	4~2/mm	2~1/mm	1~0.5/mm	0.5~0.25/mm	0.25~0.1/mm	0.1~0.05/mm			
细砂	1	1	1~2	2~10	23~24	37~51	21~25	0.042~0.076	0.17~0.20	2.7~4.9
粉砂	1	1	1	2	4	51	40	0.033	0.11	3.3

根据标贯值、平均粒径、不均匀系数、相对密度和有效覆盖压力判断,第一层粉细砂层在8度地震烈度下属于可液化层,因此,采用振密砂桩处理地基。

3. 砂桩设计

砂桩直径 350 mm,桩距 1.15 m,按梅花形布置。桩长 7.8 m,穿透可液化粉细砂层,伸入较稳定的粉质黏土层内约 1.4 m,砂桩设计总数 837 根。

设计要求砂桩和桩间砂土处理后的相对密度达到 $D_r \geqslant 0.7$,标贯值 $N \geqslant 10$。砂桩和砂垫层覆盖的地基面积为 1287 m²。边桩伸出边轴线外 2.75 m,距基础外边线 2 m。砂垫层厚度为 30 cm。

4. 砂桩施工

采用逐步拔管成桩法施工。材料为含卵石的饱和中粗砂。

成桩工艺:每次拔起桩管高度 0.5 m,停拔续振 20 s。

施工顺序:先施工周边桩,后施工第三排桩,再隔行施工第二排桩,以此类推。

按上述顺序施工到后阶段时由于下沉桩管困难,便将桩距增大到 2.1 m (6d)。施工结束后通过测试证实,增大桩距后仍能满足设计要求。由于在施工后阶段增大桩距,所以实际上成桩总数为 600 根,比设计的桩总数少了 237 根。

在施工过程中由于不断振动的影响,实际上成桩直径约为 400 mm,比设计的桩直径大 50 mm。

5. 技术经济效果

全部砂桩施工完毕后,在场地中部和东部区域内进行了桩间土挤密效果测试,测得的标贯值和相对密度值列入表 8-2 中。由此表可见,桩间砂土标贯值 N 和相对密度值 D_r 均已满足设计要求。

砂桩方案与钢筋混凝土桩方案比较,在造价方面前者约为后者的 1/10;在施工速度方面,前者约为后者的 1/2。

全部工程完毕后进行了 10 个月的沉降观测,最大沉降量 23 mm,最小沉降量 11 mm,平均沉降量 16.7 mm,如图 8-5 所示。

表 8-2　桩间土标贯值和相对密度值

深度/m	标贯值 N	相对密度 D_r
3.00	8	0.69
3.60	14	0.75
4.00	15	0.77
6.50	18	0.78
6.70	18	—
最小～最大	8～18	0.69～0.78

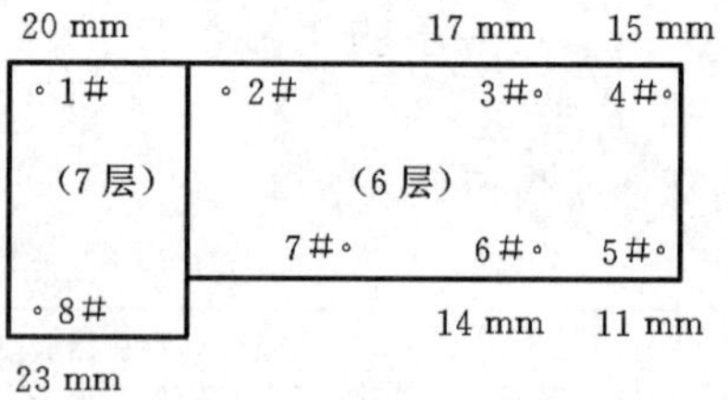

图 8-5　办公大楼沉降示意图

习　题

一、问答题

1. 砂桩处理砂土和黏性土时的作用机理有何不同?

2. 采用砂桩处理地基时,对于砂土地基和黏性土地基,分别如何确定桩距和复合地基承载力?

3. 砂桩的施工方法有哪些?如何确定施工顺序?

4. 砂桩施工后,必须间歇多长时间方可进行质量检验?

二、选择题

1. 砂桩法适用于处理_____地基土。

A. 松散砂土　　　　B. 红土　　　　C. 冻土　　　　D. 黄土

2. 用砂桩处理地基,按地基处理机理进行分类,应属于_____。

A. 挤密法　　　　B. 加筋法　　　　C. 化学加固法　　D. 置换法

3. 采用砂桩处理地基,砂桩孔位宜采用的布置形式为_____。

A. 长方形　　　　B. 等腰梯形　　　C. 等腰三角形　　D. 等边三角形

4.《建筑地基处理技术规范》JGJ 79—2002 规定砂桩的间距应通过现场试验确定,对粉土和砂土地基,不宜大于砂桩直径的_____。

A. 2 倍　　　　B. 4.5 倍　　　　C. 6 倍　　　　D. 8 倍

三、计算题

1. 某建筑物建在较深的细砂土地基上,细砂的天然干密度 1.45 g/cm³,土粒比重为 2.65,最大干密度为 1.74 g/cm³,最小干密度为 1.3 g/cm³,拟采用锤击沉管砂桩加密加固地基,砂桩直径 600 mm,采用正三角形布置,为了消除地基土的液化可能,要求加固以后的细砂的相对密度 $D_r \geqslant$ 70%。

(1)求松砂地基挤压加密后比较合适的孔隙比;

(2)如果要求松砂地基挤压加密后的孔隙比达到 0.6,求砂桩的中心距。

2. 某天然地基的承载力为 100 kPa,采用砂桩处理地基。砂桩的承载力为 300 kPa,要求砂桩加固后复合地基的承载力达到 150 kPa,若砂桩的直径为 40 cm,并按正方形布置,求砂桩的间距。

9 碎石桩法

9.1 概论

在地基中设置由碎石组成的竖向增强体(或称桩体)形成复合地基达到地基处理的目的,均称为碎石桩法。

碎石桩法加固地基原理是在地基中设置碎石桩体形成复合地基,以提高地基承载力和减少沉降。碎石桩桩体具有很好的透水性,有利于超静孔隙水压力消散,碎石桩复合地基具有较好的抗液化性能。

按施工方法的不同,碎石桩法可分为:振冲碎石桩法;干振挤密碎石桩法;沉管碎石桩法;沉管夯扩碎石桩法;袋装碎石桩法;强夯置换碎石桩法。

9.2 振冲碎石桩法

利用振动和水冲加固土体的方法称为振冲法(vibroflotation)。振冲法最早是用来振密松砂地基的,由德国 S. Steuerman 在 1936 年提出,1937 年制成了第一台振冲器,用于处理柏林一幢建筑的 7.5 m 厚的松砂地基,使承载力提高了一倍,相对密度由 45% 提高到 80%,加固效果显著。

9.2.1 振冲法的发展

在 20 世纪 50 年代末,联邦德国和英国相继把原先只适用于挤密砂体的振冲技术用来处理黏性土地基。1959 年联邦德国 Johann Keller 地基公司在 Nurembreg 的一项地基工程中用振冲器在黏性土中造了 2 m 深的孔,填入块石,再用振冲器使块石密实,经这样处理后,地基承载力有了很大的提高。1960 年,英国 Cementation 地基工程公司在尼日利亚首都拉各斯建造一幢六层房屋,在开挖基槽时意外地发现地基中有一层厚 2 m 的有机粉土,强度很低。最后采用振冲造孔,回填碎石的办法处理,效果很好。后来,这两家公司有意识地将这一方法用于加固软弱黏性土地基,逐渐演变出一种新的加固方法——振冲置换法。由于使用的桩身材料为碎石,也称为振冲碎石桩法。

我国应用振冲置换法始于 1977 年,首次应用于南京船舶修造厂船体车间软土地基加固工程。

振冲碎石桩法适用于处理砂土、粉土、粉质黏土、素填土和杂填土地基。对于处理不排水抗剪强度小于 20 kPa 的饱和黏性土和饱和黄土地基,应在施工前通过现场试验确定其适用性。振冲法加固软黏土时,在制桩过程中,填料在振冲器的水平向振动力作用下挤向孔壁的软土中,从而桩体直径扩大。当这一挤入力与土的约束力平衡时,桩径不再扩大。显然,原土强度越低(即抵抗填料挤入的约束力越小),形成的桩体就越粗。如果原土的强度过低(例如淤泥),以致土的约束力始终不能平衡使填料挤入孔壁的力,那就始终不能形成桩体,这种方法就不再适用。

9.2.2 复合地基承载力特征值

振冲碎石桩复合地基承载力特征值应通过现场复合地基载荷试验确定,初步设计时也可用单桩和处理后桩间土承载力特征值按下式估算。

$$f_{spk} = mf_{pk} + (1-m)f_{sk} \tag{9-1}$$
$$m = d^2/d_e^2 \tag{9-2}$$

式中:f_{spk}——振冲桩复合地基承载力特征值(kPa);

f_{pk}——桩体承载力特征值(kPa),宜通过单桩载荷试验确定;

f_{sk}——处理后桩间土承载力特征值(kPa),宜按当地经验取值,如无经验时,可取天然地基承载力特征值;

m——振冲桩的面积置换率;

d——桩身平均直径(m);

d_e——单根桩分担的处理地基面积的等效圆直径(m)。

等边三角形布桩时,有 $\quad d_e = 1.05s \tag{9-3}$

正方形布桩时,有 $\quad d_e = 1.13s \tag{9-4}$

矩形布桩时,有 $\quad d_e = 1.13\sqrt{s_1 s_2} \tag{9-5}$

其中:s——等边三角形布桩和正方形布桩时的桩间距;

s_1、s_2——矩形布桩时的纵向桩间距和横向桩间距。

对小型工程的黏性土地基,如无现场载荷试验资料,初步设计时复合地基承载力特征值也可按下式估算。

$$f_{spk} = [1+m(n-1)]f_{sk} \tag{9-6}$$

式中:n——桩土应力比;在无实测资料时,可取 2~4,原土强度低时取大值,原土强度高时取小值。

碎石桩复合土层的压缩模量可按下式计算。

$$E_{sp} = [1+m(n-1)]E_s \tag{9-7}$$

式中:E_{sp}——复合土层压缩模量(MPa);

E_s——桩间土压缩模量(MPa),宜按经验取值,可取天然地基压缩模量。

其中,n 值当无实测资料时,对于黏性土可取 2~4,对于粉土和砂土可取 1.5~3,原土强度低时取大值,原土强度高时取小值。

9.2.3 施工工艺

1. 施工机具

主要机具是振冲器、吊机或施工专用平车和水泵。

振冲器是利用一个偏心体的旋转产生一定频率和振幅的水平向振动力进行振冲置换施工的一种专用机械。我国用于振冲置换施工的振冲器主要有 ZCQ-30、ZCQ-55 和 ZCQ-75 三种,最大功率已达 135 kW。起吊机械有履带或轮胎吊机、自行井架式专用平车或抗扭胶管式专用汽车。水泵的规格为出口水压 400～600 kPa,流量 20～30 m³/h。每台振冲器配一台水泵。其他设备有运料工具、泥浆泵、配电板等。

施工所用的专用平车台数由桩数和工期决定,有时还受到场地大小、交叉施工、水电供应、泥水处理等条件的限制。

2. 施工准备工作

1) "三通一平"

施工现场的"三通一平"指的是水通、电通、料通和场地平整,这是施工能否顺利进行的重要保证。

2) 施工场地布置

对场地中的供水管、电路、运输道路、排泥水沟、料场、沉淀池、清水池、照明设施等都要事先妥善布置。对有多台施工车同时作业的大型加固工程,应划分出各台施工车的包干作业区。配电房、机修房、工人休息房等亦应一一作出安排。显然,这些布置随具体工程而定,不可能有一个统一的平面布置方案。

3) 桩的定位

平整场地后,测量地面高程。加固区的高程宜为设计桩顶高程以上 1 m。如果这一高程低于地下水位,需配备降水设施或者适当提高地面高程。最后按桩位设计图在现场用小木桩标出桩位,桩位偏差不得大于 3 cm。

3. 振冲置换桩的制作

1) 填料方式

在地基内成孔后,接着要往孔内加填料。常用的加料方式是先将振冲器提出孔口,往孔内倒入约 1 m 堆高的填料,然后下降振冲器使填料振实。

对于较软的土层,宜采用"先护壁,后制桩"的办法施工。即成孔时,不要一下达到设计深度,而是先达到软土层上部 1～2 m 范围,将振冲器提出孔口加一批填料,下降振冲器使这批填料挤入孔壁(将这段孔壁加强以防塌孔),然后使振冲器下降至下一段软土中,用同样方法加料护壁。如此重复进行,直至达到设计深度。孔壁护好后,就可以按常规步骤制桩了。

2) 桩的施工顺序

桩的施工顺序一般采用"由里向外"(见图 9-1(a))或"一边推向另一边"

(见图 9-1(b))的方式,因为这种方式有利于挤走部分软土。如果"由外向里"制桩,中心区的桩很难振挤开来。对抗剪强度很低的软黏土地基,为减少制桩时对地基土的扰动,宜用间隔跳打的方式施工(见图 9-1(c))。当加固区毗邻其他建筑物时,为减少对邻近建筑的振动影响,宜按图 9-1(d)所示的顺序进行施工。必要时可用振动力较小的振冲器施工紧靠建筑物的一排桩。

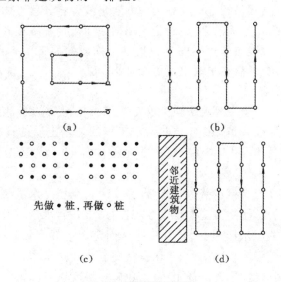

图 9-1 桩的施工顺序

(a) 由里向外方式;(b) 一边推向另一边方式;

(c) 间隔跳打方式;(d) 减少对邻近建筑物振动影响的施工顺序

3) 制桩操作步骤

(1) 将振冲器对准桩位,开水开电。

(2) 启动施工车或吊机的卷扬机,使振冲器以 1~2 m/min 的速度在土层中徐徐下沉。注意振冲器在下沉过程中的电流值不得超过电动机的额定值。

(3) 当振冲器达到设计加固深度以上 30~50 cm 时,开始将振冲器往上提,直至孔口。提升速率可增至 5~6 m/min。

(4) 重复步骤(2)、(3)1 至 2 次。如果孔口有泥块堵住,应将泥块挖去。最后,将振冲器停留在设计加固深度以上 30~50 cm 处,借循环水使孔内泥浆变稀,这一步骤称为清孔。清孔时间 1~2 min,然后将振冲器提出孔口,准备加填料。

(5) 往孔内倒 0.15~0.5 m³ 填料。将振冲器沉至填料中进行振实。这时,振冲器不仅使填料振密,并且使填料挤入孔壁的土中,从而使桩径扩大。由于填料的不断挤入,孔壁土的约束力逐渐增大,一旦约束力与振冲器产生的振动力相等,桩径不再扩大,这时振冲器电动机的电流值迅速增大。当电流达到规定值时,认为该深度的桩体已经振密。如果电流达不到规定值,则需提起振冲器继续往孔内倒一批填料,然后再下降振冲器继续进行振密。如此重复操作,直至该深度的电流达到规定值为止。每倒一批填料进行振密,都必须记录深度、填料量、振密时间和电流值。电流的规定值称为密实电流。密实电流由现场制桩试验确定或根据经验选定。

(6)重复步骤(5),自下而上地制作桩体,直至孔口。这样,一根桩就做成了。

(7)关振冲器,关水,移位,在另一个桩位上施工。

4)表层处理

桩顶部约 1 m 范围内,由于该处地基土的上覆压力小,施工时桩体的密实程度很难达到要求,为此必须另行处理。处理的办法是或者将该段桩体挖去,或者用振动碾使之压实。如果采用挖除的办法,对施工前的地面高程和桩顶高程要事先计划好。

一般情况下,经过表层处理后的复合地基上面要铺厚 30～50 cm 的碎石垫层。垫层本身也必须压实,然后在垫层上面再做基础。

4. 施工质量控制

振冲置换桩的施工质量控制实质上就是对施工中所用的水、电、料三者的控制。如何控制? 控制的标准又是什么? 这些都与工程的地基土质的具体条件、建筑的具体设计要求有关。具体应用时,还得靠实践经验。因此,对大型工程,现场制桩试验是必不可少的。

关于水,要控制两个参数,一个是水量,另一个是水压。水量要充足,使孔内充满着水,这样可防止塌孔,使制桩工作得以顺利进行。当然,水量亦不宜过多,过多时易把填料回出带走。关于水压,视土质及其强度而定。一般来说,对于强度较低的软土,水压要小些;对于强度较高的土,水压宜大些。成孔过程中,水压和水量要尽可能大;当接近设计加固深度时,要降低水压,以免破坏桩底以下的土。加料振密过程中,水压和水量均宜小。

关于电,主要控制加料振密过程中的密实电流。密实电流规定值根据现场制桩试验定出,一般为振冲器潜水电动机的空载电流加上 10～15 A。在制桩时,值得注意的是不能把振冲器刚接触填料的一瞬间的电流值作为密实电流。瞬时电流值有时可高达 100～120 A,但只要把振冲器停住不下降,电流值立即变小。可见瞬时电流并不能真正反映填料的密实程度,只有振冲器在固定深度上振动一定时间而电流稳定在某一数值,这一稳定电流才能代表填料的密实程度。要求稳定电流值超过规定的密实电流值,该段桩体才算制作完毕。对黏性土地基,留振时间一般为 10～20 s。

关于料,要注意加填料不宜过猛,原则上要"少吃多餐",即要勤加料,但每批料不宜加得太多。值得注意的是,在制作最深处桩体时,为达到规定密实电流所需的填料远比制作其他部分桩体多。有时这段桩体的填料可占整根桩总填料的 1/4～1/3。

归纳起来说,施工质量控制就是要谨慎地掌握好填料量、密实电流和留振时间这三个质量要素。

9.3 其他碎石桩法

1. 干振挤密碎石桩法

干振挤密碎石桩法是在振冲挤密碎石桩法的基础上改进而来的。该工艺在成孔和挤密碎石桩的过程中,土体在水平激振力作用下产生径向位移,在碎石桩周围形成密实度很高的挤密区,该挤密区对碎石桩起约束作用。桩间土密实度不均匀,靠近碎石桩周围的土的密实度大。桩间土强度比原天然地基土强度高得多。经干振挤密碎石桩加固的地基,承载力可提高一倍左右。

它与振冲挤密碎石桩的不同之处是不用高压水冲,它的主要施工设备是干法振动成孔器。干振挤密碎石桩法主要适用于地下水位较低的非饱和黏性土、素填土、杂填土和Ⅱ级以上非自重湿陷性黄土。干振挤密碎石桩复合地基承载力和沉降的确定方法基本上与振冲碎石桩复合地基相同。

2. 沉管碎石桩法

沉管碎石桩法按施工方法可分为三种:管内投料重锤夯实法、管内投料振动密实法、先拔管后投料复打密实法。

(1)管内投料重锤夯实法工艺为:首先将桩管立于桩位,管内填1 m左右碎石,然后用吊锤夯击桩位,靠碎石和桩管间的摩擦力将桩管带到设计深度,最后分段向管内投料和夯实填料,同时向上提拔桩管,直至拔出桩管,形成碎石桩。

(2)管内投料振动密实法通常采用振动沉拔管打桩机制桩,依靠沉管振动密实,但要控制拔管速度,注意填料量,达不到要求时应复打。

(3)先拔管后投料复打密实法通常采用常规沉管打桩机沉桩管,然后将桩管拔出,再向孔中投料,利用复打的方式密实桩体填料,形成碎石桩复合地基。对于容易发生缩孔的地基,该法不能采用。

沉管碎石桩复合地基承载力可通过载荷试验确定,也可利用散体材料复合地基理论计算,计算式同振冲碎石桩复合地基。沉降计算也与振冲碎石桩复合地基相同。

3. 夯扩碎石桩法

夯扩碎石桩法是沉管碎石桩法中先拔管后投料复打密实法的发展。施工工艺如下:先将沉管沉至设计深度;边投料边拔管,一次投料数量和一次拔管高度应根据夯扩试验确定;将投料夯扩成设计直径,如直径377 mm的沉管可将碎石桩夯扩到直径600 mm;然后再边投料边拔管,再夯扩,直至制成一根夯扩碎石桩。在成桩过程中桩间土得到挤密,强度得到提高。夯扩碎石桩桩体直径大,且密实度高,桩体承载力高。

夯扩碎石桩法适用于非饱和土地基,对杂填土、素填土地基加固效果很好。若地基中各土层强度不同,在相同夯击能作用下,低强度土层中碎石桩桩径较大,高强度土层中碎石桩桩径较小,形成葫芦状,有利于提高加固效果。

夯扩碎石桩复合地基承载力可通过复合地基载荷试验确定,也可通过碎石桩和桩间土载荷试验确定桩体承载力和桩间土承载力,再得到复合地基承载力,计算式同振冲碎石桩复合地基。沉降计算也与振冲碎石桩复合地基相同。

4. 袋装碎石桩法

由于碎石桩属散体材料桩,它需要桩间土提供一定的侧限压力才能形成桩体,从而具有一定的承载力。当天然地基土的侧限压力过小时,可采用土工织物将碎石桩包上,形成袋装碎石桩。国外也有采用竹笼、钢丝网包裹的竹笼碎石桩的报道。

浙江大学岩土工程研究所(原土工教研室)于 1987 年提出了用冲抓法成孔并用土工织物袋围护碎石的加固方法,成孔直径为 80 cm,但未在实际工程中应用。福州大学岩土工程教研室采用自制的简易射水器射水成孔深度可达 12～13 m,直径为40 cm 或 45 cm,放入土工织物袋后,采用小直径的插捣棒,这样就可以边填料边捣实,而上段部分则采用插入式混凝土振动器振实,使施工效果大大提高。通过试验,这种碎石桩已在福州大学两幢住宅工程与泉州市某综合楼工程中应用。

袋装碎石桩复合地基的承载力可由复合地基载荷试验确定。

福州大学的袋装碎石复合地基的载荷试验表明,当置换率为 0.15 时,复合地基承载力由天然地基承载力的 63 kPa 提高到 117～141 kPa。与一般的振冲碎石桩比较,它具有填料用量少,易于控制填料数量,桩身密实度较高,受力性能较好的优点,且土工织物袋能起到隔离、过滤、保证排水固结、防止软黏土受压后挤入碎石孔隙的作用,特别适合于在含水量高、强度低的软黏土中应用。这种新型碎石桩的提出,有助于降低工程造价,促进碎石桩在软黏土地基工程中的推广应用。

5. 强夯置换碎石桩(墩)法

强夯置换碎石桩(墩)法是用强夯法在地基中设置碎石桩(墩),并对地基进行挤密,碎石桩(墩)与桩(墩)间土形成复合地基以提高地基承载力,减小沉降的地基处理方法。

强夯置换碎石桩法是为了将强夯法应用于加固饱和黏性土地基而开发的地基处理技术。强夯置换碎石桩法从强夯法发展而来,但加固机理并不相同。它利用重锤落差产生的高冲击能将碎石、矿渣等物理力学性能较好的材料强力挤入地基,在地基中形成一个个碎石墩。在强夯置换过程中,土体结构破坏,地基土体中产生超孔隙水压力。随着时间变化,结构强度会得到恢复。碎石墩一般具有较好的透水性,有利于土体中超静孔隙水压力消散,产生固结。

强夯置换后的地基竣工验收时,承载力检验除应采用单墩载荷试验检验外,尚应采用超重型或重型圆锥动力触探等有效手段查明碎石墩着底情况及承载力与密度随深度的变化,对饱和粉土地基,允许采用单墩复合地基载荷试验代替单墩载荷试验。

9.4 碎石桩复合地基设计

各类碎石桩复合地基设计主要包括下述几个方面:碎石桩桩体尺寸、桩位布置和布桩范围。桩体尺寸包括桩径和桩长,桩位布置包括布桩形式和桩距的确定,桩位布置形式主要有等边三角形、等腰三角形、正方形和矩形布置等。

1. 桩径

可按每根桩所用的填料量计算,常为 0.8～1.2 m。桩径与成桩方法、成桩机械以及土质条件有关。

2. 桩长

桩长应根据软弱土层的性质、厚度或工程要求按下列原则确定。

(1) 当软土层不厚时,应穿透软土层,按相对硬层埋深确定。

(2) 当软土层较厚时,对于按变形控制的工程,桩长应满足碎石桩复合地基变形不超过地基容许变形值的要求。

(3) 对于按稳定性控制的工程,桩长应不小于最危险滑动面以下 2 m 的深度。

(4) 在可液化地基中,桩长应按要求的抗震处理深度确定。

(5) 桩长不宜小于 4 m。

3. 布桩范围

应根据建筑物的重要性和场地条件及基础形式而定。对于一般基础,在基础外应扩大 1~2 排;对于可液化地基,在基础外缘扩大宽度不应小于可液化土层厚度的 1/2。

4. 桩间距

应根据荷载大小和原土的抗剪强度确定,可用 1.3~3.0 m。荷载大或原土强度低时,宜取较小的间距;反之,宜取较大的间距。

碎石桩面积置换率可通过下式计算。

$$m = d^2/d_e^2 \tag{9-8}$$

式中:m——碎石桩面积置换率;

d——桩身平均直径;

d_e——单根桩分担的处理地基面积的等效圆直径。

等边三角形布桩时,有 $\qquad d_e = 1.05s \tag{9-9}$

正方形布桩时,有 $\qquad d_e = 1.13s \tag{9-10}$

矩形布桩时,有 $\qquad d_e = 1.13 \sqrt{s_1 s_2} \tag{9-11}$

其中:s 为等边三角形布桩和正方形布桩的桩间距;s_1、s_2 分别为矩形布桩时的纵向桩间距和横向桩间距。

5. 桩体材料

可用碎石、卵石、角砾、圆砾等硬质材料,含泥量不得大于 5%,最大粒径不宜大于 100 mm。

9.5 质量检验

各类碎石桩法质量检验均应重视检查施工记录。如振冲碎石桩法要检查成桩各段密实电流、留振时间和填料是否符合设计要求。沉管碎石桩法要检查各段填料量以及提升和挤压时间是否符合设计要求。

对于碎石桩桩体和桩间土,可采用标准贯入、静力触探或动力触探等方法进行检测。

考虑到成桩过程对桩间土的扰动和挤压作用,除砂土地基外,质量检验都应在施工结束后间隔一段时间进行,原则上应待桩间土超静孔隙水压力消散,土体结构强度得到恢复时进行质量检测。对于粉质黏土地基,间隔时间可取 21~28 d,对于粉土地基,可取 14~21 d。

桩的施工质量可采用单桩载荷试验,检验数量为总桩数的 0.5%,且不少于 3 根。桩体检验可用重型动力触探进行随机检验。对于桩间土,可在处理深度内用标准贯入、静力触探等进行检验。

复合地基竣工验收应采用复合地基载荷试验,试验检验数量不应少于总桩数的 0.5%,且每个单体工程不应少于 3 点。

9.6 工程实例

1. 工程概况

福州经济技术开发区交通路工业区建筑群由 6 座通用厂房、7 座连接体组成,建筑面积 38000 m²。厂房有进深 18 m 和 24 m 两种,最长为 132 m,4 或 5 层钢筋混凝土框架结构。该工程位于马尾地区近代冲积的砂和淤泥的交互层上,属 7 度烈度地震区,其间砂层有液化问题,而淤泥层强度低、压缩性高。经地基处理方案比较后,最后采用振冲碎石桩法加固,并且减少填土荷载,采用薄壁高梁整体架空的基础,以提高上部结构刚度,减小厂房的弯曲变形。

设计要求地基承载力由原来的 50~60 kPa 提高到 95 kPa 以上,总沉降量不超过 30 cm,倾斜小于 3‰。

加固施工历时三个月,加固面积 13000 m²,共施工碎石桩 4983 根。

2. 土层分布

厂区地面以下为砂和淤泥的交互层,厚约 15 m。其中淤泥厚 2~4 m,天然含水量平均值为 56.2%,十字板抗剪强度为 17.4~31.6 kPa,夹砂层与饱和细砂,松散状态,标准贯入击数为 5~9 击,比贯入阻力 3.2~4.1 MPa,经判别在 7 度烈度下可液化。其下为淤泥层,天然含水量平均值为 57.5%,厚 22~45 m。该层土的先期固结压力随深度而增大:深 16 m 处,先期固结压力为 173.6 kPa;深 35 m 处,先期固结压力为 449.1 kPa。加固对象主要是上部 15 m 砂和淤泥交互层,并使经加固形成的复合土层传到下卧淤泥层的附加应力小于土层的先期固结压力,以减少总沉降量。

3. 施工概况

碎石桩在建筑物基底范围内按三角形满堂布置,间距 1.64~1.70 m。桩长 13.3 m 的有 4203 根,桩长 10 m 的有 780 根(基础外的围护桩),总共打设碎石桩 4983 根。用 ZCQ-30 型振冲器制桩,填料为粒径 2~8 cm 的碎石。碎石桩桩径在砂层和淤泥层中是不一样的。根据不同深度的填料量来推算,在砂层内桩径约为 80 cm,在淤泥层内约为 100 cm。碎石桩施工完毕后,挖去顶端 0.8~1.0 m,再用

25 t振动碾碾压多遍,直至桩顶填料质量达到密实为止。

4. 效果评价

为了检验加固效果,在砂土层中进行了标准贯入试验和静力触探试验,在淤泥层中进行了十字板剪切试验。比较加固前后的试验资料表明,砂土层中的标贯击数提高1.33~1.92倍,比贯入阻力提高1.45~1.88倍,满足了抗液化的要求;淤泥层中的十字板抗剪强度从原先的平均值24.7 kPa提高到45.3 kPa,增加了83%。

在2号和4号厂区还各进行了一组覆盖3根桩的复合地基载荷试验,在桩上和土上分别埋设了土压力计以估算桩土应力比。试验得出如下结果:2号厂区复合地基承载力标准值为133 kPa,桩土应力比为2.0~2.3;4号厂区复合地基承载力标准值为96.6 kPa,桩土应力比为3.7~3.8,满足了设计对地基承载力的要求。

在厂房结构完成后立即开始观测沉降,观测点共设76个。观测历时458天,6座厂房的沉降量见表9-1。

表 9-1　厂房沉降量表

项　目	1号楼	2号楼	3号楼	4号楼	5号楼	6号楼
测点数	10	8	10	8	5	9
平均沉降量/ mm	165.6	154.6	130.9	185.9	173.8	159.6

习　题

一、问答题

1. 碎石桩属于散体材料桩,其承载力取决于哪些因素?

2. 按施工方法不同,碎石桩分为哪几种?

3. 振冲碎石桩复合地基的承载力如何计算?

4. 振冲碎石桩的施工质量如何控制?

5. 如何对振冲碎石桩复合地基进行质量检验?

二、选择题

1. 当采用振冲置换法中的碎石桩法处理地基时,桩的直径常为_____。

A. 0.5~1.0 m　　　　　　B. 0.8~1.2 m

C. 1.0~1.5 m　　　　　　D. 1.2~1.8 m

2. 在振冲碎石桩法中,桩位布置形式,下列陈述正确的是_____。

A. 对条形基础,宜用放射形布置

B. 对独立,宜用正方形、矩形布置

C. 对大面积处理,宜用正三角形布置

D. 对大面积处理,宜用等腰三角形布置

3. 碎石桩法从加固机理来分,属于_____。

A. 振冲置换法　　　　　　B. 振冲密实法

C. 深层搅拌法　　　　　　D. 降水预压法

4. 碎石桩和砂桩或其他粗颗粒土桩,由于桩体材料间无粘结强度,统称为_____。

A. 柔性材料桩   B. 刚性材料桩

C. 加筋材料桩   D. 散体材料桩

三、计算题

1. 松散砂土地基加固前的地基承载力特征值 $f_a = 100$ kPa。采用振冲碎石桩加固,桩径 400 mm,桩距 1.2 m,等边三角形布置。振冲后原地基土承载力特征值提高 50%,桩土应力比采用 3,求面积置换率和复合地基承载力。

2. 振冲碎石桩桩径 0.8 m,等边三角形布桩,桩距 2 m,现场静载荷试验结果得复合地基承载力特征值为 200 kPa,桩间土承载力特征值为 150 kPa,试求桩土应力比。

10　石灰桩法

10.1　概述

1. 发展概况

用机械或人工的方法成孔,然后将不同比例的生石灰(块或粉)和掺合料(粉煤灰、炉渣等)灌入,并进行振密或夯实后形成石灰桩桩体,桩体与桩间土形成石灰桩复合地基,以提高地基承载力,减小沉降,称为石灰桩法。

我国将石灰作为建筑材料,始于距今五六千年的仰韶文化期。目前我国石灰年产量超过 4×10^7 t,产地遍布全国,是一种价廉易得的建筑材料。

石灰作为建筑基础垫层材料以及石灰稳定土体的技术在我国历史久远,石灰桩技术也最早发源于我国。石灰桩法系统的研究和应用始于 1953 年,天津大学等单位通过室内外试验开始对石灰桩进行研究。当时首次应用于塘沽地区的软土中,仅限于 3 层以下建筑,由于施工工艺水平及其他原因,难于保证石灰桩质量,故石灰桩应用未得到推广。

1975 年,铁道科学院、北京铁路局勘测设计所、西南交通大学、交通部第一公路工程局在塘沽新港低路基下进行了石灰桩、换填土、砂垫层、长砂井、短密砂井的加固对比试验。在地下水位很高的条件下,试验结果是石灰桩效果最佳。在 1976 年地震及长期动荷载条件下,石灰桩显示出其变形小且均匀的独特优点。1979 年,江苏省建筑设计院开展了石灰桩的研究,并于 1981 年迅速大规模应用于工程实践。浙江省建筑科学研究设计院、浙江轻工业设计院和浙江工学院等有关单位在杭州地区进行了石灰桩试验,其特点是管内投料、灌注桩机施工的纯生石灰桩。

1983 年,湖北省建筑科学研究设计院和华中理工大学(今华中科技大学)共同进行了石灰桩的研究,在吸取经验的基础上,试验成功了一套人工成孔的简易可行的方法。研究和工程实践紧密结合,并首次成功地将石灰桩应用于 11 层的高层建筑中,同时获得了一套用静力触探获取参数和检验质量的方法。

针对石灰资源丰富,粉煤灰废料难以处理的特点,太原工业大学(今太原理工大学)等单位于 1985 年也开始了石灰桩的研究和应用。施工方法类似南京有关单位的方法,采用灌注桩机施工,管外投料,少数采用套管夯实法施工。由于材料价格低廉,石灰桩在山西具有明显的竞争优势。此外,同济大学、东南大学、南京大学、南京建工学院、河海大学、天津市建筑科研院、上海勘察设计院、宁波大学等 20 余个单位都进行了石灰桩的试验研究。

20 世纪 80 年代末,天津、湖北、浙江等省市已制定了石灰桩设计和施工的地区性规程。

1987 年,根据建设部"七五"计划重点科研课题计划的要求,由湖北省建筑科学研究设计院、中国建筑科学院研究院地基基础研究所、江苏省建筑设计院共同开展了石灰桩复合地基的设计计算和成桩工艺的试验研究。通过大规模的模型试验,在国内外首次测得了石灰桩复合地基变形场以及桩体应力分布规律,据此提出了石灰桩复合地基承载力和变形的计算方法,同时对石灰桩的水下硬化机理、桩边土固结机理、加固层的减载效应等重要机理作了深入的研究和全面的阐述。

到目前为止,石灰桩已在全国近二十个省(市、自治区)得到应用,台湾省也有研究应用石灰桩处理淤泥的报道。作为一种地基处理手段,石灰桩法受到了广泛的重视。石灰桩不仅应用于工业与民用建筑的地基处理,而且还大量应用于公路路基、铁路路基以及港口软基处理。

20 世纪 60 年代,正当我国中断研究工作之际,日本、美国、瑞典、苏联、法国、联邦德国、澳大利亚等国开展了石灰桩加固软弱地基的研究和应用。日本的石灰桩技术广泛应用,最为发达。日本的石灰桩施工机械自动化程度高,桩长和桩径都很大,拓宽了应用领域。

当前,石灰桩的研究工作还在进一步深入,研究的重点是各种施工工艺的完善和实测总结设计所需的各种计算参数,使设计施工更加科学化、规范化。与此同时,各地正努力扩大石灰桩的应用范围,以取得更好的经济效益和社会效益。

2. 适用范围

石灰桩法适用于处理饱和黏性土、淤泥、淤泥质土、素填土和杂填土等地基。用于地下水位以上的土层时,宜增加掺合料的含水量并减少生石灰用量,或采取土层浸水等措施。加固深度从数米到十几米。但此法不适用于有地下水的砂类土。

石灰桩法可用于提高软土地基的承载力、减少沉降量、提高稳定性,适用于以下工程。

(1) 深厚软土地区 7 层以下,一般软土地区 8 层以下住宅楼或相当的其他多层工业与民用建筑物。

(2) 如配合箱基、筏基,在某些情况下,也可用于 12 层左右的高层建筑物。

(3) 有工程经验时,也可用于软土地区大面积堆载场地或大跨度工业与民用建筑独立柱基下的软弱地基加固。

(4) 石灰桩法也可用于机器基础和高层建筑深基开挖的主动区和被动区加固。

(5) 适用于公路、铁路桥涵后填土,涵洞及路基软土加固。

(6) 适用于危房地基加固。

10.2 加固原理

10.2.1 桩体材料及配合比

1. 生石灰

石灰是用主要成分为 $CaCO_3$ 的石灰岩作原料,经过适当温度煅烧所得的一种胶凝材料,其主要成分为 CaO,也叫生石灰。石灰外观具有细微裂缝、多孔,一般呈乳白色的块状物,含杂质多的石灰往往呈灰色、蛋黄色,过烧则为灰黑色。石灰块易碎,天然密度为 $0.8\sim1.0 \ g/cm^3$,过烧石灰的密度较大,可达 $1.3\sim1.7 \ g/cm^3$,硬度也大。

石灰桩要求石灰具有高活性。石灰的活性与石灰中活性氧化钙含量和氧化镁含量的总和有关。活性氧化钙和活性氧化镁能与含硅材料发生化学反应产生胶凝物质的化合物,国家标准中称它为有效氧化钙和有效氧化镁。生石灰品质是以活性高低划分等级的。

小颗粒(粒径小于 2 cm)石灰的加固效果优于块灰。模型试验的结果证明小颗粒石灰桩承载力是块状石灰桩的 1.42 倍。由于粉灰的污染较大、价格贵,实际应用中多用块灰。在采用块灰的时候,应尽量将石灰块破碎成小颗粒。

2. 掺合料

石灰桩的生石灰用量很大,为了节约生石灰,宜加入掺合料。掺合料的作用是减少生石灰用量和提高桩体强度,应选用价格低廉、方便施工的活性材料。

在实际工程及试桩中,采用过砂、石屑、粉煤灰、火山灰、煤渣、黏性土、电石渣作主要掺合料,有时附加少量石膏、水泥。其中以粉煤灰、火山灰应用最多,煤渣次之。

粉煤灰、矿渣、火山灰、黏性土为活性材料,这些材料中含有大量 SiO_2、Al_2O_3,可与 $Ca(OH)_2$ 反应生成具有水硬性的水化硅酸钙和水化铝酸钙。这些反应的原理早已为硅酸盐制品、黏土制品和无熟料水泥的生产所证明。粉煤灰是一种烧黏土质火山灰质材料,是火力发电厂除尘器收集的烟道中的细灰,还包括炉底排出的少量烧结渣,在我国是一种数量很大的工业废料。

SiO_2 及 Al_2O_3 为粉煤灰的主要成分,含量高者将提高桩体强度。粉煤灰是当前石灰桩最理想的掺合料。

3. 桩体材料配合比

为了充分发挥掺和料的填充作用,减少膨胀力内耗,掺合料的数量在理论上至少应该能充满生石灰的孔隙。经测定,生石灰块天然孔隙率为 40%左右,因此,掺合料的用量大多为 30%~70%(体积比)。

桩体材料配比的效果与生石灰及掺合料质量、土质、地下水状况、桩距、施工密实度等因素相关。合理的配合比在满足施工要求和经济指标的前提下,首先要使桩体

具有较高强度。在选择配合比时,必须考虑以下因素:

(1) 生石灰有效钙含量愈高(或同样的有效钙含量,但 MgO 含量高者),桩体强度有升高趋势,但不显著。

(2) 掺合料中 Al_2O_3 含量高者,桩体强度高。SiO_2 含量的大小对桩体强度的影响尚不清楚,但必须有相当高的 SiO_2 含量。

(3) 周围土的强度愈高,桩体强度相应有所增高。

(4) 在地下水位以下,土的渗透系数小,桩的强度相应增高。其原因是延长生石灰消化时间,减少了生石灰猛烈消化时产生的土体隆起而导致桩体密度降低。同时,水流不致早期大量渗入桩内,阻碍化学反应的进行而使强度受到影响。

(5) 地下水位以上,土的渗透系数大、孔隙比大对桩体强度的提高有利。如杂填土中的石灰桩即可利用气硬性的性质,使桩体具有较高的强度。但早期土中需要有一定的水供给石灰熟化凝固。如土的含水量很小,桩体材料得不到水化时所需的水分,又无水源补充,养护条件干燥,此时桩体强度降低。

(6) 施工密实度(干密度)高者,桩强度高。

以上诸点因素中,尤以施工密实度的影响最大,是一个控制因素,密实度过低的桩体饱和时呈膏状。

上述衡量桩体配合比效果的指标是桩体强度,试验研究中直接从桩上采样,在试验机上测定无侧限抗压强度。

工程实践中,衡量桩体配合比效果的最终指标是复合地基整体的强度。桩体强度高,复合地基强度不一定也高。归纳试验数据及以往研究和应用的成果,整理得出下述规律。

(1) 掺合料的重量在总材料重量的 30%~70% 之间较为适宜。工程实践中采用体积比较方便。

(2) 在上述配合比的范围内,只要施工密实度有保证,使用各种常用的掺合料时,桩体均能达到 0.2 MPa 以上的无侧限抗压强度,能满足一般的使用要求。以粉煤灰和煤渣作掺合料效果较好,以土作掺合料时效果较差。

(3) 常用体积比为:生石灰与掺合料体积比为 1∶2(甲)或 1∶1(乙)或 1.5∶1(丙);按粉煤灰或煤渣折合重量计,生石灰与掺合料重量比为 4∶6(甲)或 6∶4(乙)或 7∶3(丙)。

(4) 配合比的选用可参考以下意见。

甲种:适用于 $f_{ak} > 80$ kPa 的土、结构性强的土和封口深度小于 0.8 m 时的桩顶部(防止隆起)。

乙种:适用于 $f_{ak} = 60 \sim 80$ kPa 的土、$f_{ak} > 80$ kPa 的土中桩体下部 0.5 m 左右范围内(扩大桩尖,增加桩端土的加固效果)。

丙种:适用于 $f_{ak} \leqslant 60$ kPa 的淤泥、淤泥质土、素填土等饱和软土。

特种配合比指在上述常用配合比的材料中在加入 5%~10% 的水泥或石膏等材

料,此时的桩体强度可提高 30%～50%左右,主要适用于地下水渗透严重情况下桩的底部,或为增强桩顶抗压能力而在桩顶部分采用。

(5) 石灰用量超过 30%～34%时,一般情况下,桩体强度降低,但对土的挤密效果较好(在桩顶,由于上覆压力不够,造成土体隆起者除外)。

(6) 在无特殊添加剂加入时,桩体配合比在前述范围内时,桩在土中侧限时的强度为 250～500 kPa,供设计时参考。

10.2.2　物理加固作用

1. 挤密作用

1) 成桩中挤密桩间土

主要发生在不排土成桩工艺。静压、振动、击入成孔和成桩夯实桩料的情况不同,桩径和桩距不同,对土的挤密效果也不同。挤密效果还与土质、上覆压力及地下水状况有密切关系。

作为浅层加固的石灰桩,由于被加固土层的上覆压力不大,且有隆起现象,成桩过程中的挤密效应不大,对于一般黏性土、粉土,可考虑 1.1 左右的承载力提高系数,而对于杂填土和含水量适当的素填土,可根据具体情况(桩距和施工工艺)考虑 1.2 左右的提高系数。对饱和软黏土则可不考虑。

2) 生石灰吸水膨胀挤密桩间土

大量的原位测试及土工试验结果分析表明,石灰桩仅对桩边一定范围内的土体显示了加固效果,而桩周边以外的桩间土在加固前后力学性能并无明显变化(由于成孔中挤密桩间土的情况除外)。

由于土的不同约束力以及桩体材料的质量、配合比、密实度不同,所以石灰桩在土中的体胀率也不同。一般情况下,有掺合料的桩直径增大系数为 1.1～1.2,相当于体胀系数 1.2～1.4。

对膨胀挤密作用的定量研究是困难的,因为它与桩径、桩长、桩距、桩体材料、地下水状况、土质情况及打桩顺序等多因素有关。大量测试结果表明,经挤密后桩间土的强度为原来强度的 1.1～1.2 倍。

2. 桩和地基土的高温效应

1 kg CaO 水化生成 $Ca(OH)_2$ 时,理论上放出 1164 kJ 的热量。对于日本的纯生石灰桩,测得的桩内温度最高达 400 ℃,我国加掺合料的石灰桩,桩内温度最高达 200～300 ℃。在通常置换率的情况下,桩间土的温度最高达 40～50 ℃。

当水化温度小于 100 ℃时,升温可以促进生石灰与粉煤灰等桩体掺合料的凝结反应。高温引起了水中水分的大量蒸发,对减少土的含水量,促进桩周土的脱水起了积极作用。

3. 置换作用

石灰桩作为纵向的增强体与天然地基土体(基体)组成复合地基,桩土共同工作。

桩体强度通常为 300～450 kPa,石灰桩通常分担了 35%～60%的荷载,应力向桩上集中,使得复合地基承载力得到极大的提高。这种所谓的置换作用不同于局部的换填,它的实质是桩体发挥作用。它在复合地基承载特性中起重要作用。

4. 排水固结作用

由于桩体采用了渗透性较好的掺合料,在不同配合比时,测得的渗透系数为 6.13×10^{-5} cm/s～4.07×10^{-3} cm/s,相当于粉细砂,较一般黏性土的渗透系数大 10～100倍,表明石灰桩桩体排水作用良好。

沉降观测资料表明,采用石灰桩加固地基的建筑,开始使用后沉降已基本完成,沉降速率都小于 0.04 mm/d。

石灰桩桩径多采用 300～400 mm。桩数多,桩距小(常为 2～3 倍桩径),水平向的排水路径短,有利于桩间土的排水固结,当桩体掺合料采用煤渣、矿渣、钢渣时,排水固结的作用更加显著。

5. 加固层的减载作用

由于石灰的密度为 0.8～1.0 g/cm^3,掺合料的干密度为 0.6～0.8 g/cm^3,显著小于土的密度。即使桩体饱和后,其密度也小于土的天然密度。

石灰桩的桩数较多,当采用排土成桩时,加固层的自重减轻;当桩有一定长度时,作用在桩端平面的自重应力减少,即可减少桩底下卧层顶面的附加压力。当下卧层强度低时,这种减载将有一定的作用。

10.2.3 石灰桩的化学加固作用

1. 桩体材料的胶凝反应

生石灰与活性掺合料的反应是很复杂的,总的看来是 $Ca(OH)_2$ 与活性掺合料中的 SiO_2、Al_2O_3 反应生成硅酸钙及铝酸钙水化物。桩体材料的电子显微镜扫描和 X 光衍射结果表明:由石灰和粉煤灰组成的桩体,反应后由 6 种化合物组成,其中以 $Ca_3SiO_2O_7$ 为主,其次为 $CaSiO_2 \cdot H_2O$。新生物不仅是单一硅酸盐类,还有复式盐及碳酸盐类。这些盐不溶于水,在含水量很高的土中可以硬化。

2. 石灰与桩周土的化学反应

生石灰熟化中的吸水、膨胀、发热等物理效应是在短期内完成的,一般约 4 个星期趋于稳定,称之为速效效应。这正是石灰桩能迅速取得改良软土效果的原因。下述的化学反应则要进行很长时间,包括:离子化作用(熟石灰的吸水作用);离子交换;固化反应;石灰的碳酸化。

10.2.4 石灰桩的龄期

如上所述,石灰桩加固软土的机理分为物理加固作用和化学加固作用。物理加固作用(吸水、膨胀)的完成时间较短,视土的含水量和渗透系数而定,一般情况下 7 天以内均可完成,而化学加固作用则速度缓慢。

不同龄期的桩体取样所进行的无侧限抗压强度试验表明,由于桩体材料及配合比多变,结果离散性较大。用静力触探试验检测桩体强度,大体上一个月强度可达半年强度的70%左右,7天龄期的强度约为30天龄期强度的60%～70%。国内外均以1个月龄期的强度作为桩体的设计强度。至于石灰桩强度的长期发展规律,由于试验工作不系统,未能获得明确的结论。从施工后3～5年挖出的桩体来观察,其强度仍有增长。

关于桩间土加固效果长期稳定性的问题,对龄期为2年的复合地基做了取样试验,结果是桩边土的孔隙比较天然地基减少5.8%(上部)、19.8%(中部)、3.2%(下部),桩间土分布减少3.7%、10.1%、5.1%,压缩模量为天然地基的1.1～1.6倍,证明了桩间土的长期稳定性。但c、φ值(快剪)与天然地基接近,其原因估计是土样中仅能包括少部分桩边加固效果好的土,其他原因需进一步研究。

10.3 设计计算

1. 设计参数及技术要点

1）桩径

石灰桩宜采用细而密的布桩方式,这样可以充分发挥生石灰的膨胀挤密效应,桩径过小则工效降低。石灰桩成孔直径一般为300～400 mm,人工成孔的桩径以300 mm为宜。当排土成孔时,实际桩径取1.1～1.2倍成孔直径。管内投料时,桩管直径视为设计桩径。管外投料时,应根据试桩情况测定实际桩径。

2）桩长

当相对硬层埋藏不深时,桩长应至相对硬层顶面;当相对硬层埋藏较深时,应按桩底下卧层承载力及变形计算决定桩长。避免将桩端置于地下水渗透性大的土层。当用洛阳铲成孔时不宜超过6 m,机械成孔管外投料时,不宜超过8 m。螺旋钻成孔及管内投料时可适当加长。

3）桩距及置换率

应根据复合地基承载力计算确定,桩中心距一般取2～3倍成孔直径,相应的置换率为0.09～0.20,膨胀后实际置换率约为0.13～0.28。

4）桩体抗压强度

在通常置换率的情形下,桩分担了35%～60%的总荷载,桩土应力比为3～4,长桩取大值,桩体抗压强度的比例界限值可取350～500 kPa。

5）桩间土承载力

桩间土承载力与置换率、施工工艺和土质情况有关。可取天然地基承载力的1.05～1.20倍。土质软弱或置换率大时取高值。

6）复合地基承载力

复合地基承载力特征值一般为120～140 kPa,不宜超过160 kPa。当土质较好并采取保证桩身强度的措施,经过试验后可以适当提高。

7) 沉降

试验及大量工程实践表明,当施工质量较好,设计合理时,加固层沉降约为 1~5 cm,为桩长的 0.5%~0.8%。当石灰桩未能穿透软弱土层时,沉降主要来自于软弱下卧层,设计时应予以重视。

8) 布桩

石灰桩可仅布置在基础底面下。当基底土的承载力特征值小于 70 kPa 时,宜在基础以外布置 1~2 排围护桩。石灰桩可按等边三角形或矩形布桩。

9) 垫层

一般情况下桩顶可不设垫层,当地基需要排水通道时,可在桩顶以上设 200~300 mm 厚的砂石垫层。

10) 桩身材料配合比

一般情况下,生石灰与掺合料的体积比可选用 1:2。对淤泥、淤泥质土或填土可适当增加生石灰的用量,可选用体积比 1:1.5 或 1:1。桩顶附近生石灰用量不宜过大。当掺石膏和水泥时,掺加量为生石灰用量的 3%~10%。

2. 石灰桩复合地基承载力计算

根据静力平衡条件可得

$$\sigma_{sp} = m\sigma_p + (1-m)\sigma_s \tag{10-1}$$

式中:σ_{sp}——复合地基平均应力(kPa);

σ_p——桩顶平均接触应力(kPa);

σ_s——桩间土平均接触应力(kPa);

m——面积置换率。

当 σ_p 达到桩体比例界限 f_{pk} 时,σ_s 达到桩间土承载力特征值 f_{sk},σ_{sp} 即达到复合地基承载力特征值 f_{spk},因此式(10-1)可改写为

$$f_{spk} = mf_{pk} + (1-m)f_{sk} \tag{10-2}$$

$$m = d^2/d_e^2 \tag{10-3}$$

式中:f_{spk}——石灰桩复合地基承载力特征值(kPa);

f_{pk}——石灰桩桩身抗压强度比例界限值(kPa);

f_{sk}——石灰桩处理后桩间土的承载力特征值(kPa),取天然地基承载力特征值的 1.05~1.20 倍,土质软弱或置换率大时取高值;

m——石灰桩面积置换率;

d——桩身平均直径(m),按 1.1~1.2 倍成孔直径计算,土质软弱时宜取高值;

d_e——1 根桩分担的处理地基面积的等效圆直径(m)。

等边三角形布桩时 $\qquad d_e = 1.05s$

正方形布桩时 $\qquad d_e = 1.13s$

矩形布桩时 $\qquad d_e = 1.13\sqrt{s_1 s_2}$

其中:s 为等边三角形布桩和正方形布桩时的桩间距;s_1、s_2 分别为矩形布桩时的纵向桩间距和横向桩间距。

由式(10-2)还可得

$$m = \frac{f_{spk} - f_{sk}}{f_{pk} - f_{sk}} \tag{10-4}$$

在设计时可直接利用式(10-4)预估所需的置换率。桩体的比例界限,可通过单桩竖向静载荷试验测定,或利用桩体静力触探试验 p_s 值确定(经验值为 $f_{pk} \approx 0.1 p_s$),也可取 $f_{pk} = 350 \sim 500$ kPa 进行初步设计。施工条件好、土质好时取高值;施工条件差、地下水渗透系数大、土质差时取低值。

大量的试验研究结果表明,石灰对桩周边厚 $0.3\,d$ 左右的环状土体具有明显的加固效果,强度提高系数达 $1.4 \sim 1.6$,圆环以外的土体加固效果不明显。因此,可采用下式计算桩间土承载力为

$$f_{sk} = \left[\frac{(K-1)d^2}{A_e(1-m)} + 1 \right] \mu f_{ak} \tag{10-5}$$

式中:f_{ak}——天然地基承载力特征值(kPa);

$\quad K$——桩边土强度提高系数,取 $1.4 \sim 1.6$,软土取高值;

$\quad A_e$——1 根桩分担的地基处理面积(m^2);

$\quad m$——面积置换率;

$\quad d$——桩身平均直径(m);

$\quad \mu$——成桩中挤压系数,排土成孔时 $\mu = 1$,挤土成孔时 $\mu = 1 \sim 1.3$(可挤密土取高值,饱和软土取 1)。

根据大量的实测结果和计算,加固后桩间土的承载力 f_{sk} 和天然地基承载力 f_{ak} 存在如下关系:

$$f_{sk} = (1.05 \sim 1.20) f_{ak} \tag{10-6}$$

通常情况下,土较软时取高值,反之取低值。

当石灰桩复合地基存在软弱下卧层时,应按下式验算下卧层的地基承载力为

$$p_z + p_{cz} \leqslant f_{az} \tag{10-7}$$

式中:p_z——相应于荷载效应标准组合时,软弱下卧层顶面处的附加压力值(kPa);

$\quad p_{cz}$——软弱下卧层顶面处的自重压力值(kPa);

$\quad f_{az}$——软弱下卧层顶面经深度修正后的地基承载力特征值(kPa)。

3. 石灰桩复合地基沉降计算

1)复合地基的变形特征

(1)石灰桩复合地基桩、土变形协调,桩与土之间无滑移现象。基础下桩、土在荷载作用下变形相等。

(2)可以按桩间土分担的荷载 σ_s,用天然地基的计算方法计算复合地基加固层的沉降。

(3)可以按复合地基总荷载 σ,用天然地基的计算方法计算复合地基加固层以下

的下卧层的沉降。

2) 复合地基变形的计算方法

由于石灰桩复合地基中桩土变形协调,因此,以复合地基的复合压缩模量来进行加固层的变形计算也是简单可行的。《建筑地基基础设计规范》规定,石灰桩复合土层的压缩模量宜通过桩身及桩间土压缩试验确定,初步设计时可按下式估算。

$$E_{sp} = a[1 + m(n-1)]E_s \qquad (10-8)$$

式中:E_{sp}——复合土层的压缩模量(MPa);

a——修正系数,可取 1.1～1.3,成孔对桩周土挤密效应好或置换率大时取高值;

n——桩土应力比,可取 3～4,长桩取大值;

E_s——天然地基土的压缩模量(MPa)。

10.4 施工

10.4.1 施工工艺

1. 管外投料法

石灰桩的桩体掺合料具有一定的含水量,当掺合料与生石灰拌合后,生石灰与掺合料中的水分迅速发生反应,生石灰体积膨胀,极易发生堵管现象。

管外投料法避免了堵管,可利用现有的混凝土灌注桩机施工。但管外投料法也存在以下不足:第一,在软土中成孔,当拔出桩管时易发生塌孔现象;第二,在软土中成孔深度不宜超过 6 m;第三,桩径和桩长的保证率相对较低。

1) 施工方法

采用打入、振入、压入的灌注桩机施工。

2) 工艺流程

桩机定位—沉管—提管—填料—压实—再提管—再填料—再压实—填土封口压实。

3) 施工控制

(1) 灌料量控制 控制灌料量的目的是保证桩径和桩长,同时要保证桩体密实度。根据室内外试验结果,当掺合料为粉煤灰及煤渣时,桩料干密度达到 1.00～1.10 g/cm³,即可保证桩体密实度。

确定灌料量时,首先根据设计桩径计算每延米桩料体积,然后将计算值乘以压实系数 1.4 作为每延米的灌料量。

(2) 打桩顺序 应尽量采用封闭式,即从外圈向内圈施工,为避免生石灰膨胀引起邻近孔塌孔,宜间隔施打。

4) 技术安全措施

(1) 生石灰与掺合料应随拌随灌,以免生石灰过早遇水膨胀消解。拌合过早容易引起冲孔"放炮"。

（2）防止冲孔"放炮"的主要措施是保证桩料填充的密实度。要求孔内不能大量进水,掺合料的含水量不宜大于 50％。

（3）做好施工准备,采取可靠的场地排水措施,保证施工顺利进行。

（4）封填孔口宜用含水量适中的黏土,封填高度不宜小于 0.5 m,封口的填土标高应不低于地面,防止地面水早期浸泡桩顶。

（5）桩顶宜高出基底标高 20 cm 以上。

2. 管内投料法

管内投料施工法适用于地下水位较高的地区,在江苏、浙江省大量采用此法。

管内投料施工工艺与振动沉管灌注桩的施工工艺类似。

1）施工要点

（1）石灰及其他掺合料应符合设计要求,生石灰堆放时间不得超过 3 天。

（2）石灰灌入量不应小于设计要求,拔出套管后,用盲板将套管底封住,将桩顶石灰压入约 800 mm,然后用黏土将桩孔填平夯实。

（3）石灰桩施工应在有实践经验的技术人员指导下进行,并做好施工记录。

2）施工主要机具

DZ-40Y 振动打桩机,ϕ377 的钢管和盲板,小车及配套工具。

3. 挖孔投料法

人工挖孔投料法是湖北省建筑科学研究设计院试验成功并广泛应用的一种施工方法。该方法利用特制的洛阳铲人工挖孔,投料夯实。由于洛阳铲在切土、取土过程中对周围土体扰动很小,在软土甚至淤泥中均可保持孔壁稳定。

这种简易的施工方法避免了振动和噪音,能在极狭窄的场地和室内作业,大量节约能源,具有造价低、工期短、质量可靠的优点,应用的范围较广。

挖孔投料法主要受到挖孔深度的限制,一般情况下,桩长不宜超过 6 m。地下水位以下的砂类土及塑性指数小于 10 的粉土中难以成孔。

1）施工方法

（1）利用洛阳铲人工挖孔,孔径随意。当遇杂填土时,可用钢钎将杂物冲破,然后用洛阳铲取出。取土成孔也可在水下进行。在软土中宜用大直径洛阳铲,在杂填土及硬土中宜用小直径洛阳铲。

（2）成孔完毕,验孔合格后,将生石灰和掺合料用斗车运至孔口分开堆放,然后用小型污水泵（功率 1.1 kW,扬程 8～10 m）将孔内水排干,立即在铁板上按配合比拌合桩料,每次拌合的数量为 0.3～0.4 m 桩长的用料量,拌均匀后灌入孔内,用铁夯夯击密实。

夯实时,三人持夯,加力下击,夯重在 30 kg 左右即可保证夯击质量,也可采用小型卷扬机吊锤或灰土桩夯实机夯实。

2）工艺流程

定位—十字镐、钢钎或铁锹开口—人工洛阳铲成孔—孔径、孔深检查—孔内抽水—孔口拌合桩料—下料—夯实—再下料—再夯实—桩顶用黏土封口夯实。

3) 技术安全措施

(1) 在挖孔过程中一般不宜抽排孔内水,以免塌孔。

(2) 每次人工夯击次数不少于 10 击,从夯击声音可判断是否夯实。

(3) 孔底泥浆必须清除,可采用长柄勺挖出,浮泥厚度不得大于 15 cm。

(4) 灌料前孔内水必须抽干。遇有孔口或上部土层往孔内流水时,应采取措施隔断水流,确保夯实质量。

(5) 为保证成孔质量,应采用量孔器逐孔检查孔深和孔径。

4. 国外的施工方法

1) 工艺特点

日本的石灰桩施工工艺比较先进。先由振入、打入套管的成孔方法发展成为旋转下沉套管、管内投料、压缩空气送料冲压密实的施工方法。其主要特点为:

(1) 机械化、自动化程度高;

(2) 施工文明,输送、储存材料系统密封,振动和噪音小;

(3) 加固深度大,桩长可达 35 m;

(4) 有一套标准的配套设备,包括空压机、发电机、吊车等,机械台班费用较高;

(5) 一般采用纯生石灰块。

另外,施工过程中,当套管正转旋入时底部桩尖活门封闭,至设计深度将材料投入管内后送入压缩空气,反转套管上提时桩底活门能自动开启;利用压缩空气将材料从套管送入桩孔内,不单是利用压缩空气施加给桩料的压力,主要利用压缩空气从桩料的空隙中运动,以射流的原理将桩料及空气的混合体送入,由于射流的冲压使桩体具有较高的密实度。

2) 工艺流程

(1) 打桩机定位,并将打桩机导向杆调整到垂直状态;

(2) 使套管边旋转边向下贯入,直至设计深度;

(3) 套管达到设计深度后,螺旋杆停止旋转,从套管顶部的加料斗投入生石灰;

(4) 投料完毕,关闭套管上端的气密阀,送入压缩空气,使套管内的空气压力达到规定值;

(5) 待套管内压力到达规定值即启动打桩机,使套管边回转(向反方向转动),边向上提升,同时调整套管内的空气压力;

(6) 拔出套管后,地面如有空洞,可用砂土将其填平。

10.4.2 施工质量控制

施工质量控制的主要内容包括桩点位置、灌料质量和桩体密实度等,其中尤以灌料质量和桩体密实度为检验重点。

(1) 桩点位置及场地标高应与施工图相符。桩位偏差不宜大于 0.5 倍桩身直径。

（2）成孔质量要求孔径误差为±3 cm，孔深误差为±15 cm，垂直度偏差小于1.5%。

（3）施工材料应符合质量要求。石灰材料应选用新鲜生石灰块，有效氧化钙含量不宜低于70%，粒径不应大于70 mm，含粉量（即消石灰）不宜超过15%。

（4）掺合料应保持适当的含水量，使用粉煤灰或煤渣时含水量宜控制在30%左右。无经验时宜进行成桩工艺试验，确定密实度的施工控制指标。

（5）填料时必须分段压（夯）实，人工夯实时，每段填料厚度不应大于400 mm，每次下料夯击次数不少于10击。

（6）施工顺序宜由外围或两侧向中间进行，在软土中宜间隔成桩。

10.5 质量检验

（1）石灰桩对软土的物理作用（吸水、膨胀）一般情况下7 d以内可完成。此时桩身的直径和密度已定型，在夯实力和生石灰膨胀力作用下，7～10 d桩身已具有一定的强度。而石灰桩的化学作用则速度缓慢，桩身强度的增长可延续3年甚至5年。考虑到施工的需要，目前将一个月龄期的强度视为桩身的设计强度，7～10 d的龄期的强度约为设计强度的60%左右。因此，石灰桩施工检测宜在施工后7～10 d后进行，竣工验收检测宜在施工28 d后进行。

（2）施工检测可采用静力触探、动力触探或标准贯入试验。用静力触探的手段可对成桩质量和桩体密实度进行检验。一般在成桩后7～10 d内进行桩体静力触探或 N_{10} 轻便触探检验。成桩的其他条件相同，土质和配合比不同时，桩身 p_s 值将不尽相同，其数据表明：成桩质量符合要求的桩，7～10 d内桩身 p_s 值的变化范围为2.5～4.0 MPa。表10-1列出了桩身质量的判别标准。

表 10-1　石灰桩桩身质量标准

天然地基承载力特征值 f_{ak}/kPa	桩身 p_s 值/MPa		
	不合格	合格	良
≤70	<2.0	2.0～3.5	>3.5
>70	<2.5	2.5～4.0	>4.0

p_s 值不合格的桩，参考施工记录确定补桩范围，在施工结束前完成补桩，如用 N_{10} 轻便触探检验，以每10击相当于 $p_s = 1$ MPa 按表10-1换算。试验表明，当底部桩身具有一定强度时，由于化学反应的结果，其后期强度可以提高，但当7～10 d比贯入阻力很小（ p_s 值小于1 MPa）时，其后期强度的提高有限。

（3）目前国内应用较普遍的检测方法是载荷试验和静力触探，少数单位采用过十字板剪切试验和动力触探法。经验尚不成熟的地区可同时采用载荷试验与静力触探（或轻便动力触探）等方法，待积累到较多的数据足以得到两种方法判定复合地基承载力的相关关系以后,即可以用静力触探或轻便触探中的一种方法进行检测。

个别土质特殊或重要的工程,根据设计要求还要取桩或桩间土样进行有关的室内试验。

用静力触探来确定石灰桩复合地基的加固效果是较简捷的方法。它主要通过与载荷试验对比来间接地得到 p_s 值与复合地基承载力 f_{spk} 及压缩模量 E_{sp} 值的关系。静力触探应在地基加固区的不同部位随机抽样进行测试,检测部位为桩中心及桩间土,每两点为一组,检测组数不少于总桩数的 1%。静力触探检测深度应大于桩长,如有异常情况应增加测点并判明原因(如探头是否偏出桩体等)。关于桩体强度的确定,可取 $0.1p_s$ 为桩体比例界限,这是经过桩体取样在试验机上做抗压试验求得比例界限与原位静力触探 p_s 值对比的结果。根据比例极限值及桩间土承载力,可用式(10-2)计算复合地基承载力,但仅适用于掺合料为粉煤灰、煤渣的情况。

(4) 石灰桩复合地基竣工验收时,承载力检验应采用复合地基载荷试验。一般应做单桩复合地基载荷板试验,有条件或有要求时最好进行群桩复合地基载荷试验,以便对比分析。单桩复合地基的压板大小应等于单桩承担的处理面积,群桩复合地基的压板大小亦为群桩承担的处理面积之和。载荷试验数量宜为地基处理面积每 200 m² 左右布置一个点,且每一单体工程不应少于 3 点。

(5) 大量的检测结果证明,石灰桩复合地基在整个受荷阶段都是受变形控制的,其 p-s 曲线呈缓变型。石灰桩复合地基中的桩、土具有良好的协同工作特征,土的变形控制着复合地基的变形,所以石灰桩复合地基的允许变形宜与天然地基的控制标准相近。

石灰桩复合地基载荷试验完成后,当从复合地基载荷试验的 p-s 曲线上按相对变形值确定复合地基承载力的特征值时,可取 s/b 或 s/d 等于 0.012 所对应的压力作为石灰桩复合地基承载力特征值。

(6) 基础开挖至设计标高后,有关单位应会同验槽,进一步确认石灰桩的施工质量。基础施工完成后,应及时设置沉降观测点,监测建筑物施工及一定使用期内的沉降情况。

10.6 工程实例

1. 工程概况

武汉七二一八印刷厂拟在其宿舍区内兴建一幢 7 层砖混结构住宅楼(该住宅楼每层均设有圈梁),总建筑面积 3000 m²。该场区地势平坦,地貌形态属长江冲击一级阶地。据勘察,土层自上而下分别为杂填土、黏土、粉质黏土夹粉土、淤泥质黏土、粉砂夹粉质黏土。各土层物理力学性质指标见表 10-2。各土层特征分述如下。

(1) 杂填土:层厚 1.0～1.5 m,由黏性土夹生活垃圾组成,结构杂乱,土质不均。

(2) 黏土:层厚 3.5～4.7 m,黄褐色,稍湿～湿,可塑,属中压缩性土层。

（3）粉质黏土夹粉砂：层厚 1.8～3.2 m，褐灰色～灰色，很湿～饱和，软～流塑，属中～高压缩性土层。

（4）淤泥质黏土：层厚 4.3～5.9 m，灰色，湿，软～流塑，属高压缩性土层。

（5）粉砂夹粉质黏土：层厚 5.1～5.8 m，灰色，很湿～饱和，稍密，属中～高压缩性土层。

表 10-2 各土层物理力学指标

土 层	含水量 $w/(\%)$	天然密度 $\rho/(g/cm^3)$	天然孔隙比 e	饱和度 $S_r/(\%)$	塑性指数 I_p	液性指数 I_L	压缩模量 E_s/MPa	承载力 f_k/kPa
黏土	39.8	1.88	1.12	98	20.2	0.74	4.5	100
粉质黏土	33.2	1.91	0.88	48	14.1	0.89	3.2	80
淤泥质黏土	49.3	1.73	1.46	97	19.7	1.22	3.0	80
粉砂	25.5	1.91	0.86	96	—	—	4.5	130

2. 工程设计

基础占地面积为 426 m²，原设计采用深层搅拌桩加固地基，桩长为 13 m，总桩数 456 根。若采用沉管灌注桩、钻孔灌注桩或预制桩，则造价更高。后经计算与方案比选论证，决定采用人工石灰桩处理浅层地基。

由于人工石灰桩施工深度有限，仅对地表下 5 m 内 $f_k=100$ kPa 的黏土进行浅层处理，对于其下 $f_k=80$ kPa 的软土必须进行下卧层强度验算。

设计在住宅楼的四角和中部将基础挑出，同时在挑出部分的基础下布置石灰桩，这样既可减小基底压力，又增加了基础的惯性矩，在减少沉降的同时使建筑抗倾覆能力大大增强。

原设计基底压力 150 kPa，采用上述措施后，基底压力减至 143 kPa，基底附加压力为 125 kPa。按《建筑地基基础设计规范》，压力扩散角 $\theta=23°$。基础总面积为 470 m²，压力扩散后下卧层面积 $A=661$ m²，下卧层顶面处的附加压力 $p_z=88.9$ kPa，下卧层顶面处土的自重压力 $p_{cz}=88$ kPa，软弱下卧层顶面处经深度修正后地基承载力设计值 $f_z=177.2$ kPa>176.9 kPa，即 $p_z+p_{cz}<f_z$，因此，软弱下卧层验算满足要求。

由于石灰桩复合地基不同于一般的柔性桩复合地基，例如石灰桩的减载作用、排水固结作用、挤密作用等均是深层搅拌桩复合地基所不具备的，因此石灰桩复合地基的设计有其特殊性。

该工程中，选取 $f_{sk}=1.08f_{ak}=108$ kPa，$f_{pk}=300$ kPa。

平均置换率

$$m=\frac{f_{spk}-f_{sk}}{f_{pk}-f_{sk}}=\frac{150-108}{300-108}=0.219$$

理论布桩总数

$$n = \frac{mA}{(\pi/4)d_1^2} = \frac{0.219 \times 470}{0.785 \times 0.35^2} = 1070$$

实际布桩总数 1108 根,行、列间距为 0.7 m,桩长 4.5 m,石灰桩桩径 300 mm。

3. 工程施工

该工程石灰桩施工采用人工洛阳铲成孔工艺。人工洛阳铲成孔具有施工条件简单、施工速度快、不受场地条件限制和造价低等优点。

石灰桩桩体材料为生石灰和活性掺合料。规定生石灰 CaO 含量不得小于 80%,石灰块直径不超过 5 cm。根据该场地地质条件,掺合料选用粉煤灰,材料配比为 $V_{石灰}:V_{粉煤灰}=1:2$。粉煤灰含水量约 30%。在石灰桩施工过程中,成孔、清底、抽水、夯填、封口过程中施工质量均进行严格把关。孔深、孔径均达到设计要求,填料均在孔口充分拌匀,而且每次下料厚度都不大于 0.4 m,夯填密实度大于设计配合比最佳密实度 90%。为防止石灰桩向上膨胀,在桩顶部分用黏土夯实,且封土厚度均不小于 0.4 m,这样可使石灰桩侧向膨胀,将地基土挤密。

由于生石灰与粉煤灰容重小于地基土,因此排土成孔石灰桩施工工艺具有使加固层减载的优点。由于桩体材料置换土体,使得石灰桩比原桩体部分的土体重量减少了 1/3 以上,因而对软弱下卧层的压力减小,此因素在该工程设计计算中未考虑,作为安全储备。

为使桩间土得到最佳的挤密效果,该工程施工顺序为从外向里,隔排施工。先施工最外排石灰桩可起到隔水的作用,场地地下水因石灰桩灌孔时抽水外排而不断降低,这对于保证成桩速度和成桩质量都起到积极作用。

石灰桩施工进度较快,全部石灰桩 20 d 时间即施工完毕。

4. 加固效果

石灰桩 28 d 龄期的桩身强度仅为后期强度的 50%~60%,通常以 28 d 检测结果确定石灰桩复合地基承载力。由于该工程工期较紧,石灰桩施工完毕一周后,建设单位即要求对加固效果进行检验。共对 12 根桩和桩间土 12 个点进行了静力触探检测。结果表明,桩体强度 $f_{pk}=350$ kPa,桩间土承载力 $f_{sk}=110$ kPa,石灰桩复合地基承载力 $f_{spk}=162$ kPa,满足设计要求。

建筑施工过程中进行了沉降观测,竣工一年后沉降基本均匀且趋于稳定,最大沉降量 7.8 cm。加固效果良好,该工程是石灰桩在深厚软土地基上应用的成功范例。

习 题

一、问答题

1. 石灰桩的适用范围是什么？可应用于何类工程？
2. 石灰桩的物理加固作用有哪些？如何理解加固层的减载作用？
3. 如何设计石灰桩复合地基？石灰桩的面积置换率如何确定？
4. 考虑到石灰桩的挤密作用,石灰桩复合地基承载力和沉降计算有何特殊性？
5. 石灰桩有哪些施工方法？

6. 石灰桩处理地基后,如何进行质量检测?

二、选择题

1. 按照增强体材料进行分类,石灰桩应属于_____复合地基。

A. 柔性桩　　　　　B. 刚性桩　　　　　C. 散体材料桩　　　　　D. 挤密桩

2. 当采用相对变形值确定石灰桩复合地基的承载力时,沉降比取_____。

A. 0.008　　　　　B. 0.01　　　　　C. 0.012　　　　　D. 0.015

3. 在工程实践中,生石灰与掺合料的体积配比常采用_____。

A. 1 : 1　　　　　B. 1 : 1.5　　　　　C. 1 : 2　　　　　D. 1.5 : 1

三、计算题

某开发公司拟在 15 m 厚软黏土(其承载力特征值为 100 kPa,重度 $\gamma=18$ kN/m³)上建造一幢六层住宅楼,软土下为承载力特征值为 200 kPa 的黏性土。采用筏板基础,尺寸为 20 m×50 m,为计算简便,假设基础置于地表。拟采用复合地基方案,复合地基承载力取 130 kPa。若选用人工成孔石灰桩复合地基方案,桩长 5 m,桩径 300 mm,石灰桩桩身抗压强度比例界限值为 400 kPa,石灰桩线膨胀系数取 1.1,桩间土承载力提高系数取 1.15,压力扩散角取 23°。求:①试验算石灰桩方案是否可行?②若可行,计算石灰桩的面积置换率。③若采用等边三角形布桩,试计算桩间距。④计算石灰桩的理论布桩数。

11 水泥土搅拌法

11.1 概述

水泥土搅拌法也称为深层搅拌水泥土桩法,是利用水泥等材料作为固化剂,通过特制的搅拌机械在地基深处就地将软土和固化剂(浆液或粉体)强制搅拌,由固化剂和软土间所产生的一系列物理化学反应使软土硬结成具有整体性、水稳定性和一定强度的水泥加固土,从而提高地基土强度和增大变形模量的地基处理方法。根据施工方法的不同,水泥土搅拌法分为水泥浆搅拌和粉体喷射搅拌两种。前者是用水泥浆和地基土搅拌,后者是用水泥粉和地基土搅拌。

水泥土搅拌法分为深层搅拌法(湿法)和粉体喷搅法(干法)。水泥土搅拌法适用于处理正常固结的淤泥与淤泥质土、粉土、饱和黄土、素填土、黏性土以及无流动地下水的饱和松散砂土等地基。当地基土的天然含水量小于 30%(黄土含水量小于25%)、大于 70%或地下水的 pH 值小于 4 时不宜采用干法。冬季施工时,应注意负温对处理效果的影响。

水泥浆搅拌法是美国在第二次世界大战后研制成功的,称之为就地搅拌法(mixed-in-place pile,简称 MIP 法)。这种方法是从不断回旋的中空轴端部向周围已被搅松的土中喷出水泥浆,经叶片搅拌而形成水泥土桩,桩径 0.3~0.4 m,长度 10~12 m。1953 年,日本清水建设株式会社从美国引进此法;1974 年,日本港湾技术研究所等单位又合作开发研制成功水泥搅拌固化法(CMC),用于加固钢铁厂矿石堆场地基,加固深度达 32 m。接着日本各大施工企业接连开发研制出加固原理、机械规格和施工效率各异的深层搅拌机械,例如 DCM 法、DMIC 法、DCCM 法。这些机械一般具有偶数个搅拌轴,搅拌叶片的最大直径可达 1.25 m,一次加固的最大面积达 9.5 m²,常在港工建筑中的防波堤、码头岸壁及高速公路高填方下的深厚软土地基加固工程中应用。

我国于 1977 年由冶金部建筑研究总院和交通部水运规划设计院进行了室内试验和机械研制工作,于 1978 年底制造出我国第一台 SJB-1 型双搅拌轴、中心管输浆、陆上型的深层搅拌机。1980 年初首次在上海宝山钢铁总厂由第五冶金建设公司在 3座卷管设备基础软土地基加固工程中正式开始应用并获得成功。同年 11 月由冶金部基建局主持,通过了"饱和软黏土深层搅拌加固技术"鉴定。1984 年开始,国内已能批量生产 SJB 型成套深层搅拌机械,并组建了专门的施工公司。1980 年初,天津市机械施工公司与交通部一航局科研所等单位合作,利用日本进口螺旋钻孔机械进行改装,制成单搅拌轴、叶片喷浆型深层搅拌机,1981 年在天津造纸厂蒸煮锅改造扩建工程中首次应用并获得成功。1985 年,浙江省建筑科学研究设计院在衢州市新建8 层大楼工程中应用深层搅拌法加固人工杂填土地基,扩大了深层搅拌法适用土质的范围。

粉体喷射搅拌法(dry jet mixing method,简称 DJM 法)是由瑞典人 Kjeld Paus 于 1967 年提出的,该设想使用石灰搅拌桩加固 15 m 深度范围内软土地基。并于1971 年现场制成第一根用生石灰和软土搅拌制成的桩。次年在瑞典斯德哥尔摩以南约 10 km 处的 Hudding 用石灰粉体喷射搅拌桩作为路堤和深基坑边坡稳定措施。瑞典 Linden-Alimak 公司还生产出专用的粉体搅拌施工机械,桩径可达 500 mm,最大加固深度 10～15 m。目前瑞典所施工的石灰搅拌桩已逾数百万延米。

同一时期,日本于 1967 年由运输部港湾技术研究所开始研制粉体喷射搅拌机械。

由于粉体喷射搅拌法采用粉体作为固化剂,不再向地基注入附加水分,反而能充分吸收周围软土中的水分,因此加固后地基的初期强度高,对含水量高的软土加固效果尤为显著。该技术在国外得到广泛应用。

铁道部第四勘测设计院于 1983 年初开始进行粉体喷射搅拌法加固软土的试验研究,并于 1984 年在广东省云浮硫铁矿铁路专用线上单孔 4.5 m 盖板箱涵软土地基加固工程中使用,后来相继在武汉和连云港用于下水道沟槽挡土墙和铁路涵洞软基加固,均获得良好效果。它为软土地基加固技术开拓了一种新的方法,可在铁路、公路、市政工程、港口码头、工业与民用建筑等软土地基加固方面推广使用。

当水泥土搅拌法用于处理泥炭土、有机质土、塑性指数 I_p 大于 25 的黏土或地下水具有腐蚀性时以及无工程经验的地区时,必须通过现场试验确定其适用性。

水泥土搅拌法加固软土技术,具有以下独特的优点:

(1)水泥土搅拌法由于将固化剂和原地基软土就地搅拌混合,因而最大限度地利用了原土;

(2)搅拌时无振动、无噪音和无污染,可在市区内和密集建筑群中进行施工;

(3)搅拌时不会使地基侧向挤出,所以对周围原有建筑及地下沟管影响很小;

(4)水泥土搅拌法形成的水泥土加固体,可作为竖向承载的复合地基、基坑工程围护挡墙、被动区加固、防渗帷幕、大体积水泥稳定土等,其设计灵活,可按不同地基土的性质及工程设计要求,合理选择固化剂及其配方;

(5)根据上部结构的需要,可灵活地采用柱状、壁状、格栅状和块状等加固形式;

(6)与钢筋混凝土桩基相比,可节约大量的钢材,并降低造价。

水泥加固土的室内试验表明,有些软土的加固效果较好,而有的不够理想。一般认为含有高岭石、多水高岭石、蒙脱石等黏土矿物的软土加固效果较好,而含有伊利石、氯化物和水铝英石等矿物的黏性土以及有机质含量高、酸碱度(pH 值)较低的黏性土加固效果较差。

11.2 加固机理

水泥土的固化原理表现在如下四个方面。

1. 水泥的水解和水化反应

普通硅酸盐水泥的主要成分有氧化钙、二氧化硅、三氧化二铝和三氧化二铁,它们通常占 95% 以上,其余 5% 以下的成分还有氧化镁、三氧化硫等,由这些不同的氧化物分别组成了不同的水泥矿物:铝酸三钙、硅酸三钙、硅酸二钙、硫酸三钙、铁铝酸四钙、硫酸钙等。

国外使用水泥土搅拌法加固的土质有新吹填的超软土、泥炭土和淤泥质土等饱和软土。加固场所从陆地软土到海底软土,加固深度达 60 m。国内目前采用水泥土搅拌法加固的土质有淤泥、淤泥质土、地基承载力不大于 120 kPa 的黏性土和粉土等地基。用水泥加固软土时,水泥颗粒表面矿物很快与土中的水发生水解和水化作用。目前认为,铝酸三钙水化反应迅速;硅酸三钙和铁铝酸四钙水化反应也较快,早期强度高;硅酸二钙水化反应较慢,但对水泥后期强度增长和抗水化性较好。其水泥的水化反应生成氢氧化钙、含水硅酸钙、含水铝酸钙、含水铁酸钙等化合物。

2. 离子交换和团粒化作用

软黏土中粒径小于 0.005 mm 的颗粒较多,它是一种多相散布体,当它和水结合时,组成胶体分散系,表现出一种胶体特征。如黏土中含量最多的二氧化硅遇水后,形成硅酸胶体微粒,其表面带有钠离子或钾离子,它们形成的扩散层较厚,土颗粒距离也较大。它们能和水泥水化生成的氢氧化钙中的钙离子进行当量吸附交换,使土颗粒表面吸附的钙离子所形成的扩散层减薄,大量较小的土颗粒形成较大的土团粒,从而使土体强度提高。

水泥水化后生成的凝胶离子的比表面积约比原水泥颗粒大 1000 倍,因而产生很大的表面能,有强烈的吸附活性,能使较大的土团颗粒进一步结合起来,形成水泥土的团粒结构,并封闭各土团之间的空隙,形成坚固的联结。从宏观上看,也就是水泥土的强度大大提高。

3. 水泥的凝结与硬化

水泥的凝结与硬化是同一个过程的不同阶段。凝结标志着水泥浆失去流动性而具有一定的塑性强度;硬化则表示水泥浆固化所建立的结果具有一定的机械强度的过程。

水泥的水化反应开始处在碱性的氢氧化钙、硫酸钙的饱和溶液环境中,随着水泥水化反应的深入,溶液中析出大量的钙离子,当其数量超过离子交换的需要量时,在碱性环境中,钙离子能使黏土矿物中的二氧化硅及三氧化二铝的一部分或大部分参与化学反应,并逐渐生成不溶于水的稳定的结晶化合物。

这些化合物在水中和空气中逐渐硬化,增大了水泥土的强度。而且由于其结构比较致密,水分不易侵入,从而使水泥土具有足够的水稳定性。

4. 碳酸化作用

水泥水化物中游离的氢氧化钙能吸收软土中的水和土孔隙中的二氧化碳,发生碳酸化反应,生成不溶于水的碳酸钙和水。这种反应能使水泥土强度增加,但增长的速度较慢,幅度也很小。

而其他水化物继续与二氧化碳反应,使碳酸钙成分增加。反应生成的碳酸钙能使地基土的分散度降低,而强度及防渗性能增强。

碳酸化作用有时由于土中二氧化碳的含量很少,且反应缓慢,在实际工程中可以不予考虑。

11.3 室内试验

软土地基深层搅拌加固法是基于水泥对软土的固化作用,而目前这项技术的发展仅经历三十年,无论从加固机理到设计计算方法或者施工工艺均存在有待完善的地方,有些还处于半理论半经验的状态,因此应该特别重视水泥土的室内外试验。本节主要介绍水泥土的室内试验。

1. 试验方法

1) 试验目的

进行水泥土的室内配比试验是为了达到以下目的:

(1) 了解用水泥加固每一个工程中不同成因软土的可能性;

(2) 了解加固各种软土最合适的水泥品种;

(3) 了解加固某种软土所用水泥的掺入量、水灰比和最佳的外掺剂;

(4) 了解水泥土强度增长的规律,求得龄期与强度的关系。

通过这些试验可为深层搅拌法的设计计算和施工工艺提供可靠的参数。

2) 试验设备

目前水泥土的室内物理力学性质试验尚未形成统一的操作规程,基本上都是利用现有的土工试验仪器及砂浆混凝土试验仪器,按照土工或砂浆混凝土的试验规程进行试验。

3) 土样制备

制备水泥土的土样一般分为两种。

(1) 风干土样:将现场挖掘的原状软土经过风干、碾碎、过筛而制成。

(2) 原状土样:将现场挖掘的天然软土立即封装在双层的厚塑料袋内,基本保持天然含水量。

4) 固化剂

制备水泥土的水泥可用不同品种(普通硅酸盐水泥、矿渣水泥、火山灰水泥及其他特种水泥)、各种级别的水泥,水泥掺入比可根据要求选用 7%～20% 等。水泥掺

入比 a_w 是指掺加的水泥重量与被加固的软土重量之比。

5)外掺剂

为改善水泥土的性能和提高其强度,可选用木质素磺酸钙、天然石膏、三乙醇胺等外掺剂。结合工业废料处理,还可掺入不同比例的粉煤灰。

6)试件的制作和养护

按照拟订的试验计划,根据配方分别称量土、水泥、外掺剂和水,放在容器内搅拌均匀。然后在选定的试模内装入一半试料,放在振动台上振动 1 min,再装入其余的试料后振动 1 min。最后将试件表面刮平,盖上塑料布防止蒸发过快。

试件成型后,根据水泥土强度决定拆模时间,一般为 1~2 d。拆模后的试件放入标准养护室进行养护,达到规定龄期即可进行各种试验。

2. 试验结果

1)水泥土的物理性质

(1)重度:由于拌入软土中的水泥浆的重度与软土的重度相近,所以水泥土的重度与天然软土的重度相近。水泥掺入比为 25% 时,水泥土的容重比天然软土增加 3%。因此采用深层搅拌加固厚层软土地基时,其加固部分对下部未加固部分不致产生过大的附加荷重,也不会发生较大的附加沉降。

(2)比重:由于水泥的比重(3.1)比一般软土的比重(2.65~2.75)大,故水泥土的比重也比天然土稍大。当水泥掺入比为 15%~20% 时,水泥土的比重比软土约增加 4%。

2)水泥土的力学性质

(1)无侧限抗压强度及其影响因素　水泥土的无侧限抗压强度一般为 300~4000 kPa,即比天然软土大几十倍至数百倍。其变形特征随强度不同而介于脆性体与弹塑性体之间。水泥土受荷初期,应力与应变关系基本上符合虎克定律。当外力达到极限强度的 70%~80% 时,试块的应力和应变关系不再继续保持直线关系;当外力达到极限强度时,对于强度大于 2000 kPa 的水泥土很快出现脆性破坏,破坏后残余强度很小,此时的轴向应变约为 0.8%~1.2%。

影响水泥土抗压强度的因素很多,主要有以下因素。

① 水泥掺入比 a_w　水泥土的强度随着水泥掺入比的增加而增大,当 $a_w \leqslant 5\%$ 时由于水泥与土的反应过弱,水泥土固化程度低,强度离散性也较大,故在深层搅拌法的实际施工中,选用的水泥掺入比以大于 5% 为宜。

② 龄期对强度的影响　水泥土强度随着龄期的增长而增大,一般在龄期超过 28 天后仍有明显增加(见图 11-1)。当水泥掺入比为 7% 时,120 天的强度为 28 天的 2.03 倍;当 $a_w = 12\%$ 时,180 天强度为 28 天强度的 1.83 倍。当龄期超过三个月后,水泥土的强度增长才减缓。根据电子显微镜观察,水泥和土的硬凝反应约需三个月才能充分完成。因此选用三个月龄期强度作为水泥土的标准强度较为适宜。

③ 水泥等级与强度的关系　水泥土的强度随水泥等级提高而增加,水泥提高一

个等级,水泥土的强度 q_u 约增大 $20\%\sim30\%$。

④ 土样含水量对强度的影响　水泥土的无侧限抗压强度 q_u 随着土样含水量的降低而增大,当含水量从 157% 降低为 47% 时,强度则从 260 kPa 增加到 2320 kPa,见表 11-1。当土的含水量在 50%~85% 范围内变化时,含水量每降低 10%,水泥土强度可提高 30%。

表 11-1　含水量与强度的关系

含水量/(%)	天然土	47	62	86	106	125	157
	水泥土[1]	44	59	76	91	100	126
无侧限抗压强度[2]/kPa		2 320	2 120	1 340	730	470	260

注:①水泥掺入比为 10%;②龄期为 28 天。

⑤ 土样中有机质含量对强度的影响　图 11-2 为两种有机质含量不同的软土所配制的水泥土的强度曲线。这两种土样均为某海相沉积的淤泥质土,Ⅰ号土的有机质含量为 1.3%,Ⅱ号土的有机质含量为 10.01%。由图可见有机质含量少的水泥土强度比有机质含量高的水泥土强度高得多。由于有机质使土壤具有较大的水容量和塑性、较大的膨胀性和低渗透性,并使土壤具有酸性,这些因素都阻碍了水泥水化反应的进行。因此有机质含量高的软土,单纯用水泥加固的效果较差。

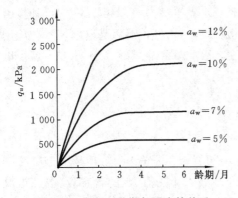

图 11-1　水泥土龄期与强度的关系　　　图 11-2　有机质含量与水泥土强度关系曲线

⑥ 外掺剂对强度的影响　不同的外掺剂对水泥土强度有着不同的影响,例如木质素磺酸钙对水泥土强度增长影响不大,主要起减水作用。石膏、三乙醇胺对水泥土强度有增强作用,而其增强效果对不同土样和不同水泥掺入比又有所不同,所以选择合适的外掺剂可以提高水泥土强度或节省水泥用量。

⑦ 粉煤灰对强度的影响　掺加粉煤灰的水泥土,其强度一般都比不掺粉煤灰的有所增长。不同水泥掺入比的水泥土,当掺入与水泥等量的粉煤灰后,强度均比不掺粉煤灰的提高 10%,因此采用深层搅拌法加固软土时掺入粉煤灰,不仅可消耗工业废料,还可提高水泥土的强度。

(2)抗拉强度 σ_t　水泥土的抗拉强度随抗压强度的增长而提高,当水泥土的抗

压强度 q_u＝500～3485 kPa 时,其抗拉强度 σ_t＝46～222 kPa。即 σ_t＝(1/15～1/10)q_u。

(3) 抗剪强度　用高压三轴仪进行剪切试验表明:水泥土的抗剪强度随抗压强度的增加而提高。当 q_u＝500～4000 kPa 时,其黏聚力 c＝100～1100 kPa,一般约为 q_u 的 20%～30%,其内摩擦角变化在 20°～30°之间。

水泥土在三轴剪切试验中受剪破坏时,试件有清楚而平整的剪切面,剪切面与最大主应力面夹角约为 60°。

(4) 变形模量　当无侧限抗压强度 q_u＝300～4000 kPa 时,其变形模量 E_{50}＝40～600 MPa,一般为 q_u 的 120～150 倍,即 E_{50}＝(120～150)q_u。

(5) 压缩系数和压缩模量　水泥土试件的压缩系数 a_{1-2} 约为(2.0～3.5)×10^{-5}kPa^{-1},其相应的压缩模量 E＝60～100 MPa。

3) 水泥土的抗冻性能

将水泥土试件放置于自然负温下进行抗冻试验,结果表明,其外观无显著变化,仅少数试块表面出现裂缝,有局部微膨胀或出现片状剥落及边角脱落,但深度及面积均不大,可见自然冰冻没有造成水泥土深部的结构破坏。

水泥土试块经长期冰冻后的强度与冰冻前的强度相比几乎没有增长。但恢复正温后其强度能继续提高,冻后正常养护 90 d 的强度与标准强度非常接近,抗冻系数达 0.9 以上。

在自然温度不低于－15℃的条件下,冻胀对水泥土结构损害甚微。在负温时,由于水泥与黏土之间的反应减弱,水泥土强度增长缓慢;恢复正温后随着水泥水化等反应的继续深入,水泥土的强度可接近标准强度。因此只要地温不低于－10℃,就可以进行水泥土搅拌法的冬季施工。

11.4　设计计算

确定处理方案前应收集拟处理区域内详尽的岩土工程资料,尤其是填土层的厚度和组成、软土层的分布范围、分层情况、地下水位及 pH 值、土的含水量、塑性指数和有机质含量等。

设计前还应进行拟处理土的室内配比试验。针对现场拟处理的最弱层软土的性质,选择合适的固化剂、外掺剂及其掺量,为设计提供各种龄期、各种配比的强度参数。

竖向承载的水泥土搅拌桩强度宜取 90 d 龄期试块的立方体抗压强度平均值,承受水平荷载的水泥土搅拌桩强度宜取 28 d 龄期试块的立方体抗压强度平均值。

1. 固化剂

宜选用 32.5 级及以上的普通硅酸盐水泥。水泥掺量除块状加固时可用被加固湿土质量的 7%～12%外,其余宜为 12%～20%。湿法的水泥浆水灰比可选用 0.45～0.55。外掺剂可根据工程需要和土质条件选用具有早强、缓凝、减水以及节省水泥等作用的材料,但应避免污染环境。

2. 桩长

水泥土搅拌桩的设计,主要是确定搅拌桩的置换率和长度。竖向承载搅拌桩的长度应根据上部结构对承载力和变形的要求确定,并宜穿透软弱土层到达承载力相对较高的土层。为提高抗滑稳定性而设置的搅拌桩,其桩长应超过危险滑弧以下 2 m。

湿法的加固深度不宜大于 20 m,干法的加固深度不宜大于 15 m。

3. 桩径

水泥土搅拌桩常用桩径为 500～600 mm。

4. 承载力

竖向承载水泥土搅拌桩复合地基的承载力特征值应通过现场单桩或多桩复合地基载荷试验确定。在初步设计时,也可按下式估算。

$$f_{\text{spk}} = m\frac{R_{\text{a}}}{A_{\text{p}}} + \beta(1-m)f_{\text{sk}} \tag{11-1}$$

式中:f_{spk}——复合地基承载力特征值(kPa);

m——面积置换率;

R_{a}——单桩竖向承载力特征值(kN);

A_{p}——桩的截面积(m^2);

f_{sk}——处理后桩间土承载力特征值(kPa),宜按当地经验取值,如无经验时,可取天然地基承载力特征值;

β——桩间土承载力折减系数。

当桩端土未经修正的承载力特征值大于桩周土的承载力特征值的平均值时,可取 0.1～0.4,差值大时取低值;当桩端土未经修正的承载力特征值小于或等于桩周土的承载力特征值的平均值时,可取 0.5～0.9,差值大时或设置褥垫层时均取高值。

单桩竖向承载力特征值应通过现场载荷试验确定。初步设计时也可由式(11-2)、式(11-3)估算,取小值。应使由桩身材料强度确定的单桩承载力大于(或等于)由桩周土和桩端土的抗力所提供的单桩承载力。

$$R_{\text{a}} = \eta f_{\text{cu}} A_{\text{p}} \tag{11-2}$$

$$R_{\text{a}} = u_{\text{p}}\sum_{i=1}^{n} q_{\text{s}i} l_i + \alpha q_{\text{p}} A_{\text{p}} \tag{11-3}$$

式中:f_{cu}——与搅拌桩桩身水泥配合比相同的室内加固土试块(边长 70.7 mm 的立方体)在标准养护条件下 90 d 龄期的立方体抗压强度平均值(kPa);

η——桩身强度折减系数,干法可取 0.20～0.30,湿法可取 0.25～0.33;

A_{p}——桩的截面积(m^2);

u_{p}——桩的周长(m);

n——桩长范围内所划分的土层数;

$q_{\text{s}i}$——桩周第 i 层土的侧阻力特征值,对于淤泥,可取 4～7 kPa;对于淤泥质土,可取 6～12 kPa;对软塑状态的黏性土,可取 10～15 kPa;对于可塑状态的黏性土,可取 12～18 kPa;

l_i——桩长范围内第 i 层土的厚度(m);

q_p——桩端地基土未经修正的承载力特征值(kPa),可按现行国家标准《建筑地基基础设计规范》GB 50007 的有关规定确定;

α——桩端天然地基土的承载力折减系数,可取 0.4～0.6,承载力高时取低值。

桩身强度折减系数 η 是一个与工程经验以及拟建工程性质密切相关的参数。工程经验包括对施工队伍素质、施工质量、室内强度试验与实际加固强度比值以及对实际工程加固效果等情况的掌握。拟建工程性质包括工程地质条件、上部结构对地基的要求以及工程的重要性等。目前,在设计中一般取 $\eta=0.2～0.33$。

桩端地基承载力折减系数 α 取值与施工时桩端施工质量及桩端土质等条件有关。当桩较短且桩端为较硬土层时取高值。如果桩底施工质量不好,水泥土桩没能真正支撑在硬土层上,桩端地基承载力不能发挥,这时取 $\alpha=0.4$;反之,当桩底质量可靠时,取 $\alpha=0.6$,通常情况下取 $\alpha=0.5$。

对式(11-2)和式(11-3)进行分析可以看出,当桩身强度大于式(11-2)所提出的强度值时,相同桩长的桩的承载力相近,而不同桩长的桩的承载力明显不同。此时桩的承载力由地基土支承力控制,增加桩长可提高桩的承载力。但桩身强度是有一定限制的,也就是说,水泥土桩从承载力角度存在一个有效桩长,单桩承载力在一定程度上并不随桩长的增加而增大。

根据上海地区大量的单桩静载荷试验结果,直径 500 mm 的单头搅拌桩的单桩承载力一般为 100 kN 左右,双头搅拌桩的单桩承载力为 250 kN 左右。

湖北省地方标准《建筑地基基础技术规范》DB 42/242—2003 中规定,水泥土搅拌桩复合地基承载力特征值不宜大于 180 kPa,桩径 500 mm 的水泥土搅拌桩单桩承载力特征值不大于 120 kN。

5. 垫层

竖向承载搅拌桩复合地基应在基础和桩之间设置 150～300 mm 厚褥垫层,其材料可选用中砂、粗砂、级配砂石等,最大粒径不宜大于 20 mm。

6. 布桩

竖向承载搅拌桩的平面布置可根据上部结构特点及对地基承载力和变形的要求,采用柱状、壁状、格栅状或块状等加固类型。桩可只在基础平面范围内布置,独立基础下的桩数不宜少于 3 根。柱状加固可采用正方形、等边三角形等布桩类型。

7. 沉降计算

水泥土搅拌桩复合地基的变形 s 包括复合土层的平均压缩变形 s_1 与桩端下未加固土层的压缩变形 s_2。

$$s = s_1 + s_2 \tag{11-4}$$

其中,复合土层压缩变形可按下式计算。

$$s_1 = \frac{(p_z + p_{zl})l}{2E_{sp}} \tag{11-5}$$

式中：s_1——复合土层的平均压缩变形(m)；

p_z——复合土层顶面的附加压力值(kPa)；

p_{zl}——复合土层底面的附加压力值(kPa)；

l——复合土层的厚度(m)；

E_{sp}——水泥土搅拌桩复合土层的压缩模量(kPa)，计算式为

$$E_{sp} = mE_p + (1-m)E_s \tag{11-6}$$

E_p——水泥土搅拌桩的压缩模量，可取$(100\sim120)f_{cu}$(kPa)，对桩较短或桩身强度较低者可取低值；

E_s——桩间土的压缩模量(kPa)。

桩端以下未加固土层的压缩变形可按等代实体基础法进行计算。

11.5 施工

水泥土搅拌法施工现场事先应予平整，必须清除地上和地下的障碍物。遇有明浜、池塘及洼地时应抽水和清淤，回填黏性土料并予以压实，不得回填杂填土或生活垃圾。

水泥土搅拌桩施工前应根据设计进行工艺性试桩，数量不得少于2根。当桩周为多层土时，应对相对软土层增加搅拌次数或增加水泥掺量。

搅拌头翼片的枚数、宽度、与搅拌轴的垂直夹角、搅拌头的回转数、提升速度应相互匹配，以确保加固深度范围内土体的任何一点均能经过20次以上的搅拌。

竖向承载搅拌桩施工时，停浆(灰)面应高于桩顶设计标高300~500 mm。在开挖基坑时，应将搅拌桩顶端施工质量较差的桩段用人工挖除。

施工中应保持搅拌机底盘的水平和导向架的竖直，搅拌桩的垂直度偏差不得超过1%；桩位的偏差不得大于50 mm；成桩直径和桩长不得小于设计值。

水泥土搅拌法的施工步骤由于湿法和干法的施工设备不同而略有差异。其主要步骤应为：搅拌机械就位、调平；预搅下沉至设计加固深度；边喷浆(粉)、边搅拌提升直至预定的停浆(灰)面；重复搅拌下沉至设计加固深度；根据设计要求，喷浆(粉)或仅搅拌提升直至预定的停浆(灰)面；关闭搅拌机械。

在预(复)搅下沉时，也可采用喷浆(粉)的施工工艺，但必须确保全桩长上下至少再重复搅拌一次。

1. 湿法

施工前应确定灰浆泵输浆量、灰浆经输浆管到达搅拌机喷浆口的时间和起吊设备提升速度等施工参数，并根据设计要求通过工艺性成桩试验确定施工工艺。

施工时，所使用的水泥都应过筛，制备好的浆液不得离析，泵送必须连续；拌制水

泥浆液的罐数、水泥和外掺剂用量以及泵送浆液的时间等应有专人记录;喷浆量及搅拌深度必须采用经国家计量部门认证的监测仪器进行自动记录。

搅拌机喷浆提升的速度和次数必须符合施工工艺的要求,并应有专人记录。

当水泥浆液到达出浆口后,应喷浆搅拌 30 s,在水泥浆与桩端土充分搅拌后,再开始提升搅拌头。

搅拌机预搅下沉时不宜冲水,当遇到硬土层下沉太慢时,方可适量冲水,但应考虑冲水对桩身强度的影响。

施工时如因故停浆,应将搅拌头下沉至停浆点以下 0.5 m 处,待恢复供浆时再喷浆搅拌提升。若停机超过 3 h,宜先拆卸输浆管路,并妥善加以清洗。

壁状加固时,相邻桩的施工时间间隔不宜超过 24 h。如间隔时间太长,与相邻桩无法搭接时,应采取局部补桩或注浆等补强措施。

2. 干法

喷粉施工前应仔细检查搅拌机械、供粉泵、送气(粉)管路、接头和阀门的密封性、可靠性。送气(粉)管路的长度不宜大于 60 m。

水泥土搅拌法(干法)喷粉施工机械必须配置经国家计量部门确认的具有能瞬时检测并记录出粉量的粉体计量装置及搅拌深度自动记录仪。

搅拌头每旋转一周,其提升高度不得超过 16 mm。搅拌头的直径应定期复核检查,其磨耗量不得大于 10 mm。当搅拌头到达设计桩底以上 1.5 m 时,应立即开启喷粉机提前进行喷粉作业。当搅拌头提升至地面以下 500 mm 时,喷粉机应停止喷粉。

成桩过程中若因故停止喷粉,则应将搅拌头下沉至停灰面以下 1 m 处,待恢复喷粉时再喷粉搅拌提升。

在地基土天然含水量小于 30% 的土层中喷粉成桩时,应采用地面注水搅拌工艺。

11.6 质量检验

水泥土搅拌桩的质量控制应贯穿于施工的全过程,并应坚持全程的施工监理。施工过程中必须随时检查施工记录和计量记录,并对照规定的施工工艺对每根桩进行质量评定。检查重点是:水泥用量、桩长、搅拌头转数和提升速度、复搅次数和复搅深度、停浆处理方法等。

1. 施工质量检验

在施工期,每根桩均应有一份完整的质量检验单,施工人员和监理人员应在质量检验单上签名以作为施工档案。质量检验主要有下列各项内容。

(1) 桩位 通常桩位放线的偏差不应超出 20 mm,成桩后桩位偏差不应大于 50 mm。施工前在桩中心插桩位标,施工后将桩位标复原,以便验收。

(2) 桩顶、桩底高程 桩顶、桩底高程均应满足设计要求。桩底一般应低于设计高程 100～200 mm，桩顶应高于设计高程 0.5 m。

(3) 桩身垂直度　每根桩施工时均应用水准尺或其他方法检查导向架和搅拌轴的垂直度，间接测定桩身垂直度。通常垂直度误差不应超过 1%。当设计对垂直度有严格要求时，应按设计标准检验。

(4) 桩身水泥掺量　按设计要求检查每根桩的水泥用量。通常考虑到按整包水泥计量的方便性，允许每根桩的水泥用量在±25 kg(半包水泥)范围内调整。

(5) 水泥等级　水泥品种按设计要求选用，对无质保书或有质保书的小水泥厂的产品，应先做试块强度试验，试验合格后方可使用；对有质保书(非乡办企业)的水泥产品，可在搅拌施工时，进行抽查试验。

(6) 搅拌头上提喷浆(或喷粉)的速度　一般均在上提时喷浆或喷粉，提升速度不超过 0.5 m/min，且常采用二次搅拌。当第二次搅拌时，不允许出现搅拌头未到桩顶时浆液(或水泥粉)就已拌完的现象，有剩余时可在桩身上部第三次搅拌。

(7) 外掺剂的选用　采用的外掺剂应按设计要求配制。常用的外掺剂有氯化钙、碳酸钠、三乙醇胺、木质素磺酸钙、水玻璃等。

(8) 浆液水灰比。通常为 0.45～0.5，不宜超过 0.5。浆液拌和时间应按此水灰比定量加水。

(9) 水泥浆液搅拌均匀性。应注意贮浆桶内浆液的均匀性和连续性，喷浆搅拌时不允许出现输浆管道堵塞或爆裂的现象。

(10) 喷粉搅拌的均匀性。应有水泥自动计量装置，随时指示喷粉过程中的各项参数，包括压力、喷粉速度和喷粉量等。

(11) 喷粉到距地面 1～2 m 时，应无大量粉末飞扬，通常需适当减小压力，在孔口加防护罩。

(12) 对基坑开挖工程中的侧向围护桩，相邻桩体要搭接施工，施工应连续，其施工间歇时间不宜超过 24 h。

(13) 成桩后 3 d 内，可用轻型动力触探(N_{10})检查每米桩身的均匀性，检验数量为总桩数的 1%，且不少于 3 根。

(14) 成桩 7 d 后，采用浅部开挖桩头，目测检查搅拌的均匀性，量测成桩直径。检查量为总桩数的 5%。

2. 竣工验收检测

(1) 竖向承载水泥土搅拌桩地基竣工验收时，承载力检验应采用复合地基载荷试验和单桩载荷试验。

(2) 载荷试验必须在桩身强度满足试验荷载条件时，并宜在成桩 28 d 后进行。检验数量为桩总数的 0.5%～1%，且每项单体工程不应少于 3 点。

(3) 经触探和载荷试验检验后对桩身质量有怀疑时，应在成桩 28 d 后，用双管单动取样器钻取芯样做抗压强度检验，检验数量为桩总数的 0.5%，且不少于 3 根。

(4) 对相邻桩搭接要求严格的工程，应在成桩 15 d 后，选取数根桩进行开挖，检查搭接情况。

(5) 基槽开挖后,应检验桩位、桩数与桩顶质量,如不符合设计要求,应采取有效补强措施。

(6) 建筑物竣工后,尚应进行沉降、侧向位移等观测。这是最为直观地检验加固效果的理想方法。

对于侧向围护的水泥土搅拌桩,开挖时主要检验以下项目:墙面渗漏情况;桩墙的垂直和整齐度情况;桩体裂缝、缺损和漏桩情况;桩体强度和均匀性;桩顶和路面顶板的连接情况;桩顶水平位移量;坑底渗漏情况;坑底隆起情况。

11.7 工程实例

1. 工程概况

广州市某粮食仓库长 30 m、宽 16 m,单层承重墙结构,拱形屋面。条形基础宽度 1.5 m,埋深 0.9 m。设计要求基础下地基承载力大于 100 kPa,而地坪下的地基承载力大于 40 kPa。拟建场地表层为 1.5 m 厚的杂填土,其下即为厚度 30 m、含水量高达 70%、地基承载力仅 30 kPa、压缩模量为 1.45 MPa 的淤泥层。地基土不能满足上部结构的要求,需经人工加固。经多种地基加固方案的比较,根据现场的施工条件决定采用水泥喷粉搅拌法加固淤泥土层。

2. 设计

根据现场施工机械条件和土质条件,软土地基的加固深度选定为 9 m。计算桩长为

$$L = (9.0 - 0.9) \text{ m} = 8.1 \text{ m}$$

喷粉搅拌桩机的钻头直径选用 500 mm,所以单桩截面积 $A_p = 0.2$ m²,周长为 $u_p = 1.57$ m。由于桩未穿透软土,故为纯摩擦桩。侧阻力取 $\overline{q_s} = 5.5$ kPa。

单桩承载力 $R_k^d = \overline{q_s} u_p L = 70$ kPa。

天然地基的承载力 $f_{sk} = 30$ kPa,要求复合地基承载力 $f_{spk} = 100$ kPa,因此喷粉桩的面积置换率为

$$m = \frac{f_{spk} - \beta f_{sk}}{\dfrac{R_k^d}{A_p} - \beta f_{sk}}$$

式中:β 取 0.9,因此条形基础下每根喷粉桩的加固面积为 $A_e = \dfrac{A_p}{m} = 0.88$ m²。

对条形基础下的喷粉搅拌桩布桩形式为:以基础中心线向两边外推 0.5 m,布置两排,排距 1 m,桩距 0.8 m,两排桩交叉排列。

地坪处理要求较低,按 1.5 m×2.0 m 间距布桩,面积置换率 m 为 0.07。加固深度仍为 9 m,因此该复合地基的承载力 f_{spk} 可达到 52 kPa,已满足地坪设计要求。

3. 施工情况

喷粉搅拌桩的施工采用 GPP-5 型粉体搅拌机械。条形基础部分的处理固化剂采用 32.5 级普通硅酸盐水泥,掺入比为 18%,即每延米喷水泥粉 60 kg,为降低原淤泥层的含水量,提高条形基础部分的地基承载力,施工中又间隔一定距离增加了 50 根石灰粉体搅拌桩。地坪处理部分采用石灰粉体搅拌法,掺入比为 15%,即每延米喷入石灰粉 50 kg。运抵工地的石灰为生石灰块料,在现场加工粉碎后立即使用,该石灰粉的 CaO 含量高达 90%。

施工钻进根据不同土质采用不同的转速,对上部杂填土的钻进速度为 0.45 m/min;而对淤泥层为 1.47 m/min。钻进中最大风压 0.2 MPa,最大风量 100 m³/h。喷粉搅拌时采用 0.45 m/min 的提升速度,最大的压缩空气压力为 0.3 MPa,风量 50~70 m³/h。为了保证桩体的均匀性,采用了以下施工工艺:切土钻进—提升喷粉搅拌—重复钻进搅拌—提升搅拌。

该工程共施工水泥粉搅拌桩 137 根,计 1233 延米;施工石灰粉搅拌桩 163 根,计 1232 延米。工期半个月,工程费用 10 万元。

4. 加固效果检验

为了对粉体搅拌法处理深厚层淤泥的效果进行检验,在施工完毕后进行了桩头开挖检查,并进行了现场单桩及复合地基载荷试验、桩体标准贯入试验以及桩间土取样试验。

桩头开挖共 30 余根,桩体成形完整、桩身坚硬,强度超过设计要求,桩间土质也得到了明显的改善。

单桩载荷试验采用直径 500 mm 的圆形压板置于桩顶;单桩复合地基采用 1.05 m×1.05 m 方形压板,板下铺设 2 cm 的砂垫层,桩位于压板正中央。

图 11-3 为单桩和复合地基试验所得的荷载-沉降关系曲线。由图 11-3 可以得出单桩极限荷载为 140 kN,此时的累计沉降为 15 mm。因此单桩允许承载力可取 70 kN,相应的沉降为 4.0 mm。而复合地基的荷载-沉降曲线为一条无明显拐点的渐增曲线,如按取荷载板宽的 0.4%(现行规范为 0.6%)(即 4 mm)所对应的荷载作

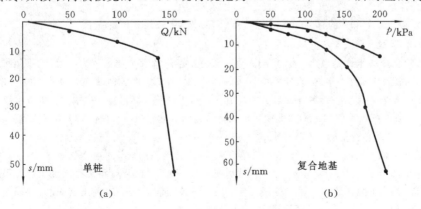

图 11-3 现场荷载-沉降关系曲线

为承载力的标准值,则两组试验承载力可取 100 kPa 和125 kPa,相应的变形模量可取 13 MPa 和 20 MPa,满足设计要求。共进行了 5 根桩的桩体标准贯入试验,结果显示桩体强度随龄期的增长而增加。54 d 龄期和 65 d 龄期的水泥土桩的平均标贯击数分别为 13.0 和 15.7。这说明该工程采用深层搅拌法处理软土地基是成功的。

习　题

一、问答题

1. 水泥土搅拌法分为哪两种方法? 这两种方法各适用于何种情形?
2. 水泥土的物理和力学性质与天然土体相比有哪些提高?
3. 水泥土搅拌桩复合地基的设计与灰土挤密桩、石灰桩复合地基的设计有何区别?
4. 计算水泥土搅拌桩复合地基承载力时,如何考虑桩间土承载力?
5. 如何进行水泥土搅拌桩的施工质量控制?
6. 如何对水泥土搅拌桩复合地基进行质量检测?

二、选择题

1. 竖向承载水泥土搅拌桩复合地基竣工验收时,承载力检验应采用_____。
A. 只进行复合地基载荷试验
B. 只进行单桩载荷试验
C. 同时需进行复合地基载荷试验和单桩载荷试验
D. 根据需要选择复合地基载荷试验或单桩载荷试验中的任一种

2. 水泥搅拌桩的土层中含有机质(超过 10%)对水泥土强度_____。
A. 无影响　　　　B. 有影响　　　　C. 提高强度　　　　D. 不能确定

3. 施工水泥搅拌桩配制浆液,其水灰比一般应控制在_____。
A. 0.5~0.6　　　B. 0.4~0.5　　　C. 0.45~0.55　　　D. 0.6~0.65

4. 在水泥搅拌法中,形成水泥加固土体,其中水泥在其中应作为_____。
A. 拌和剂　　　　B. 主固化剂　　　C. 添加剂　　　　D. 溶剂

5. 水泥土搅拌桩属于复合地基中的_____。
A. 刚性桩　　　　B. 柔性材料桩　　C. 散体材料桩　　　D. 振密挤密桩

6. 水泥土搅拌法中的粉体搅拌法(干法)适用于_____。
A. 含水量为 26% 的正常固结黏土　　　B. 有流动地下水的松砂
C. 含水量为 80% 的有机土　　　　　　D. 含水量为 50% 的淤泥质土

三、计算题

1. 沿海某软土地基拟建一幢六层住宅楼,天然地基土承载力特征值为 70 kPa,采用搅拌桩处理地基。根据地层分布情况,设计桩长 10 m,桩径 0.5 m,正方形布桩,桩距 1.1 m。桩周土平均摩擦力为 10 kPa,桩端天然地基土承载力特征值 160 kPa,桩端天然地基土的承载力折减系数取 0.5,桩间土承载力折减系数取 0.6,水泥搅拌桩试块的无侧限抗压强度平均值取 1.8 MPa,强度折减系数取 0.3。求复合地基承载力特征值。

2. 某基础尺寸为 12 m×20 m,地基土为淤泥质土,桩间天然地基土的承载力特征值为 80 kPa,桩间土承载力折减系数 $\beta=1$,采用水泥粉喷桩施工,桩身材料无侧限抗压强度平均值为 1.5 MPa,强度折减系数 0.3,采用桩径 0.5 m 的单轴搅拌桩,等边三角形布桩,设计要求复合地基承载力特征值达 180 kPa。求面积置换率、布桩数以及桩间距。

12　夯实水泥土桩法

12.1　概述

利用机械成孔(挤土或非挤土)或人工挖孔,然后将水泥和土按设计的比例拌和均匀,在孔内夯实至设计要求的密实度而形成的加固体与桩间土组成复合地基的地基处理方法,称为夯实水泥土桩法。

夯实水泥土桩法适用于处理地下水位以上的粉土、粉细砂、素填土、杂填土、黏性土等地基,处理深度不宜超过 10 m。

夯实水泥土桩法是 1991 年由中国建筑科学研究院地基基础研究所在北京等地旧城区危改小区工程中,为了解决施工场地条件限制和满足住宅产业化的需要而开发出的一种新的地基处理方法。

夯实水泥土桩法目前是我国北方地下水位较深的地区加固软土地基普遍采用的一项新技术。该项技术施工方便、加固效果显著、质量容易控制、施工速度快,且造价低廉、不污染环境,具有明显的经济效益和社会效益,被国家列入建筑业重点推广的十项新技术之一。

自从 20 世纪 90 年代初开始在工程中应用夯实水泥土桩法以来,在不到 20 年的时间里,已在北京、河北等地数千项工程中应用(处理的工程包括多层民用建筑、工业建筑、公共建筑物和构筑物)。

2002 年,夯实水泥土桩法被列入《建筑地基处理技术规范》JGJ 79—2002。经过大量的室内试验、原位试验和工程实践,该项技术已日趋完善。

1. 夯实水泥土桩的应用范围

夯实水泥土桩法自 20 世纪 90 年代开发成功以来,在我国北方许多省(市、自治区),如北京、天津、河北、河南、山西、山东、陕西、甘肃、青海、内蒙古、辽宁等地应用。

就应用的工程类型而言,既有工业与民用建筑,也有高耸的构筑物;既有多层建筑,也有高层建筑;既有建筑工程,也有公路、铁路等交通工程和市政工程。而就应用的基础类型而言,既有条形基础、独立基础,又有箱形基础和筏板基础;既有软弱地基土,也有承载力在 180 kPa 以上的较好的地基土。

由于该技术的众多优点,每年都有大量的工程项目应用该技术处理地基。有理由相信,随着对该项技术的更深入的研究,随着设计计算理论的逐步完善和施工工艺的不断改进,该项技术必将在工程中得到越来越广泛的应用。

2. 夯实水泥土桩的技术特点

夯实水泥土桩具有以下技术特点。

（1）夯实水泥土桩成孔成桩机具简便多样。夯实水泥土桩的成孔可采用人工掏土成孔或机械成孔。机械成孔可采用长螺旋钻孔机钻孔、机械洛阳铲成孔、夯扩机或挤土机具成孔，机具简单。夯实机机具简便、轻巧、灵活，多采用人工夯锤、夹板式夯实机、夹管式夯实机、吊锤式夯实机，采用机械进行夯实，施工质量便于控制，施工速度快。

（2）成桩材料来源广、成本低。夯实水泥土桩不使用钢筋、碎石、砂等材料，主要材料为土，辅助材料为水泥。基础开槽土和成孔钻出来的土即可使用，节省材料。水泥使用量为土的 $1/8\sim1/4$。故该项工艺成本低廉，且形成的中等黏结强度的刚性桩体，其单方成本为混凝土桩的 $1/5\sim1/2$，具有很高的性价比。

（3）有利于环保、无污染。该项工艺避免了常规桩基础施工的噪音，以及污泥排放等对环境的污染。施工中无噪音、无污泥排放，施工完毕后不产生废弃物和建筑垃圾。

（4）适用土层广泛。该项工艺可应用于多种松散、软弱地基的处理工程，应用该技术对地基进行加固和改良，可大幅度地提高地基承载力并减少变形，广泛应用于工业与民用建筑、公路交通工程的地基处理。

（5）质量容易控制。现场成孔成桩多采用机械操作，容易掌握和控制，拌和料现场拌和，随拌随用，可按设计要求监理和监督。

（6）承载力高，变形量小。经夯实水泥土桩处理的工程，承载力均有大幅度的提高，一般可提高 $50\%\sim100\%$；变形量有明显的减小，地基的不均匀沉降很小。

3. 夯实水泥土桩与水泥土搅拌桩的区别

夯实水泥土桩是将水泥和土在孔外拌和后再分层填入孔内，夯实成桩。水泥土搅拌桩则是采用特制的搅拌机械将水泥浆（粉）喷入地基土中后与土体搅拌而形成桩体。两者的主要区别如下。

（1）由于夯实水泥土桩的桩体材料是将水泥和土在孔外充分拌和，因此，桩体在桩长范围内是基本均匀的，桩体强度不受场地土岩性变化的影响。夯实水泥土桩的现场强度和相同水泥掺量的室内试样强度，在夯填密实度相同的条件下是相等的。而水泥土搅拌桩由于机械以及土质的变化，导致桩身强度一般是不均匀的，与现场各土层的含水量、土的类型密切相关。

（2）由于夯实水泥土成桩是将孔外拌和均匀的水泥土混合料回填桩孔内并强力夯实，桩体强度与天然土体强度相比有一个很大的增量，这一增量既有水泥的胶结强度，又有水泥土密度增加产生的密实强度。而搅拌桩的桩体密度在搅拌后增加很少，桩体强度主要取决于水泥的胶结作用。

（3）由于夯实水泥土中选用的土料是工程性质较好的土，而形成水泥土搅拌桩的原位土体通常是含水量高、强度低的不良工程性质的软土，所以，即使采用相同的水泥掺量，夯实水泥土桩的桩体强度要比水泥土搅拌桩的桩体强度高出很多。

12.2 作用机理

1. 夯实水泥土桩的化学作用机理

夯实水泥土桩的化学作用机理包括以下几个方面。

(1) 水泥土的固化原理。夯实水泥土桩是将水泥与拌和土料充分拌和后逐层填入孔中并经外力夯实后制成的。由于与水泥拌和的土料不同,因此其固化机理也有差别。当拌和土料为砂性土时夯实水泥土的固化机理类似于建筑上的水泥砂浆,具有较高的强度,其固化时间也相对较短;当拌和料为黏性土或粉土时,由于水泥掺入比有限(一般水泥掺入量为 $8\% \sim 20\%$),而且土料中的黏粒及粉粒都具有很大的比表面积并含有一定的活性介质,所以水泥的固化速度比较缓慢,其固化机理也比较复杂。

(2) 水泥的水解水化反应。夯实水泥土桩的桩体材料主要是固化剂(水泥)、拌和土料以及水。在将拌和料逐层夯入孔内形成桩体的过程中,水泥颗粒表面物质将与拌和土料中的水分充分接触,从而发生水解水化反应,生成氢氧化钙、水化硅酸钙、水化铝酸钙及水化铁酸钙等水泥水化物。这些水化物形成胶体,进一步凝结硬化成水化物晶体。析出的凝胶粒子有的自身能够相互凝结硬化而形成水泥石骨架,有的则与其周围具有一定活性的土料中的黏粒及粉粒发生反应。

(3) 水泥水化物与土颗粒的作用。水泥水化物与土颗粒之间的作用具体表现在以下两个方面:一是水泥土的离子交换和团粒化作用;二是水泥土的凝硬反应。

2. 夯实水泥土桩的物理作用机理

夯实水泥土桩的强度主要由两部分组成:一部分为水泥胶结体的强度,另一部分为夯实后因密实度增加而提高的强度。

根据桩体材料的夯实试验原理,将混合料均匀拌和,填料后,随着夯击次数即夯击能的增加,混合料的干密度逐渐增大,强度明显提高。在夯实能确定后,只要施工时能将桩体混合料的含水量控制到最佳含水量,就可获得施工桩体的最大干密度和桩体的最大夯实强度。

桩体的密实和均匀是由夯实水泥土桩夯实机的夯锤质量及起落高度来决定的。当夯锤质量和起落高度一定,夯击能为常数时,桩体就密实均匀,强度就会提高,质量可得到有效保证。

12.3 设计计算

夯实水泥土桩的设计包括桩长、桩径、桩距、布桩范围、垫层、复合地基承载力、桩身材料的配合比和沉降计算,下面分别进行介绍。

1. 桩长

夯实水泥土桩处理地基的深度应根据土质情况、工程要求和成孔设备等因素确定。夯实水泥土桩的处理深度不宜超过 10 m;采用人工洛阳铲成孔工艺时,考虑到施工效率的因素,深度不宜超过 6 m。当相对硬层的埋藏深度不大时,桩长应按相对硬层埋藏深度确定。当相对硬层的埋藏深度较大时,应按建筑物地基的变形允许值确定,即当存在软弱下卧层时,应验算其变形,按允许变形控制设计。

2. 桩径

桩径宜为 300~600 mm,常用的为 350~400 mm,可根据设计及所选用的成孔方法确定。选用的夯锤应与桩径相适应。

3. 桩距

桩距宜为 2~4 倍桩径。实际桩距在桩径选定后由复合地基面积置换率确定。夯实水泥土桩面积置换率一般为 5%~15%,一般采用正方形或等边三角形布桩。

4. 布桩范围

由于夯实水泥土桩具有一定的黏结强度,在荷载作用下不会产生大的侧向变形,因此夯实水泥土桩可只在基础范围内布桩,必要时也可在基础外设置护桩。

5. 垫层

夯实水泥土的变形模量远大于土的变形模量,为了调整基底压力分布,设置厚 100~300 mm 的褥垫层,荷载通过垫层传到桩和桩间土上,保证桩间土承载力的发挥。褥垫层材料可采用中砂、粗砂、砾砂、碎石或级配砂石等,最大粒径不宜大于 20 mm。

夯实水泥土桩的桩体强度一般为 3.0~5.0 MPa,也可根据当地经验取值,其变形模量远大于土的变形模量。设置褥垫层主要是为了调整基底压力分布,使桩间土承载力得以充分发挥。当设计桩体承担较多的荷载时,褥垫层厚度取小值;反之,取大值。

6. 复合地基承载力

夯实水泥土桩复合地基承载力特征值应按现场复合地基载荷试验确定。初步设计时也可按下式估算。

$$f_{spk} = m \frac{R_a}{A_p} + \beta(1-m) f_{sk} \tag{12-1}$$

式中:f_{spk}——复合地基承载力特征值(kPa);

m——面积置换率;

R_a——单桩竖向承载力特征值(kN);

A_p——桩的截面积(m²);

f_{sk}——处理后桩间土承载力特征值(kPa),宜按当地经验取值,如无经验时,可取天然地基承载力特征值;

β——桩间土承载力折减系数,可取 0.9~1.0。

单桩竖向承载力特征值 R_a 应通过现场载荷试验确定。当采用单桩载荷试验时,应将单桩竖向极限承载力除以安全系数 2;当无单桩载荷试验资料时,可按下式估算。

$$R_a = u_p \sum_{i=1}^{n} q_{si} l_i + q_p A_p \qquad (12\text{-}2)$$

式中：u_p——桩的周长（m）；

$\quad n$——桩长范围内所划分的土层数；

$\quad q_{si}$——桩周第 i 层土的侧阻力特征值（kPa），可按现行国家标准《建筑地基基础设计规范》GB 50007 的有关规定确定；

$\quad l_i$——桩长范围内第 i 层土的厚度（m）；

$\quad q_p$——桩端地基土未经修正的承载力特征值（kPa），可按现行国家标准《建筑地基基础设计规范》GB 50007 的有关规定确定。

7. 桩身材料

桩孔内夯填的混合料配合比应按工程要求、土料性质及采用的水泥品种，由配合比试验确定，并满足下式要求。

$$f_{cu} \geqslant 3 \frac{R_a}{A_p} \qquad (12\text{-}3)$$

式中：f_{cu}——桩体混合料试块（边长 150 mm 的立方体）标准养护 28 d 立方体抗压强度平均值（kPa）。

8. 沉降计算

加固区的沉降变形可采用分层总和法计算，复合土层的分层与天然地基相同，各复合土层的压缩模量等于该层天然地基压缩模量的 ζ 倍，ζ 由下式确定。

$$\zeta = \frac{f_{spk}}{f_{ak}} \qquad (12\text{-}4)$$

式中：f_{ak}——基础底面下天然地基承载力特征值（kPa）。

12.4　施工

1. 施工准备

（1）现场取土，确定原位土的土质及含水量是否适宜作水泥土桩的混合料。

（2）调查有无廉价的工业废渣（如粉煤灰、炉渣等）可供使用。

（3）根据设计选用的成孔方法进行工艺性试桩，数量不得少于 2 根。确定成桩的可行性，事前发现问题，研究对策。

2. 桩材制备

夯实水泥土桩桩体材料主要由水泥和土的混合料组成。

（1）所用水泥应符合设计要求的种类及规格，宜采用 32.5 级或 42.5 级矿渣水泥或普通硅酸盐水泥，使用前应作强度及安定性试验。夯实水泥土桩的强度主要由土的性质、水泥品种、水泥标号、龄期、养护条件等控制。必须采用现场土料和施工采用的水泥品种及标号进行混合料配合比设计。

（2）夯实水泥土桩的混合料宜采用黏性土、粉土、粉细砂或渣土,土料中有机质含量不得超过 5%,不得含有冻土或膨胀土,使用时应过 10~20 mm 筛。

（3）掺合料确定后,应按照设计的配合比进行室内配合比试验,用击实试验确定掺合料的最佳含水量。对重要工程,选择配合比时,应在掺合料最佳含水量的状态下,在 150 mm×150 mm×150 mm 试模中试制几种配合比的水泥土试块,按标准试验方法作 3 d、7 d、28 d 的立方体强度试验,决定适宜的配合比。一般工程可按水泥和土料的体积比为(1∶5)~(1∶7)来进行试配。

（4）混合料含水量应满足土料的最优含水量 w_{op},允许偏差不大于±2%。混合料含水量是决定桩体夯实密度的重要因素,在现场实施时应严格控制。用机械夯实时,因锤较重,夯实功大,宜采用土料最佳含水量 $w_{op}-(1\%\sim2\%)$,人工夯实时宜采用土料最佳含水量 $w_{op}+(1\%\sim2\%)$,均应由现场试验确定。如土料含水量过大,需风干或另掺加其他含水量较小的掺合料。在现场可按"一攥成团,一捏即散"的原则对土的含水量进行鉴别。采用工业废料粉煤灰、炉渣等作混合料,拌和质量容易保证。

（5）现场使用时,待成孔已经完成或接近完成时,用强制式混凝土拌和机或人工进行拌和,拌和操作标准参照混凝土的拌和要求。当采用机械搅拌时,搅拌时间不应少于 1 min;当采用人工拌和时,拌和次数不应少于 3 遍。如拌和时需要加水,则应边拌边加水,以免形成土团,拌和均匀后待用。混合料拌和后应在 2 h 内用于成桩。

（6）雨季或冬季施工时,应采取防雨、防冻措施,防止原材料及混合料淋湿或冻结。

3. 施工机具设备

根据设计选择良好的机具设备。

成孔施工应优先选用机械成孔,如螺旋钻孔、冲击、沉管等方法。在场地狭窄、桩孔深度不大、桩数较少或不具备机械施工条件时,可采用人工洛阳铲成孔。

夯填施工应选用质量优良的夯实机。采用人工夯填时,夯锤质量不应小于 25 kg。机械夯实时,夯锤质量可分为 80 kg、100 kg、120 kg、150 kg、180 kg、200 kg 不等的质量。

4. 成孔

在夯实水泥土桩的施工中,成孔质量非常重要,成孔质量又与成孔的机具密切相关。

在旧城危改工程中,由于场地环境条件的限制,多采用人工洛阳铲、螺旋钻机成孔方法。当土质较松软时采用沉管、冲击等方法挤土成孔,可收到良好的效果。

夯实水泥土桩的施工,应按设计要求选用成孔工艺。挤土成孔可选用沉管、冲击等方法;非挤土成孔可选用洛阳铲、螺旋钻等方法。

1）人工成孔施工法

夯实水泥土桩作为竖向增强体形成复合地基时,设计桩径通常为 300~400 mm,

可采用特制的洛阳铲人工成孔,其构造与使用方法可见第10章石灰桩的施工。

如持力层强度高,而按大直径桩或深基础施工时,桩径宜为800~1000 mm,底部尚可扩孔,此时,则采用人工挖孔桩的办法成孔。其工艺流程为:人工挖孔至设计深度—清孔及检查—孔底夯实—拌和水泥土—将水泥土逐层灌入孔内,逐层夯实直至设计桩顶标高以上0.2 m—素土封顶。

2)机械成孔施工法

机械成孔分为挤土成孔和排土成孔。当被加固土体密度较大或挤密性差时,宜选用排土成孔,如螺旋钻、长螺杆钻机、机动洛阳铲、大锅(蜗)锥等成孔。当土的挤密性较好时,宜选用挤土成孔工艺,如沉管法、干振法、"法兰克"法等。沉管法施工类似石灰桩管外投料施工法,利用桩管反插压实。干振法采用干振碎石桩的干振成孔器成孔,投入水泥土加以振实。"法兰克"法采用套管内击式碎石桩的施工方法。

施工工程中,应有专人逐孔监测成孔的质量,并作好施工记录。如发现地基土质与勘察资料不符时,应查明情况,采取有效处理措施。

5. 夯填

由于各种成孔工艺均可能使孔底存在部分扰动和虚土,因此夯填混合料前应将孔底土夯实,有利于发挥桩端阻力,提高复合地基承载力。

夯实水泥土桩的桩身质量与填料量多少有关,若填料量多、厚度大,则不宜夯实。在成桩时填料量与夯锤质量、夯锤的提升高度及夯击能密切相关。正常的填料量,即填料厚度不得大于5 cm,其夯锤质量不应小于150 kg,提升高度不应低于70 cm。不同夯锤的质量,不同的提升高度,应控制不同的填料量(填料量应与夯实度和压实系数密切相关),在施工时应做现场制桩工艺试验。

夯填桩孔时,宜选用机械夯实。大孔径水泥土桩的夯实,可采用灰土井桩的夯实机。分段夯填时,夯锤的落距和填料厚度应根据现场试验确定,混合料的压实系数 λ_c 不应小于0.93。相同水泥掺量下,桩体密实度是决定桩体强度的主要因素,当 $\lambda_c \geqslant 0.93$ 时,桩体强度约为最大密度下桩体强度的50%~60%。夯锤的质量不应小于150 kg,锤的底部形状多为锅底形或梨形。

若采用人工夯实,夯锤质量不小于25 kg,详见第10章石灰桩的施工。孔内水泥土每层虚铺30 cm左右,先用小落距轻夯3~5次,然后重夯不少于8次,夯锤落距不小于60 cm。

夯锤质量的选用、夯锤提升高度的确定需要经过成桩工艺性试验来确定。夯击能分为一次性填料单击夯击能或多击形成的总夯击能,总夯击能与填料量和夯击次数密切相关,最终要看夯击效果,即桩体夯填后的密实度和均匀性是否满足设计要求。

施工工程中,应有专人监测回填夯实的质量,并作好施工记录。

为保证桩顶的桩体强度,现场施工时均要求桩体夯填高度大于桩顶设计标高200~300 mm。在垫层施工时将多余桩体凿除,桩顶面应水平。

6. 褥垫层

因褥垫层厚度较小,不易密实均匀,垫层材料应级配良好,最大粒径不宜大于20 mm。褥垫层材料应不含植物残体、垃圾等杂质。

褥垫层铺设宜分层进行,铺设厚度应均匀,厚度允许偏差±20 mm。褥垫层铺平后应振实或夯实,夯填度不得大于0.9。为减少施工期地基的变形量,采用的施工方法应严禁使基底土层扰动。

褥垫层应宽出基础轮廓线外缘,超出宽度等于或大于褥垫层厚度,一般为100～300 mm。如铺设的褥垫层材料含水量低,可适当加水,以保证密实。

12.5 质量检验

施工过程中,对夯实水泥土桩的成桩质量应及时进行抽样检验。对成桩质量的抽检数量不应少于总桩数的2%。对一般工程,可检查桩的干密度和施工记录。目前干密度的检验方法可在24 h内采用取土样测定或采用轻型动力触探击数 N_{10} 与现场试验确定的干密度进行对比,以判断桩身质量。成桩2 h内轻便动力触探的锤击数 N_{10} 一般不应小于40击。

夯实水泥土桩地基竣工验收时,承载力检验应采用单桩复合地基载荷试验。对重要或大型工程,尚应进行多桩复合地基载荷试验。

夯实水泥土桩地基检验数量应为总桩数的0.5%～1%,且每个单体工程不应少于3点。

夯实水泥土桩复合地基载荷试验完成后,当以相对变形值确定夯实水泥土桩复合地基的承载力特征值时,对以卵石、圆砾、密实粗中砂为主的地基可取载荷试验沉降比 s/b 或 s/d 等于0.008所对应的压力,对以黏性土、粉土为主的地基可取载荷试验沉降比 s/b 或 s/d 等于0.01所对应的压力。

12.6 工程实例

1. 北郊住宅 B 区 4 号楼地基处理

北郊住宅区B区4号楼为六层砖混结构住宅,采用筏板基础,设计要求地基承载力标准值不小于140 kPa,拟建场地基底下2～3 m为泥炭土,f_k 为50～70 kPa,其下为 $f_k=180$ kPa 的砂土(见图12-1),因地基土承载力达不到设计要求,故采用夯实水泥土桩复合地基方案加固。设计夯实水泥土桩800根,桩长2.5～5.9 m不等(桩距、桩长视桩端进入砂层的长度确定),桩径350 mm,混合料配合比:水泥和土的质量比为1:6。施工采用人工洛阳铲成孔,人工夯实工艺,控制混合料压实系数不小于0.93,1991年5月完成。

成桩10天后做2组单桩复合地基试验,检验其处理后的复合地基承载力,确定加固后的复合地基承载力不小于160 kPa,试验曲线如图12-2所示。

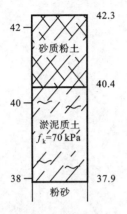

图 12-1　地质剖面图

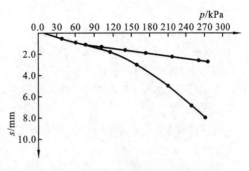

图 12-2　单桩复合地基试验 *p*-*s* 曲线

2. 方庄东绿化区搬迁住宅 3 号、4 号楼地基处理

方庄东绿化区搬迁住宅 3 号、4 号楼位于某市南二环南侧,方庄路东侧,建筑结构为 6.5 层砖混结构,条形基础,其中基础面积 1090 m^2。设计要求处理后的地基承载力标准值 $f_k \geqslant 180$ kPa。

场地地层由人工堆积及第四纪沉积土组成,人工堆积杂填土及素填土厚度达 3.5~6.0 m,典型土层剖面图见图 12-3。

地基处理采用夯实水泥土桩复合地基方案,每栋楼设计夯实水泥土桩 1450 根,有效桩长 5.0 m,桩径 350 mm,桩端在第②层粉质黏土层上。混合料配合比:32.5 级矿渣水泥和土的质量比为 1∶5。施工工艺采用螺旋钻机成孔,人工洛阳铲清孔,人工夯实施工方案,控制混合料压实系数不小于 0.93,每栋楼的有效施工工期 12 天,于 1994 年 5 月 10 日完成。

施工结束后 10 天,对两栋楼各作 2 组单桩复合地基承载力静载荷压板试验,确定处理后复合地基承载力 $f_k \geqslant 180$ kPa,试验曲线如图 12-4 所示。居民入住后,使用情况良好。

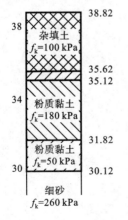

图 12-3　地质剖面图

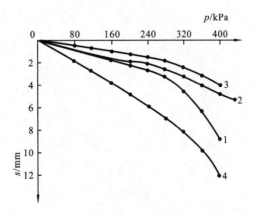

图 12-4　单桩复合地基试验 *p*-*s* 曲线

习　题

一、问答题

1. 夯实水泥土桩法与水泥土搅拌法有何区别?

2. 夯实水泥土桩的桩身材料配比如何确定?

3. 夯实水泥土桩有哪些施工方法?

4. 如何对夯实水泥土桩进行质量检验?

二、选择题

1. 夯实水泥土桩在施工过程中,在桩顶面应铺设_____厚的褥垫层。

A. 100～300 mm　　　　　　　B. 300～500 mm

C. 500～1000 mm　　　　　　 D. 1000～1500 mm

2. 在夯实水泥土桩法施工时,为保证桩顶的桩体强度,现场施工时均要求桩体夯填高度大于桩顶设计标高,其值应为_____。

A. 50～100 mm　　　　　　　 B. 100～200 mm

C. 200～300 mm　　　　　　　D. 300～400 mm

3. 夯实水泥土桩法处理地基土深度的范围为_____。

A. 不宜超过 6 m　　　　　　　B. 不宜超过 15 m

C. 不宜超过 20 m　　　　　　　D. 不宜超过 10 m

4. 夯实水泥土桩法常用的桩径范围为_____。

A. 250～350 mm　　　　　　　B. 300～600 mm

C. 450～550 mm　　　　　　　D. 550～650 mm

13　高压喷射注浆法

13.1　概述

高压喷射注浆法(jet grouting)是用高压水泥浆通过钻杆由水平方向的喷嘴喷出,形成喷射流,以此切割土体并与土拌和形成水泥土加固体的地基处理方法。我国简称为高喷法。

20 世纪 60 年代末期,日本 NIT 公司在承建日本大阪市地下铁道建设冻结法施工中,由于冰冻融化造成严重事故,后改为灌浆法施工。在灌浆过程中,浆液沿着土层交界面溢走很多,不能完全达到加固地基和止水目的。在这关键时刻,中西涉博士急中生智,大胆引用了水力采煤技术,将高压水射流技术应用到灌浆工程中,创造出一种全新的施工方法——高压喷射注浆法。它是利用钻机把带有喷嘴的注浆管钻至土层的预定位置后,用高压设备使浆液或水以 20~40 MPa 的高压流从喷嘴中喷射出来,冲击破坏土体,同时钻杆以一定的速度渐渐向上提升,将浆液与土粒强制搅拌混合,浆液凝固后,在土中形成一个均匀的固结体,其地基加固和防水止渗效果良好。不但解决了大阪地下铁道建设的难题,而且划时代地创造出一种新的施工方法,当时定名为 CCP 工法(chemical churning pile or pattern,我国现称单管法)。在 1973 年莫斯科举行的第八届国际土力学学会(ISSMFE)会议上,这一发明得到各国岩土工程专家的称赞与重视。

我国是在日本之后应用这种施工法较早和应用范围较广的国家。1972 年,铁道部科学研究院率先开发高压喷射注浆法。1975 年,我国冶金、水电、煤炭、建工等部门和部分高等院校,也相继进行了试验和施工。至今,高压喷射注浆法已成功应用于已有建筑和新建工程的地基处理、深基坑地下工程的支挡和护底、构造地下防水帷幕、防止砂土液化、增大土的摩擦力和黏聚力以及防止基础冲刷等方面。据不完全统计,我国已有千余项工程应用了高压喷射注浆技术。经过多年的实践和发展,高压喷射注浆法已成为我国工程界常用的一种地基处理方法。

13.2　定义及其种类

1. 定义

高压喷射注浆法,就是利用钻机将带有喷嘴的注浆管钻进至土层预定深度后,以20~40 MPa 的压力把浆液或水从喷嘴中喷射出来,形成喷射流冲击破坏土层;当能量大、速度快、脉动状的射流动压大于土层结构强度时,土颗粒便从土层中剥落下来;一部分细颗粒随浆液或水冒出地面,其余土粒在射流的冲击力、离心力和重力等的作用下,与浆液搅拌混合,并按一定的浆土比例和质量大小,有规律地重新排列;浆液凝固后,便在土层中形成一个固结体的施工法。

采用高压喷射注浆法所形成的固结体的形态与高压喷射流的作用方向、移动轨迹和持续喷射时间有密切关系。一般分为旋转喷射(旋喷)、定向喷射(定喷)和摆动喷射(摆喷)三种,如图 13-1 所示。

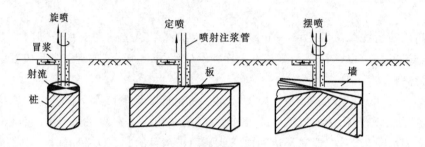

图 13-1　高压喷射注浆法的三种方式

旋喷法施工时,应保证喷嘴一边喷射一边旋转并提升,固结体呈圆柱状。主要用于加固地基,提高地基的抗剪强度,改善土的变形性质;也可组成闭合的帷幕,用于截阻地下水流和治理流砂。旋喷法施工后,在地基中形成的圆柱体,称为旋喷桩。

定喷法施工时,应保证喷嘴一边喷射一边提升,喷射的方向固定不变,固结体形如板状或壁状。

摆喷法施工时,应保证喷嘴一边喷射一边提升,喷射的方向呈较小角度来回摆动,固结体形如较厚墙状或扇状。

定喷及摆喷两种方法通常用于基坑防渗、改善地基土的渗流性质和稳定边坡等工程。

2. 高压喷射注浆法的工艺类型

当前,高压喷射注浆法的工艺类型有:单管旋喷注浆法(简称单管法)、双管法、三管法和多重管法等。

1) 单管法

单管旋喷注浆法是利用钻机把安装在注浆管(单管)底部侧面的特殊喷嘴置入土层预定深度后,用高压泥浆泵等装置以 20 MPa 左右的压力,把浆液从喷嘴中喷射出去冲击破坏土体,使浆液与从土体上崩落下来的土搅拌混合,经过一定时间凝固,便在土中形成一定形状的固结体的施工法。这种方法在日本称为 CCP 工法。

2) 双管法

使用双通道的注浆管。当注浆管钻进到土层的预定深度后,通过在管底部侧面的同轴双重喷嘴(1~2 个),同时喷射出高压浆液和空气两种介质的喷射流冲击破坏土体。即以高压泥浆泵等高压发生装置喷射出 20 MPa 左右的压力的浆液,从内喷嘴中高速喷出,并用 0.7 MPa 左右的压力把压缩空气从外喷嘴中喷出。在高压浆液和它外圈环绕气流的共同作用下,破坏土体的能量显著增大,最后在土中形成较大的固结体。固结体的范围明显增加。这种方法在日本称为 JSG 工法。

3) 三管法

分别使用输送水、气、浆三种介质的三重注浆管。在以高压泵等高压发生装置产生 20~30 MPa 的高压水喷射流的周围,环绕一股 0.5~0.7 MPa 的圆筒状气流,进行高压水喷射流和气流同轴喷射冲切土体,形成较大的空隙,再另由泥浆泵注入压力为 1~5 MPa 的浆液填充,喷嘴作旋转和提升运动,最后便在土中凝固为较大的固结体。这种方法在日本称为 CJG 工法。

4) 多重管法

采用这种方法首先需要在地面钻一个导孔,然后置入多重管,用逐渐向下运动的旋转超高压力水射流(压力约 40 MPa)切削破坏四周的土体,经高压水冲击下来的土、砂和砾石成为泥浆后,立即用真空泵从多重管中抽出。如此反复地冲和抽,便在地层中形成一个较大的空洞。装在喷嘴附近的超声波传感器及时测出空洞的直径和形状,用电脑绘出空洞的图形。当空洞的形状、大小和高低符合设计要求后,立即通过多重管充填穴洞。根据工程要求可选用浆液、砂浆、砾石等材料进行填充。于是在地层中形成一个大直径的柱状固结体,在砂性土中最大直径可达 4 m,并做到智能化管理,施工人员能完全掌握固结体的直径和质量。该工法提升速度很慢,这种方法在日本称为 SSS-MAN 工法。

13.3 特点及适用范围

1. 高压喷射注浆法的特点

1) 可用于既有和新建工程

由于固结体的质量明显提高,它既可用于工程新建之前,又可用于竣工后的托换工程,可以不损坏建筑的上部结构,且能使已有建筑物在施工时不影响使用功能。

2) 施工简便

施工时只需在土层中钻一个孔径为 50 mm 或 300 mm 的小孔,便可在土中喷射成直径为 0.4~4.0 m 的固结体,因而施工时能贴近已有建筑物,成型灵活,既可在钻孔的全长范围形成柱形固结体,也可仅施工其中一段。

3) 可控制固结体形状

在施工中可调整旋喷速度和提升速度、增减喷射压力或更换喷嘴孔径改变流量,使固结体形成工程设计所需要的形状。

4) 可垂直、倾斜和水平喷射

通常是在地面上进行垂直喷射注浆,但在隧道、矿山井巷工程、地下铁道等建设中,亦可采用倾斜和水平喷射注浆。处理深度已达 30 m 以上。

5) 耐久性较好

由于能得到稳定的加固效果并有较好的耐久性,所以可用于永久性工程。

6）料源广

浆液以水泥为主体。在地下水流速快或含有腐蚀性元素、土的含水量大或固结体强度要求高的情况下,则可在水泥中掺入适量的外加剂,以达到速凝、高强、抗冻、耐蚀和浆液不沉淀等效果。

7）设备简单

高压喷射注浆全套设备结构紧凑、体积小、机动性强,占地少,能在狭窄和低矮的空间施工。

2. 高压喷射注浆法的适用范围

1）土质条件适用范围

主要适用于处理淤泥、淤泥质土、流塑、软塑或可塑黏性土、粉土、砂土、黄土、素填土和碎石土等地基。

当土中含有较多的大粒径块石、植物根茎或过多的有机质时,应根据现场试验确定其适用范围,对于地下水流速度大、浆液无法凝固、永久冻土及对水泥有严重腐蚀性的地基不宜采用。

2）工程适用范围

可采用高压喷射注浆法的工程如图 13-2 所示。

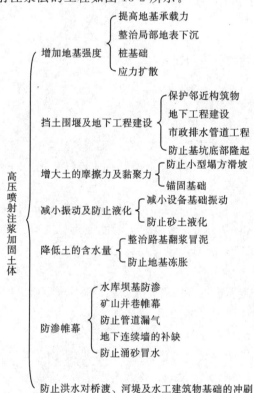

图 13-2　适用高压喷射注浆法的工程种类

13.4　设计计算

1. 室内配方与现场喷射试验

为了解喷射注浆固结体的性质和浆液的合理配方,必须取现场各层土样,在室内按不同的含水量和配合比进行试验,优选出最合理的浆液配方。

对规模较大及较重要的工程,设计完成之后,要在现场进行试验,查明喷射固结体的直径和强度,验证设计的可靠性和安全度。

2. 设计程序

高压喷射注浆法的设计程序如图 13-3 所示。

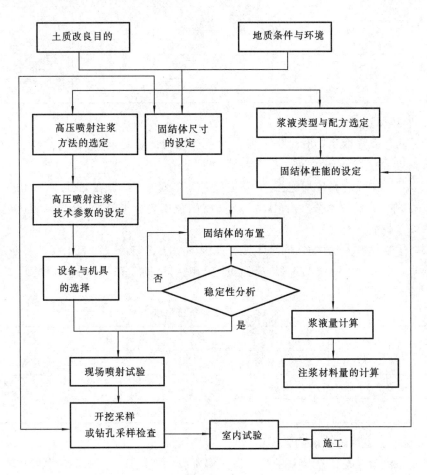

图 13-3　高压喷射注浆法的设计程序

3. 固结体尺寸

(1) 固结体尺寸主要取决于下列因素:土的类别及其密实程度;高压喷射注浆方

法(注浆管的类型);喷射技术参数(包括喷射压力与流量、喷嘴直径与个数、喷嘴间隙、压缩空气的压力与流量、注浆管的提升速度与旋转速度)。

(2) 在无试验资料的情况下,对小型的或不太重要的工程,可根据经验选用表13-1所列数值。

(3) 对于大型的或重要的工程,应通过现场喷射试验后开挖或钻孔采样确定。

表 13-1　采用高压喷射注浆法所成桩的设计直径　　(单位:m)

方法 土质		单 管 法	双 管 法	三 管 法
黏性土	$0<N<5$	0.5~0.8	0.8~1.2	1.2~1.8
	$6<N<10$	0.4~0.7	0.7~1.1	1.0~1.6
	$11<N<20$	0.3~0.6	0.6~0.9	0.7~1.2
砂性土	$0<N<10$	0.6~1.0	1.0~1.4	1.5~2.0
	$11<N<20$	0.5~0.9	0.9~1.3	1.2~1.8
	$21<N<30$	0.4~0.8	0.8~1.2	0.9~1.5

4. 固结体强度

(1) 固结体强度主要取决于下列因素:土质;喷射材料及水灰比;注浆管的类型和提升速度;单位时间的注浆量。

(2) 固结体强度设计规定按 28 d 强度计算。试验表明,在黏性土中,由于水泥水化物与黏土矿物继续发生作用,故 28 d 后的强度将会继续增长,这种强度的增长可作为安全储备。

(3) 注浆材料为水泥时,固结体抗压强度的初步设定可参考表 13-2。

(4) 对于大型的重要的工程,应通过现场喷射试验后采样测试来确定固结体的强度和渗透性等性质。

表 13-2　固结体抗压强度

土质	固结体抗压强度/MPa		
	单管法	双管法	三管法
砂类土	3~7	4~10	5~15
黏性土	1.5~5	1.5~5	1~5

5. 旋喷桩复合地基承载力计算

竖向承载旋喷桩复合地基承载力特征值应通过现场复合地基载荷试验确定。初步设计时,可按下式估算。

$$f_{spk} = m\frac{R_a}{A_p} + \beta(1-m)f_{sk} \tag{13-1}$$

式中:f_{spk}——复合地基承载力特征值(kPa);

m——面积置换率；

R_a——单桩竖向承载力特征值(kN)

A_p——桩的截面积(m^2)；

β——桩间土承载力折减系数，可根据试验或类似土质条件工程经验确定，当无试验资料或经验时，可取 0~0.5，承载力较低时取低值；

f_{sk}——处理后桩间土承载力特征值(kPa)。

单桩竖向承载力特征值可通过现场单桩载荷试验确定。也可按式(13-2)、式(13-3)估算，取其中较小值。

$$R_a = \eta f_{cu} A_p \tag{13-2}$$

$$R_a = u_p \sum_{i=1}^{n} q_{si} l_i + q_p A_p \tag{13-3}$$

式中：f_{cu}——与旋喷桩桩身水泥土配比相同的室内加固土试块(边长为 70.7 mm 的立方体)在标准养护条件下 28 d 龄期的立方体抗压强度平均值(kPa)；

η——为桩身强度折减系数，可取 0.33；

n——桩长范围内所划分的土层数；

l_i——桩周第 i 层土的厚度(m)；

q_{si}——桩周第 i 层土的侧阻力特征值(kPa)，可按现行国家标准《建筑地基基础设计规范》GB 50007 有关规定或地区经验确定；

q_p——桩端地基土未经修正的承载力特征值(kPa)，可按现行国家标准《建筑地基基础设计规范》GB 50007 有关规定或地区经验确定；

A_p——桩的截面积(m^2)。

6. 旋喷桩复合地基变形计算

旋喷桩复合地基的沉降计算应为桩长范围内复合土层以及下卧土层变形值之和，计算时应按国家标准《建筑地基基础设计规范》GB 50007 有关规定进行计算。其中复合土层的压缩模量可按下式确定。

$$E_{sp} = \frac{E_s(A_e - A_p) + E_p A_p}{A_e} \tag{13-4}$$

式中：E_{sp}——旋喷桩复合土层压缩模量(kPa)；

E_s——桩间土的压缩模量，可用天然地基土的压缩模量代替(kPa)；

A_e——1 根桩承担的处理面积(m^2)；

A_p——桩的截面积(m^2)；

E_p——桩体的压缩模量，可采用测定混凝土割线模量的方法确定(kPa)。

由于旋喷桩迄今积累的沉降观测及分析资料不多，因此，复合地基变形计算的模式均以土力学和混凝土材料性质的有关理论为基础。旋喷桩复合土层的压缩模量宜根据地区经验确定。

7. 防渗堵水设计

防渗堵水工程设计时，最好按双排或三排布孔形成帷幕，如图 13-4 所示。孔距

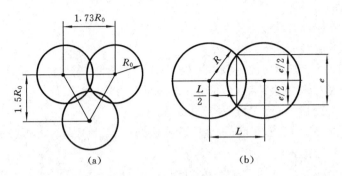

图 13-4　布孔孔距和旋喷注浆固结体交联图

为 $1.73R_0$(R_0 为旋喷桩设计半径),排距为 $1.5R_0$ 时最经济。

若想增加每一排旋喷桩的交圈厚度,可适当缩小孔距,按下式计算孔距。

$$e = 2\sqrt{R_0^2 - \left(\frac{L}{2}\right)^2} \tag{13-5}$$

式中:e——旋喷桩的交圈厚度(m);

　　　R_0——旋喷桩的半径(m);

　　　L——旋喷桩孔位的间距(m)。

定喷法和摆喷法是一种常用的防渗堵水的方法,由于喷射出的板墙薄而长,不但成本较旋喷法低,而且整体连续性也很好。

8. 浆量计算

浆量计算有两种方法,即体积法和喷量法,取其大者作为设计喷射浆量。

1) 体积法

$$Q = \frac{\pi}{4}D_e^2 K_1 h_1(1+\beta) + \frac{\pi}{4}D_0^2 K_2 h_2 \tag{13-6}$$

2) 喷量法

以单位时间喷射的浆量及喷射持续时间计算出浆量,计算公式为

$$Q = \frac{H}{v}q(1+\beta) \tag{13-7}$$

式中:Q——需要用的浆量(m^3);

　　　D_e——旋喷桩直径(m);

　　　D_0——注浆管直径(m);

　　　K_1——填充率($0.75 \sim 0.9$);

　　　K_2——未旋喷范围土的填充率($0.5 \sim 0.75$);

　　　h_1——旋喷长度(m);

　　　h_2——未旋喷长度(m);

　　　β——损失系数($0.1 \sim 0.2$);

　　　v——提升速度(m/min);

　　H——喷射长度(m)；

　　q——单位时间喷浆量(m^3/min)。

根据计算所需的喷浆量和设计的水灰比,即可确定水泥的使用数量。

9. 浆液材料与配方

根据喷射工艺要求,浆液应具备以下特性。

1) 良好的可喷性

目前,国内基本上采用以水泥浆为主剂,掺入少量外加剂的喷射方法。水灰比一般采用1∶1到1.5∶1就能保证较好的喷射效果。浆液的可喷性可用流动度或黏度来评定。

2) 足够的稳定性

浆液的稳定性好坏直接影响到固结体质量。以水泥浆液为例,稳定性好的指标是指浆液在初凝前析水率小、水泥的沉降速度慢、分散性好以及浆液混合后经高压喷射而不改变其物理化学性质。掺入少量外加剂能明显地提高浆液的稳定性。常用的外加剂有膨润土、纯碱、三乙醇胺等。浆液的稳定性可用浆液的析水率来评定。

3) 气泡少

若浆液带有大量的气泡,则固结体硬化后就会有许多气孔,从而降低喷射固结体的密度,导致固结体强度及抗渗性能降低。

为了尽量减少浆液气泡,应选择非加气型的外加剂,不能采用起泡剂,比较理想的外加剂是代号为NNO的外加剂。

4) 调剂浆液的胶凝时间

胶凝时间是指从浆液开始配置起,到土体混合后逐渐失去其流动性为止的这段时间。

胶凝时间由浆液的配方、外加剂的掺量、水灰比和外界温度而定。一般从几分钟到几小时,可根据施工工艺及注浆设备来选择合适的胶凝时间。

5) 良好的力学性能

浆材的品种、浆液的浓度、配比和外加剂等直接影响加固体的抗压强度。因此,应选择力学性能优良的浆材品种。

6) 无毒、无臭

浆液对环境不污染及对人体无害,凝胶体为不溶和非易燃、易爆物。浆液对注浆设备、管路无腐蚀性并容易清洗。

7) 结石率高

固化后的固结体有一定黏结性,能牢固地与土粒相黏结。要求固结体耐久性好,能长期耐酸、碱、盐及生物细菌等腐蚀,并且不受温度、湿度的影响。

水泥最经济且取材容易,是喷射注浆的基本浆材。国内只有少数工程中应用过丙凝和尿醛树脂等作为浆材。根据注浆目的,水泥浆液可分为以下几种类型:普通型;速凝型;早强型;高强型;填充剂型;抗冻型;抗渗型;改善型;抗蚀型。

13.5 施工

1. 施工程序

1）钻机就位

钻机安放在设计的孔位上并应保持垂直,施工时旋喷管的允许倾斜度不得大于1.5%。

2）钻孔

单管旋喷常使用 76 型旋转振动钻机,钻进深度可达 30 m 以上,适用于标准贯入击数小于 40 的砂土和黏性土层。当遇到比较坚硬的地层时宜用地质钻机钻孔。一般在双管和三管旋喷法施工中都采用地质钻机钻孔。钻孔的位置与设计位置的偏差不得大于 50 mm。

3）插管

插管是将喷管插入地层预定的深度。使用 76 型振动钻机钻孔时,插管与钻孔两道工序合二为一,即钻孔完成时插管作业同时完成。如使用地质钻机钻孔完毕,必须拔出岩芯管,并换上旋喷管插入到预定深度。在插管工程中,为防止泥砂堵塞喷嘴,可边射水、边插管,水压力一般不超过 1 MPa。若压力过高,则易将孔壁射塌。

4）喷射作业

当喷管插入预定深度后,由下而上进行喷射作业,值班技术人员必须时刻注意检查浆液的初凝时间、注浆流量、风量、压力、旋转提升速度等参数是否符合设计要求,并随时做好记录,绘制作业过程曲线。

当浆液初凝时间超过 20 h,应及时停止使用该水泥浆液(正常水灰比为 1∶1,初凝时间为 15 h 左右)。

5）冲洗

喷射施工完毕后,应把注浆管等机具设备冲洗干净,管内机内不得残存水泥浆。通常把浆液换成水,在地面上喷射,以便把泥浆泵、注浆管和软管内的浆液全部排除。

6）移动机具

将钻机等机具设备移到下一个孔位上。

2. 施工注意事项

(1) 钻机或旋喷机就位时机座要平稳,立轴或转盘要与孔位对正,倾角与设计误差一般不得大于 0.5°。钻孔的位置与设计位置的偏差不得大于 50 mm。

(2) 喷射注浆前要检查高压设备和管路系统;设备的压力和排量必须满足设计要求;管路系统的密封圈必须良好,各通道和喷嘴内不得有杂物;喷射孔与高压注浆泵的距离不宜大于 50 m。

(3) 水泥浆液的水灰比应按工程要求确定,可取 0.8~1.5,常用 1.0。喷射注浆作业后,由于浆液析水作用,一般均有不同程度的收缩,使固结体顶部出现凹穴,所以应及时用水灰比为 0.6 的水泥浆进行补灌,并要预防其他钻孔排出的泥土或杂物进入。

(4) 为了加大固结体尺寸,或在深层硬土中为了避免固结体尺寸减小,可以采用提高喷射压力、泵量或降低回转与提升速度等措施,也可以采用复喷工艺:第一次喷射(初喷)时,不注水泥浆液;初喷完毕后,将注浆管边送水边下降至初喷开始的孔深,再抽送水泥浆,自下而上进行第二次喷射(复喷)。

(5) 在喷射注浆过程中,应观察冒浆的情况,以便及时了解土层情况、喷射注浆的大致效果和喷射参数是否合理。采用单管或双管喷射注浆时,冒浆量小于注浆量20%为正常现象;超过 20%或完全不冒浆时,应查明原因并采用相应的措施。若是由于地层中有较大的空隙引起的不冒浆,可在浆液中掺加适量速凝剂或增大注浆量;若冒浆过大,可减少注浆量和加快提升和回转速度,也可缩小喷嘴直径以提高喷射压力。采用三管喷射注浆时,冒浆量则应大于高压水的喷射量,但其超过量应小于注浆量的 20%。

(6) 对冒浆应妥善处理,及时清除沉淀的泥渣。在砂层中用单管或双管注浆旋喷时,可以利用冒浆进行补灌已施工过的桩孔。但在黏土层、淤泥层旋喷或用三重管注浆旋喷时,因冒浆中掺入黏土或清水,故不宜利用冒浆回灌。

(7) 在软弱地层旋喷时,固结体强度低。可以在旋喷后注入 M15 砂浆来提高固结体的强度。

(8) 在湿陷性地层进行高压喷射注浆成孔时,如用清水或普通泥浆作冲洗液,会加剧沉降,此时宜用空气洗孔。

(9) 在砂层尤其是干砂层中旋喷时,喷头的外径不宜大于注浆管,否则易夹钻。

(10) 当处理既有建筑地基时,在浆液未硬化前,有效喷射范围内的地基因受到扰动而强度降低,因此应采用速凝浆液、跳孔喷射和冒浆回灌等措施,以防喷射过程中地基产生附加变形和地基与基础间出现脱空现象。

(11) 当喷射注浆过程中出现下列异常情况时,需查明原因并采取相应措施。

① 流量不变而压力突然下降时,应检查各部位的泄漏情况,必要时应拔出注浆管,检查密封性能。

② 出现不冒浆或断续冒浆时,若是土质松软则视为正常现象,可适当进行复喷;若是附近有空洞和通道,则应不提升注浆管继续注浆直至冒浆为止或拔出注浆管待浆液凝固后重新注浆。

③ 压力稍有下降时,可能是注浆管被击穿或有孔洞,使喷射能力降低。此时应拔出注浆管进行检查。

④ 压力陡增超过最高限值、流量为零、停机后压力仍不变动时,则可能是喷嘴堵塞。此时应拔管疏通喷嘴。

13.6　质量检验

(1) 检验内容包括:固结体的整体性和均匀性;固结体的有效直径;固结体的垂直度;固结体的强度特性(包括旋喷桩的轴向压力、水平力、抗酸碱性、抗冻性和抗渗性等);固结体的溶蚀和耐久性能。

(2) 高压喷射注浆可根据工程要求和当地经验采用开挖检查、取芯(常规取芯或软取芯)、标准贯入试验、载荷试验或围井注水试验等方法进行检验,并结合工程测试、观测资料及实际效果综合评价加固效果。

① 开挖检验　待浆液凝固具有一定强度后,即可开挖检查固结体垂直度和固结体形状。

② 钻孔取芯　在已旋喷好的固结体中钻取岩芯,并将岩芯做成标准试件进行室内物理和力学性能试验。根据工程的要求亦可在现场进行钻孔,做压力注水和抽水两种渗透试验,测定其抗渗能力。

③ 标准贯入试验　在旋喷固结体的中部可进行标准贯入试验。

④ 静载荷试验　静载荷试验分垂直和水平载荷试验两种。进行垂直载荷试验时,需在顶部 0.5~1.0 m 内浇筑 0.2~0.3 m 厚的钢筋混凝土桩帽;进行水平推力载荷试验时,在固结体的加载受力部位,浇筑 0.2~0.3 m 厚的钢筋混凝土加荷面,混凝土的强度等级不低于 C20。

(3) 检验点应布置在下列部位:有代表性的桩位;施工中出现异常情况的部位;地基情况复杂,可能对高压喷射注浆质量产生影响的部位。

(4) 检验点的数量为施工孔数的 1%,并不应少于 3 点。检验宜在高压注浆结束 28 d 后进行。

(5) 竖向承载旋喷桩地基竣工验收时,承载力检验应采用复合地基载荷试验和单桩载荷试验,检验数量为桩总数的 0.5%~1%,且每项单体工程不应少于 3 点。

(6) 高压旋喷桩复合地基载荷试验完成后,当从复合地基静载荷试验的 $p\text{-}s$ 曲线上按相对变形值确定复合地基承载力的特征值时,可取 s/b 或 s/d 等于 0.006 所对应的压力作为高压旋喷桩复合地基承载力的特征值。

13.7　工程实例

1. 工程概况

威海某宾馆,距海约 200 m,高 60 m,地上 17 层,地下 1 层,共 18 层,呈三角形布置,底部为箱形基础,全部采用现浇剪力墙结构。占地面积 1100 m²,总重 24100 t。

由于地处滨海滩涂,天然地基承载力仅为 110~130 kPa,预估沉降量 700 mm,超过设计规范允许值,经分析研究后采用高压喷射注浆法进行地基加固。

2. 地质条件

建筑坐落在地质复杂、基岩埋藏深度很深的软土层上,场地土层大致可分为 4 层。

(1) 人工填土层:层厚 0.6～1.4 m,松散不均,由粉质黏土、粗砂、碎石、砖瓦和炉渣组成。

(2) 新近滨海相沉积层:厚度为 10 m(层底标高 −0.15～−10.5 m),上部为中密砂、砂砾和碎石透水层,下部为中等压缩性黏土。

(3) 第四系冲积层:层底标高 −11.5～−16.9 m,由粉质黏土、细砂及碎石组成,上部黏土的压缩性较高,呈软塑至可塑状。

(4) 基岩:为片麻岩,深 30 m 以上属全风化带,其间有一层夹白色高压缩性高岭土。风化层层面由西向东倾斜 6°。

各土层的物理力学指标见表 13-3。

表 13-3 土层的物理力学指标

土层	土名	重度 γ/(kN/m²)	孔隙比 e	含水量 w/(%)	饱和度 S_r/(%)	塑性指数 I_p	液性指数 I_L	直剪 摩擦角 φ	直剪 黏聚力 c/kPa	压缩系数 a_{1-2}/MPa⁻¹	压缩模量 E_s/MPa
II_1,III_2	中砂	19.4	—	—	—	—	—	—	—	—	—
V	砾砂	20	—	—	—	—	—	—	—	—	—
VI	卵石	20	—	—	—	—	—	—	—	—	—
II_{2-1}	粉质黏土	20	0.622	22.2	94.1	10.5	0.63	10	18	0.35	5000
II_{2-2}	粉质黏土	19.8	0.68	23.8	93.5	11.7	0.59	10	20	0.29	上层 6500 下层 10000
III_2	中砂	20	—	—	—	—	—	—	—	—	11000
VI_1,VI_2	中砂	20	—	—	—	—	—	—	—	—	15000
VII	碎石土	20	—	—	—	—	—	—	—	—	29000
VIII_1	风化层	16.9	1.34	47.3	94.1	12.4	1.93	23.0	45	0.53	5000
VIII_2	24～27 m	20	—	—	—	—	—	—	—	—	17000
	27～40 m	20	—	—	—	—	—	—	—	—	26000

地下水埋深较浅为 0.6～1.1 m。pH 值为 6.9,水力坡度为 3.0‰～3.5‰。

设计时对建筑物地基的要求是:加固后地基承载力要求达到 250 kPa;差异沉降不大于 0.5‰;垂直荷载通过箱形基础均匀传至基底,不考虑弯矩,不考虑水平推力。

3. 旋喷桩设计

1) 设计要点

(1) 根据地质条件,对 II_{2-1} 及 II_{2-2} 粉质黏土层应提高地基承载力;对其余土层的加固是为了控制沉降量,达到规范规定不得大于 200 mm 沉降量的要求。

(2) 桩距 2 m,满堂布桩。

(3) 箱形基础底面至 -7 m 的中砂层作为应力调整层,保持其天然状态不予加固。地基加固深度由 $-7 \sim -24.5$ m。

(4) 由于 $-14 \sim -24.5$ m 天然地基的承载力已满足设计要求,加固目的单纯是控制沉降量,故该深度范围内可适当减少桩数。因此采取长短桩相结合的方式布桩。

(5) 建筑物边缘和承受荷载大的部位,适当增加长桩。

(6) 长桩要穿过压缩性高的高岭土,短桩要穿过 II$_{2-2}$ 粉质黏土层。

(7) 作为复合地基,旋喷桩不与箱形基础直接联系。

(8) 加固范围大于建筑物基础的平面面积。

2) 计算参数

设计荷载强度 $p_0 = 250$ kPa,旋喷桩直径 $D = 0.8$ m,面积 $A_p = 0.5$ m²,旋喷桩长度 $L_1 = 6.5 \sim 7.5$ m;$L_2 = 18.5 \sim 19.5$ m;旋喷桩单桩承载力为 685 kN;旋喷桩桩数 439(计算为 421);

旋喷桩面积置换率 $m_1 = 0.1444$(长短桩部分);$m_2 = 0.0822$(长桩部分);

复合地基压缩模量 $E_{sp1} = 1577 \times 10^2$ kPa(长短桩部分);$E_{sp2} = 642 \times 10^2$ kPa(长桩部分);

3) 复合地基沉降量计算

对旋喷桩复合地基沉降量进行计算,可按桩长范围内复合土层以及下卧层地基变形值计算。沉降量计算值为 16.2 mm。

在旋喷桩复合地基设计完成后,施工过程中发现部分水泥质量不理想和少数旋喷桩头有较大的凹陷,为此对设计作了修改和补充。取消了箱形基础底部的中砂层为应力调节层,对中砂加喷补强桩,增加了以保证旋喷质量为目的的中心桩旋喷和静压注浆。

4. 旋喷桩施工工艺

在第一阶段中,完成部分长、短桩旋喷施工;在第二阶段里,完成了全部长短桩旋喷、中心桩旋喷和静压注浆,并进行了部分质量检验工作;在第三阶段里完成了 260 根补强桩和补强后的质量检验工作。

施工采用单管旋喷注浆法。

(1) 机具　使用铁研 TY-76 型振动钻(打管、旋转和提升用)和兰通 SNCH300 型水泥车(产生 20 MPa 高压水泥浆液射流)组建成 3 套单管旋喷机具进行施工,每套机具 10 人/台班。

(2) 旋喷工艺及参数　按照设计桩径的要求和各类注浆的不同作用,对各种旋喷桩分别采取了不同工艺及其相应参数。

为了提高各种旋喷桩的承载能力,在每根桩的底部 1 m 长范围内,都采取了延长喷射持续时间的措施。

喷射参数:喷射压力为 20 MPa,喷射流量为 100 L/min,旋转速度为 20 r/min,提升速度为 $0.2 \sim 0.8$ m/min,使用 32.5 级普通硅酸盐水泥,水泥浆相对密度为 1.5。

5. 质量检验

在施工初期、中期和完工后,进行了数次多种方法的质量检验。主要情况如下。

（1）旁压试验结果表明,旋喷桩桩间土体因受到旋喷桩加固作用的影响,其旁压模量和旁压极限压力均有所提高。

（2）浅层开挖出的旋喷桩径为 0.6~0.8 m。

（3）钻探取芯和标准贯入试验是结合进行的。结果表明,旋喷桩是连续的和强度较高的桩体。

（4）在建筑物上布设了近 50 个沉降观测点,沉降量仅为 8~13 mm。

习　题

一、问答题

1. 高压喷射注浆法是如何产生的?

2. 按照高压喷射流的作用方向,高压喷射注浆法分为哪三种?

3. 高压喷射注浆法根据工艺类型可划分为哪四种方法?

4. 高压喷射注浆法有何特点? 适用于何种土质和工程范围?

5. 高压喷射注浆后如何进行质量检验?

二、选择题

1. 高压喷射注浆法的三重管旋喷注浆 _____。

A. 分别使用输送水、气和浆三种介质的三重注浆管

B. 分别使用输送外加剂、气和浆三种介质的三重注浆管

C. 应向土中分三次注入水、气和浆三种介质

D. 应向土中分三次注入外加剂、气和浆三种介质

2. 一种含有较多大粒径孤石的砂砾土地基,用_____最适合作垂直防渗的施工。

A. 高压喷射注浆法　　　　B. 深层搅拌法

C. 水泥黏土帷幕灌浆法　　D. 地下连续墙法

三、计算题

对某建筑场地采用高压旋喷桩复合地基法加固,要求复合地基承载力特征值达到 250 kPa。拟采用的桩径为 0.5 m,单桩承载力特征值为 356 kN,桩间土的承载力特征值为 120 kPa,承载力折减系数 0.25,若采用等边三角形布桩,试计算旋喷桩的桩间距。

14 水泥粉煤灰碎石桩(CFG桩)法

14.1 概述

水泥粉煤灰碎石桩又称 CFG 桩(cement-flyash-gravel pile)，是由水泥、粉煤灰、碎石、石屑或砂等混合料加水拌和形成的高黏结强度桩，和桩间土、褥垫层一起组成水泥粉煤灰碎石桩复合地基，如图 14-1 所示。

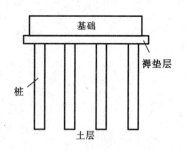

图 14-1 CFG 桩复合地基示意图

我国从 20 世纪 70 年代起就开始利用碎石桩加固地基，在砂土、粉土中消除地基液化和提高地基承载力方面取得了令人满意的效果。后来逐渐把碎石桩的应用范围扩大，用到塑性指数较大、挤密效果不明显的黏性土中，以期提高地基的承载能力。然而大量的工程实践表明：对这类土采用碎石桩加固，承载力提高幅度不大。其根本原因在于碎石桩属散体材料桩，本身没有黏结强度，主要靠周围土的约束来抵抗基础传来的竖向荷载。土体越软，对桩的约束作用越差，桩传递竖向荷载的能力越弱。

根据试验及理论分析可知，通常距桩顶 2～3 倍桩径的范围为高应力区；当大于 6～10 倍桩径后，轴向力的传递收敛很快，当桩长大于 2.5 倍基础宽度后，即使桩端落在好土层上，桩的端阻作用也很小。在诸多种类的复合地基的增强体中，碎石桩作为散体材料，置换作用最差。

CFG 桩是针对碎石桩承载特性的上述不足加以改进继而发展起来的。其机理为：在碎石桩中掺加适量的石屑、粉煤灰和水泥，加水拌和形成一种黏结强度较高的桩体，使之具有刚性桩的某些性状，一般情况下不仅可以全桩长发挥桩的侧阻作用，当桩端落在好土层时也能很好地发挥端阻作用，从而表现出很强的刚性桩性状，复合地基的承载力得到较大提高。

CFG 桩的骨干材料为碎石，系粗骨料；石屑为中等粒径骨料，当桩体强度小于 5 MPa 时，石屑的掺入可使桩体级配良好，对保证桩体强度起到重要作用。有关试验表明：相同的碎石和水泥掺量条件下，掺入石屑可比不掺入石屑强度增加 50% 左右；粉煤灰既是细骨料，又有低标号水泥的作用，可使桩体具有明显的后期强度；水泥则为粘结剂，主要起胶结作用。

CFG 桩属高黏结强度桩，它与素混凝土桩的区别仅仅在于桩体材料的构成不同,而在受力和变形特性方面没有什么区别。它在桩体材料上比素混凝土桩更追求经济性,在有条件的地方应尽量利用工业废料作为掺和料。

CFG 桩复合地基试验研究是建设部"七五"计划课题,于 1988 年立项进行试验研究,并开始应用于工程实践。1992 年,建设部组织鉴定了 CFG 桩复合地基试验研究成果,专家们一致认为该成果达到国际领先水平,具有重大的推广应用价值。1994 年,CFG 桩复合地基成套技术被建设部列为全国重点推广项目,被国家科委列为国家级全国重点推广项目;1997 年,它被列为国家级工法,并制定了中国建筑科学研究院企业标准,现已列入国家行业标准《建筑地基处理技术规范》JGJ 79—2002。为了进一步推广这项新技术,国家投资对施工设备和施工工艺进行了专门研究,并列入"九五"国家重点攻关项目,1999 年 12 月通过国家验收。

随着 CFG 桩设计施工技术的成熟和推广,该项成果在工程实践中得到了广泛的应用。据不完全统计,该技术已在全国 23 个省、市的数千个工程中推广使用。和桩基础相比,由于 CFG 桩桩体材料可以掺入工业废料粉煤灰,桩身不配钢筋以及充分发挥桩间土的承载能力,工程造价一般为桩基础的 1/3～1/2,经济效益和社会效益非常显著。由于该项技术在施工工艺上具有施工速度快、工期短、质量容易控制、工程造价低的特点,目前已经成为许多地区应用最普遍的地基处理技术之一。

CFG 桩由于自身的特点及加固机理,主要适用于处理黏性土、粉土、砂土和已自重固结的素填土等地基。对于淤泥质土,应按地区经验或通过现场试验确定其适用性。同时,CFG 桩复合地基属于刚性桩复合地基,具有承载力提高幅度大、地基变形小等优点,可适用于多种基础类型,如条形基础、独立基础、箱形基础和筏板基础等。

14.2　褥垫层技术

CFG 桩、桩间土和褥垫层一起形成复合地基,复合地基的许多特性都与褥垫层有关,因此褥垫层技术是 CFG 桩复合地基的一个核心技术。这里所说的褥垫层不是基础施工中经常浇筑的 10cm 厚的素混凝土垫层,而是由粒状材料组成的散体垫层。由于在 CFG 桩和基础之间设置了褥垫层,在竖向荷载作用下,桩基中的桩、土受力和 CFG 桩复合地基中的桩、土受力有着明显的不同。由于褥垫层的存在,CFG 桩可以向垫层产生向上的刺入变形,使得 CFG 桩可以分担更多的荷载,桩间土的承载力也得到充分的发挥,从而使 CFG 桩复合地基获得了很高的承载力。

14.2.1　褥垫层的作用

1. 保证桩土共同承担荷载

若基础下面不设置褥垫层,基础直接与桩和桩间土接触,在竖向荷载作用下其承载特性和桩基差不多。在给定荷载作用下,桩承受较多的荷载,随着时间的增加,桩发生一定的沉降,荷载逐渐向土体转移。其时程曲线的特点是:土承担的荷载随时间增加逐渐增加;桩承担的荷载随时间增加逐渐减小。

如果桩端落在坚硬土层或岩石上,桩的沉降很小,桩上的荷载向土上转移数量很小,桩间土承载力很少发挥。

在基础下设置一定厚度的褥垫层,情况就不同了,即使桩端落在好的土层上,也能保证一部分荷载通过褥垫作用在桩间土上,借助褥垫层的调整作用,使给定荷载作用下桩、土受力时程曲线均为常值。

2. 调整桩土荷载分担比

复合地基桩、土荷载分担,可用桩、土应力比 n 表示,也可以用桩、土荷载分担比 δ_p、δ_s 表示。

当褥垫层厚度 $\Delta H = 0$ 时,桩土应力比很大,如图 14-2(a)所示。在软土中,桩土应力比 n 可以超过 100,桩分担的荷载相当大。当 ΔH 很大时,桩土应力比接近1。此时桩的荷载分担比很小,并有 $\delta_p \approx m$,如图 14-2(b)所示。

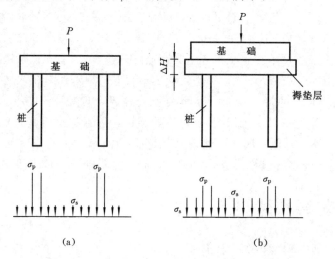

图 14-2 桩土应力比随褥垫厚度的变化示意图

表 14-1 给出了在不同荷载水平、不同褥垫层厚度的情况下,桩承担的荷载占总荷载百分比 δ_p 的变化情况,可以看到,桩、土荷载分担与褥垫层厚度密切相关。

表 14-1 桩承担荷载 P_p 占总荷载 P 的百分比

垫层厚度/cm 荷载 p/kPa	2	10	30	备 注
20	65	27	13	桩长 2.25 m,桩径16 cm,承压板 1.05 m×1.05 m
60	72	32	26	
100	75	39	38	

3. 减小基础底面的应力集中

当褥垫层厚度 $\Delta H = 0$ 时,桩对基础的应力集中很显著,和桩基础一样,需要考

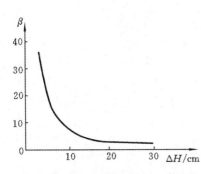

图 14-3 β 值与褥垫层厚度关系曲线

虑桩对基础的冲切破坏。

当 ΔH 大到一定程度后,基底反力即为天然地基情形下分布的反力。

桩顶对应的基础底面测得的反力与桩间土对应的基础底面测得的反力之比用 $\beta(\beta=\sigma_{R_p}/\sigma_{R_s})$ 表示,β 值随褥垫层厚度 ΔH 的变化曲线如图 14-3 所示。当褥垫层厚度大于 10 cm 时,桩对基础底面产生的应力集中已显著降低,当 ΔH 为 30 cm 时,β 值已经很小。

4. 调整桩、土水平荷载的分担

CFG 桩主要传递竖向荷载,当基础承受水平荷载时,桩、土是如何参与工作的? 特别是 CFG 桩不配筋,桩在水平荷载作用下会不会断裂? 是否会影响建筑物的正常使用? 这些问题常常是设计人员非常关心的。

1) 桩、土水平荷载的分担

当褥垫层厚度 $\Delta H=0$ 时,基础受竖向荷载 P 和水平荷载 Q。在竖向荷载 P 作用下桩的荷载分担比 δ_p 很大,而土的荷载分担比 δ_s 很小。

在无埋深条件下,荷载 Q 传到桩上的水平力为 Q_p,传到土上的水平力为 Q_s,并有

$$Q = Q_p + Q_s \tag{14-1}$$

$$Q_s = \mu P_s \tag{14-2}$$

式中:P_s——桩间土分担的荷载;

μ——基础和土之间的摩擦系数,μ 多在 $0.25\sim0.45$ 之间变化。

当 $\Delta H=0$ 时,P_s 较小,则 Q_s 也很小,此时水平荷载主要由桩来分担,Q_p 很大。

当褥垫层厚度 ΔH 增大到一定数值时,作用在桩顶和桩间土上的剪应力 τ_p 和 τ_s 不大,桩顶受的剪力 $Q_p=mA\tau_p$(m 为置换率,A 为基础面积,τ_p 为桩顶剪应力)占水平荷载的比例大体与面积置换率相当,即此时桩受的水平荷载很小,水平荷载主要由桩间土承担。

2) 单桩水平载荷试验分析

图 14-4 中曲线 1 和 2 是在桩顶无竖向荷载条件下水平静载荷试验结果。当荷载 Q 达到某一数值(例如 $4\sim5$ kN)时,桩的水平位移急剧增加,此时桩已破坏。

曲线 3 是桩顶施加 30 kN 竖向荷载条件下的水平静载荷试验结果,与曲线 1、2 显然不同,当水平荷载加到 $4\sim5$ kN 时,桩并未发生破坏。随着水平荷载的增

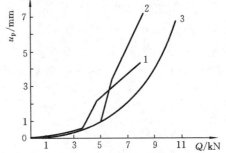

图 14-4 单桩 Q-u_p 曲线

(桩长均为 3.2 m,桩径均为 16 cm)

加,$Q\text{-}u_p$曲线仍呈非线性发展。由此可知,CFG桩复合地基中的桩,由于桩顶作用着竖向荷载,桩抵抗水平荷载的能力要比自由单桩大得多。

3) 复合地基水平载荷试验

试验表明,褥垫层厚度越大,桩顶水平位移越小,即桩顶承受的水平荷载越小。大量工程实践和室内外试验表明,褥垫层厚度不小于10 cm时,桩体不会发生水平折断,桩在复合地基中不会失去工作能力。

14.2.2　褥垫层的合理厚度

由前面的讨论可知,褥垫层厚度过小,桩对基础将产生很显著的应力集中,需考虑桩对基础的冲切,这势必导致基础加厚。如果基础承受水平荷载作用,可能造成复合地基中桩发生断裂。

由于褥垫层厚度过小,桩间土承载能力不能充分发挥,要达到设计要求的承载力,必然要增加桩的数量或长度,造成经济上的浪费。带来的唯一好处是建筑物的沉降量小。

褥垫层厚度大,桩对基础产生的应力集中很小,可不考虑桩对基础的冲切作用,基础受水平荷载的作用,不会发生桩的折断。

褥垫层厚度大,能够充分发挥桩间土的承载能力。若褥垫层厚度过大,会导致桩土应力比等于或接近1。此时桩承担的荷载太少,实际上复合地基中桩的设置已失去了意义。这样设计的复合地基,其承载力不会比天然地基承载力有较大的提高,而且建筑物的沉降也大。

综合以上分析,结合大量的工程实践,同时考虑到技术上可靠、经济上合理,褥垫层厚度取10~30 cm为宜。

14.3　CFG桩复合地基工程特性

1. 承载力提高幅度大、可调性强

CFG桩的桩长可以从几米到二十多米,并且可全桩长发挥桩的侧阻力,桩承担的荷载占总荷载的百分比可在40%~75%之间变化,使得复合地基承载力大幅度提高并具有很大的可调性。当地基承载力较高时:荷载不大,可将桩长设计得短一点;荷载大,桩长可设计得长一些。特别是天然地基承载力较低而设计要求的承载力较高,用柔性桩复合地基一般难以满足设计要求时,采用CFG桩复合地基则比较容易满足要求。

2. 适应范围广

对基础形式而言,CFG桩既可适用于条形基础、独立基础,也可用于筏板基础和箱形基础。

对于土性而言,CFG桩可用于填土、饱和及非饱和黏性土,既可用于挤密效果好的土,也可用于挤密效果差的土。

当 CFG 桩用于挤密效果好的土时,承载力的提高值既有挤密分量,又有置换分量;当 CFG 桩用于不可挤密土时,承载力的提高只与置换作用有关。

当地基土的承载力特征值不大于 50 kPa 时,CFG 桩的适用性值得研究。

当地基土是具有良好挤密效果的砂土、粉土时,振动可使土挤密,桩间土承载力可有较大幅度的提高,CFG 桩是适用的。例如唐山港海员大酒店工程,天然地基承载力标准值 $f_k \leqslant 50$ kPa,地表以下 8 m 又有较好的持力层,采用振动沉管机成桩,仅振动挤密分量就有 70~80 kPa,即加固后桩间土承载力可达 120~130 kPa。

而塑性指数高的饱和软黏土,成桩时土的挤密分量为零。承载力的提高唯一取决于桩的置换作用。由于桩间土承载力太低,土的荷载分担比太低,因此不宜采用复合地基。

3. 刚性桩的性状明显

对于柔性桩和散体材料桩,如碎石桩、砂石桩等,它们主要是通过有限的桩长 $(6\sim10)d$ 传递竖向荷载。当桩长大于某一数值后,桩传递荷载的作用已显著减小。

CFG 桩像刚性桩一样,可全长发挥侧阻,桩落在好的土层上时,具有明显的端承作用。

对上部软下部硬的地质条件,碎石桩将荷载向深层传递非常困难。而 CFG 桩因为具有刚性桩的性状,向深层土传递荷载是其重要的工程特性。

4. 桩体的排水作用

CFG 桩在饱和粉土和砂土中施工时,由于沉管和拔管的振动,会使土体产生超静孔隙水压力。较好透水层上面还有透水性较差的土层时,刚刚施工完的 CFG 桩将是一个良好的排水通道,孔隙水将沿着桩体向上排出,直到 CFG 桩桩体结硬为止。这样的排水工程可延续几小时。

5. 时间效应

利用振动沉管桩机施工,将会对周围土产生扰动。特别是对灵敏度较高的土,会使结构强度破坏,强度降低。施工结束后,随着恢复期的增长,结构强度会有所恢复。

南京造纸厂轻涂胶印纸车间,对天然地基和施工后不同恢复期后的桩间土分别进行了静载荷试验,结果表明,施工后 13 d 桩间土强度比天然地基降低 43.8%,恢复期 53 d 桩间土的承载力反而提高了 20.4%。

南京浦镇车辆厂进行了不同恢复期的复合地基静载荷试验,结果表明,施工完毕 90 d 后的复合地基承载力比施工完毕 28 d 后的复合地基承载力提高了 30%。

复合地基承载力的提高,既包含了桩间土结构强度的恢复,也包括了桩、土间相互作用的加强。

6. 桩体强度和承载力的关系

当桩体强度大于某一数值时,提高桩身强度等级对复合地基承载力没有影响。因此复合地基设计时,不必把桩体强度值设计得很高。一般取桩顶应力的 3 倍即可。

7. 复合地基变形小

复合地基模量大、建筑物的沉降量小是 CFG 桩复合地基的重要特点之一。大量工程实践表明,建筑物的沉降量一般可控制在 2～4 cm。

对于上部和中部有软弱土层的地基,采用 CFG 桩加固时,桩端放在下面好的土层上,可以获得模量很高的复合地基,建筑物的沉降都不大。

北京华亭嘉园 6 栋 32～35 层超高层建筑,采用 CFG 桩复合地基加固,封顶后建筑物沉降均不超过 3 cm。北京嘉和丽园 3 栋 28～32 层的建筑物,封顶后沉降平均值不超过 2.8 cm。望京高校小区 1～4 号楼(地上 26 层)最终沉降均在 4 cm 以内。

14.4　CFG 桩复合地基设计计算

1. CFG 桩复合地基设计对勘察的要求

按照国家标准《岩土工程勘察规范》GB 50021—2001 进行岩土工程勘察,并提供勘察报告。

1)工程勘察内容

(1)查明岩土埋藏条件及物理力学性质、持力层及下卧软弱土层埋藏深度、厚度、性质及变化。

(2)查明水文地质条件、地下水位、地下水对混凝土的腐蚀性。

(3)查明填土厚度、填土时间以及填土材料的组成成分。若基础底面在填土层,应给出填土层的承载力特征值。

2)勘探点间距

勘探点的布置应控制持力层层面坡度、厚度及岩土性状,其间距为 10～30 m。层面高差或岩性变化较大时,间距取小值。

3)勘探深度

应取勘探总数的 1/3～1/2 作为控制孔,深度为桩尖以下基础宽度的 1～5 倍。

4)室内试验

完成土的物理力学性质常规试验。

对基础底面以下的土层进行灵敏度试验。查明这些土层灵敏度的大小,为褥垫层施工提供依据。对中、高灵敏度土,褥垫层施工时尽量避免对桩间土产生扰动,防止产生"橡皮土"。

5)勘察报告

除按国家标准提供勘察报告外,尚需特别提供或增加如下内容:

(1)提供各层土的桩侧阻力和桩端阻力,桩侧阻力和桩端阻力一般按相同施工工艺的混凝土桩提供。

(2)若有填土,应说明填土材料的构成及填土时间,尤其需要对可能给施工造成困难的工业垃圾或块石等予以说明;当基础底面在填土层上时,需提供填土承载力特征值。

(3) 提供基底以下土层的灵敏度,作为褥垫层铺设施工时选择施工设备和施工工艺的依据。

(4) 提供场地土层压缩试验曲线,并以表格形式给出不同压力 p 所对应的孔隙比 e,作为变形计算的依据。

(5) 对基底以下各主要土层必须提供其承载力特征值,作为复合地基设计的依据。

2. CFG 桩复合地基承载力计算

复合地基是由桩间土和增强体(桩)共同承担荷载的。目前复合地基承载力的计算公式比较多,但应用比较普遍的有两种,其一是将桩间土承载力和单桩承载力进行合理组合叠加;其二是将复合地基承载力用天然地基承载力扩大一个倍数来表示。

必须指出,复合地基承载力不是天然地基承载力和单桩承载力的简单叠加,需要对如下的一些因素予以考虑:

(1) 施工时对桩间土是否产生扰动或挤密,桩间土承载力有无降低或提高。

(2) 桩对桩间土有约束作用,使土的变形减少;当竖直方向上荷载不大时,对土起阻碍变形的作用,使土的沉降减少;荷载较大时,起增大变形的作用。

(3) 复合地基中桩的 Q-s 曲线呈加工硬化型,比自由单桩的承载力要高。

(4) 桩和桩间土承载力的发挥都与变形有关,变形小时,桩和桩间土承载力的发挥都不充分。

(5) 复合地基桩间土承载力的发挥与褥垫层厚度有关。

综合考虑以上情况,结合工程实践经验,CFG 桩复合地基承载力特征值可按下式进行估算。

$$f_{spk} = m \frac{R_a}{A_p} + \beta(1-m)f_{sk} \tag{14-3}$$

式中:f_{spk}——复合地基承载力特征值(kPa);

　　m——面积置换率;

　　R_a——CFG 单桩竖向承载力特征值(kN);

　　A_p——CFG 单桩的截面积(m^2);

　　β——桩间土承载力折减系数,宜按地区经验取值,如无经验时可取 $0.75\sim$
　　　　0.95,天然地基承载力较高时取大值;

　　f_{sk}——处理后桩间土承载力特征值(kPa),宜按当地经验取值,如无经验时,可
　　　　取天然地基承载力特征值。

单桩竖向承载力特征值 R_a 的取值,应符合下列规定。

当采用单桩载荷试验时,应将单桩竖向极限承载力除以安全系数 2;当无单桩载荷试验资料时,可按下式估算。

$$R_a = u_p \sum_{i=1}^{n} q_{si} l_i + q_p A_p \tag{14-4}$$

式中:u_p——桩的周长(m);

n——桩长范围内所划分的土层数;

q_{si}——桩周第 i 层土的侧阻力特征值(kPa),与土性和施工工艺有关,可按地区经验确定,无当地经验值时,可按现行国家标准《建筑地基基础设计规范》GB 50007 的有关规定确定;

l_i——第 i 层土的厚度(m);

q_p——桩端端阻力特征值(kPa),与土性和施工工艺有关,可按地区经验确定,无当地经验值时,可按现行国家标准《建筑地基基础设计规范》GB 50007 的有关规定确定;

A_p——桩的截面积(m^2)。

经 CFG 桩处理后的地基,当考虑基础宽度和深度对地基承载力特征值进行修正时,一般宽度不作修正,即基础宽度的地基承载力修正系数取零,基础埋深的地基承载力修正系数取 1.0。经深度修正后 CFG 桩复合地基承载力特征值为

$$f_a = f_{spk} + \gamma_0(d - 0.5) \tag{14-5}$$

式中:γ_0——基础底面以上土的加权平均重度,地下水位以下取有效重度;

d——基础埋置深度(m),一般自室外地面标高算起。

CFG 桩复合地基承载力计算时需满足建筑物荷载要求,当承受轴心载荷时:

$$p_k \leqslant f_a \tag{14-6}$$

式中:p_k——相应于荷载效应标准组合基础底面处的平均压力值(kPa)。

承受偏心荷载时,除满足上式外,尚应满足下式要求:

$$p_{kmax} \leqslant 1.2f_a \tag{14-7}$$

式中:p_{kmax}——相应于荷载效应标准组合时,基础底面边缘的最大压力值(kPa)。

3. CFG 桩复合地基沉降计算

当前,复合地基沉降计算的理论正处在不断发展和完善的过程中,如解析法、数值解法等。解析法大多应用以 Mindlin 解为基础的 Geddes 积分来计算复合地基中桩荷载所产生的附加应力。而数值解法则采用有限元方法进行计算。在构造几何模型时通常采用两种方法:其一是将单元划分为土体单元和增强体单元,两者采用不同的计算参数,在土体单元和增强体单元之间可以考虑设置界面单元;其二是将加固区土体和增强体考虑为复合土体单元,用复合材料参数作为复合土体单元的计算参数。在进行复合地基有限元分析时,计算参数的选取是一个关键,它直接关系到计算结果的精度。然而,目前的理论计算还无法更精确地计算其应力场而为沉降计算提供合理的模式,因而复合地基的沉降计算多采用经验公式。

1) 复合地基沉降计算的经验公式

在各类实用计算方法中,往往把复合地基沉降分为两个部分:加固区的沉降量 s_1 和下卧层的沉降量 s_2。而地基应力场近似地按天然地基进行计算。

(1) 加固区的沉降量 s_1 的计算主要有两种计算方法。

① 按复合模量计算沉降。将复合地基加固区中增强体和土体视为一个统一的

整体,采用复合压缩模量来评价其压缩性;用分层总和法计算其压缩量。其中,复合模量可按下式求得。

$$E_{sp} = \frac{f_{spk}}{f_{ak}} E_s \qquad (14\text{-}8)$$

式中:f_{ak}——基础底面下天然地基承载力特征值(kPa)。

② 按桩间土应力计算沉降。该方法是考虑 CFG 桩复合地基一般置换率较低,近似地忽略桩的存在,而根据桩间土实际分担的荷载求出附加压力,按照桩间土的压缩模量来计算复合土层沉降。

(2)桩端下卧层沉降计算方法。

复合地基下卧土层的沉降是由通过桩传递的应力和由桩间土传递的应力所产生的,沉降量 s_2 通常采用分层总和法计算。附加应力计算方法有压力扩散法、等效实体法、改进的 Geddes 法等。CFG 桩复合地基由于其置换率较低和设置褥垫层,考虑到桩尖处应力集中范围有限,下卧土层内的应力分布可按褥垫层上的总荷载计算,即作用在褥垫层底面的压力仍假定为均布,并根据 Boussinesq 半无限空间解求出复合体底面以下的附加应力,由此计算下卧层沉降量 s_2。

2)CFG 桩复合地基沉降计算

在工程中,应用较多且计算结果与实际符合较好的沉降计算方法是复合模量法。计算时复合土层分层与天然地基相同,复合土层的模量取该层天然地基模量的 ζ 倍,如图 14-5 所示。加固区和下卧层土体内的应力分布采用各向同性均质的线性变形体理论。

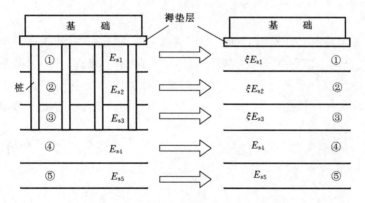

图 14-5 各土层复合模量示意图

复合地基最终沉降量可按下式计算。

$$s_c = \psi \left[\sum_{i=1}^{n_1} \frac{p_0}{\zeta E_{si}} (z_i \overline{\alpha_i} - z_{i-1} \overline{\alpha_{i-1}}) + \sum_{i=n_1+1}^{n_2} \frac{p_0}{E_{si}} (z_i \overline{\alpha_i} - z_{i-1} \overline{\alpha_{i-1}}) \right] \qquad (14\text{-}9)$$

式中:n_1——加固区范围内土层分层数;

n_2——沉降计算深度范围内土层总的分层数;

p_0——对应于荷载效应准永久组合时的基础底面处的附加压力(kPa);

E_{si}——基础底面下第 i 层土的压缩模量(MPa);

z_i、z_{i-1}——基础底面至第 i 层土、第 $i-1$ 层土底面的距离(m);

$\overline{\alpha_i}$、$\overline{\alpha_{i-1}}$——基础底面计算点至第 i 层土、第 $i-1$ 层土底面范围的平均附加应力系数,可查平均附加应力系数表;

ζ——加固区土的模量提高系数,$\zeta = \dfrac{f_{spk}}{f_{ak}}$;

ψ——沉降计算修正系数,根据地区沉降观测资料及经验确定。

4. CFG 桩复合地基设计

1) 设计思想

当 CFG 桩桩体强度用得较高时,具有刚性桩的性状,有的设计人员常将其与桩基础相联系,因此讨论一下 CFG 桩复合地基与桩基础的区别显然是十分必要的。

桩基础是一种常用的基础类型,桩在桩基础中既可承受竖向荷载,也可承受水平荷载。众所周知,桩是一种细长杆件,它传递水平荷载的能力远远小于传递竖向荷载的能力,设计时采用桩基础承受竖向荷载是扬其长,承受水平荷载是用其短。

CFG 桩复合地基通过褥垫层把桩和承台(基础)断开,改变了过分依赖于桩承担竖向荷载和水平荷载的传统设计思想。

当基础承受水平荷载 Q 时,有三部分力与 Q 相平衡:其一为基础底面摩擦力 F_t;其二为基础两侧面的摩擦力 F_1;其三为与水平荷载 Q 方向相反的土的抗力 R。

F_t 和基底与褥垫层之间的摩擦系数 μ 以及建筑物重量 W 有关,W 数值越大,F_t 越大。

基底摩擦力 F_t 传递到桩和桩间土上,桩顶剪应力为 τ_p,桩间土剪应力为 τ_s。由于 CFG 桩复合地基面积置换率一般不大于 10%,故有不低于 90% 的基底面积的桩间土承担了绝大部分水平荷载,而桩承担的水平荷载仅占很小一部分。前已述及,桩土剪应力比随褥垫层厚度的增大而减小。设计时可通过改变褥垫层厚度调整桩土水平荷载分担比。

竖向荷载的传递,如何在桩基中发挥桩间土的承载能力是许多学者都在探索的课题。大桩距布桩的"疏桩理论"就是为调动桩间土承载能力而形成的新的设计思想。

在桩基中,桩只存在向下刺入的可能。当承台承受垂直荷载时,对于摩擦桩,桩端向下刺入,承台发生沉降变形,桩间土可以发挥一定的承载作用,且沉降变形越大,桩间土的作用越明显;桩距越大,桩间土发挥的作用也越大。对于端承桩,承台沉降变形一般很小,桩间土承载能力很难发挥。需要指出的是,即使是摩擦桩,桩间土承载能力的发挥占总承载能力的百分比也很小,且较难定量预估。

CFG 桩复合地基通过褥垫层与基础连接,无论桩端落在一般土层还是坚硬土层,均可保证桩间土始终参与工作。因此竖向承载力设计首先是将土的承载力充分发挥,不足的部分由 CFG 桩来承担。由于 CFG 桩复合地基置换率不高,基础下桩间土承受的荷载是一个不小的数值。总的荷载扣除桩间土承担的荷载,才是 CFG 桩应承受的荷载。显然,与传统的桩基设计思想相比,桩的数量可以大大减少,再加上 CFG 桩不配筋,桩体利用工业废料粉煤灰作为掺加料,大大降低了工程造价且保护了环境。

需要特别指出的是,CFG 桩不只是用来加固软弱地基,对于较好的地基土,若建筑物荷载较大,天然地基承载力不足或变形不能满足要求,也可以采用 CFG 桩进行加固处理。

在设计中,CFG 桩不仅可以采用同一桩长,也可以根据设计条件和地质条件采用不同桩长间隔布置(长短桩复合地基),甚至 CFG 桩与其他桩型组合,如 CFG 桩与夯实水泥土桩、碎石桩等间隔布置,形成多桩型复合地基。

2) 复合地基设计及设计参数确定

复合地基设计除满足地基承载力和变形条件外,还要考虑以下诸多因素进行综合分析来确定设计参数。

(1) 施工设备和施工工艺 复合地基设计时需考虑采用何种设备和工艺进行施工,选用的设备穿透土层的能力和最大施工桩长能否满足要求,施工时对桩间土和已打桩是否会造成不良影响。

(2) 场地土质变化 场地土质的变化对复合地基施工工艺的选择和设计参数的确定有着密切的关系,因此在设计时要认真阅读勘察报告,对基底土有一个全面的认识。通过对场地土的了解,对荷载情况、地基处理要求等综合分析,考虑采用何种布桩形式。

(3) 场地周围环境 场地周围环境是设计时确定施工工艺的一个重要因素。当场地离居民区较近时,或场地周围有精密设备仪器的车间和试验室以及对振动比较敏感的管线,施工不宜选择振动成桩工艺,而应选用无振动低噪音的施工工艺,如长螺旋钻管内泵压 CFG 桩工法;若场地位于空旷地区,且地基土主要为松散的粉细砂或填土,选用振动沉管打桩机是适宜的。

(4) 建筑物结构布置及载荷传递 目前,CFG 桩应用于高层建筑的工程越来越多,地基处理设计时要考虑建筑物结构布置及荷载传递特性。例如,建筑物是单体还是群体,体形是简单还是复杂,结构布置是均匀还是存在偏心,主体建筑物周围是否存在地下车库之类的大开间结构,建筑物是否存在转换层或地下大空间,建筑物通过墙、柱和核心筒传到基础的荷载扩散到基底的范围及均匀性等。在设计时必须认真分析结构传递荷载的特点以及建筑物对变形的适应能力,做到合理布桩,方可保证地基处理达到预期目的。

(5) 地基处理目的 设计时必须明确地基处理是为了解决地基承载力问题、变形问题还是液化问题,解决问题的目的不同,采用的工艺、设计方法、布桩形式均不同。

　　CFG 桩复合地基设计主要确定以下 5 个设计参数,分别为桩长、桩径、桩间距、桩体强度、褥垫层厚度及材料。

　　① 桩长　CFG 桩复合地基要求桩端落在好的土层上,这是 CFG 桩复合地基设计的一个重要原则。因此,桩长是 CFG 桩复合地基设计时首先要确定的参数,它取决于建筑物对承载力和变形的要求、土质条件和设备能力等因素。设计时根据勘察报告分析各土层,确定桩端持力层和桩长,并计算单桩承载力。

　　② 桩径 d　CFG 桩桩径的确定取决于所采用的成桩设备,一般设计桩径为 350～600 mm。

　　③ 桩间距 s　一般桩间距 $s=(3～5)d$,桩间距的大小取决于设计要求的复合地基承载力和变形、土性与施工机具。一般设计要求的承载力高时 s 取小值,但必须考虑施工时相邻桩之间的影响,就施工而言,希望采用较大的桩距和较长的桩长,因此 s 的大小应综合考虑。

　　④ 桩体强度　原则上,桩体配比按桩体强度控制,桩体试块抗压强度应满足下式要求。

$$f_{cu} \geqslant 3\frac{R_a}{A_p} \tag{14-10}$$

式中:f_{cu}——桩体混合料试块(边长 150 mm 立方体)标准养护 28 d 立方体抗压强度平均值(kPa);

　　　　R_a——单桩竖向承载力特征值(kN);

　　　　A_p——桩的截面积(m²)。

　　⑤ 褥垫层厚度及材料　褥垫层厚度一般取 10～30 cm 为宜,当桩径和桩间距过大时,结合对土性的考虑,褥垫层厚度还可适当加大。褥垫层材料可用粗砂、中砂、碎石、级配砂石(最大粒径不大于 30 mm)。

　　3) 布桩

　　原则上,CFG 桩可只在基础范围以内布桩。

　　对于墙下条形基础,在轴心荷载作用下,可采用单排、双排或多排布桩,且桩位宜沿轴线对称。在偏心载荷作用下,可采用沿轴线非对称布桩。

　　对于独立基础、箱形基础、筏板基础,基础边缘到桩的中心距一般为 1 倍桩径或基础边缘到桩边缘的最小距离不宜小于 150 mm,对条基不宜小于 75 mm。

　　对于箱筏基础,底板设计时宜沿建筑物地下室外墙悬挑出来,外墙以外应布桩,如图 14-6(a)所示。有些工程,设计的基础外缘与地下室外墙在一个垂直面上,此种情形布桩时,宜在地下室外墙下布置一排桩,如图 14-6(b)所示,但不宜采用如图 14-6(c)所示的布桩方法。

　　对于柱(墙)下筏板基础,布桩时除考虑整体荷载传到基底的压应力不大于复合地基的承载力外,还必须考虑每根柱(每道墙和核心筒)传到基础的荷载扩散到基底的范围,在扩散范围内的压应力也必须等于或小于复合地基的承载力。扩散范围取

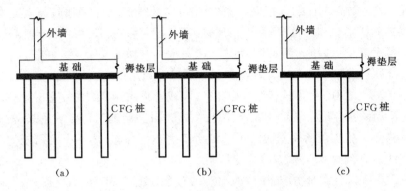

图 14-6　筏板边桩布桩示意图

决于底板厚度,在扩散范围内底板必须满足抗冲切要求。

对可液化地基或有必要时,可在基础外一定范围内设置护桩(可液化地基一般用碎石桩作护桩)。布桩时要考虑桩受力的合理性,尽量利用桩间土应力 σ_s 产生的附加应力对桩侧阻力的增大作用。通常 σ_s 越大,作用在桩上的水平力就越大,桩的侧阻力也越大。

14.5　CFG桩复合地基施工

1. CFG桩施工技术发展简介

目前 CFG 桩复合地基技术在国内许多省市应用,据不完全统计,应用这一技术的有北京、天津、江苏、浙江、河北、河南、山西、山东、陕西、安徽、湖北、广西、广东、辽宁、黑龙江、云南等 23 个省、市、自治区。

CFG 桩施工技术,既可用于工业与民用建筑,也可用于高耸构筑物;既可用于多层建筑,也可用于高层建筑;既可用于条形基础、独立基础,也可用于箱基和筏基;既可用于滨海一带的软土,也可用于承载力在 200 kPa 左右的较好的土。

大量工程实践表明,CFG 桩复合地基设计,就承载力而言不会有太大的问题,可能出问题的是 CFG 桩的施工。了解 CFG 桩施工技术的发展和不同工艺的特点,可使设计人员对 CFG 桩施工工艺有一个较全面的认识,便于在方案选择、设计参数的确定以及施工措施上考虑得更加全面。

CFG 桩复合地基于 1988 年提出并应用于工程实践,首先选用的是振动沉管 CFG 桩施工工艺。这是由于当时振动沉管打桩机在我国拥有量最多,分布的地区也最普遍。

振动沉管 CFG 桩施工工艺属于挤土成桩工艺,主要适用于黏性土、粉土、淤泥质土、人工填土及松散砂土等地质条件,尤其适用于松散的粉土、粉细砂的加固。它具有施工操作简便、施工费用低、对桩间土的挤密效应显著等优点。采用该工艺可以提高地基承载力、减少地基变形以及消除地基液化,到目前为止该工艺依然是 CFG 桩的主要施工工艺之一,主要应用于挤密效果好的土和可液化土的地基加固工程,以及空旷地区或施工场地周围没有管线、精密设备以及不存在扰民的地基处理工程。

工程实践表明,振动沉管 CFG 桩施工工艺也存在如下几个主要问题。

(1) 难以穿透厚的硬土层,如砂层、卵石层等。当基础底面以下的土层中存在承载力较高的硬土层时,不得不采用引孔等措施,或者采用其他成桩工艺。

(2) 振动及噪音污染严重。随着社会的进步,对文明施工的要求越来越高,振动和噪音污染会对施工现场周围居民正常生活产生不良影响,故不少地区规定不能在居民区采用振动沉管 CFG 桩施工工艺。

(3) 在靠近已有建筑物施工时,振动对已有建筑物可能产生不良影响。

(4) 振动沉管 CFG 桩施工工艺为挤土成桩工艺,在饱和黏性土中成桩会造成地表隆起、挤断已打桩、降低桩间土强度的后果,容易出现缩颈、断桩等质量事故。

(5) 施工时,混合料从搅拌机到桩机进料口的水平运输一般为翻斗车或人工运输,效率相对较低。对于长桩,拔管时尚需空中投料,操作不便。

鉴于以上问题,1997 年中国建筑科学研究院等单位申请了国家"九五"攻关项目——长螺旋钻管内泵压 CFG 桩施工工艺。经过几年的课题研究和大量的工程实践,使得长螺旋钻管内泵压 CFG 桩施工设备和施工工艺趋于完善。该工艺主要具有如下优点:① 低噪音,无泥浆污染,成桩不产生振动,可避免对已打桩产生不良影响;② 成孔穿透能力强,可穿透硬土层;③ 施工效率高。

除了上述两种常见的 CFG 桩施工工艺外,CFG 桩施工还可根据土质情况、设备条件选用以下工艺。

(1) 长螺旋钻孔灌注成桩　适用于地下水位以上的黏性土、粉土和填土地基。

(2) 泥浆护壁钻孔灌注成桩　适用于黏性土、粉土、砂土、人工填土、砾(碎)石土及风化岩层分布的地基。

(3) 人工或机械洛阳铲成孔灌注成桩　适用于处理深度不大,地下水位以上的黏性土、粉土和填土地基。

在实际工程中,除采用单一的 CFG 桩施工工艺外,有时还需要根据地质条件或地基处理的目的采用两种施工工艺组合或两种桩型的组合。总之,施工选用何种施工工艺和设备,需要考虑场地土质、地下水位、施工现场周边环境以及当地施工设备等具体情况综合分析确定。

2. 振动沉管 CFG 桩施工工艺

1) 施工设备

图 14-7 是振动沉管桩机示意图。

2) 施工程序

(1) 施工准备。施工前应准备下列资料:

① 建筑物场地工程地质报告书;

② CFG 桩布桩图,图应标明桩位编号、设计说明和施工说明;

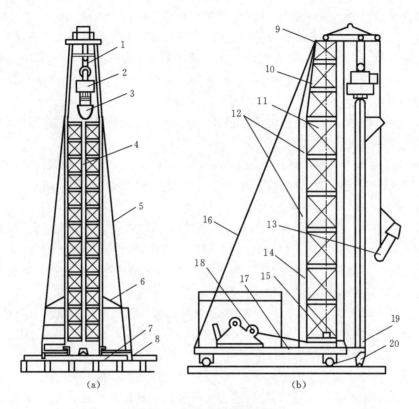

图 14-7 振动沉管桩机示意图

(a) 正面；(b) 侧面

1—滑轮组；2—振动锤；3—漏斗口；4—桩管；5—前拉索；6—遮栅；7—滚筒；8—枕木；9—架顶；
10—架身顶段；11—钢丝绳；12—架身中段；13—吊斗；14—架身下段；15—导向滑轮；16—后拉索；
17—架底；18—卷扬机；19—加压滑轮；20—活瓣桩尖

③ 建筑场地邻近的高压电缆、电话线、地下管线、地下构筑物及障碍物等调查资料；

④ 建筑物场地的水准控制点和建筑物位置控制坐标等资料；

⑤ 具备"三通一平"条件。

(2) CFG 桩的施工步骤如下。

① 桩机进入现场，根据设计桩长、沉管入土深度确定机架高度和沉管长度，并进行设备组装。

② 桩机就位，调整沉管与地面垂直，确保垂直度偏差不大于1%。

③ 启动马达，沉管到预定标高，停机。

④ 沉管过程中做好记录，每沉1m记录电流表电流一次，并对土层变化处予以说明。

⑤ 停机后立即向管内投料，直到混合料与进料口齐平。混合料按设计配比经搅拌机加水拌和，拌和时间不少于1 min，如粉煤灰用量较多，搅拌时间还要适当放长。

加水量按坍落度 3～5 cm 控制,成桩后浮浆厚度以不超过 20 cm 为宜。

⑥ 启动马达,留振 5～10 s,开始拔管,拔管速率一般为 1.2～1.5 m/min,如遇淤泥或淤泥质土,拔管速率还可放慢。拔管过程中不允许反插。若上料不足,须在拔管过程中空中投料,以保证成桩后桩顶标高达到设计要求。成桩后桩顶标高应考虑计入保护桩长。

⑦ 沉管拔出地面,确认成桩符合设计要求后,用粒状材料或湿黏土封顶。然后移机进行下一根桩的施工。

⑧ 施工过程中,抽样做混合料试块,一般一个台班做一组,试块尺寸为 15 cm×15 cm×15 cm,并测定 28 d 的抗压强度。

3) 施工中常见的几个问题

(1) 施工对土的强度影响 就土的挤密性而言,可将地基土分为三大类:其一为挤密性好的土,如松散填土、粉土、砂土等;其二为可挤密性土,如塑性指数不大的松散的粉质黏土和非饱和黏性土;其三为不可挤密土,如塑性指数高的饱和软黏土和淤泥质土,振动使其结构破坏,强度反而降低。

(2) 缩颈和断桩 在饱和软土中成桩,桩机的振动力较小。当采用连打作业时,新打桩对已打桩的作用主要表现为挤压,使得已打桩被挤扁成椭圆形或不规则形,严重的产生缩颈和断桩。

在上部有较硬的土层或中间夹有硬土层中成桩,桩机的振动力较大,对已打桩的影响主要为振动破坏。采用隔桩跳打工艺,若已打桩结硬强度又不太高,在中间补打新桩时,已打桩有时会被震裂。提升沉管速度太快也可能导致缩颈和断桩。

(3) 桩体强度不均匀 拔管太慢或留振时间过长会导致桩端水泥含量较少、桩顶浮浆过多,而且混合料也容易产生离析,造成桩身强度不均匀。

(4) 土、料混合 当采用活瓣桩靴成桩时,可能出现的问题是桩靴开口打开的宽度不够,混合料下落不充分,造成桩端与土接触不密实或桩端附近桩段桩径较小。

若采用反插法,由于桩管垂直度很难保证,反插容易使土与桩体材料混合,从而导致桩身掺土等缺陷。

4) 施工工艺研究成果

(1) 拔管速度 试验表明,拔管速度太快将造成桩径偏小或缩颈断桩。拔管速度太慢则桩端水泥含量较少,桩顶浮浆过多。大量工程实践表明,1.2～1.5 m/min 的拔管速度是适宜的。

(2) 合理桩距 试验表明,其他条件相同时,桩距越小,复合地基承载力越高。当桩距小于 4 倍桩径以后,随着桩距的减小,复合地基承载力的增长率会明显下降,从桩、土作用共同发挥的角度考虑,桩距大于 4 倍桩径是适宜的。

(3) 施打顺序 在确定施打顺序时,主要考虑新打桩对已打桩的影响。施工顺序与土性和桩距有关,在软土中,桩距较大可采用隔桩跳打;在饱和的松散粉土中施工,如果桩距较小不宜采用隔桩跳打方案。

对满堂布桩,无论桩距大小,均不宜从四周转圈向内推进施工,因为这样限制了桩间土向外的侧向变形,容易造成大面积土体隆起,断桩的可能性也会增大。可采用从中心向外推进的方案,或从一边向另一边推进的方案。

(4) 混合料坍落度　大量工程实践表明,混合料坍落度控制在 3~5 cm 时,和易性较好。当拔管速率为 1.2~1.5 m/min 时,一般桩顶浮浆可控制在 10 cm 左右,成桩质量容易控制。

(5) 保护桩长　一般可按下述原则确定。

① 设计桩顶标高离地表的距离不大(小于 1.5 m)时,保护桩长可取 50~70 cm,上部再用土封顶。

② 桩顶标高离地表的距离较大时,可设置 70~100 cm 的保护桩长,上部再用粒状材料封顶直至接近地表。

(6) 开槽及桩头处理　CFG 桩施工完毕 3~7 d 后,即可进行开槽。开挖基坑较浅时,可采用人工开挖方式;开挖基坑较深时,宜采用机械开挖后,留置不小于 70 cm 厚的土体采用人工开挖方式;剔除桩头时,应尽量减小对桩体的扰动。

(7) 褥垫层铺设　褥垫层所用材料多为级配砂石,限制最大粒径一般不超过 3 cm,也可采用粗砂、中砂等。桩头处理后,桩间土和桩头处在同一平面,褥垫层虚铺厚度按下式控制。

$$\Delta H = \frac{h}{\lambda} \tag{14-11}$$

式中:ΔH——褥垫层虚铺厚度;

h——设计褥垫层厚度;

λ——夯填度,一般取 0.87~0.90。

虚铺后多采用静力压实,当桩间土含水量不大时亦可夯实。

5) 施工质量控制

(1) 施工前的工艺试验　施工前的工艺试验,主要是考查设计的施打顺序和桩距能否保证桩身质量。需做如下观测:新打桩对未结硬的已打桩的影响;新打桩对结硬的已打桩的影响。

(2) 施工监测　施工监测能及时发现施工过程中的问题,可以使施工管理人员有根据把握施工工艺的决策,对保证施工质量是至关重要的。

施工过程中需做如下观测:施工场地标高观测;桩顶标高的观测;对桩顶上升量较大的桩或怀疑发生质量事故的桩开挖查看。

(3) 逐桩静压　对重要工程和通过施工监测发现桩顶上升量较大并且桩的数量较多的工程,可逐个对桩进行快速静压,以消除可能出现的断桩对复合地基承载力造成的不良影响。对桩进行静压的目的在于将可能发生已脱开的断桩接起来,使之能正常传递竖向荷载。这一技术对保证复合地基中的桩能正常工作和发现桩的施工质量问题是很有意义的。

（4）静压振拔技术　所谓静压振拔，即沉管时不启动发动机，借助桩机自身的重量，将沉管沉至预定标高。填满料后再启动发动机振动拔管。

对饱和软土，特别是塑性指数较高的软土，扰动将引起土体孔隙水压力上升，土的强度降低。振动历时越长，对土和已打桩的不利影响越严重。在软土地区施工时，采用静压振拔技术对保证施工质量是有益的。

3. 长螺旋钻管内泵压 CFG 桩施工工艺

1）施工设备

长螺旋钻管内泵压 CFG 桩施工工艺是由长螺旋钻机、混凝土泵和强制式混凝土搅拌机组成的完整的施工体系，如图 14-8 所示。其中长螺旋钻机是该工艺设备的核心部分。目前长螺旋钻机根据其成孔深度分为 12 m、16 m、18 m、24 m 和 30 m 等机型，施工前应根据设计桩长确定施工所采用的设备。

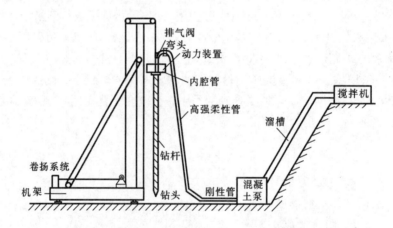

图 14-8　长螺旋钻管内泵压 CFG 桩施工工艺流程图

2）CFG 桩施工

（1）钻机就位　CFG 桩施工时，钻机就位后，应用钻机塔身的前后和左右的垂直标杆检查塔身导杆，校正位置，使钻杆垂直对准桩位中心，确保 CFG 桩垂直度容许偏差不大于 1%。

（2）混合料搅拌　混合料搅拌要求按配合比进行配料，计量要求准确，上料顺序为：先装碎石或卵石，再加水泥、粉煤灰和外加剂，最后加砂，使水泥、粉煤灰和外加剂夹在砂、石之间，不易飞扬和附着在筒壁上，也易于搅拌均匀。每盘混合料搅拌时间不应小于 60 s。混合料坍落度控制在 16～20 cm。在泵送前，混凝土泵料斗、搅拌机搅拌筒应备好熟料。

（3）钻进成孔　钻孔开始时，关闭钻头阀门，向下移动钻杆至钻头触及地面时，启动发动机钻进。一般应先慢后快，这样既能减少钻杆摇晃，又容易检查钻孔的偏差，以便及时纠正。在成孔过程中，如发现钻杆摇晃或难以钻进时，应放慢进尺，否则较易导致桩孔偏斜、移位，甚至使钻杆、钻具损坏。钻进的深度取决于设计桩长，当钻头到达设计桩长预定标高时,应在与动力头底面停留位置相应的钻机塔身处做醒目标记,作为施工时控制桩长的依据。正式施工时,当动力头底面到达标记处,桩长即满足设计要求。施工时还应该考虑施工工作面的标高差异,做相应增减。

在钻进过程中,当遇到圆砾层或卵石层时,会发现进尺明显变慢,机架出现轻微晃动。在有些工程中,可根据这些特征来判定钻杆进入圆砾层或卵石层的深度。

(4) 灌注及拔管　CFG 桩成孔到设计标高后,停止钻进,开始泵送混合料,当钻杆芯管充满混合料后开始拔管,严禁先提管后泵料。成桩的提拔速度宜控制在 2～3 m/min,成桩过程宜连续进行,应避免因后台供料缓慢而导致停机待料。若施工中因其他原因不能连续灌注,必须根据勘察报告和已掌握的施工场地的地质情况避开饱和砂土和粉土层,不得在这些土层内停机。灌注成桩后,用水泥袋盖好桩头,进行保护。施工中每根桩的投料量不得少于设计灌注量。

(5) 移机　当上一根桩施工完毕后,钻机移位,进行下一根桩的施工。施工时由于 CFG 桩排出的土较多,经常将邻近的桩位覆盖,有时还会因钻机支撑脚压在桩位旁使原标定的桩位发生移动。因此,下一根桩施工时,还应根据轴线或周围桩的位置对需施工的桩的位置进行复核,保证桩位准确。

3) CFG 桩施工中常见的问题及质量控制

(1) 堵管　堵管是长螺旋钻管内泵压 CFG 桩施工工艺常遇到的主要问题之一。它直接影响 CFG 桩的施工效率、增加工人劳动强度,还会造成材料浪费。特别是故障排除不畅时,使已搅拌的 CFG 桩混合料失水或结硬,增加了再次堵管的几率,给施工带来很多困难。

主要有如下几种堵管原因。

① 混合料配合比不合理　主要是混合料中的细骨料和粉煤灰用量较少,混合料的和易性不好,从而发生堵管。

② 混合料搅拌质量有缺陷　坍落度太大的混合料,易产生泌水、离析。在管道内,水浮到上面,骨料下沉。在泵压作用下,水先流动,骨料与砂浆分离,摩擦力剧增,从而导致堵管。坍落度太小,混合料在管道内流动性差,也容易堵管。施工时合适的坍落度宜控制在 16～20 cm,若混合料可泵性差,可适量掺入泵送剂。

③ 设备缺陷　弯头是连接钻杆与高强柔性管的重要部件。若弯头的曲率半径不合理,会发生堵管;弯头与钻杆垂直连接,也会发生堵管。此外,管接头不牢固、垫圈破损也会导致水泥砂浆的流失,造成堵管。有些生产厂家的钻机、钻头设计不合理,密封也不严,在具有承压水的粉细砂中成桩时,承压水带着砂通过钻头孔隙进入钻杆芯管,有时会形成长达 50 cm 的砂塞;当泵入混合料后,砂塞堵住钻头阀门,混合料无法落下,造成堵管。

④ 冬季施工措施不当　冬季施工时,混合料输送管及弯头处均需作防冻保护,一旦保温效果不好,常在输送管和弯头处造成混合料结冻,造成堵管。

⑤ 施工操作不当　钻杆进入土层预定标高后,开始泵送混合料,管内空气从排

气阀排出,待钻杆芯管及输送管充满混合料后,应及时提钻,保证混合料在一定压力下灌注成桩。若注满混合料后不及时提钻,混凝土泵一直泵送,在泵送压力下会使钻头处的水泥浆液挤出,同样可使钻头阀门处产生无水泥浆的干硬混合料塞体,使管道堵塞。

(2)窜孔 在饱和粉土和粉细砂层中常遇到这种情况,施工完1号桩后,接着施工相邻的2号桩时,随着钻杆的钻进,发现已施工完且尚未结硬的1号桩桩顶突然下落,有时甚至达2 m以上;当2号桩泵入混合料时,能使1号桩下降的桩顶开始回升,泵入2号桩的混合料足够多时,1号桩桩顶恢复到原标高。工程中称这种现象叫窜孔。

实践表明,窜孔发生的条件如下:

① 被加固土层中有松散饱和粉土或粉细砂;

② 钻杆钻进过程中,叶片剪切作用对土体产生扰动;

③ 土体受剪切扰动积累的能量,足以使土体发生液化。

大量工程实践证实,当被加固土层中有松散粉土或粉细砂,但没有地下水时,施工未发现有窜孔现象;被加固土层中有松散粉土或粉细砂且有地下水,但桩距很大且每根桩成桩时间很短时,也很少发生窜孔现象;只是在桩距较小,桩的长度较大,成桩时间较长,且成桩时一次移机施打周围桩数量过多时才发生窜孔。

工程中常用的防止窜孔的方法有如下几种。

① 对有窜孔可能的被加固地基尽量采用大桩距的设计方案。增大桩距的目的在于减少新打桩对已打桩的剪切扰动,避免不良影响。

② 改进钻头,提高钻进速度。

③ 减少在窜孔区域打桩推进排数,如将一次打4排改为2排或1排。尽快离开已打桩,减少对已打桩扰动能量的积累。

④ 必要时采用隔桩、隔排跳打方案,但跳打要求及时清除成桩时排出的弃土,否则会影响施工进度。

发生窜孔后一般采用如下方法处理:当提钻灌注混合料到发生窜孔土层时,停止提钻,连续泵送混合料直到窜孔桩混合料液面上升至原位为止。

对采用上述方法处理的窜孔桩,需通过低应变检测或静载荷试验进一步确定其桩身完整性和承载力是否受到影响。

(3)钻头阀门打不开 施工过程中,发现有时钻孔到预定标高后,泵送混合料提钻时钻头阀门打不开,无法灌注成桩。

阀门打不开一般有如下两个原因。

① 钻头构造缺陷,如当钻头阀门盖板采用内嵌式时,有可能有砂粒、小卵石等卡住,导致阀门无法开启。

② 当桩端落在透水性好、水头高的砂土或卵石层中时,阀门外侧除了土侧向压力外,主要是水的侧压力(水侧压力系数为1)很大。阀门内侧的混合料侧压力小于

阀门外的侧压力,致使阀门打不开。当钻杆提升到某一高度后,侧压力逐渐减小,管内混合料侧压力不变;当管内侧压力大于管外侧压力时,阀门打开,混合料突然下落。这种情况在施工中经常发生,阀门打不开多为此种情况。

对这一问题,可采用改进阀门的结构形式或调整桩长使桩端穿过砂土而进入黏性土层的措施来解决。

(4) 桩体上部存气 截桩头时,发现个别桩桩顶部存有空间不大的空心。这主要是施工过程中,排气阀不能正常工作所致。钻杆成孔钻进时,管内充满空气,钻孔到预定标高开始泵送混合料,此时要求排气阀工作正常,能将管内空气排出。若排气阀被混合料浆液堵塞不能正常工作,钻杆管内空气无法排出,就会导致桩体存气并形成空洞。

为杜绝桩体存气,必须保证排气阀正常工作。施工时要经常检查排气阀是否发生堵塞,若发生堵塞必须及时采取措施加以清洗。

(5) 先提钻后泵料 有些施工单位施工时,当桩端达到设计标高后,为了便于打开阀门,泵送混合料前将钻杆提拔 30 cm,这样操作存在下列问题。

① 有可能使钻头上的土掉进桩孔。

② 当桩端为饱和的砂卵石层时,提拔 30 cm 易使水迅速填充该空间,泵送混合料后,混合料不足以使水立即全部排走,这样桩端的混合料可能存在浆液与骨料分离的现象。

这两种情况均会影响 CFG 桩的桩端承载力的发挥。

14.6 施工检测及验收

1. 施工检测

CFG 桩施工完毕,一般 28 d 后对 CFG 桩和 CFG 桩复合地基进行检测,检测包括对桩身质量的低应变检测和对承载力的静载荷试验检测。对承载力的静载荷试验检测一般进行单桩复合地基静载荷试验或多桩复合地基静载荷试验,根据试验结果评价复合地基承载力,亦可采用单桩载荷试验,通过计算评价复合地基承载力。

检测数量一般遵守以下原则:静载荷试验数量取 CFG 桩总桩数的 0.5%～1.0%,且每个单体工程的试验数量不少于 3 点;低应变检测桩的数量一般取 CFG 桩总桩数的 10%。选择试验点时应本着随机分布的原则进行选择。挑选施工质量好的桩或施工质量差的桩,或者为了检测方便将所有试桩集中在一个区域的选桩方法,都不能体现随机分布的原则。低应变检测取桩数 10% 进行检验时,建议采用下列方法选桩:选择 0～9 的任何一个数字,如选择 5,那么桩编号个位数为 5 的桩均为试验桩,这样选择能够较好地体现随机分布的原则。

1) CFG 桩的检测

CFG 桩单桩静载荷试验按《建筑地基基础设计规范》GB 50007—2002 附录 Q

"单桩竖向静载荷试验要点"执行。

CFG 桩低应变检测桩身质量评价分为以下四类。

Ⅰ类桩:完好桩;

Ⅱ类桩:有轻微缺陷,但不影响原设计桩身结构强度的桩;

Ⅲ类桩:有明显缺陷,但应采用其他方法进一步确认可用性的桩;

Ⅳ类桩:有严重缺陷桩或断桩。

2) CFG 桩复合地基的检测

CFG 桩复合地基属于高黏结强度桩复合地基,载荷试验具有其特殊性,试验方法直接影响对复合地基承载力的评价。对此,试验时按《建筑地基处理技术规范》 JGJ 79—2002"复合地基载荷试验要点"执行。

(1) 褥垫层的厚度与铺设方法。试验时褥垫层的底面标高与桩顶设计标高相同,褥垫层底面要求平整,褥垫层铺设厚度为 50～150 mm,铺设面积与载荷板面积相同,褥垫层周围要求有原状土约束。

(2) 当 p-s 曲线为平缓的光滑曲线时,按相对变形值确定复合地基承载力。当以卵石、圆砾、密实粗中砂为主的地基,可取沉降比 s/b 或 s/d 等于 0.008 所对应的压力作为 CFG 桩复合地基承载力特征值。当以黏性土、粉土为主的地基,可取沉降比 s/b 或 s/d 等于 0.01 所对应的压力作为 CFG 桩复合地基承载力特征值。

2. CFG 桩复合地基施工验收

CFG 桩复合地基验收时应提交下列资料:

(1) 桩位测量放线图(包括桩位编号);

(2) 材料检验及混合料试块试验报告书;

(3) 竣工平面图;

(4) CFG 桩施工原始记录;

(5) 设计变更通知书、事故处理记录;

(6) 复合地基静载荷试验检测报告;

(7) 施工技术措施。

桩的施工容许偏差应满足下列要求:

(1) 桩长容许偏差不大于 10 cm;

(2) 桩径容许偏差不大于 2 cm;

(3) 垂直度容许偏差不大于 1%;

(4) 桩位容许偏差 对满堂布桩的基础,桩位偏差不应大于 0.4 倍桩径;对条形基础,桩位偏差不应大于 0.25 倍桩径;对单排布桩,桩位偏差不应大于 60 mm。

习 题

一、问答题

1. CFG 桩是如何形成的? 有何优点?

2. CFG 桩复合地基中褥垫层有何作用？在实际工程中如何设计？

3. 如何对 CFG 桩复合地基进行设计计算？

4. CFG 桩的施工方法有哪些？

5. CFG 桩施工完成后如何进行质量检验？

二、选择题

1. 经大量工程实践和试验研究，CFG 桩法中褥垫层的厚度一般取为_____。

A. 5～10 cm　　　　B. 10～30 cm　　　C. 30～50 cm　　　D. 50～100 cm

2. CFG 桩的主要成分是_____。

A. 石灰、水泥、粉煤灰　　　　　　B. 黏土、碎石、粉煤灰

C. 水泥、碎石、粉煤灰

3. 在某些复合地基中，加有褥垫层，下面陈述中，_____不属于褥垫层的作用。

A. 提高复合地基的承载力　　　　　B. 减少基础底面的应力集中

C. 保证桩、土共同承担荷载　　　　　D. 调整桩、土荷载分担比

15 多元复合地基法

15.1 概述

二十多年来,地基处理技术得到很大的发展。地基处理技术的最新发展不仅反映在机械、材料、设计理论、施工工艺、现场监测技术及地基处理新方法等方面,而且表现在多种地基处理方法的综合应用方面。

除了真空预压法和堆载预压法相结合形成的真空-堆载联合预压法外,还有多种竖向增强体形成的多桩型复合地基法(也称为组合桩复合地基法或刚-柔性桩复合地基法)、竖向增强体和水平向增强体形成的双向增强体复合地基法(也称为桩网复合地基法),编者将其统称为多元复合地基法。

鉴于竖向增强体复合地基中三种类型增强体(即散体材料桩、柔性桩和刚性桩)的承载能力和变形特性不同,且由于每种地基处理方法都不是万能的,每种地基处理方法都有其适用范围和优缺点,编者在 20 年的工程实践中,尝试将竖向增强体复合地基法中三种类型桩中的两种甚至三种桩综合应用于加固软土地基,形成多桩型复合地基,以充分发挥各桩型的优势,大幅度地提高地基承载力,减小地基沉降。

编者曾将石灰桩与深层搅拌桩联合应用于加固杂填土地基,将石灰桩与深层搅拌桩联合加固深厚软土,将 CFG 桩与石灰桩联合处理不均匀地基,将粉煤灰混凝土桩与石灰桩联合应用于新回填土下卧深厚软土的复杂地质条件,将粉煤灰混凝土桩与深层搅拌桩联合应用于加固深厚软土,这些工程项目均取得了较好的技术效果和经济效益。

由于多桩型复合地基中的增强体是由不同强度和刚度的增强体(即刚性桩、柔性桩和散体材料桩)组合形成的,因此,国内学术界和工程界也称其为组合桩复合地基或刚-柔性桩复合地基,国内在此领域有很多相关的研究成果和成功的工程应用。

国外在软土上快速修筑路堤,多采用桩承式加筋垫层法(geosynthetic-reinforced and pile(column)-supported earth platform,简称 GRPS)。在我国交通、水利等部门也开始应用类似的方法,多称之为桩网复合地基法,即在路堤下沿竖向打设刚性桩或柔性桩,沿水平方向铺设加筋材料;加筋材料为一层或多层,铺设于砂石垫层中,形成复合垫层;水平向加筋材料、竖向增强体与天然地基土协同作用,形成复合地基。由于增强体分别在水平向和竖向设置,所以,也可称之为双向增强体复合地基。

本章所要介绍的多元复合地基法主要指多桩型复合地基法和双向增强体复合地基法,以下主要介绍这两大类多元复合地基法。

15.2　多元复合地基的定义及分类

1.　多元复合地基的定义

虽然目前学术界和工程界对于此类复合地基进行了不少研究和应用,但是,尚没有对多元复合地基的明确定义和统一的看法。下面从实用的角度给出多元复合地基的定义,供参考。

多元复合地基(multi-element composite foundation)是指由水平向增强体、竖向增强体中的刚性桩、柔性桩、散体材料桩中的两种或两种以上的增强体,采取不同的组合方式对天然地基加固所形成的复合地基。在该复合地基中,两种以上的增强体和天然地基土共同承担荷载,它区别于由上述任一增强体所形成的单一增强体复合地基。

2.　多元复合地基的分类

按照以上多元复合地基的定义,可以将目前工程中经常应用的多元复合地基分为三大类:多桩型复合地基(见图 15-1)、双向单桩型复合地基(见图 15-2)和双向多桩型复合地基(见图 15-3)。其中,后两类又合称为双向增强体复合地基。

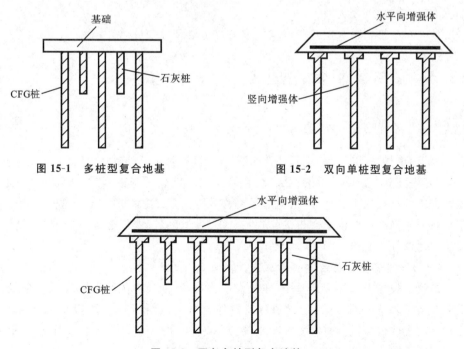

图 15-1　多桩型复合地基　　　　　　　图 15-2　双向单桩型复合地基

图 15-3　双向多桩型复合地基

多桩型复合地基可以由竖向增强体中的刚性桩、柔性桩和散体材料桩中的任意两个或两个以上与天然地基土组成。在实际工程中有很多种组合方式,根据工程需要确定。

多桩型复合地基仍属于桩体复合地基,只不过是由不同种类的桩体所形成的复合地基。

在多桩型复合地基中,可将桩身强度较高的桩称为主桩,将强度较低的桩称为次桩。多桩型复合地基可分为两类:在第一类多桩型复合地基中,主桩的置换作用是复合地基承载的主要部分,次桩起辅助作用;在第二类多桩型复合地基中,复合地基承载力的提高主要依靠次桩的作用,主桩仅布置在节点及荷载较大的承重墙下,达到减小沉降的目的。工程实践表明,特别是对于深厚软土上的建筑物,采用第二类多桩型复合地基法进行地基处理,在降低工程造价的同时,减小沉降的效果非常显著。

双向增强体复合地基由水平向的增强体和竖向的增强体与天然地基土体共同组成。在双向增强体复合地基中,如果竖向的增强体只有一种桩型,那么可称之为双向单桩型复合地基(见图 15-2);如果竖向的增强体有两种或两种以上的桩型,那么可以称之为双向多桩型复合地基(见图 15-3)。在工程实际中,双向多桩型复合地基的例子并不多见,所以,一般所说的双向增强体复合地基就是指的双向单桩型复合地基。工程中也有竖向增强体采用同一种桩型的,但是桩的长短不一样,这样的复合地基称为长短桩复合地基,这样的竖向长短桩与水平向增强体组合形成的复合地基可以称为双向长短桩复合地基。

下面对多桩型复合地基和双向增强体复合地基分别加以介绍。

15.3 多桩型复合地基法

15.3.1 多桩型复合地基承载力计算

根据面积加权的原理,编者提出多桩型复合地基的承载力计算公式。上节已经提到,多桩型复合地基可分为两大类:在第一类多桩型复合地基中,主桩的置换作用是复合地基承载的主要部分,次桩起辅助作用;在第二类多桩型复合地基中,复合地基承载力的提高主要依靠次桩的作用,主桩强度虽然较高,但桩数少。下面分别讨论其承载力计算方法。

1. 第一类多桩型复合地基承载力计算

在第一类多桩型复合地基中,主桩作用为主,次桩及再次桩作用为辅。这类多桩型复合地基多数由刚性桩和柔性桩(或散体材料桩)及土形成(例如 CFG 桩和石灰桩),可由柔性桩和散体材料桩及土形成(例如石灰桩与碎石桩),也可由两种或两种以上刚度不同的柔性桩及土形成(例如深层搅拌桩和石灰桩)。

下面的计算公式是针对两桩型复合地基的,其他情形可类推。假设加固单元面积为 A_e,在加固单元内主桩和次桩的总截面积分别为 A'_{p1} 和 A'_{p2},加固单元内桩间土的面积为 A_s,则主桩、次桩的面积置换率 m_1、m_2 可由下式表达。

$$m_1 = A'_{p1}/A_e$$
$$m_2 = A'_{p2}/A_e$$
$$A_s = A_e - A'_{p1} - A'_{p2}$$

(15-1)

复合地基承载力由三部分组成,当次桩为强度较高的柔性桩(例如深层搅拌水泥土桩)时,采用下式计算复合地基承载力。

$$f_{spk} = m_1 \frac{R_{a1}}{A_{p1}} + \beta_2 m_2 \frac{R_{a2}}{A_{p2}} + \beta(1-m_1-m_2)f_{sk}$$

(15-2)

当次桩为强度较低的柔性桩(例如石灰桩、灰土挤密桩等)或散体材料桩(例如碎石桩)时,采用下式计算复合地基承载力。

$$f_{spk} = m_1 \frac{R_{a1}}{A_{p1}} + \beta_2 m_2 f_{pk2} + \beta(1-m_1-m_2)f_{sk}$$

(15-3)

式中：f_{spk}——复合地基承载力特征值(kPa);

m_1、m_2——主桩、次桩的面积置换率;

R_{a1}、R_{a2}——主桩、次桩的单桩承载力特征值(kN);

A_{p1}、A_{p2}——主桩、次桩的单桩横截面积(m^2);

f_{pk2}——次桩的桩体强度(kPa);

f_{sk}——桩间土承载力特征值(kPa);

β、β_2——桩间土、次桩承载力发挥度系数,一般小于1.0,与主桩、次桩类别、桩长及强度有关,也与桩间土及桩端土的类别及强度有关。

2. 第二类多桩型复合地基承载力计算

对于第二类多桩型复合地基,主桩的数量较少,仅布置在节点或荷载较大处,其主要目的是减小沉降,地基承载力提高主要依靠次桩的置换作用。在实际工程中,可按两种情形考虑。

(1)考虑主桩分担一定的荷载,根据桩的类型及地质条件采用经验参数法计算单桩承载力,扣除主桩承受的载荷后,剩余荷载即由次桩形成的复合地基承担。显然,复合地基中的桩间土的强度由于次桩的加固作用而提高,在采用经验参数法计算单桩承载力时,采用规范表格中的侧阻参数是偏于安全的。

(2)将主桩的承载作用作为安全储备,仅考虑次桩形成的复合地基承担上部结构荷载,此种情形即由两桩型复合地基蜕化为单一桩型复合地基,复合地基承载力按通常的单一桩型复合地基的承载力计算公式计算。

15.3.2 多桩型复合地基沉降计算方法

本节以两桩型复合地基为例讨论其沉降方法,该方法可方便地推广到三桩型甚至更多桩型的复合地基沉降计算中。

1. 第一类多桩型复合地基沉降计算方法

在第一类多桩型复合地基中,沉降计算分两种情形考虑。第一种情形为主桩与次桩的桩长相等,第二种情形为主桩的桩长大于次桩的桩长。第一种情形在工程中应用较少。由于主桩桩体强度比次桩的高,因此,当主桩与次桩均为柔性桩时,主桩比次桩的临界桩长要长(例如深层搅拌水泥土桩与石灰桩),为提高复合地基承载力和减小沉降,主桩比次桩的设计桩长应长一些;当主桩为刚性桩而次桩为柔性桩(例如粉煤灰混凝土桩和深层搅拌水泥土桩)时,由于主桩桩身强度高,可全桩长发挥桩的侧阻,桩端落在好土层可很好地发挥端阻作用,因而单桩承载力高且沉降较小,在保证工程安全可靠的前提下,出于经济性考虑,次桩没有必要与主桩等长。下面分别给出两种情形下多桩型复合地基的沉降计算方法。

1) 第一种情形(主桩与次桩桩长相等)

由于主桩与次桩的桩长相等,因此加固区土层厚度即等于桩长,复合地基总沉降 s 由加固区沉降 s_1 和下卧层沉降 s_2 组成,即

$$s = s_1 + s_2 \tag{15-4}$$

加固区土层压缩量 s_1 可采用复合模量法计算。

将多桩型复合地基中的主桩、次桩及地基土视为一复合土体,采用复合压缩模量 E_{cs} 来评价复合土体的压缩性。

采用分层总和法计算复合地基加固区压缩量 s_1,表达式为

$$s_1 = \sum_{i=1}^{n} \frac{\Delta p_i}{E_{csi}} H_i \tag{15-5}$$

式中:Δp_i——第 i 层复合土层上附加应力增量(kPa);

H_i——第 i 层复合土层的厚度(m);

E_{csi}——第 i 层复合土层的复合压缩模量(MPa)。

建议 E_{csi} 值通过面积加权法计算,也可通过试验确定。对于三元复合地基,加权平均法计算 E_{csi} 的表达式为

$$E_{cs} = m_1 E_{p1} + m_2 E_{p2} + (1 - m_1 - m_2) E_s \tag{15-6}$$

式中:m_1、m_2——主桩、次桩的面积置换率;

E_{p1}、E_{p2}——主桩、次桩桩体压缩模量(MPa);

E_s——土体压缩模量(MPa)。

多桩型复合地基加固区下卧土层压缩量 s_2 可采用分层总和法计算。在分层总和法计算中,对于主桩与次桩等桩长的情形,由于桩长不是特别长,建议采用应力扩散法计算作用在下卧层土体上的附加应力。

复合地基加固区下卧土层压缩量 s_2 采用分层总和法计算。

2) 第二种情形(主桩比次桩的桩长长)

在此种情形,对于主桩或次桩为不同类型的桩,建议采用不同的计算方法。

首先讨论加固区复合土层的压缩量 s_1 的计算方法。

若主桩和次桩均为柔性桩或主桩为柔性桩而次桩为散体材料桩时,加固区土层压缩量 s_1 由两部分组成:

$$s_1 = s_1' + s_1'' \tag{15-7}$$

式中：s_1'——次桩桩长范围内加固土层的压缩量（m）；

$\quad\quad s_1''$——次桩桩端至主桩桩端范围内加固土层的压缩量（m）。

s_1' 的计算方法可采用分层总和法：

$$s_1' = \sum_{i=1}^{n} \frac{\Delta p_i}{E_{csi}} H_i \quad\quad\quad (15\text{-}8)$$

式中：Δp_i——第 i 层复合土层上附加应力增量（kPa）；

$\quad\quad H_i$——第 i 层复合土层的厚度（m）；

$\quad\quad E_{csi}$——第 i 层复合土层的压缩模量（MPa）。

复合压缩模量 E_{cs} 采用面积加权法计算：

$$E_{cs} = m_1 E_{p1} + m_2 E_{p2} + (1 - m_1 - m_2) E_s \quad\quad\quad (15\text{-}9)$$

s_1'' 的计算方法也可采用分层总和法，但其中复合土层压缩模量 E_{cs} 采用下式计算。

$$E_{cs} = m_1 E_{p1} + (1 - m_1) E_s \quad\quad\quad (15\text{-}10)$$

若主桩为刚性桩，次桩为柔性桩，则复合地基加固区土层压缩量 s_1 亦由两部分组成：

$$s_1 = s_1' + s_1'' = \sum_{i=1}^{n_1} \frac{\Delta p_i}{E_{csi}} H_i + \sum_{j=n_1+1}^{n_2} \frac{\Delta \sigma_{sj}}{E_{csj}} H_j \quad\quad\quad (15\text{-}11)$$

式中：s_1'——柔性桩桩长范围内的压缩量（m）；

$\quad\quad s_1''$——柔性桩桩端至刚性桩桩端范围内的压缩量（m）；

$\quad\quad n_1$——柔性桩桩长范围内土的分层数；

$\quad\quad n_2$——整个加固区范围内土的分层数；

$\quad\quad \Delta p_i$——第 i 层复合土层上附加应力增量（kPa）；

$\quad\quad E_{csi}$——第 i 层复合土层的复合压缩模量（MPa），用式(15-9)计算；

$\quad\quad \Delta \sigma_{sj}$——扣除刚性桩承担荷载后柔性桩和桩间土应力 σ_s 在加固区第 j 层土产生的平均附加应力（kPa）；

$\quad\quad E_{csj}$——第 j 层复合土层的复合压缩模量（MPa），用式(15-10)计算；

$\quad\quad H_i$——加固区第 i 层土的分层厚度（m）；

$\quad\quad H_j$——加固区第 j 层土的分层厚度（m）。

其次讨论复合地基加固区下卧土层压缩量 s_2 的计算方法。

由于在第一类多桩型复合地基中，主桩的置换率较大，主桩起主要的置换作用，而且由于主桩较长，建议采用实体基础法计算作用在下卧土层上的附加应力，采用分层总和法计算下卧土层压缩量 s_2。

2. 第二类多桩型复合地基沉降计算方法

在第二类多桩型复合地基中，由于主桩的置换率很小，主桩的置换作用较小，绝大部分荷载由次桩及桩间土承担，而主桩仅布置在节点或荷载较大处，因此第二类多桩型复合地基的沉降计算方法与第一类多桩型复合地基的沉降计算方法有较大区别，下面建议两种计算方法。

（1）第一种计算方法采用复合模量法计算加固区土层的压缩量 s_1，采用改进的 Geddes 法计算下卧土层的压缩量 s_2。s_1 可采用式(15-5)计算，但下卧土层附加应力 p_b 应采用改进的 Geddes 法计算(见第 6 章复合地基的沉降计算)。

（2）第二种计算方法为工程中的实用简化计算方法，即将总荷载扣除桩体承受的荷载后的剩余荷载作用在复合地基加固区上，其加固区土层和下卧层土层上的附加应力计算方法与天然地基中的应力计算方法相同，复合地基加固区土层的复合压缩模量可用式(15-9)计算，也可采用下式计算：

$$E_{cs} = m_2 E_{p2} + (1 - m_2) E_s \tag{15-12}$$

显然，采用式(15-9)会得到比采用式(15-12)偏小的沉降量。

15.3.3 多桩型复合地基检测方法

1. 多桩型复合地基中的单桩检测

对于多桩型复合地基中的单桩桩身质量，可依照各类桩的检测办法分别进行检测，例如，刚性桩可采用低应变动力检测法检测桩身完整性，深层搅拌水泥土桩可采用轻便动力触探或抽芯检测，石灰桩可采用静力触探或轻便动力触探检测桩身强度和成桩质量，碎石桩可采用重型动力触探检测成桩质量。

2. 多桩型复合地基承载力检测方法(直接法)

1) 规范方法

对于普通的单一桩型复合地基加固效果检测，《建筑地基处理技术规范》JGJ 79—2002 规定采用复合地基载荷试验。若为单桩复合地基载荷试验，压板可采用圆形或方形，面积为单根桩承担的处理面积；多桩复合地基载荷试验的压板可采用方形或矩形，其尺寸按实际桩数所承担的处理面积确定。

参照规范要求，在多桩型复合地基的载荷试验中，压板形状可采用方形或矩形，其尺寸根据实际桩数所承担的处理面积确定。

多桩型复合地基的静载荷试验不同于单一桩型复合地基中的多桩复合地基(例如 4 桩复合地基或 9 桩复合地基)载荷试验。多桩复合地基通常存在对称性，因而在试验过程中，当在压板中心加载时，一般不出现偏心现象。但是，多桩型复合地基的静载荷试验则常常出现偏心现象，此时也可根据设计时的单桩承载力来确定荷载中心位置，保证荷载不偏心。

在确定多桩型复合地基承载力特征值时，当 p-s 曲线上极限荷载能确定，而其值不小于对应比例界限的 2 倍时，可取比例界限为多桩型复合地基的承载力的特征值；当其值小于对应比例界限的 2 倍时，可取极限荷载的一半为多桩型复合地基的承载力的特征值。当 p-s 曲线为平缓的光滑曲线时，可按相对变形值确定。

若属第一类多桩型复合地基，则以主桩复合地基的沉降比(规范规定值)确定，若属第二类多桩型复合地基，宜以次桩复合地基的沉降比确定。例如，若在黏性土地基中采用水泥粉煤灰碎石桩(CFG 桩)与石灰桩形成的第一类多桩型复合地基,则沉降比 s/b 或 s/d 宜取 0.01;若采用水泥粉煤灰碎石桩(CFG 桩)与深层搅拌水泥土桩形成第二类多桩型复合地基,则沉降比 s/b 或 s/d 宜取 0.006。

2) 平行四边形压板法

对于工程中有时采用矩形或方形压板难以准确合理地检测多桩型复合地基承载力时,建议在多桩型复合地基静载荷试验中采用平行四边形压板。

如图 15-4 所示,某条形基础布置 CFG 桩及深层搅拌水泥土桩,沿条基方向 CFG 桩与 CFG 桩之间的间距为 1.5 m,水泥土桩与水泥土桩之间的间距也为 1.5 m,条

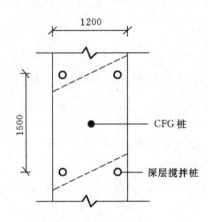

图 15-4 多桩型复合地基载荷试验

基宽 1.2 m。加固单元内包含一根 CFG 桩及两根深层搅拌水泥土桩,加固单元的面积为 1.8 m²。采用面积为 1.8 m² 的平行四边形压板,如图 15-4 中虚线所示范围。若采用矩形或正方形压板,则难以选择合适的压板尺寸使得其面积为加固单元的面积。即使采用了 1.5 m×1.2 m 的矩形压板,面积正好为 1.8 m²,要么压板下所压桩不能反映实际的工作状态(压板包含了一根 CFG 桩和四根深层搅拌水泥土桩截面的一半,显然所得结果偏高),或者使加载时产生偏心(压板包含了一根 CFG 桩和两根深层搅拌水泥土桩),导致所得结果偏低。

采用平行四边形压板时,应注意以下事项:

(1) 当按相对变形 s/b 取值时,b 应取平行四边形较短的一个边长;或取与平行四边形面积相等的正边形的边长;

(2) 平行四边形相邻边边长及平行四边形相邻内角之差不宜过大,否则平行四边形的两锐角处容易产生应力集中而使土体过早产生挤出破坏;

(3) 由于板的平面尺寸比相同面积的方形板大,因此压板应具有较高的刚度。

3. 多桩型复合地基承载力检测方法(间接法)

除直接对多桩型复合地基进行静载荷试验检测外,也可采用间接法得到多桩型复合地基承载力。

所谓间接法就是分别对主桩或次桩进行单桩或复合地基静载荷试验,然后利用多桩型复合地基的承载力计算公式计算出结果。

对于 CFG 桩与石灰桩形成的多桩型复合地基,可对 CFG 桩进行单桩静载荷试验,对石灰桩复合地基可进行单桩或多桩复合地基载荷试验,然后按下式进行计算。

$$f_{\mathrm{spk}} = m_1 \frac{R_{\mathrm{a}}}{A_{\mathrm{p}}} + f_{\mathrm{ck}} \tag{15-13}$$

式中:f_{spk}——多桩型复合地基承载力特征值(kPa);

m_1——CFG 桩面积置换率;

R_a——CFG 桩单桩承载力特征值(kN);

A_p——CFG 桩(主桩)单桩截面积(m^2);

f_{ck}——石灰桩(次桩)和桩间土的承载力之和(kPa)。

f_{ck} 可由下式计算得出。

$$f_{ck} = m_2 f_{pk} + (1 - m_1 - m_2) f_{sk} \qquad (15\text{-}14)$$

式中:m_2——石灰桩(次桩)面积置换率;

f_{pk}——石灰桩(次桩)的桩体强度(kPa);

f_{sk}——桩间土承载力特征值(kPa)。

15.3.4 多桩型复合地基法的工程实践

编者从经历的十余项工程实践中选取两个典型的工程实例说明多桩型复合地基法的应用。工程实例一为第一类多桩型复合地基,工程实例二为第二类多桩型复合地基。

1. 工程实例一(深层搅拌水泥土桩与石灰桩联合加固杂填土)

某开发公司拟建一栋七层砖混住宅楼。场地地质情况为:①杂填土,厚 4.5 m,由水塘回填而成;②粉质黏土,厚 4.0 m,$f_k = 120$ kPa,$E_s = 4.5$ MPa;③细砂,厚度未知,$f_k = 160$ kPa,$E_s = 6.8$ MPa。

首先进行了水泥粉喷桩复合地基、沉管灌注桩、开挖换填砂石三种方案的比选。水泥粉喷桩在杂填土中难以成桩,不易取得理想的加固效果;沉管灌注桩造价较高,且施工的振动和噪音会对四周紧邻的建筑物产生不良影响,亦不宜采用;换填砂石造价较高,且垂直开挖 5 m 基坑会对相邻建筑物的安全构成威胁。

鉴于深层搅拌水泥土桩(浆喷法)加固杂填土成桩效果较好,且石灰桩具有较强的膨胀挤密桩间土的作用,可采用深层搅拌水泥土桩与石灰桩形成多桩型复合地基,其中主桩(深层搅拌桩)起主要置换作用,次桩(石灰桩)起辅助作用,挤密杂填土。此多桩型复合地基属第一类多桩型复合地基。

该工程深层搅拌水泥土桩桩径 500 mm,桩长 5.5 m,单桩承载力 100 kN,石灰桩桩径 300 mm,桩长 4.0 m。深层搅拌水泥土桩 240 根,石灰桩 286 根。设计要求复合地基承载力 180 kPa。

施工工期 15 天。施工完成后,进行了三组复合地基静载荷试验,复合地基承载力为 218 kPa,满足设计要求。

该住宅楼竣工后一年,最大沉降 12 mm,最大不均匀沉降 0.8‰。

该方案比沉管灌注桩方案和换填砂石方案节约造价约 30%。

2. 工程实例二(钻孔压灌混凝土桩与水泥粉喷桩联合加固深厚软土)

某学院拟建一栋七层住宅楼。场地地质情况如下:①杂填土,厚 2.0~3.6 m;②淤泥,厚 2.2~4.6 m,$f_k = 60$ kPa,$E_s = 2.2$ MPa;③黏土,厚 1.5~3.6 m,$f_k = 195$

kPa, E_s=8.0 MPa;④黏土,厚 1.7～3.0 m, f_k=145 kPa, E_s= 5.6MPa;⑤黏土,厚 8.1～9.8 m, f_k=90 kPa, E_s=3.5 MPa;⑥黏土,厚度未知, f_k=150 kPa, E_s=6.0 MPa。

设计人员首先考虑采用沉管灌注桩基础,由于施工振动和噪音的影响难以实施。经比较后,设计人员决定采用水泥粉喷桩加固软土形成复合地基,但水泥粉喷桩处理后的复合地基承载力难以得到很大的提高,而且加固区以下存在软弱下卧层,势必导致建筑物的沉降较大。

经充分的比较论证,决定采用多桩型复合地基方案,即采用粉煤灰混凝土桩、水泥粉喷桩与土体形成多桩型复合地基。水泥喷粉桩的桩径为 500 mm,桩长 6 m,单桩承载力 80 kN。粉煤灰混凝土桩的桩径为 350 mm,桩长 16 m,单桩承载力设计值 250 kN。复合地基承载力要求达到 150 kPa。共布置粉喷桩 916 根,粉煤灰混凝土桩 151 根。

此多桩型复合地基属第二类多桩型复合地基,即以次桩(粉喷桩)的置换作用为主,主桩(粉煤灰混凝土桩)为辅助桩,作减小沉降用。

九组单桩及复合地基静载荷试验表明,承载力满足设计要求。该住宅楼已竣工半年,最大沉降 22 mm,最大不均匀沉降 1.3‰。

该方案比沉管灌注桩基和粉煤灰混凝土桩(刚性桩)复合地基方案节约造价约 30%。

15.4 双向增强体复合地基法

双向增强体复合地基法近些年来在工程中开始逐渐得到应用。但是,由于目前这种新型的复合地基的作用机理尚不十分清楚,既没有现成的设计理论和设计方法,也没有成熟的施工工艺和控制措施,更缺乏施工质量的检验验收标准,没有形成技术规范和设计指南。也就是说,目前双向增强体复合地基的理论研究远远落后于其工程实践。虽然目前此法的工程应用停留在边摸索边总结的经验状态,但其有限的应用却显示出非常好的技术效果和经济效益,具有开展进一步深入研究和扩大应用范围的重要价值。

从本书的第 6 章复合地基基本理论中可知,由于目前水平向增强体复合地基承载力的影响因素众多,水平向增强体复合地基的承载力的计算是很困难的,因此,由水平向增强体复合地基和竖向增强体复合地基所形成的双向增强体复合地基的承载力和沉降计算也是非常困难的。

现有的工程设计多半停留在经验阶段,可能会有很大的安全储备,也可能存在安全隐患。对于拟采用双向增强体复合地基法的重要工程,设计前多采用试验研究或数值模拟研究解决设计中的关键问题,并优化设计参数。

鉴于以上原因,本书不介绍目前尚不成熟的双向增强体复合地基的设计计算理论,仅对双向增强体复合地基发展以及特点作简单介绍,然后对英国标准(BS 8006: 1995)中关于加筋垫层和桩的设计方法做一个简要介绍,供读者参考。

15.4.1 双向增强体复合地基的定义

所谓双向增强体复合地基就是对天然地基的下部采用竖向增强体(包括刚性桩、柔性桩和散体材料桩等)加固,而上部采用水平向增强体加固,竖向增强体、水平向增强体与天然地基共同作用所形成的人工地基。该类复合地基可发挥水平向增强体和竖向增强体各自的优势,共同有效地承担上部荷载,大大减小地基变形。

双向增强体复合地基法也称为桩网复合地基法和桩承式加筋复合垫层法。

15.4.2 双向增强体复合地基形成的背景

双向增强体复合地基法是在单一增强体复合地基存在一些不足的背景下产生的。

(1)水平向增强体(土工合成材料、金属材料格栅等)不足之处:① 不方便在较深的土层下施工,难以用于基坑特别是深基坑支护;② 不能充分调动下部土的承载潜力;③ 应用于软土地基处理时,所需沉降变形时间往往较长,不利于加快工程进度。

(2)单一的竖向增强体(通常称为桩体)不足之处:① 没有加筋、过滤、防渗功能;② 在高边坡情况下往往要设专用抗滑斜桩,难以施工;③ 有时因特殊情况需要,仍嫌其沉降变形达到稳定的时间过长;④ 受到柔性荷载或者基础刚度不大时,竖向增强体的承载力难以充分发挥,导致承载力难以得到大幅度提高,沉降也较大。

我国目前高速公路和高速铁路大量兴建,为了加快建设速度并有效控制竣工后的沉降,双向增强体复合地基法正在逐步取代以前应用较多的单一增强体复合地基法,在公路和铁路建设中发挥着越来越重要的作用。

15.4.3 双向增强体复合地基的优点

双向增强体复合地基综合了水平向增强体和竖向增强体的优势,可以克服上述单一增强体复合地基的不足之处,通过不同增强体的合理组合,获得较高的承载力,并大大减少沉降。

双向增强体复合地基具有以下优点。

(1)双向增强体复合地基具有桩体、垫层、排水、挤密、加筋、防护等综合效能。

(2)竖向增强体复合地基法比较容易实现在天然软土地基上快速填筑稳定的高路堤或堤坝。

(3)当竖向增强体按照稀疏间距布置时,采用减沉桩理论进行设计和施工,可大幅度降低工程建设成本。

(4)沉降较小且完成时间较短,竣工后沉降较易控制,可缩短工期,相对加快工程进度。

（5）不需采用预压来先期完成沉降，施工方便。

15.4.4 双向增强体复合地基法的应用范围

由于双向增强体复合地基法这一新技术在控制沉降和不均匀沉降方面有着较大的技术优势，且经济效益显著，目前逐步开始在国内得到应用，主要应用范围集中在以下方面：

（1）大面积堆载场地的地基处理；

（2）路堤软土地基处理，比如高速公路和高速铁路路基处理；

（3）软土地基上新老路堤接合部的处理，以防止不均匀沉降；

（4）高层建筑物地基软弱下卧层处理；

（5）桥台过渡段地基处理，比如处理"桥头跳车"现象；

（6）其他工程应用，例如持力层为斜坡的桩基础，以防止地基侧向失稳。

15.4.5 双向增强体复合地基的发展

1975 年，日本在北海道石狩河的堤岸改造工程中，因雨季防汛需赶工期，又考虑软土地基等其他技术条件的影响，经反复研究决定采用"桩-网工法"，即防腐木桩-土工织物（geotextile）联合使用，效果很好，这是世界上首次提出并应用此法。

20 世纪 80 年代，英国扩建伦敦第三大国际机场——Stansted 机场，作为扩建的关键工程之一，要修建一条连接伦敦至剑桥干线的新铁路，路基所经之处有一片地下水位很高、承载力很低的深厚软黏土，为使新路基与既有干线路基间的沉降差保持最小，考虑到工期及其他地质条件的影响，经多方案试验比较，最终决定采用"带帽钢筋混凝土预制桩-土工织物"的路堤填筑技术，并且取得了非常好的技术经济效果。

1997 年，Vernon 报道了一个厚 3.0～4.5 m 的软弱有机质粉土和泥炭土上的储油罐地基，采用了振动混凝土桩，并在桩顶铺设 3 层土工格栅，形成了一个荷载传递平台来减少总沉降量和差异沉降。

相对于国外的应用发展，国内对于双向增强体复合地基的应用则要晚一些。见诸文献较早的是 1990 年由浙江大学土木工程系和南京金陵石油化工公司炼油厂合作，采用"横向土工织物砂垫层-竖向砂井"的方式处理一座 20000 m³ 容积的油罐软基，获得了预期效果，满足了设计要求。

1993 年，南（宁）昆（明）铁路线永丰营车站的软土地基处理采用了粉喷桩结合土工格栅这一桩承加筋土复合地基。全站路基填土只用了 4 个月，起到了快速施工的作用。从 38 个月的观测资料分析，沉降和水平位移均达到了设计要求。整段软土路基施工达到了工期短、费用低、效果好的目的，为同类工程提供了宝贵经验和参考。

1998 年，江苏省泰州市首次利用"土工织物加筋垫层-水泥粉喷搅拌桩"的复合地基方案，修复处理泰州市引江河嘶马码头下的软土地基，成功地解决了原设计中单一的水泥粉喷桩复合地基方案处理后所出现的桩体被剪断、偏斜、位移、码头基塘边坡滑动、桩间土翻砂冒泡等多种问题,提高了地基承载力、减少了沉降、增加了码头稳定性、降低了工程造价,修复处理方案的技术经济效益明显。

2001年,铁道部科学研究院深圳分院在深圳市宝安区固成开发区市政道路工程的软基处理方案中采用了桩网复合地基法来处理不同施工技术路段的结合段,以此来控制沉降和差异沉降。

桩承加筋土复合地基在我国交通部门得到极为广泛的运用,用于高速公路和路桥过渡段的软弱地基处理及防止"桥头跳车"现象,主要采用一层或多层土工格栅-粉喷桩形成的桩承加筋土复合地基。

2007年,在宁波钢铁厂轧钢车间采用了素混凝土桩-水泥搅拌桩形成的两种竖向增强体和双层土工格栅形成的双向增强体复合地基进行地基处理。由于该工程有深厚的软弱土层,并且下部持力层呈斜坡分布,通过这种处理技术,运用素混凝土长桩满足承载力要求,水泥搅拌桩控制桩间土过大沉降,结合双层土工格栅碎石垫层防止侧向位移和过大的差异沉降。

目前,我国大量兴建高速铁路,双向增强体复合地基已在高速铁路的路基处理工程中开始应用。随着设计理论的不断成熟与完善,双向增强体复合地基法在我国工程建设中会得到越来越广泛的应用。

15.4.6 双向增强体复合地基的设计

目前我国相关规范尚未列入双向增强体复合地基的设计计算方法,本节主要介绍英国标准(BS 8006:1995)推荐的桩承式加筋路堤的设计方法。

1. 水平向土工格栅加筋垫层的设计

双向增强体复合地基中土工格栅加筋垫层的设计主要是针对引起土工格栅张拉力的几种形式进行考虑,包括因竖向应力和侧向滑移导致的张拉力,满足在工作条件下的张拉力要求。

为了评价土工格栅加筋体支撑竖向压力的能力大小,可采用应力折减比 SSR 这一参数。应力折减比的定义为:作用在两桩间距之间加筋体上的平均竖向应力与路基填土和表面荷载产生的竖向应力的比值,SSR 分为二维和三维的情况,二维情况下 SRR 的定义与土拱率完全一致,三维情况下 SSR_{3D} 的计算公式为

$$SRR_{3D} = \frac{2w_T(s-a)}{\gamma H(s^2-a^2)} \tag{15-15}$$

式中:w_T——作用在桩间土工格栅上的平均竖向力(kN);

s——桩间距(m);

a——桩帽宽度(m);

γH——填土产生的竖向应力(kPa)。

英国标准(BS 8006:1995)根据土拱效应原理,引入了路堤填土临界高度的概念,临界高度值为 $1.4(s-a)$,如图 15-5 所示。

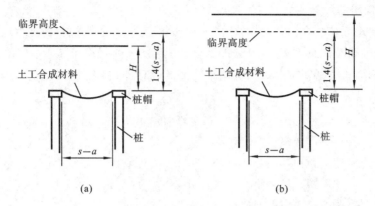

图 15-5 英国标准(BS 8006:1995)中考虑的临界高度

如果路堤高度 H 低于临界高度,如图 15-5(a)所示,此时土拱没有完全发展,其应力折减比为

$$SRR_{3D} = \frac{2s(\gamma H + q)(s-a)}{(s^2 - a^2)^2 \gamma H}\Big[s^2 - a^2\Big(\frac{p_c'}{\gamma H + q}\Big)\Big] \qquad (15\text{-}16)$$

如果路堤高度 H 超过临界高度,如图 15-5(b)所示,此时假定由于路堤填料内的土拱效应,会使标准高度以上的全部荷载直接传递到桩上,则

$$SRR_{3D} = \frac{2.8s}{(s+a)^2 H}\Big[s^2 - a^2\Big(\frac{p_c'}{\gamma H + q}\Big)\Big] \qquad (15\text{-}17)$$

SRR_{3D} 表示考虑三维效应的应力减小比,其中,

$$\frac{p_c'}{\gamma H + q} = \Big(\frac{C_c a}{H}\Big)^2 \qquad (15\text{-}18)$$

式中:C_c——土拱系数;

p_c'——作用在桩上的竖向应力(kPa)。

(1) 对打在不可压缩持力层上的刚性端承桩,如钢桩或混凝土桩:

$$C_c = 1.95(H/a) - 0.18 \qquad (15\text{-}19)$$

(2) 对刚性摩擦桩,如钢桩、混凝土摩擦桩或木桩:

$$C_c = 1.70(H/a) - 0.12 \qquad (15\text{-}20)$$

(3) 对碎石桩、石灰桩和密实砂桩:

$$C_c = 1.50(H/a) - 0.07 \qquad (15\text{-}21)$$

根据上述 SRR 表达式,英国规范又给出了平面状态下加筋材料张拉力的计算公式为

$$T = \frac{SRR_{2D}(\gamma H + q_0)(s-a)}{2a}\sqrt{1 + \frac{1}{6\varepsilon}} \qquad (15\text{-}22)$$

式中:ε——加筋材料的应变,其他符号同前。

2. 竖向桩的设计

在双向增强体复合地基中,由于水平向土工合成材料的作用,在进行桩设计时可以采用"疏桩"设计,即与普通的桩式复合地基相比,桩间距可增大。英国标准(BS 8006:1995)对正方形布桩的最大桩间距给出的计算公式为

$$s_{max} = \sqrt{\frac{Q_p}{f_{fs}\gamma H + f_q w_s}} \tag{15-23}$$

式中:Q_p——单桩极限承载力(kN);

$\qquad w_s$——表面均布荷载(kN/m²);

$\qquad f_{fs}$——与土的重度相关的荷载分项系数;

$\qquad f_q$——与外加荷载相关的荷载分项系数;

$\qquad \gamma$——土的重度(kN/m³);

$\qquad H$——路堤填料高度(m)。

双向增强体复合地基桩承载力的设计关键是确定桩体所承担的上部荷载的比例,可以用荷载分担率 E 来表示,其计算式为

$$E = 1 - \delta(1 - \frac{s}{2H})(1-\delta)^{K_p - 1} \tag{15-24}$$

式中:δ——桩帽的宽度与桩间距之比,$\delta = b/s$,s 为桩间距(m),b 为桩帽的宽度(m);

$\qquad H$——上部加筋路堤的高度(m);

$\qquad K_p$——朗金被动土压力系数。

如果极限平衡状态下,考虑上部覆土自身的重量,"土拱效应"的拱顶处就不是唯一可能破坏失效的地方,桩帽处的有限面积也有破坏失效的可能,这时桩的荷载分担率公式为

$$E = \frac{\beta}{1 + \beta} \tag{15-25}$$

式中:

$$\beta = \frac{2K_p}{K_p + 1} \times \frac{1}{1 + \delta} \times [(1-\delta)^{-K_p} - (1 + \delta K_p)] \tag{15-26}$$

通常情况下,K_p 可以取 3。当上部覆土高度、桩间距和 K_p 值一定时,桩的荷载分担率取决于桩帽的宽度;而当其他尺寸都一定时,桩的荷载分担率只与土的内摩擦角有关。

由于双向增强体复合地基技术尚处在不断发展之中,国内还没有公认的、合理简单的设计计算方法,以上只是对双向增强体复合地基法作了一些简单的介绍。随着双向增强体复合地基法在工程中越来越广泛的应用,随着岩土工程技术人员对其作用机理的认识不断加深,我国岩土工程界会积累越来越多的双向增强体复合地基的分析、设计计算和施工经验,双向增强体复合地基法的设计计算理论会日趋成熟,该方法必将得到更大的发展。

习 题

1. 多元复合地基的定义是什么？
2. 多元复合地基有何优点？
3. 两类多桩型复合地基的承载力和沉降分别如何计算？
4. 如何对多桩型复合地基进行质量检测？
5. 双向增强体复合地基有何优点？有什么应用前景？

第4篇 其他地基处理方法

- 加筋法
- 灌浆法
- 特殊土地基处理

16 加 筋 法

16.1 概述

1. 加筋法的发展历史

加筋法是指在人工填土的路堤或挡墙内铺设土工合成材料（或钢带、钢条、钢筋混凝土（串）带、尼龙绳等），或在边坡内打入土锚（或土钉、树根桩）等抗拉材料，依靠它们限制土的变形，改善土的力学性能，提高土的强度和稳定性的方法。

这种起加筋作用的人工材料称为筋体或加筋材料，这种使用加筋材料所形成的人工复合土体称为加筋土。如图 16-1 所示为几种土的加筋技术在工程中的应用。

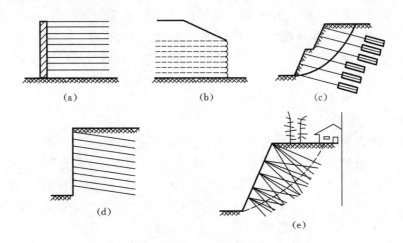

图 16-1　加筋技术在工程中的应用

(a) 加筋土挡墙；(b) 土工合成材料的加筋土堤；(c) 土锚加固边坡

(d) 锚定板挡土结构；(e) 树根桩稳定边坡

以天然植物作加筋体已有几千年的历史。在我国陕西半坡村遗址，有很多简单的房屋利用草泥修筑墙壁和屋顶，它们距今约有五六千年。我国古代汉武帝时就有以草枝建造长城的记载。在国外，远在公元前三千多年，英国人曾在沼泽地用木排修筑道路。

现代加筋土技术的发展始于 20 世纪 60 年代初期，法国工程师 Henri Vidal 首先在三轴试验中发现，在砂土中掺有纤维材料时，其强度可提高到原有天然土强度的 4 倍多，并由此提出了土的加筋概念和设计理论，同时开发了利用金属条带作筋材的加筋土系统。20 世纪 70 年代以后发展了多种非金属筋材的加筋土结构，其中土工织物筋材始于 1971 年,土工格栅筋材始于 1981 年。

20 世纪 70 年代末以来,为交流加筋土技术,国际上曾多次召开关于土的加筋的学术讨论会。国际土工合成材料协会(IGS)召开的八届土工合成材料国际会议(1977、1982、1986、1990、1994、1998、2002、2006 年)中有关加筋土方面的论文都占有较大的数量。

20 世纪 70 年代末加筋土技术在我国开始应用,1979 年我国云南田坝矿区贮煤场修建了加筋土挡墙。1982 年在武汉召开了全国"加筋土学术研究会",1983 年在太原召开了全国公路加筋土技术交流会,其后又先后多次召开了全国性会议。我国目前已编制了《公路加筋土工程设计规范》JTJ 035—91 和《公路加筋土工程施工技术规范》JTJ 015—91。目前我国最高的加筋土挡墙在陕西故邑,高达 35.5 m;最长的是重庆沿长江的滨江公路驳岸墙,总长达到 5 km。现今加筋土技术已广泛用于路基、桥梁、驳岸、码头、贮煤仓、槽道和堆料场等工程中。

我国 20 世纪 80 年代初开始进行加筋土的科研和探索,随后在铁路、煤炭、公路、水利等部门相继修建了一些试验工程并不断取得设计和施工经验。据不完全统计,我国现已建成千余座加筋土工程,遍及全国广大地区,并先后在武汉、太原、邯郸、北京、杭州和重庆召开了有关加筋土的学术讨论会和经验交流会。1984 年至 2004 年,在我国曾先后召开过六届全国土工合成材料学术会议,各届会议中加筋土都是作为主要分组讨论的内容之一。此外,水利部、交通部和铁道部还分别编制了技术规范,其中包括加筋土的设计和施工内容。

2. 加筋法的特点

土是一种力学性能较差的材料,其抗剪强度和抗拉强度均较小,因此在工程应用上受到很大的限制。在以受压性能为主的混凝土中增加了能承受抗拉性能的钢筋后,混凝土的材料性能大大改善,混凝土和钢筋两种材料的特性得到共同发挥。正如钢筋混凝土一样,在土体中加入筋材后,所形成的"加筋土"的力学性能也得到了较大的改善。

加筋土法的基本机理是通过土体与筋体间的摩擦作用,使土体中的拉应力传递到筋体上,筋体承受拉力,而筋间土承受压应力及剪应力,使加筋土中的筋体和土体都能较好地发挥自己的潜能。

因此,土的加筋法具有如下优点:应用的范围广且形式多样;充分利用筋材的抗拉的特点;充分发挥原土的承载能力;工程造价较低;筋材选用范围广;筋材的设置方式灵活;适合于机械化施工;施工设备简单;施工管理方便;对环境的影响小。

当然,加筋法也有一定的缺点:采用金属筋材时,由于金属易锈蚀,需要考虑防护措施;若采用聚合材料筋材,聚合物受紫外线照射会发生衰化以及材料的长期蠕变性能在设计中都需要予以考虑。

3. 加筋法的应用形式和范围

加筋法的应用形式多种多样,包括加筋支挡结构(实践表明加筋法可以代替几乎所有常规的钢筋混凝土和重力式支挡结构,也包括桥台、翼墙)、加筋土堤坝、加筋承载结构以及土坡原位加固强化(如土钉、土锚等)。

加筋法主要可用于修筑挡墙、建造桥台、修筑堤坝、修复和加固边坡、强化公路路基和铁路路基以及处理各种非均匀、难处理的地基。

4. 加筋法的结构类型

加筋结构可分为加筋土结构、承载加筋结构和原位加筋结构。

(1)加筋土结构包括挡墙、边坡、路堤和坝等。加筋土结构物一般不承受大的外部荷载,其设计主要考虑加筋土结构在其自重下的稳定性。

(2)承载加筋结构包括桥台、柔性加筋路面、无铺砌道路和铁路基床加筋垫层、软土地基上修筑的加筋路堤等。这类结构在其自重作用下通常是稳定的,设计中主要考虑在容许变形之下承受附加荷载的能力。

(3)原位加筋结构是用长金属杆打入或插入原位不扰动土体的加筋结构,例如锚杆、土钉等。锚杆设置于土中,由锚头、自由段和锚固段组成;由砂浆与地层黏结成锚固体,撑拉支挡结构,维护边坡的稳定。土钉是在土体内部打入或插入的拉筋,或在土体中钻孔后注浆形成的加筋体;由土钉和土形成的加固体或重力式挡土结构保持边坡的稳定。

5. 本章的主要内容

由于加筋法的结构形式众多,限于篇幅,本书无法一一述及。本章仅简要介绍加筋土结构中的挡墙和原位加筋结构中的土钉,对于目前在土的加筋法中广泛应用的筋材——土工合成材料也作了介绍。其他的加筋结构和方法可参考其他书籍。

16.2 加筋土挡墙

1. 概述

加筋土挡墙是由填土、在填土中布置的一定量的拉筋以及直立的墙面板三部分组成的一个整体的复合结构。这种结构内部存在着墙面土压力、拉筋的拉力及填料与拉筋间的摩擦力等相互作用的内力。这些内力相互平衡,保证了这一复合结构的内部稳定。同时,加筋土挡墙这一复合结构类似于重力式挡墙,还要能抵抗加筋体后面填土所产生的侧压力,即保证加筋土挡墙的外部稳定,从而使整个复合结构稳定。与其他结构一样,在加筋土结构外部稳定性验算中,还包括地基承载力的稳定验算。

法国工程师 Henri Vidal 于 1963 年首次提出了土的加筋方法与设计理论,并在 1965 年法国普拉聂尔斯成功地建成了世界上第一座加筋土挡墙。1978、1979、1984 和 1988 年分别在澳大利亚的悉尼、美国的匹兹堡、法国的巴黎和日本的福冈召开了多次国际会议。法、英、美、日和德国等已制订了加筋土工程的规范、条例和技术指南,当前国际上已成立了"加筋土工程协会"。

加筋土挡墙有以下的特点,分述如下。

(1) 允许完成很高的垂直填土,从而可减少占地面积,这是加筋土挡墙的最大特点。这对不利于放坡的地区、城市道路以及土地珍贵的地区而言,有着巨大的经济意义。

(2) 充分利用材料性能,特别是土与拉筋的共同作用,使挡土墙结构轻型化,其所用混凝土体积相当于重力式挡土墙的3%~5%。由于加筋土挡墙的面板薄,基础尺寸小,当挡墙高度超过5 m时,加筋土挡墙的造价与重力式挡墙相比可降低40%~60%,而且墙越高经济效益越好,与其他形式的钢筋混凝土挡墙相比,造价上的优势更加显著。

(3) 面板、加筋带可在工厂中定型制造加工,构件全部预制,实现了工厂化生产,不但保证了质量,而且降低了原材料消耗。

(4) 由于构件较轻,施工简便、快速,除需配置压实机械外,不需配置其他机械,施工易于掌握,且能节省劳力和缩短工期。

(5) 加筋土挡墙是由各构件相互拼装而成的,具有柔性结构的性能,可承受较大的地基变形,因而适用于软土地基。

(6) 加筋土挡墙这一复合结构的整体性较好,它所特有的柔性能够很好地吸收地震能量,具有良好的抗震性能。

(7) 面板的形式可根据需要选择,拼装完成后造型美观,适合于城市道路的支挡工程。

2. 设计考虑

1) 加筋土挡墙的类型

根据结构形式的不同,加筋土挡墙可分为路肩式挡墙和路堤式挡墙;根据拉筋不同的配置方法可分为单面加筋土挡墙、双面分离式加筋土挡墙、双面交错式加筋土挡墙以及台阶式加筋土挡墙。

2) 加筋土挡墙的荷载

结构计算时,应根据可能同时出现的作用荷载类型来选择荷载组合。

3) 面板

面板一般采用混凝土预制构件,其强度等级不应低于C18,厚度不应小于80 mm。面板设计应满足坚固、美观、运输方便和易于安装等要求。

面板通常可选用十字形、槽形、六角形、L形和矩形等。面板上的拉筋节点,可采用预埋拉环、钢板锚头或预留穿筋孔等形式。钢拉环应采用直径不小于10 mm的HPB235钢筋,钢板锚头应采用厚度不小于3 mm的钢板,露于混凝土外部的钢拉环和钢板锚头应作防锈处理,土工聚合物与钢拉环的接触面应做隔离处理。

面板四周应设企口和相互连接装置。当采用插销连接装置时,插销直径不应小于10 mm。

混凝土面板要求耐腐蚀,而且本身是刚性的,但在各个砌块间应留有充分的孔隙,也有在接缝间安装树脂软木(或在施工时采用临时模块,墙体完工后,抽掉楔块留下孔隙)以适应必要的变形。

面板一般情况下应排列成错接式。由于各面板间的空隙都能排水,故排水性能良好。但内侧必须设置反滤层,以防止填土的流失。反滤层可使用砂夹砾石或土工聚合物。

4) 拉筋

拉筋应采用抗拉强度高、伸长率小、耐腐蚀和柔韧性好的材料,同时要求加工、接长以及与面板的连接简单。如镀锌扁钢带、钢筋混凝土带、聚丙烯土工聚合物等。高速公路和一级公路上的加筋土工程应采用钢带或钢筋混凝土带。

钢带和钢筋混凝土带的接长以及与面板的连接,可采用焊接或螺栓连接,节点应做防锈处理。

加筋土挡墙内拉筋一般应水平布设并垂直于面板,当一个节点有两条以上拉筋时,应扇状分开。当相邻墙面的内夹角小于 90° 时,宜将不能垂直布设的拉筋逐渐斜放,必要时在角隅处增设加强拉筋。

5) 填土

加筋土挡墙内填土一般应具有易压实、能与拉筋产生足够的摩擦力以及水稳定性好的要求。一般要求填土的塑性指数小于 6,内摩擦角大于 34°,且粒径小于 0.015 mm 的细颗粒的重量所占比例宜小于 15%。填土应优先采用有一定级配的砾类土或砂类土;也可采用碎石土、黄土、中低液限黏性土及满足要求的工业废渣;高液限黏性土及其他特殊土应在采取可靠技术措施后采用;对于腐殖质土、冻结土、白垩土及硅藻土等应禁止使用。

6) 加筋土挡墙构造设计

(1) 加筋土挡墙的平面线型可采用直线、折线和曲线。相邻墙面的内夹角不宜小于 70°。

(2) 加筋土挡墙的剖面形式一般应采用矩形,受地形、地质条件限制时,也可采用非规则的形式;其断面尺寸由计算确定。

(3) 加筋土挡墙面板基础底面的埋置深度,对于一般土质地基不应小于 0.6 m;面板下部应设宽度不小于 0.3 m、厚度不小于 0.2 m 的混凝土基础,但属下列情况之一者可不设:

① 面板筑于石砌圬工或混凝土之上;

② 地基为基岩。

(4) 对设置在斜坡上的加筋土结构,应在墙脚设置宽度不小于 1 m 的护脚,以防止前沿土体在加筋土体水平推力作用下剪切破坏,导致加筋土结构丧失稳定性。

(5) 加筋土挡墙应根据地形、地质、墙高等条件设置沉降缝。其间距是:土质地基为 10~30 m,岩石地基可适当增大。沉降缝宽度一般为 10~20 mm,可采用沥青板、软木板或沥青麻絮等填塞。

(6) 墙顶一般均需设置帽石,可以预制也可以就地浇筑,帽石的分段应与墙体的沉降缝在同一位置处。

7) 加筋土结构计算

加筋土挡墙设计一般从加筋土挡墙的内部稳定性和外部稳定性两方面考虑。

(1) 加筋土挡墙的内部稳定性计算 加筋土挡墙的内部稳定性是指阻止由于拉筋被拉断或由于土间摩擦力不足(即在锚固区内拉筋的锚固长度不足导致土体发生滑动),以致加筋土挡墙整体结构遭到破坏。因此,在设计时必须考虑拉筋的强度和锚固长度(也称拉筋的有效长度)。但拉筋的拉力计算理论,国内外尚未取得统一,现有的计算理论多达十几种。目前比较有代表性的理论,可归纳成两类:整体结构理论(复合材料)和锚固结构理论。与此相应的计算理论,前者有正应力分布法(包括均匀分布、梯形分布和梅氏分布)、弹性分布法、能量法和有限元法;后者有朗肯法、斯氏法、库仑合力法、库仑力矩法和滑裂楔体法等,不同的计算理论其计算结果有所差异。

(2) 加筋土挡墙的外部稳定性验算 加筋土挡墙的外部稳定性验算是指包括考虑挡墙地基承载力、基底抗滑稳定性、抗倾覆稳定性和整体抗滑稳定性等的验算。验算时可将拉筋末端的连线与墙面板间视为整体结构,其他与一般重力式挡墙的验算方法相同。

3. 施工技术

1) 基础施工

进行基础开挖时,基槽(坑)底面尺寸一般大于基础外缘 0.3 m。对未风化的岩石应将岩面凿成水平台阶,台阶宽度不宜小于 0.5 m,台阶长度除满足面板安装需要外,高宽比不宜大于 1∶2。基槽(坑)底土质为碎石土、砂性土或黏性土时,均应整平夯实。对风化岩石和特殊土地基,应按有关规定处理。在地基上浇注或放置预制基础,基础一定要平整,使得面板能够直立。

2) 面板安装

混凝土面板可在预制厂或工地附近场地预制后,运到施工场地安装。安装时应防止插销孔破裂、变形以及边角碰坏。面板安装可用人工或机械吊装就位,安装单块面板时一般可内倾 1/100~1/200 作为填料压实时面板外倾的预留倾斜度。为防止在填土时面板向内、外倾斜,在面板外侧可用斜撑撑住,保持面板的垂直度,直到面板稳定后方可将斜撑拆除。为防止相邻面板错位,宜用夹木螺栓或斜撑固定。水平及倾斜的误差应逐层调整,不得将误差累积后再进行总调整。

3) 拉筋铺设

安装拉筋时,应把拉筋垂直墙面平放在已经压实的填土上,如填土与拉筋间不密贴而产生空隙,应用砂垫平以防止拉筋断裂。钢筋混凝土带或钢带与面板拉环的连接,以及每节钢筋混凝土间的钢筋连接或钢带接长,可采用焊接、扣环连接或螺栓连接;聚丙烯土工聚合物带与面板的连接,一般可将聚合物带的一端从面板预埋拉环或预留孔中穿过、折回与另一端对齐,聚合物带可采用单孔穿过、上下穿过或左右环合并穿过,并绑扎以防抽动,无论何种方法均应避免土工聚合物带在环(孔)上绕成死结。

4）填土的铺筑和压实

加筋土填料应根据拉筋竖向间距进行分层铺垫和压实,每层的填土厚度应根据上、下两层拉筋的间距和碾压机具统筹考虑后决定。钢筋混凝土拉筋顶面以上填土,一次铺筑厚度不小于 200 mm。当用机械铺筑时,铺筑机械距面板不应小于 1.5 m,在距面板 1.5 m 范围内应用人工铺筑。铺筑填土时为了防止面板承受到土压力后向外倾斜,铺筑应从远离面板的拉筋端部开始逐步向面板方向进行,机械运行方向应与拉筋垂直,并不得在未覆盖填土的拉筋上行驶或停车。

碾压前应进行压实试验,根据碾压机械和填土性质确定填土分层铺筑厚度、碾压遍数以指导施工。每层填土铺填完毕应及时碾压,碾压时一般应先轻后重,并不得使用羊足碾。压实作业应先从拉筋中部开始,并平行墙面板方向逐步驶向尾部,而后再向面板方向进行碾压(严禁平行拉筋方向碾压)。用黏土作填土时,雨季施工应采取排水和遮盖措施。加筋土填料的压实度可按表 16-1 中的规定进行。

表 16-1　加筋土挡墙填土压实度要求

填 土 范 围	路槽底面以下深度/cm	压实度/(%)	
		高速公路、一级公路	二、三、四级公路
距面板 1.0 m 以外	0～80	≥95	≥93
	>80	≥90	≥90
距面板 1.0 m 以内	全部墙高	≥90	≥90

注:① 表列压实度的确定按交通部现行《公路土工试验规程》JTJ 051 重型击实试验标准。对于三、四级公路,允许采用轻型击实试验;

② 特殊干旱或特殊潮湿地区,表内压实度可减少 2%～3%;

③ 加筋体上填土按现行的《公路路基设计规范》JTJ 031 执行。

16.3　土钉

1. 概述

土钉是将拉筋插入土体内部,并在坡面上喷射混凝土,从而形成土体加固区带,其结构类似于重力式挡墙,用以提高边坡的稳定性,适用于开挖支护和天然边坡加固,是一项实用有效的原位岩土加筋技术。工程中通常采用钢筋做拉筋,尺寸小,全长度与土黏结。

现代土钉技术已有近 40 年的历史。1972 年法国人 Bouygues 在法国凡尔赛附近铁道拓宽线路的切坡中首次应用了土钉。其后,土钉法作为稳定边坡与深基坑开挖的支护方法在法国得到了广泛应用。德国、美国在 20 世纪 70 年代中期开始应用此项技术。我国从 20 世纪 80 年代开始进行土钉的试验研究和工程实践,于 1980 年在山西柳湾煤矿边坡稳定中首次在工程中应用土钉技术。目前,土钉法在我国正逐步得到推广和应用。

2. 土钉的类型、特点及适用性

按施工方法,土钉可分钻孔注浆型土钉、打入型土钉和射入型土钉三类。

土钉作为一种施工技术,具有如下特点。

(1) 形成的土钉墙复合体,显著提高了边坡整体稳定性和承受坡顶超载的能力。

(2) 施工简单,施工效率高。设置土钉采用的钻孔机具及喷射混凝土设备都属可移动的小型机械,移动灵活,所需场地也小。此类机械的振动小、噪声低,在城区施工中具有明显的优越性。土钉施工速度快,施工开挖容易成形,在开挖过程中较易适应不同的土层条件和施工程序。

(3) 对场地邻近建筑物影响小。由于土钉施工采用小台阶逐段开挖,且在开挖成型后及时设置土钉与面层结构,使面层与挖方坡面紧密相结合,土钉与周围土体牢固粘合,对土坡的土体扰动较少。土钉一般都是快速施工,可适应开挖过程中土质条件的局部变化,易于使土坡得到稳定。

(4) 经济效益好。据西欧统计资料,开挖深度在 10 m 以内的基坑,土钉比锚杆墙方案可节约投资 10%~30%。在美国,按其土钉开挖专利报告所指出的可节省投资 30%左右。国内据 9 项土钉工程的经济分析统计,认为可节约投资 30%~50%。

土钉适用于地下水位低于土坡开挖段或经过降水使地下水位低于开挖层的情况。为了保证土钉的施工,土层在分阶段开挖时应能保持自立稳定。为此,土钉适用于有一定黏结性的杂填土、黏性土、粉土、黄土类土及弱胶结的砂土边坡。此外,当采用喷射混凝土面层或坡面浅层注浆等稳定坡面措施能够保证每一切坡台阶的自立稳定时,也可采用土钉支挡体系作为稳定边坡的方法。

3. 土钉与加筋土挡墙的比较

1) 主要相同之处

(1) 加筋体(拉筋或土钉)均处于无预应力状态,只有在土体产生位移后,才能发挥其作用。

(2) 加筋体抗力都是由加筋体与土之间产生的界面摩擦力提供的,加筋土体内部本身处于稳定状态,它们承受着其后面外部土体的推力,类似于重力式挡墙的作用。

(3) 面层(加筋土挡墙面板为预制构件,土钉面层是现场喷射混凝土)都较薄,在支撑结构的整体稳定中不起主要作用。

2) 主要不同之处

(1) 虽然竣工后两种结构外观相似,但其施工程序却截然不同。土钉施工"自上而下",分步施工;而加筋土挡墙则是"自下而上"。这对筋体应力分布有很大影响,施工期间尤甚。

(2) 土钉法是一种原位加筋技术,是用来改良天然土层的,不像加筋土挡墙那样,能够预定和控制加筋土填土的性质。

（3）土钉技术通常包含使用灌浆技术，使筋体和其周围土层黏结起来，荷载通过浆体传递给土层。在加筋土挡墙中，摩擦力直接产生于筋条和土层间。

（4）土钉既可水平布置，也可倾斜布置，当其垂直于潜在滑裂面设置时，将会充分地发挥其抗力；而加筋土挡墙内的拉筋一般为水平设置（或以很小角度倾斜布置）。

4. 土钉与土层锚杆的比较

表面上，当用于边坡加固和开挖支护时，土钉和预应力土层锚杆间有一些相似之处。的确，人们很想将土钉仅仅当作一种"被支式"的小尺寸土层锚杆。尽管如此，两者间仍有较多的功能差别。

（1）土层锚杆在安装后一般进行张拉，因此在运行时能理想地防止结构发生各种位移。相比之下，土钉则不予张拉，发生少量（虽然非常小）位移后才可发挥作用。

（2）土钉长度（一般为 3～10 m）的绝大部分和土层相接触，而土层锚杆多通过在锚杆末端固定的部分传递荷载，其直接后果是两者在支挡土体中产生的应力分布不同。

（3）土钉的安装密度很高（一般每 0.5～5.0 m² 一根），因此单筋破坏的后果不严重。另外，土钉的施工精度要求不高，它们是以相互作用的方式形成一个整体。锚杆的设置密度比土钉要小一些。

（4）因锚杆承受荷载很大，在锚杆的顶部需安装适当的承载装置，以减小出现穿过挡土结构面而发生"刺入"破坏的可能性。而土钉则不需要安装坚固的承载装置，其顶部承担的荷载小，可由安装喷射混凝土表面的钢垫来承担。

（5）锚杆往往较长（一般 15～45 m），因此需要用大型设备来安装。锚杆体系常用于大型挡土结构，如地下连续墙和钻孔灌注桩挡墙，这些结构本身也需要大型施工设备。

5. 加固机理

土钉是由较小间距的拉筋来加强土体，形成一个原位复合的重力式结构，用以提高整个原位土体的强度并限制其位移，这种技术实质上是"新奥法"的延伸。它结合了钢丝网喷射混凝土和岩石锚杆的特点，对边坡提供柔性支挡。

由于土体的抗剪强度较低，抗拉强度更小，因而自然边坡只能以较小的临界高度保持直立。而当土坡直立高度超过临界高度，或坡面有较大荷载及环境因素等的改变，都会引起土坡的失稳。为此，过去常采用支挡结构承受侧压力并限制其变形发展，这属于常规的被动制约机制的支挡结构。土钉则是在土体内增设一定长度和分布密度的锚固体，它与土体牢固结合而共同工作，以弥补土体自身强度的不足，增强土坡坡体自身的稳定性，它属于主动制约机制的支挡体系。国内学者通过模拟试验表明，土钉墙在超载作用下不会发生如天然匀质土边坡那样的突发性塌滑，它不仅延迟了塑性变形发展阶段，而且具有明显的渐进性变形和开裂破坏。即使在土体内已出现局部剪切或张拉裂缝，并随着超载集度的增加而扩展，但土体仍可持续很长时间不发生整体塌滑，表明其仍具有一定的强度。

土钉的这些性状是通过土钉与土体的相互作用实现的,它一方面体现了土钉与土界面阻力的发挥程度;另一方面,由于土钉与土体的刚度相差很大,所以在土钉墙进入塑性变形阶段后,土钉自身的作用逐渐增强,从而改善了复合土体塑性变形和破坏性状。

原位试验和工程实践表明,土钉在复合土体中的作用表现在以下几个方面。

(1)土钉在其加固的复合土体中起着箍束骨架作用,它取决于土钉本身的刚度和强度以及它在土体内分布的空间组合方式,具有制约土体变形的作用,并使复合土体构成一个整体。

(2)土钉与土体共同承担外荷载和土体自重应力,在土体进入塑性状态后,应力逐渐向土钉转移。当土体开裂时,土钉分担作用更为突出,此时土钉出现了弯剪、拉剪等复合应力,从而导致土钉体中浆体碎裂和钢筋屈服。所以复合土体塑性变形的延迟、渐进性开裂变形的出现均与土钉分担作用密切相关。

(3)土钉起着应力传递与扩散作用,使得土体部分的应变水平与荷载相同条件下的天然土边坡的应变水平降低了很多,从而推迟了开裂域的形成和发展。

(4)与土钉相连的钢筋网喷射混凝土面板也是发挥土钉有效作用的重要组成部分,坡面膨胀变形是开挖卸荷、土体侧向位移、塑性变形和开裂发展的必然结果。限制坡面膨胀能起到削弱内部塑性变形,加强边界约束的作用,这在开裂变形阶段尤为重要。面板提供的约束取决于土钉表面与土的摩擦力,当复合土体开裂域扩大并连成片时,摩擦力仅由开裂域后的稳定复合土体提供。

(5)在地层中常有裂隙发育,当向土钉孔中进行压力注浆时,会使浆液顺着裂隙扩渗,形成网状胶结。当采用一次压力注浆工艺时,对宽度为 1~2 mm 的裂隙,注浆可扩成 5 mm 的浆脉,它必然增强土钉与周围土体的黏结和整体作用。

类似加筋土挡墙内拉筋与土的相互作用,土钉与土间摩擦力的发挥,主要是由于土钉与土间的相对位移而产生的。在土钉加筋的边坡内,同样存在着主动区和被动区(见图 16-2)。主动区和被动区内土体与土钉间摩擦力的发挥方向正好相反,而被动区内土钉可起到锚固作用。

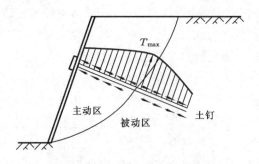

图 16-2 土与土钉间的相互作用

16.4 土工合成材料

16.4.1 概述

土工合成材料是土木工程中应用的合成材料的总称。作为一种新型的土木工程材料,它以人工合成的聚合物(如塑料、化纤、合成橡胶等)为原料,制成各种类型的产品,置于土体内部、表面或各种土体之间,发挥加强或保护土体的作用。

人工合成材料的出现虽然已有 100 年左右的历史,但应用于土木工程中是 20 世纪 30 年代末才开始的。首先是将塑料薄膜作为防渗材料应用于水利工程;到 20 世纪 50 年代末,土工合成材料开始应用于海岸护坡工程;直到 70 年代,由于无纺型土工织物的推广,土工合成材料才以很快的速度发展起来,从而在岩土工程学科中形成一个重要的分支。我国于 20 世纪 60 年代中期将有纺型土工织物应用于河道、涵闸及防治路基翻浆冒泥等工程;20 世纪 80 年代中期,土工合成材料在我国水利、铁路、公路、军工、港口、建筑、矿山、冶金和电力等部门逐渐推广;截至 1988 年上半年,使用土工合成材料的工程已经有近千项。从 1997 年开始,在宏大的长江口深水航道治理工程的一期工程中,土工织物总的用量达 8.11×10^6 m^2,其用量之大是少见的。在该工程中,采用土工织物护底结构是实施这一宏伟工程的唯一选择。土工合成材料目前在我国工程建设中得到了越来越广泛的应用。

16.4.2 土工合成材料种类

《土工合成材料应用技术规范》GB 50290—98 将土工合成材料分为土工织物、土工膜、特种土工合成材料和复合型土工合成材料等类型。

1. 土工织物

土工织物为透水性土工合成材料。土工织物按制造方法分为有纺型土工织物、无纺型土工织物和编织型土工织物。

有纺型土工织物是由相互正交的纤维织成,与通常的棉毛织品相似。其特点是孔径均匀,沿经纬线方向的强度大,而斜交方向强度低,拉断的伸长率较低。

无纺型土工织物亦称作"无纺布"。织物中纤维(连续长丝)的排列是不规则的,与通常的毛毯相似。制造时是先将聚合物原料经过熔融挤压、喷丝、直接铺平成网,然后使网丝联结制成土工织物。联结的方法有热压、针刺和化学黏结等不同处理方法。

(1)热压处理法 将纤维加热的同时施加压力,使之部分融化,从而黏结在一起。

(2)针刺机械处理法 用特制的带有刺状的针,经上下往返穿刺纤维薄层,使纤维彼此缠绕起来。这种成型的土工织物较厚,通常为 $2\sim5$ mm。这类土工织物的土工纤维抗拉强度各向一致,与有纺型相比,抗拉强度略低、延伸率较大、孔径不均匀。

(3) 化学黏结处理法 制造时在纤维薄层中加入某些化学物质,使之黏结在一起。

编织型土工织物由单股线带编织而成,与通常编织的毛衣相似。土工织物突出的优点是重量轻、整体连续性好(可做成较大面积的整体)、施工方便、抗拉强度较高、耐腐蚀和抗微生物侵蚀性好。缺点是未经特殊处理、抗紫外线能力低。土工织物的性能与其聚合物原料、土工织物的种类及加工制造方法密切相关。

2. 土工膜

土工膜是以聚氯乙烯、聚乙烯、氯化聚乙烯或异丁橡胶等为原料制成的透水性极低的薄膜或薄片。土工膜可以是工厂预制或现场制作,分为加筋的和不加筋的两大类。预制不加筋膜采用挤出、压研等方法制造,厚度常为 0.25~4 mm,加筋的可达 10 mm。膜的幅宽为 1.5~10 m。加筋土工膜是组合产品,加筋有利于提高膜的强度和保护膜不受外界机械破坏。

大量工程实践表明,土工膜有很好的不透水性、很好的弹性和适应变形的能力,能承受不同的施工条件和工作应力,具有良好的耐老化能力。

3. 特种土工合成材料

(1) 土工格栅 由聚乙烯或聚丙烯通过打孔、单向或双向拉伸扩孔制成,孔格尺寸为 10~100 mm 的圆形、椭圆形、方形或长方形格栅。

土工格栅是一种应用较多的土工合成材料。土工格栅常用作加筋土结构的筋材或土工复合材料的筋材等,国内外工程中大量采用土工格栅加筋路基路面。土工格栅分为塑料类和玻璃纤维类。

(2) 土工膜袋 一种双层聚合化纤织物制成的连续(或单独)袋状材料,它可以代替模板用高压泵将混凝土或砂浆灌入膜袋中,最后形成板状或其他形状结构,用于护坡或其他地基处理工程。

(3) 土工网 由两组平行的压制条带或细丝按一定角度交叉(一般为 60°~90°),并在交点处靠热黏结而成的平面制品。条带宽常为 1~5 mm,透孔尺寸从几毫米到几厘米。

(4) 土工垫和土工格室 均为合成材料特制的三维结构。前者多为长丝结合而成的三维透水聚合物网垫,后者由土工织物、土工格栅或土工膜、条带聚合物构成的蜂窝状或网格状三维结构,常用作防冲蚀和保土工程,刚度大的、侧限能力高的多用于地基加筋垫层或支挡结构中。土工垫通常由黑色聚乙烯制成,其厚度为 15~20 mm。

4. 复合型土工合成材料

土工织物、土工膜和某些特种土工合成材料,以其两种或两种以上的材料,采用不同方法复合成为复合型的土工合成材料。如复合土工膜、复合排水板、土工垫块等。

(1) 复合土工膜 常规应用的复合土工膜有一布一膜、二布一膜或三布二膜等。

复合用无纺布一般比较薄,主要起保护膜的作用。另外,也有的用较厚型无纺布复合,起双重作用,膜的一面防渗,而无纺布一面则起排水作用。

(2)复合排水板 一种复合型的土工聚合物,由芯板和透水滤布两部分组成。芯板多为成型的硬塑料薄板,为瓦楞形或十字形,主要原料为聚氯乙烯或聚丙烯。透水滤布多为薄型无纺型土工织物,主要原料为涤纶或丙纶。滤布包在芯板外面,在芯板与滤布间形成纵向排水沟槽。它可用于软基排水固结处理、路基纵向横向排水、建筑地下排水管道、积水井、支挡结构的墙后排水、隧道排水和堤坝排水设施等。

16.4.3 土工合成材料特性

1. 物理特性

(1)相对密度 指原材料的相对密度(未掺入其他原料)。丙烯为 0.91;聚乙烯为 0.92~0.95;聚酯为 1.22~1.38;聚乙烯醇为 1.26~1.32;尼龙为 1.05~1.14。

(2)单位面积质量 指 1 m² 土工织物的质量,由称量法确定。常用土工织物的单位面积质量为 100~1200 g/m²。由于材料质量不完全均匀,通常要求测试试样不少于 10 块,采用其算术平均值。单位面积质量的大小影响织物的强度和平面导水能力。

(3)厚度 指压力为 2 kPa 时其底面到顶面的垂直距离,由厚度测定仪测定。要求试样不少于 10 块,再取其平均值。土工织物表面蓬松,一般厚度为 0.1~5 mm,最厚可达十几毫米;土工膜一般为 0.25~0.75 mm,最厚可达 2~4 mm;土工格栅的厚度随部位的不同而异,其肋厚一般为 0.5~5 mm。厚度对其水力学性质如孔隙率和渗透性有显著影响。

2. 力学特性

(1)压缩性 土工织物厚度 t 随法向压力 p 变化的性质为该材料的压缩性。可用 t-p 关系曲线表示。厚度与渗透性有关,故也可求得不同法向压力下的渗透系数。

(2)抗拉强度 是指试样受拉伸至断裂时单位宽度所受的力(N/m)。试样的伸长率是指拉伸时长度增量 ΔL 与原长度 L 的比值,以百分比表示。试验采用拉伸仪。根据拉伸试样的宽度,可分为窄条拉伸试验(宽度 50 mm、长度 100 mm)和宽条拉伸试验(宽度 200 mm、长度 100 mm),拉伸速率对窄条为(10±2)mm/min,对宽条为(50±5)mm/min。由拉伸试验所得的拉应力-伸长率曲线,可求得材料的三种拉伸模量(初始模量、偏移模量和割线模量)。

常用的无纺型土工织物的抗拉强度为 10~30 kN/m,高强度的为 30~100 kN/m;最常用的编织型土工织物为 20~50 kN/m,高强度的为 50~100 kN/m,特高强度的编织物(包括带状物)为 100~1000 kN/m;一般的土工格栅为 30~200 kN/m,高强度的为 200~400 kN/m。

(3)撕裂强度 反映了土工合成材料的抗撕裂的能力,可采用梯形(试样)法、舌形(试样)法和落锤法等进行测试,最常用的测试方法为梯形法。试样数要求不少于

5个,求其平均值。撕裂强度是评价材料的指标之一,一般不直接应用于设计。

(4) 握持强度 施工时握住土工织物往往仅限于数点,施力未及全幅度,为模拟此种受力状态进行握持拉伸试验。它也是一种抗拉强度,它反应土工织物分散集中力的能力。试验方法与条带拉伸试验类似。

(5) 顶破强度 反映了土工织物和土工膜抵抗垂直于其平面的法向压力的能力,与刺破试验相比,顶破试验的压力作用面积相对较大。顶破时土工织物和土工膜呈双向拉伸破坏。目前有三种测定顶破强度的方法:液压顶破试验;圆球顶破试验,CBR 顶破试验。

(6) 刺破强度 反映了土工织物和土工膜抵抗带有棱角的块石或树枝刺破的能力。试验方法与圆球顶破试验相似,只是以金属杆代替圆球。

(7) 穿透强度 反映具有尖角的石块或锐利物掉落在土工织物和土工膜上时,土工织物和土工膜抵御掉落物穿透作用的能力。采用落锤穿透试验进行测定。

(8) 摩擦系数 该指标是核算加筋土体稳定性的重要数据,它反映了土工合成材料与土接触界面上的摩擦强度。可采用直接剪切摩擦试验或抗拔摩擦试验进行测定。

3. 水理性特性

(1) 孔隙率 是指土工织物中的孔隙体积与织物的总体积之比,以百分比表示。孔隙率的大小影响土工织物的渗透性和压缩性。

(2) 开孔面积率 是指土工织物平面的总开孔面积与织物总面积的比值,以百分比表示。一般产品的开孔面积率为 4%～8%,最大可达 30%以上。开孔面积率的大小影响织物的透水性和淤堵性。

(3) 等效孔径 土工织物有不同大小的开孔,孔径尺寸以符号"O"表示。无纺型土工织物为 0.05～0.5 mm,编织型为 0.1～1.0 mm,土工垫为 5～10 mm,土工格栅及土工网为 5～100 mm。等效孔径 O_e 表示织物的最大表观孔径,即它容许通过土粒的最大粒径。

等效孔径是用土工织物作滤层时选料的重要指标。

(4) 垂直渗透系数 指垂直于织物平面方向上的渗透系数(以 cm/s 表示)。测定方法类似于土工试验中土的渗透系数测定方法。垂直渗透系数是土工织物用做反滤或排水层时的重要设计指标。

(5) 水平渗透系数 土工织物用做排水材料时,水在织物内部沿平面方向流动,在土工织物内部孔隙中输导水流的性能可用土工织物平面的水平渗透系数或导水率(为土工织物平面渗透系数与织物厚度的乘积)来表示。通过改变加载和水力梯度可测出承受不同压力及水力条件下土工织物平面的导流特性。通常土工织物的水平渗透系数为 8×10^{-4}～5×10^{-1} cm/s;无纺型土工织物的水平渗透系数为 4×10^{-3}～5×10^{-1} cm/s;土工膜的水平渗透系数为 1×10^{-10}～1×10^{-11} cm/s。

4. 耐久性和环境影响

耐久性和环境影响是反映材料在长期应用和不同环境条件中工作的性状变化。

（1）抗老化是指高分子材料在加工、贮存和使用过程中，由于受内外因素的影响，使其性能逐渐变坏的现象。老化是不可逆的化学变化，主要表现在以下方面。

① 外观变化　发黏、变硬、变脆等。

② 物理化学变化　相对密度、导热性、熔点、耐热性和耐寒性等。

③ 力学性能的变化　抗拉强度、剪切强度、弯曲强度、伸长率以及弹性等。

④ 电性能变化　绝缘电阻、介电常数等。

产生老化的外界因素可分为物理、化学和生物因素，主要包括太阳光、氧、臭氧、热、水分、工业有害气体、机械应力和高能辐射的影响以及微生物的破坏等，而其中最重要的是受太阳光中紫外线辐射的影响。

（2）徐变性指材料在长期恒载下持续伸长的现象。高分子聚合物一般都有明显的徐变性。工程中的土工合成材料皆置于土内，受到侧限压力时的徐变量要比无侧限时的小得多。徐变性的大小影响着材料的强度取值。

16.4.4　土工合成材料的主要功能

不同的土工合成材料，其功能不尽相同，但一种材料往往兼有多种功能。土工合成材料应用在工程上主要有渗透排水作用、对两种不同材料起隔离作用、网孔渗透起过滤作用和利用其强度起加筋作用。除此以外，也有防渗与防护作用。

1. 排水作用

土工合成材料中的某些类型，如无纺土工织物是良好的导水材料，将其置于土体内能将土中水积聚到织物内部，沿织物平面形成排水通道，将水排出土体。具有一定厚度的土工织物具有良好的三维透水特性，利用这种特性除了可做透水反滤外，还可使水经过土工聚合物的平面迅速沿水平方向排走，构成水平排水层。

2. 隔离作用

将土工聚合物放在两种不同的材料之间，或用在一种材料的不同粒径之间以及地基与基础之间，使其隔离开来。当外荷载作用时，不使其相互混杂或流失，保持材料的整体结构和功能。

一般修筑道路时，路基、路床顺次施工，道路修筑完毕后就开始运营。由于荷载压力和雨水的通过，使路基、路床材料和一般材料都混合在一起，这虽然是局部现象，但使原设计的强度以及排水和过滤功能减弱。为了防止这种现象发生，可将土工聚合物设置在两种不同特性的材料间，不使其混杂，但又能保持统一的作用。在道路工程中，铺设土工聚合物后可起渗透膜的功能防止软弱土层侵入路基的碎石，不然会引起翻浆冒泥，最后使路基、路床设计厚度减小，导致道路破坏；用于地基加固方面，可将新筑基础和原有地基分开，能提高地基承载力，又利于排水和加速土体固结；用于材料的储存和堆放，可避免材料的损失和劣化，对于废料还可有助于防止污染。用作隔离的土工聚合物，其渗透性应大于所隔离土的渗透性；在承受动荷载作用时，土工聚合物还应有足够的耐磨性。当被隔离材料或土层间无水流作用时，也可用不透水土工膜。

3. 反滤作用

土工织物(有纺或无纺型土工织物)具有良好的透水或透气性能,当水流沿织物平面法向流过时,可有效阻止土颗粒不被水流带走,起到反滤作用,并能防止土体破坏,以保证土体的稳定。

在渗流出口区铺设土工聚合物作为反滤层,这和传统的砂砾石滤层一样,均可提高被保护土的抗渗强度。对这方面国内外都曾进行过广泛的研究。

4. 加筋作用

当土工聚合物用作土体加筋时,其基本作用是给土体提供抗拉强度,改善土工结构的整体受力条件,提高地基的承载力,增强上部结构的稳定性。其主要应用在土坡、堤坝、地基和挡土墙中。

(1) 用于加固土坡和堤坝 高强度的土工聚合物在路堤工程中有几种可能的加筋用途:可使边坡变陡,节省占地面积;防止滑动圆弧通过路堤和地基土;防止路堤下面因承载力不足而发生的破坏;跨越可能的沉陷区等。图 16-3 中,由于土工聚合物的"包裹"作用阻止土体的变形,从而增强了土体的强度以及土坡的稳定性。

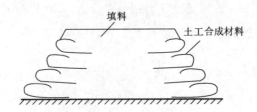

图 16-3 土工聚合物加固路堤

(2) 用于加固地基 由于土工聚合物有较高的强度和韧性等力学性能,且能紧贴于地基表面,使其上部施加的荷载能均匀地分布到地基中。当地基可能产生冲切破坏时,铺设的土工聚合物将阻止破坏面的出现,从而提高地基承载力。当土工聚合物受集中荷载作用时,在较大的荷载作用下,高模量的土工聚合物受力后将产生垂直分力,抵消部分荷载。当很软的地基加荷后,可能产生很大的变形。根据国内新港筑防波堤的经验,沉入软土中的体积竟等于防波堤的原设计断面,由于软土地基的塑性流动,铺垫土周围的地基即向侧面隆起。如将土工聚合物铺设在软土地基的表面,由于其承受拉力和土的摩擦作用而增大侧向限制,阻止侧向挤出,从而减小变形和增强了地基的稳定性。在沼泽地、泥炭土和软黏土上建筑临时道路时土工聚合物就能派上用场了。

(3) 用于加筋土挡墙 在挡土结构的土体中,每隔一定距离铺设加固作用的土工聚合物时,该土工聚合物可作为拉筋起到加筋作用。作为短期或临时性的挡墙,可只用土工聚合物包裹着土、砂来填筑。但这种包裹式土工聚合物墙面的形状常常是畸形的,外观难看。对于长期使用的挡墙,往往采用混凝土面板。

土工聚合物作为拉筋时一般要求有一定的刚度,新发展的土工格栅能很好地与土相结合。与金属筋材相比,土工聚合物不会因腐蚀而失效,所以它能在桥台、挡墙、海岸和码头等支挡结构的应用中获得成功。

5. 防渗与防护作用

采用土工膜或复合土工膜,可防止水或其他液体渗漏,以保护环境和工程结构的安全稳定。作为防渗材料,土工聚合物已广泛应用于堤、坝、水库工程中,可代替黏土心墙、防渗斜墙及防止库底渗漏等。

土工聚合物能够将比较集中的应力扩散或分解,防止土体受外力作用破坏。主要应用于护岸、护底工程、海岸防潮、河道整治以及道路坡面防护等方面。

16.4.5 设计计算

在实际工程中应用的土工合成材料,不论作用的主次,都是以上四种主要作用的综合。虽然隔离作用不一定要伴随过滤作用,但过滤作用经常伴随隔离作用。因而设计时,应根据不同的工程应用对象,综合考虑对土工合成材料作用的要求进行选料。

1. 作为滤层时的设计

一般在反滤层设计时,既要求有足够的透水性;又要求能有效地防止土颗粒被带走。通常采用无纺和有纺土工聚合物,而对土工聚合物作为滤层,同样必须满足这两种基本要求。此外,滤层应具有避免被保护土体的细小颗粒随着渗流水被带到织物内部孔隙中或被截留在合成材料表面而造成聚合物渗透性能降低的能力。

实际上,土工聚合物作为滤层的效果受到材料的特性、所保护土的性质和地下水条件的影响,所以在进行土工聚合物滤层设计时,应根据反滤层所处的环境条件将土工聚合物和所保护土体的物理力学性质结合起来考虑。

对任何一个土工聚合物反滤层,在使用初期渗流开始时,土工聚合物背面的土颗粒逐渐与之贴近。其中,细颗粒小于土工聚合物孔隙的必然穿过土工聚合物被排出,而土颗粒大于土工聚合物孔隙的就紧贴靠近土工聚合物。自动调整为过滤层,直至无土粒能通过土工聚合物边界为止。此时靠近土工聚合物的土体透水性增大,而土工聚合物的透水性就会减少,最后土工聚合物和邻近土体共同构成了反滤层。这一过程往往需要几个月的时间才能完成。对级配不好的土料,因其本身不能成为滤料,所以"排水和挡土"得依靠土工聚合物。当渗流量很大时,就有大量细颗粒通过土工聚合物排出,有可能在土工聚合物表面形成泥皮,出现局部堵塞。宜在土工聚合物与被保护的土层间铺设 150 mm 厚的砂垫层,以免土工聚合物的孔隙被堵塞。

土工聚合物作为滤层设计时的两个主要因素是土工聚合物的有效孔径和透水性能,在土工聚合物作滤层设计时,目前尚未有统一的设计标准。按符合一定标准和级配的砂砾料构成的传统反滤层,目前广泛采用的滤料要求如下。

防止管涌:

$$D_{15f} < 5D_{85b} \tag{16-1}$$

保证透水性：

$$D_{15f} > D_{15b} \tag{16-2}$$

保证均匀性：

$$D_{50f} < 25D_{50b} \quad （对级配不良的滤层） \tag{16-3}$$

$$D_{50f} < D_{50b} \quad （对级配均匀的滤层） \tag{16-4}$$

式中：D_{15f}——表示相应于颗粒粒径分布曲线上百分数 p 为 15% 时的颗粒粒径 (mm)，角标"f"表示滤层土；

D_{85b}——表示相应于颗粒粒径分布曲线上百分数 p 为 85% 时的颗粒粒径 (mm)，角标"b"表示被保护土。

其他以此类推。

2. 作为加筋时的设计

1）地基加固

在软弱路基基底与填土间铺以土工聚合物是常用的浅层处理方法之一，若土工聚合物为多层，则应在层间填以中、粗砂以增加摩擦力。由于这种土工聚合物具有较高的延伸率，从而可使上部负荷扩散，提高原地基承载力，并使填土增加稳定性。此外，铺设土工聚合物后施工机械行驶方便，工程竣工后还能起排水作用，加速沉降和固结。

如将具有一定刚度和抗拉力的土工聚合物铺设在软土地基表面上，再在其上填筑粗颗粒土（砂土或砾土），在作用荷载的正下方产生沉降，其周边地基产生侧向变形和部分隆起，如图 16-4 所示的土工聚合物则受拉，而作用在土工聚合物与地基土间的抗剪阻力就能相对地约束地基的位移；同时，作用在土工聚合物上的拉力，也能起到支承荷载的作用。设计时其地基极限承载力 p_{s+c} 的公式如下。

$$p_{s+c} = \alpha c N_c + \frac{2p}{b}\sin\theta + \beta\frac{p}{r}N_q \tag{16-5}$$

式中：α, β——基础的形状系数，一般取 $\alpha = 1.0, \beta = 0.5$；

c——土的黏聚力(kPa)；

N_c, N_q——与内摩擦角有关的承载力系数，一般 $N_c = 5.3, N_q = 1.4$；

p——土工聚合物的抗拉强度(N/m)；

b——基础宽度(m)；

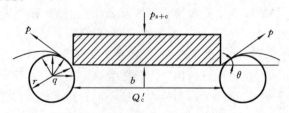

图 16-4　土工合成材料加固地基的承载力计算简图

θ——基础边缘土工聚合物的倾斜角,一般为 $10°\sim17°$;

r——假想圆的半径,一般取 3 m,或为软土层厚度的一半,但不能大于 5 m。

式(16-5)右边第一项是没有土工聚合物时,原天然地基的极限承载力;右边第二项是在荷载作用下,由于地基的沉降使土工聚合物发生变形而承受拉力的效果;右边第三项是土工聚合物阻止隆起而产生的平衡镇压作用的效果(是以假设近似半径为 r 的圆求得,图 16-4 中的 q 是塑性流动时地基的反力)。实际上,右边第二项和第三项均为由于铺设土工聚合物而提高的地基承载力。

2) 路堤加固

土工合成材料用作增加填土稳定性时,其铺垫方式有两种:一种是铺设在路基底与填土间;另一种是在堤身内填土层间铺设。分析计算时采用瑞典法和荷兰法两种计算方法。

瑞典法的计算模型是假定土工合成材料的拉应力总是保持在原来铺设方向。由于土工合成材料产生拉力 S,这就增加了两个稳定力矩(见图 16-5)。

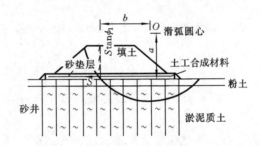

图 16-5　土工合成材料加固软土地基上路堤的稳定分析(瑞典法)

首先按常规方法找到最危险圆弧滑动的参数,以及相应的最小安全系数 K_{min},然后再加入有土工合成材料这一因素。当仍按原最危险圆弧滑动时,要撕裂土工合成材料就要克服土工合成材料的总抗拉强度 S,以及在填土内沿垂直方向开裂而产生的抗力 $S\tan\phi_1$(ϕ_1 为填土的内摩擦角)。如以 O 为力矩中心,则前者的力臂为 a,后者的力臂为 b,则原最小安全系数为

$$K_{min} = M_{抗} / M_{滑} \tag{16-6}$$

增加土工合成材料后的安全系数

$$K' = (M_{抗} + M_{土工织物})/M_{滑} \tag{16-7}$$

故所增加的安全系数为

$$\Delta K = S(a + b\tan\phi_1)/M_{滑} \tag{16-8}$$

当已知土工合成材料的强度 S 时,便可求得 ΔK。相反,当已知要求增加的 ΔK 时,便可求得所需土工合成材料的抗拉强度 S,以便选用现成厂商生产的土工合成材料产品。

荷兰法的计算模型是假定土工合成材料在和滑弧切割处形成一个与滑弧相适应的扭曲,且土工合成材料的抗拉强度 S(每米宽)可认为是直接切于滑弧的(见图

16-6)。绕滑动圆心的力矩,其臂长即等于滑弧半径 R,此时抗滑稳定安全系数为

$$K' = \frac{\sum(c_i l_i + Q_i \cos\alpha_i \tan\phi_i) + S}{\sum Q_i \sin\alpha_i} \qquad (16\text{-}9)$$

式中:Q_i——某一分条土体的重力(kN);

c_i——填土的黏聚力(kPa);

l_i——某分条滑弧的长度(m);

α_i——某分条与滑动面的倾斜角;

ϕ_i——土的内摩擦角。

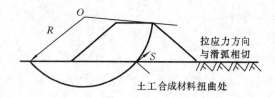

图 16-6 土工合成材料加固软土地基上路堤的稳定分析(荷兰法)

故所增加的安全系数为

$$\Delta K = SR/M_{滑} \qquad (16\text{-}10)$$

通过式(16-10)即可确定所需要的 K' 值,从而推算 S 值,再用以选择土工合成材料产品的规格型号。

值得注意的是:除了应验算滑弧穿过土工合成材料的稳定性外,还应验算在土工合成材料范围以外路堤有无整体滑动的可能性,对以上两种计算均满足时,才可认为路堤是稳定的。

土工合成材料作为路堤底面垫层作用的机理,除了提高地基承载力和增加地基稳定性外,其中一个主要作用就是减少堤底的差异沉降。通常土工合成材料可与砂垫层(0.5~1.0 m 厚)共同作为一层,这一层具有与路堤本身及软土地基不同的刚度,通过这一垫层将堤身荷载传递到软土地基中去,它既是软土固结时的排水面,又是路堤的柔性筏基。地基变形显得均匀,路基中心最终沉降量比不铺土工合成材料要小,施工速度可加快,且能较快地达到所需的固结度,提高地基承载力。另外,路堤的侧向变形将由于设置土工合成材料而得以减小。

3)加筋土挡墙

土工合成材料作为拉筋材料还可用于建造加筋土挡墙,此内容在 16.2 节已经提及,读者还可参考其他书籍了解更多内容。

16.4.6 施工技术

1. 施工方法要点

(1)铺设土工合成材料时,应注意均匀和平整;在斜坡上施工时,应保持一定松紧

度;在护岸工程上铺设时,上坡段土工合成材料应搭接在下坡段土工合成材料之上。

(2) 对土工合成材料的局部地方,不要加过重的局部应力。如果用块石保护土工合成材料,施工时应将块石轻轻铺放,不得在高处抛掷。块石的下落高度大于 1 m 时,土工合成材料很可能被击破。有棱角的重块石在 3 m 高度下落便可能损坏土工合成材料。若块石下落的情况不可避免时,应在土工合成材料上先铺一层砂子作保护。

(3) 土工合成材料用于反滤层作用时,要求保证连续性,不出现扭曲、褶皱和重叠。

(4) 在存放和铺设过程中,应尽量避免长时间的曝晒而使材料劣化。

(5) 土工合成材料的端部要先铺填,中间后填,端部锚固必须精心施工。

(6) 第一层铺垫厚度应在 0.5 m 以下,但不要使推土机的刮土板损坏所铺填的土工合成材料。当土工合成材料受到损坏时,应予立即修补。

(7) 当土工合成材料用作软土地基上的堤坝和路堤的加筋加固时,基底必须加以清理,即须清除树根、植物及草根,基底面要求平整,尤其是水面以下的基底面,要先铺一层砂,将凹凸不平的基底面予以平整,再由潜水员下水检查其平整度。如果铺在凹凸不平基底面上的土工合成材料呈"波浪形",当荷载作用引起沉降时,土工合成材料不易张拉,也就难以发挥其抗拉强度。

2. 接缝连接方法

土工合成材料是按一定规格的面积和长度在工厂进行定型生产的,因此这些材料运到现场后必须进行连接。连接时可采用搭接、缝合、胶结或 U 形钉钉住等方法。

采用搭接法时,搭接必须保证足够的长度,一般为 0.3～1.0 m。坚固和水平的路基一般为 0.3 m;软弱的和不平的路基则需 1m。在搭接处应尽量受力,以防土工合成材料移动。搭接法施工简便,但用料较多。设计时,若土工织物上铺有一砂土,最好不采用搭接法,因砂土极易挤入两层织物间而将织物抬起。

缝合法是指用移动式缝合机,将尼龙或涤纶线面对面缝合,可缝成单道线,也可缝成双道线,一般采用对面缝,缝合处的强度一般可达纤维强度的 80%,缝合法节省材料,但施工费时。

胶结法是指使用合适的胶结剂将两块土工合成材料胶结在一起,最少的搭接长度为 100 mm,黏结在一起的接头应停放 2 h,以便增强接缝处的强度。施工时可将胶结剂很好地涂于下层的土工合成材料上,该土工合成材料放在一个坚固的木板上,用刮刀把胶结剂刮匀,再放上第二块土工合成材料与其搭接,最后在其上进行滚碾,使两层紧密地压在一起,这种连接可使接缝处强度与土工合成材料的原强度相同。

采用 U 形钉连接时,U 形钉应作防锈处理。U 形钉连接的强度低于缝合法或胶结法。

16.5 工程实例

1. 工程概况

在英国 Norfork,应用 Tensar SS1 与 SS2 土工格栅修建路堤,总高度为 7.5(或

8.0)m,线路所经之处地势很低,有一片沼泽。过去在此修建的铁路,曾遇到地基破坏,长期停工,预计建堤后会发生较大沉降,甚至会失稳。为此,这次新建考虑了几种加固方案:一是对路堤加筋;二是在地基中埋设排水塑料带;三是在路堤上加超载预压。通过建试验路堤段,改变了设计思路,即采用土工织物和土工格栅,并以土工格栅为主。

将加筋材料放在路堤底部,包裹粗砂砾层,形成一个自由排水加筋垫层,以提高路堤底部刚度,减少侧向位移和控制竣工后地基的不均匀沉降。

2. 地基土层简述

整个软弱层厚约 22 m,为软或很软的有机质黏土和淤泥,其中夹有泥炭层;表层土或原铁路路基填土之下为软与很软的深灰色黏土和淤泥,有许多仅 0.5 m 厚的细砂间层;此层以下大约到 7 m 深处为硬深棕色泥炭;再往下为极软的有机质含量高的黑灰黏土,愈往下有机质含量愈少,而粉粒含量则愈多;沉积层底部是紧密的冰碛砂砾。

3. 设计与布置

该工程中对于较高的路堤铺设三层 Tensar SS1 土工格栅,对于较低的路堤则铺设两层,如图 16-7 所示。土工格栅的性质见表 16-2。另外,在地基中还设置了竖向塑料排水带以加速地基的固结。

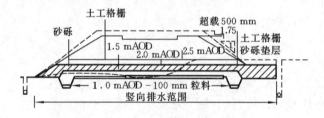

图 16-7 土工格栅在路堤剖面内的铺设位置

表 16-2 土工格栅的性质

材　料	Tensar SS1	Tensar SS2
沿宽度每米抗拉强度/(kN/m²)	20.9(聚丙烯)	36.2(聚丙烯)
沿长度每米抗拉强度/(kN/m²)	12.6	17.0
宽度 / m	3.0	3.0
长度 / m	50.0	50.0
每卷重 / kN	0.3	0.47

施工时,先清理场地,然后铺 0.3 m 厚的粗砂砾工作层。为改善地基土质条件和限制其侧向位移,填土两侧挖了深为 1 m 的坡趾沟,沟内铺格栅衬,填充粒料土,在两沟之间设置最下面的土工格栅。在最底层的土工格栅上填充粒料土 500 mm

厚,再铺设第二层土工格栅,并且在路堤两侧,将两层格栅连接起来。对于需铺设第三层土工格栅的路段,第二、三层的竖向间距为 1 m,其间为路基填土,第三层土工格栅与其下面两层不相连。

由于格栅的横向强度比纵向的高得多,因此,铺设时应使其最大强度方向与承受最大拉应力方向相一致。路堤底部的拉应力发生在边坡下面与最危险滑动圆弧相交处。为发挥格栅最大强度,应采取纵向铺设,接头处承受较大的拉应力,要求该处的强度与格栅的标定强度相匹配。

接头要求可靠或采用搭接。从接头强度的试验研究得出,搭接摩擦系数对于 Tensar SS1 为 0.83,对于 SS2 为 0.78。由此推算,搭接宽度要求为 250~500 mm,很不经济。为节约材料,采用交织的高强聚丙烯带,将所有的缝进行缝接,并研究了缝接方法。

4. 粒料土底部垫层的施工

先用轨行挖沟机挖两侧沟槽,沟内衬以土工格栅,再填粒料土,沟两侧的格栅预留露头。两沟之间纵向铺格栅,使其与沟内侧格栅缝接,此即第一层格栅,其上填 500 mm 厚的粒料土。接着铺设第二层格栅,其边缘与沟外侧露出的格栅缝接,缝接前将格栅尽量拉紧,这样就形成了底部透水垫层。然后从侧沟部位开始向中间填土并压实。当第二层格栅上填土高达 1 m 时,铺设第三层格栅。往后填土按每周 1 m 的速度上升,只有当孔隙水压力达临界值时,才中途停歇。

在接头处和转弯处,均特别考虑了格栅的合理布置。注意了以下各方面:使格栅最大强度方向与受最大应力方向一致;避免浪费;格栅的切割量与缝接量;沟内曲线处铺设的困难;现场检查的可行性。

为控制施工速率和评价工程质量,埋设了测压管、测斜仪、磁性沉降计、杆式沉降计和地下水位量测仪等。

整个工程共用土工格栅 230000 m²,采用不同结合方法。格栅用量的增加分别为:搭接法增加 15%;缝接法增加 2%;搭接缝接法增加 7%。寒季施工时,土工格栅变硬,易割手擦膝,工效降低,须克服铺设时的褶皱;提高缝接速度亦很重要。

5. 工程初步效果

该工程 1983 年 7 月完工后,已初步看出土工格栅加固效果十分明显,车辙深度已从以往的 200~300 mm 减少到小于 50 mm。有一处在铺格栅以前,地基不能承受轨行起重机,铺格栅填土后即能安全承载。路堤在填土时的沉降量小于预计值。

习　　题

一、问答题

1. 什么是加筋法?

2. 加筋土挡墙有何优点?

3. 土钉与加筋土挡墙有哪些相同与不同之处?

4. 土工合成材料有哪些种类? 土工合成材料有哪些应用?

二、选择题

1. 用于换填垫层中的土工合成材料,在地基中主要起的作用是_____。

A. 换填作用   B. 排水作用   C. 防渗作用   D. 加筋作用

2. _____,这下列哪种说法是正确的。

A. 位移是土钉和加筋土挡墙发挥作用的前提

B. 土钉和加筋土挡墙的施工顺序是相同的

C. 土钉和加筋土挡墙均为原位加筋技术

D. 土钉和加筋土挡墙均包含了灌浆技术

3. _____,这下列哪种说法是不正确的。

A. 土钉长度绝大部分和土层相接触,而土层锚杆则通过在锚杆末端固定的长度传递荷载

B. 土层锚杆在安装后便于张拉,土钉则不予张拉,在发生少量位移后才可发生作用

C. 土钉和土层锚杆均为预应力状态

D. 土钉安装密度很高,单筋破坏的后果未必严重

4. 加筋土和锚定板支挡结构中,其受力原理的区别是_____。

A. 锚定板是依靠板与土间摩擦力平衡滑动力;加筋土是依靠筋土之间的被动土压力平衡滑动力

B. 无区别

C. 锚定板挤土产生被动土压力平衡滑动力;加筋土是依靠筋土摩擦力平衡滑动力

D. 锚定板挤土产生主动土压力平衡滑动力;加筋土是依靠筋土摩擦力平衡滑动力

17　灌　浆　法

17.1　概述

灌浆法是指利用气压、液压或电化学原理,通过灌浆管把浆液均匀地注入地层中,浆液以填充、渗透和挤密等方式,赶走土粒间或岩石裂隙中的水分和空气后占据其位置,经人工控制一定时间后,浆液将原来松散的土粒或裂隙胶结成一个整体,形成一个结构新、强度大、防水性能好和化学稳定性良好的"结石体",达到地基处理的目的。

灌浆法创始于 1802 年,法国工程师 Charles Beriguy 在 Dieppe 通过采用木制冲击泵灌注黏土和水硬石灰浆的方法修复了一座受冲刷的水闸。1826 年英国发明硅酸盐水泥后,灌浆材料发展成以水泥浆液为主;1846 年阿里因普瑞贝矿井首次用水泥灌浆对井筒堵水。1886 年,英国研制成功了压缩空气灌浆机,促进了水泥灌浆法的发展。19 世纪末 20 世纪初,灌浆技术在法国和秘鲁煤矿的立井堵水施工中获得巨大成功,高压灌浆泵也被研制成功。由于水泥浆液可灌性较差,1984 年化学浆液在印度问世,并用于建桥固砂工程。1887—1909 年,德国和比利时先后获得水玻璃灌浆材料和双液单系统灌浆法专利。1920 年,乔斯顿(Joosten)发明了以水玻璃、氯化钙为灌浆材料的"乔斯顿灌浆法"。20 世纪 40 年代,灌浆技术的研究和应用进入一个鼎盛时期,各种水泥灌浆材料和化学灌浆材料相继问世,尤其是 20 世纪 60 年代以来,有机高分子化学灌浆材料得到迅速的发展。与此同时,灌浆工艺和灌浆设备也得到巨大发展,灌浆技术应用的工程规模越来越大,范围越来越广,几乎涉及所有与工程建设相关的领域,例如采矿、铁道、油田、水利、隧道、地下工程、岩土边坡稳定、市政工程、建筑工程、桥梁工程、地基处理和地面沉陷等各个领域。但是,自从 1974 年日本福冈发生由丙烯酰胺灌浆导致的环境污染事件后,化学灌浆材料及其技术的研究和应用陷入低潮,日本禁止除水玻璃之外的其他所有化学灌浆材料的应用,世界各国也禁止使用毒性较大的化学灌浆材料。20 世纪 80 年代,由于化学灌浆材料的改性,化学灌浆技术又得到继续发展。目前,针对水泥灌浆材料和化学灌浆材料的缺点,世界各国展开了改善现有灌浆材料和研制新的灌浆材料的工作,先后推出了一批低毒(无毒)、高效的改进型灌浆材料。

在我国,灌浆技术的研究和应用较晚,直到 20 世纪 50 年代初期才开始在煤矿竖井堵水、加固工程中使用灌浆技术,50 多年来,灌浆技术方面的研究和工程应用都得到了快速发展,灌浆法已成为地基加固与处理中的一种常用方法,在我国煤炭、冶金、采矿、水电、建筑、交通和铁道等各个部门都得到了广泛的应用,并取得了非常好的效果。

1. 灌浆的作用

(1) 防渗:降低岩土的渗透性,消除或减小地下水的渗流量,降低工程扬压力或孔隙水压力,提高岩土的抗渗透变形能力。如水电工程坝基、坝肩和坝体的灌浆防渗处理。

(2) 堵漏:截断水流,改善工程施工、运行条件。如井壁等地下工程漏水的封堵。

(3) 固结:提高岩土的力学强度和变形模量,减小沉降。

(4) 防止滑坡:提高边坡岩土体的抗滑能力。

(5) 降低地表下沉:降低或均化岩土的压缩性,提高其变形模量,改善其不均匀性。

(6) 提高地基承载力:提高岩土的力学强度。

(7) 回填:充填岩土体或结构的孔洞、缝隙,防止塌陷,改善结构的力学条件。

(8) 加固:恢复混凝土结构及圬工建筑物的整体性。

(9) 纠偏:促使已发生不均匀沉降的建筑物恢复原位或减小其偏斜度。

此外,灌浆法还可用于减小挡土墙上的土压力,防止岩土的冲刷,消除砂土液化等方面。在工程实践中,灌浆的作用并不是单一的,在达到某种目的的同时,往往还具有其他一些作用。

2. 灌浆法的应用范围

灌浆法已应用于土木工程中的各个领域,特别是在水电工程、井巷工程、地下工程中得到了非常广泛的应用,已成为不可缺少的施工方法。它的应用主要有以下几个方面。

(1) 坝基的加固及防渗:对砂基、砂砾石地基、喀斯特溶洞、断层软弱夹层裂隙岩体和破碎岩体等加固,提高岩土体密实度和整体性,改善其力学性能,减小透水性,增强抗渗能力。

(2) 建筑物地基加固:提高地基承载力和桩基承载力,减小沉降。

(3) 土坡稳定性加固:提高土体抗滑能力。

(4) 挡土墙后土体的加固:增加土的抗剪能力,减小土压力。

(5) 已有结构的加固:对已有结构物缺陷的修复和补强。

(6) 地下结构的止水及加固:增强土体的抗剪能力,减小透水性。

(7) 道桥地基基础加固:公路、铁路路基和飞机跑道等的加固,桥梁基础加固。

(8) 矿井巷道的加固及止水。

(9) 动力基础的抗震加固:提高地基土的抗液化能力。

(10) 其他:预填骨料灌浆、后拉锚杆灌浆及钻孔灌注桩后灌浆等。

3. 灌浆法的近期发展

(1) 灌浆法的应用领域越来越广。除坝基防渗加固外,在土木工程的其他领域,如工业与民用建筑、道桥、市政、公路隧道、地下铁道、地下厂房以及矿井建设、文物保护等,灌浆法也占有十分重要的地位。

（2）灌浆材料品种越来越多,灌浆材料性能和应用问题的研究更加系统和深入,各具特色的灌浆材料已能充分满足各类建设工程和不同地基条件的需要。

（3）劈裂灌浆技术已取得长足的发展,尤其在软弱地基中,这种技术被越来越多地用作提高地基承载力和消除建筑物沉降的手段。

（4）在一些比较发达的国家,计算机监测系统已较普遍地在灌浆施工中被用来收集和处理诸如灌浆压力、浆液稠度和耗浆量等重要参数,这不仅可使工作效率大大提高,还能更好地控制灌浆工序和了解灌浆过程本身,促进灌浆法从一门工艺转变为一门科学。

17.2 灌浆材料

灌浆工程中所用的浆液由主剂、溶剂及各种附加剂混合而成,通常所说的灌浆材料是指浆液中所用的主剂。

灌浆材料(简称浆材)按其形态可分为颗粒型浆材、溶液型浆材和混合型浆材。颗粒型浆材以水泥为主剂,故多称为水泥系浆材;溶液型浆材由两种或多种化学材料配制,故通称为化学浆材;混合型浆材则由上述两类浆材按不同比例混合而成。

在国内外灌浆工程中,水泥一直是用途最广和用量最大的浆材,其主要特点为结石体力学强度高,耐久性较好且无毒,料源广且价格较低。但普通水泥浆因容易沉淀析水而稳定性较差,硬化时伴有体积收缩,对细裂隙而言颗粒较粗,对大规模灌浆工程而言则用量过大。为克服上述缺点,国内外常采取下述几种措施:在水泥浆中掺入黏土、砂和粉煤灰等廉价材料;提高水泥颗粒细度;掺入各种附加剂以改善水泥浆液性质。

化学浆材的品种很多,包括聚氨酯类、环氧树脂类、甲基丙烯酸酯类、丙烯酰胺类、木质素类和硅酸盐类等。化学浆材的最大特点为浆液属于真溶液,初始黏度大都较小,故可用来灌注细小的裂隙或孔隙,解决应用水泥系浆材难以解决的复杂地质问题。化学浆材的主要缺点是造价较高和存在污染环境的问题,使这类浆材的推广应用受到较大的限制。尤其是1974年发生污染环境的福冈事件之后,日本政府下令在化学灌浆方面只允许使用水玻璃系浆材。在我国,随着现代化工业的迅猛发展,化学灌浆的研究和应用得到了迅速的发展,主要体现在新的化灌浆材的开发应用、降低浆材毒性和环境的污染以及降低浆材成本等方面。例如酸性水玻璃、无毒丙凝和改性环氧树脂等的开发和应用,都达到了相当高的水平。

混合型浆材包括聚合物水玻璃浆材、聚合物水泥浆材和水泥水玻璃浆材等几类。此类浆材具有前面两类浆材的性质,或被用来降低浆材成本,或被用来满足单一材料不能实现的性能。尤其是水玻璃水泥浆材,由于具有成本较低和凝结快的特点,现已被广泛地用来加固软弱土层和解决地基中的特殊工程问题。

灌浆浆液是由灌浆材料、溶剂(水或其他有机溶剂)及各种外加剂组成,灌浆材料按原材料和溶液特性分类如图 17-1 所示。

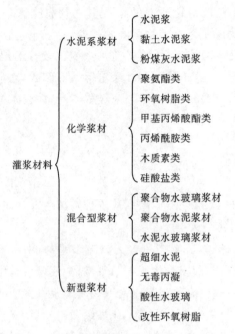

图 17-1　灌浆材料的分类

为了改善水泥浆液的性质,以适应不同的灌浆目的和自然条件,可在水泥浆中掺入不同的附加剂。常用的附加剂见表 17-1。

表 17-1　灌浆常用的附加剂及掺量

名称	试剂	用量(占水泥质量,%)	说明	名称	试剂	用量(占水泥质量,%)	说明
速凝剂	氯化钙	1～2	加速凝结和硬化	流动剂	木质磺酸钙	0.2～0.3	—
	硅酸钠	0.5～3	加速凝结		去垢剂	0.05	产生空气
	铝酸钠			加气剂	松香树脂	0.1～0.2	产生约 10% 的空气
缓凝剂	木质硫酸钙	0.2～0.5	亦增加流动性	膨胀剂	铝粉	0.005～0.02	约膨胀 15%
	酒石酸	0.1～0.5			饱和盐水	30～60	约膨胀 1%
	磷酸氢二钙	0.5～2		防析水剂	纤维素	0.2～0.3	—
					硫酸铝	约 20	产生空气

此外,由于膨润土是一种水化能力极强和分散性很高的活性黏土,在国外灌浆工程中被广泛地用做水泥浆的附加剂,它可使浆液黏度增大,稳定性提高,结石率增加。据研究,当膨润土掺量不超过水泥质量的 3%～5% 时,浆液结石的抗压强度不会降低。

17.3　灌浆法分类及其原理

根据地质条件、灌浆压力、浆液对土体的作用机理、浆液的运动形式和替代方式，可将灌浆法分为五类，其原理简述如下。

1. 充填或裂隙灌浆

对大洞穴、构造断裂带、隧道衬砌壁后灌浆。岩土层面、岩体裂隙、节理和断层的防渗、固结灌浆均属充填或裂隙灌浆。由于岩土体中存在较大的空隙，浆液较易灌入。

2. 渗透灌浆

在不破坏地层颗粒排列的条件下，通过灌浆压力使浆液克服各种阻力充填于颗粒间隙中，将颗粒胶结成整体，以达到土体加固和止水的目的。浆液性能、土体孔隙的大小、孔隙水土体非均质性等方面对浆液渗透扩散有一定的影响，因而也就必将影响到灌浆效果。对颗粒型浆液，其颗粒尺寸必须能进入孔隙或裂缝中，因而存在可灌性问题。渗透灌浆适用于存在孔隙或裂隙的地基土层，如砂土地基等。

3. 压密灌浆

压密灌浆是注入极稠的浆液，形成球形或圆柱体浆泡，压密周围土体，使土体产生塑性变形，但不使土体产生劈裂破坏。当浆泡直径较小时，灌浆压力基本上沿钻孔的径向即水平向扩展。随着浆泡尺寸的逐渐增大，便产生较大的上抬力而使地面抬动，当合理使用灌浆压力并造成适宜的上抬力时，能使下沉的建筑物回升到相当精确的范围。压密灌浆常用于砂土地基。若黏性土地基中有较好的排水条件，也可采用压密灌浆。压密灌浆是浓浆置换和压密土的过程。

4. 劈裂灌浆

在灌浆压力作用下，浆液克服各种地层的初始应力和抗拉强度，引起岩石或土体结构破坏和扰动，使地层中原有的孔隙（裂隙）扩张，或形成新的裂缝（孔隙），从而使低透水性地层的可灌性和浆液扩散距离增大。这种方法所用的灌浆压力相对较高。劈裂灌浆主要用于土体加固和裂隙岩体的防渗、补强。

5. 电动化学灌浆

借助于电渗作用，在黏土地基中即使不采用灌浆压力，也能靠直流电将浆液（如水玻璃溶液或氯化钙溶液）注入土体中，或者将浆液依靠灌浆压力注入电渗区，通过电渗使浆液扩散均匀，以提高灌浆效果。

渗透灌浆与劈裂灌浆的理论基础虽然不同，但两者都是要将类似的浆液注入地基内的天然孔隙或人造裂隙中，并力求在较小的压力下达到较大的扩散距离，因而浆液流动性的好坏对两者的灌浆效果起着重要的作用。

在灌浆工程中，一般要求浆液具有较好的流动性。因为流动性越好，浆液流动时的压力损失就越小,能自灌浆点向外扩散越远。但在某些情况下,例如孔隙较大和地下水流速较大时,反而要求浆液具有较小的流动性,以便控制浆液的扩散和降低浆液的消耗。

一般认为,浆液在土孔隙中流动时,其雷诺系数不会超过临界值,因而浆液的流动性可用层流条件下的流动参数来表达。浆液的流动性受浓度影响最大(一般流动性随水灰比增大而提高),此外,如材料颗粒的比表面积(流动性随比表面积增大而降低)、颗粒形状(带角颗粒将增加流动阻力)、絮凝程度(絮凝性降低流动性)或内质点吸力等也是重要的影响因素。

17.4 灌浆设计

1. 工程调查
在进行岩土体灌浆设计前应详细调查下述工程情况:
① 工程类别及主要特点;
② 灌浆的缘由和基本要求;
③ 施工现场的地形和地质条件;
④ 地下水质及水力特性;
⑤ 周围环境及原地下结构物情况;
⑥ 浆材的产地及价格。
上述情况对灌浆方案的选择、灌浆参数的确定、施工措施的制定以及工程的进度和造价都有重要影响。

2. 方案选择
这是设计者首先要面对的问题,但其具体内容并无严格规定,一般都将灌浆方法和灌浆材料的选择放在首要位置。

灌浆方法和灌浆材料的选择与一系列因素有关,主要表现在下述几方面。

(1)灌浆目的:是为了加固地基还是为了防渗? 加固的目的是提高地基承载力、抗滑稳定性还是减小地基变形量?

(2)地质条件:包括地层构造、土的类型和性质、地下水位、水的化学成分、灌浆施工期间的地下水流速及地震烈度等级等。

(3)工程性质:是永久性工程还是临时性工程? 是重要建筑物还是一般建筑物? 是否振动基础以及地基将要承受多大的附加荷载等。

在选择灌浆方案时,必须将技术上的可行性和经济上的合理性综合起来考虑。前者还包括浆材对人体的伤害和对环境的污染,这个问题已越来越引起工程界的重视。尤其是在国外,这往往成为方案取舍的决定因素。后者则包括浆材是否容易取得和工期是否有保证等,在某些特殊条件下,例如由于工期过于紧迫或因运输条件较差而使计划采用的浆材难以解决时,往往不得不把经济问题放在次要的地位。

3. 灌浆标准

所谓灌浆标准,是指设计者要求地层或结构经灌浆处理后应达到的质量指标。所用灌浆标准的高低,直接关系到工程量、进度、造价、建筑物的安全和工程实施的效果。

由于工程性质、灌浆的目的和要求、所处理对象的条件各不相同,加之受到检测手段的局限,故灌浆标准很难规定一个比较具体和统一的准则,而只能根据具体情况作出具体的规定,通常采用防渗标准、强度和变形标准及施工标准进行控制,并且常常需要在施工前进行灌浆试验,在验证灌浆设计、施工参数的同时,确定灌浆质量标准的具体指标。

1) 防渗标准

所谓防渗标准是指对地层或结构经灌浆处理后应达到的渗透性要求,是为了减少地基的渗透流量、避免渗透破坏、降低扬压力而提出的对地层的渗透性要求。防渗标准越高,表明灌浆后地基的渗透性越低,灌浆质量也就越好,这不仅体现在地基渗流量的减小,而且因为渗透性越小,地下水在介质中的流速也越低,地基土发生管涌破坏的可能性就越小。

但是,防渗标准越高,灌浆技术的难度就越大,一般来说灌浆工程量及造价也越高。因此,防渗标准不应是绝对的,每个灌浆工程都应根据自己的特点,通过技术经济比较确定一个相对合理的指标。原则上,对比较重要的建筑、对渗透破坏比较敏感的地基、对地基渗漏量必须严格控制的工程,都要求采用比较高的标准。

2) 强度和变形标准

所谓强度和变形标准是指对地层或结构经灌浆加固处理后应达到的强度和变形要求,是为了提高地层或结构的承载能力、物理力学性能,改善其变形性能,对抗压强度、抗拉强度、抗剪强度、黏结强度及变形模量、压缩系数、蠕变特性等方面指标的要求。由于灌浆目的、要求和各个工程的具体条件千差万别,不同的工程只能根据自己的特点规定强度和变形要求,所以规定统一的强度标准是不现实的,下面仅提出几个与此相关的问题。

(1) 有些浆材特别是化学浆材具有明显的蠕变性,在恒定荷载长期作用下,灌浆体将随时间产生较大的附加变形。在实际工程中,如果灌浆体没有限制变形的条件,蠕变性可能使地基变形增大和强度降低,并导致建筑物破坏,因而在进行试验研究和现场施工时,都应充分考虑灌浆体的这一特性及其后果。

(2) 当灌浆的目的是为了防渗时,所需浆材的强度仅以能防止水压将孔隙中的结石挤出为原则,这种情况下起作用的是结石的抗剪强度。

(3) 利用尺寸效应,可使某些低强度浆材获得很高的稳定性。随着孔隙尺寸的减小,灌浆体可获得愈来愈大的抗挤出稳定性。

3) 施工控制标准

工程应用中,防渗标准、强度及变形指标往往是难以确定的。同时,灌浆质量指标的检测在施工后才能进行,有时受各种条件的局限甚至不能进行检测。为保证工程的质量,灌浆工程常采用施工控制标准。

(1) 灌浆量控制标准　灌浆量控制标准常用于各种地基土渗透灌浆。由地基土的孔隙率、设计的灌浆体积,再考虑一定的无效浆液损失系数,便可确定灌浆量控制指标。

(2) 灌浆压力控制标准　根据工程需要,参考灌浆试验或经验可设计出一定的灌浆压力作为控制标准。灌浆实施时,采用给出的压力,达到一定的灌浆结束条件进行控制。在《水工建筑物水泥灌浆施工技术规范》SL 62—94 中有如下的灌浆控制标准:在规定的压力下,当灌入率不大于 0.4 L/min 时,继续灌注 60(30)min;或不大于 1 L/min 时,继续灌注 90(60)min,灌浆可以结束。

(3) 灌浆强度值(GIN)控制标准　G.隆巴迪提出,一定的灌浆压力和灌入量的乘积,即所谓的能量消耗程度(GIN 值)作为灌浆控制的标准。

4. 浆材及配方设计原则

地基灌浆工程对灌浆的技术要求较多,下面仅概述比较重要的几个方面。

(1) 对渗透灌浆工艺,浆液必须能渗入土的孔隙,即所用浆液必须是可灌的,这是一项最基本的技术要求,不满足它就谈不上灌浆;但若采用劈裂灌浆工艺,则浆液不是向天然孔隙而是向被较高灌浆压力扩大了的孔隙渗透,因而对可灌性的要求就不如渗透性灌浆严格。

(2) 一般情况下,浆液应具有良好的流动性和流动性维持能力,以便在不太高的灌浆压力下获得尽可能大的扩散距离,但在某些地质条件下,例如地下水的流速较高和土的孔隙尺寸较大时,往往要采用流动性较小和触变性较大的浆液,以免浆液扩散至不必要的距离和防止地下水对浆液的稀释及冲刷。

(3) 浆液的析水性要小,稳定性要高,以防止灌浆过程中或灌浆结束后发生颗粒沉淀和分离,并导致浆液的可泵性、可灌性和灌浆体的均匀性大大降低。

(4) 对防渗灌浆而言,要求浆液结石具有较高的不透水性和抗渗稳定性;若灌浆目的是为了加固地基,则结石应具有较高的力学强度和较强的抵抗变形的能力。与永久性灌浆工程相比,临时性工程对上述要求较低。

(5) 制备浆液所用原材料及凝固体都不应具有毒性,或者毒性应尽可能小,以免伤害施工人员的皮肤、刺激神经和污染环境。某些碱性物质虽然没有毒性,但若流失在地下水中,也会造成环境污染,故应尽量避免这种现象。

(6) 有时浆液尚应具有某些特殊的性质,如微膨胀性、高亲水性、高抗冻性和低温固化性等,以适应特殊环境和专门工程的需要。

(7) 不论何种灌浆工程,所用原材料都应能就近获取,而且价格应尽可能低,以降低工程造价。

(8) 浆液的凝结时间应足够长,以使计划灌浆量能渗入到预定的影响半径内。当在地下水中灌浆时,除应控制灌浆速率以防浆液被过分稀释或被冲走外,还应设法使浆液能在灌浆过程中凝结。

5. 粒状材料的可灌性

在砂砾石层中灌浆时,由于水泥浆稳定性较差,化学浆材又较昂贵,故大多数工程都采用黏土水泥混合物作为基本灌浆材料。这就出现了黏土水泥材料对砂砾石土的可灌性问题,需在进行灌浆设计时首先加以解决。砂砾石可灌性可采用如下简化公式评定。

$$N = \frac{d_{15}}{d_{85}} \geqslant 10 \tag{17-1}$$

式中:N——可灌比值;

d_{15}——砂砾土中含量为 15% 的颗粒尺寸;

d_{85}——灌浆材料中含量为 85% 的颗粒尺寸。

式(17-1)的基本概念为,只要 $N \geqslant 10$,就将有 85% 的灌浆材料充填大部分砂砾石孔隙。工程实践经验证明,所用灌浆材料满足式(17-1)条件时,一般可使砂砾土的渗透系数降低至 $10^{-4} \sim 10^{-5}$ cm/s 的水平。

除可灌比值外,尚可用砂砾石的渗透性间接地说明可灌性,因为土粒的孔隙尺寸与其渗透性密切相关。比较成功的经验为:

(1) 当砂砾石的渗透系数大于 $2 \times 10^{-1} \sim 3 \times 10^{-1}$ cm/s 时,可采用水泥灌浆;

(2) 当砂砾石的渗透系数大于 $5 \times 10^{-2} \sim 6 \times 10^{-2}$ cm/s 时,可采用黏土水泥浆。

6. 浆液扩散半径的确定

浆液扩散半径 r 是一个重要的参数,它对灌浆工程量及造价具有重要的影响,如果选用的 r 值不符合实际情况,将降低灌浆效果甚至导致灌浆失败。r 值可按理论公式估算,有时通过现场灌浆试验来确定。在设计中应注意以下几点:

(1) 在进行现场灌浆试验时,对于不同特点的地基,最好选用不同的方法灌浆,以求得不同条件下浆液的 r 值;

(2) 所谓扩散半径,并非最远距离,而是要符合设计要求的扩散距离;

(3) 在确定设计扩散半径时,要选取多数条件下可以达到的数值,而不取平均值;

(4) 当有些地层因渗透性较小而不能达到设计值 r 时,可提高灌浆压力或浆液的流动性,必要时还可在局部地区增加钻孔以缩小孔距。

7. 单排孔的布置

假定浆液扩散半径为已知,浆液呈圆球形扩散,则两圆必须相交才能形成一定的厚度 b,如图 17-2 所示。图中 l 为已知,灌浆体的厚度 b 取决于 l 的大小,可按下式计算:

$$b = 2\sqrt{r^2 - \left[(l-r) + \frac{r-(l-r)}{2}\right]^2} = 2\sqrt{r^2 - \frac{l^2}{4}} \tag{17-2}$$

设灌浆体的设计厚度为 T,则灌浆孔距为

$$l = 2\sqrt{r^2 - \frac{T^2}{4}} \qquad (17\text{-}3)$$

在按式(17-3)进行孔距设计时,可能出现下述几种情况。

(1) 当 l 值接近零,b 值仍不能满足设计厚度($b < T$)时,应考虑采用多排灌浆孔。

(2) 虽然单排孔能满足设计要求,但若孔距太小,钻孔数太多,就应该进行两排孔的方案比较。如果施工场地允许钻两排孔,且钻孔数反而比单排少,则采用两排孔较为有利。

(3) 当 l 值较大且设计 T 值也较大时,对减少钻孔数是有利的,但因 l 值越大,可能造成的浆液浪费量也很大,故设计时应对钻孔费用和浆液费用进行比较,现以图17-3 来说明。

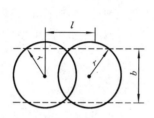

图 17-2 单排孔的布置

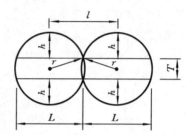

图 17-3 无效面积计算图

图中 T 为设计帷幕厚度,h 为弓形高,L 为弓形长,每个灌浆孔的无效面积为

$$S_n = 2 \times \frac{2}{3}Lh \qquad (17\text{-}4)$$

式中:$L = l$,$h = r - \dfrac{T}{2}$。设土的孔隙率为 n,并且浆液填满整个孔隙,则浆液的浪费量为

$$q_n = S_n n = \frac{4}{3}Lhn \qquad (17\text{-}5)$$

某些情况下并不是 r 值越大越好,而是要根据具体情况进行综合分析,以求得最佳指标。

8. 多排孔的布置

当单排孔不能满足设计厚度的要求时,就要采用两排以上的多排孔方案。多排孔设计的基本原则是要充分发挥灌浆孔的潜力,以获得最大的灌浆体厚度,然而不同的设计方法,将得出不同的结果。

在设计工作中,常遇到 n 排孔厚度不够,但 $n+1$ 排孔厚度又偏大的情况,如有必要,可用放大孔距的办法来调整,但也应对钻孔费和浆材费进行比较,以确定合理的孔距。

9. 容许灌浆压力的确定

容许灌浆压力是指在不会使地表产生变化和邻近建筑物受到影响的前提下可能

采用的最大灌浆压力。

由于浆液的扩散能力与灌浆压力的大小密切相关,有人倾向于采用较高的灌浆压力,在保证灌浆质量的前提下,使钻孔数尽可能减少。高灌浆压力还能使一些微细孔隙张开,有助于提高可灌性。当孔隙中被某种软弱材料充填时,高灌浆压力能在充填物中造成劈裂灌注,使软弱材料的密度、强度和不透水性得到改善。此外,高灌浆压力还有助于挤出浆液中的多余水分,使浆液结石的强度提高。

但是,当灌浆压力超过地层的压重和强度时,将有可能导致地基及其上部结构的破坏,因此,一般都以不使地层结构破坏或仅发生局部(或少量)的破坏作为确定地基容许灌浆压力的基本原则。

灌浆压力值与所要灌注地层土的密度、强度、初始应力、钻孔深度、位置及灌浆次序等因素有关,而这些因素又难以准确地预知,因而宜通过现场灌浆试验来确定。

进行灌浆试验时,一般是用逐步提高压力的办法,求得灌浆压力与灌浆量关系曲线。当压力升至某一数值而灌浆量突然增大时,表明地层结构发生破坏或孔隙尺寸已被扩大,因而可将此时的压力值作为确定容许灌浆压力的依据。

当缺乏试验资料或在进行现场灌浆试验前需预定一个试验压力时,可用理论公式或经验数值确定容许压力,然后在灌浆过程中根据具体情况再做适当的调整。

10. 灌浆量的确定

灌浆量的计算应考虑灌浆类型、岩土的孔隙率和裂隙率、浆液充填程度。渗透灌浆的效果取决于渗透半径内体积土的孔隙充填程度;充填率越高,注浆的效果越好。劈裂灌浆的浆量与灌浆范围内浆脉的多少有关;浆脉越多,浆量也越多,灌浆效果也越好。压密灌浆的浆量与浆泡的直径有关;压密范围越大,要求的浆泡直径也越大。裂隙岩体的灌浆量与吸水率有关。渗透灌浆、劈裂灌浆、压密灌浆、裂隙岩体的灌浆量应分别计算。

17.5　灌浆施工方法

1. 灌浆施工方法分类

选择灌浆方法时要考虑介质的类型和浆液的凝胶时间。土体灌浆一般吸浆量较大,采用纯压式灌浆;而裂隙岩体灌注水泥浆时,吸浆量一般较小,采用循环式灌浆。双液化学灌浆时,浆液的凝胶时间不同,混合的方法也不同。凝胶时间较长时,两种浆液在罐内混合后用单泵注入,称为单枪注射;凝胶时间中等(2~5 min),两种浆液用双泵在孔口混合后注入,称为 1.5 枪注射;凝胶时间较短时,两种浆液用双泵泵入在孔底混合,又称为双枪注射。

1) 花管灌浆

钻杆灌浆是将浆液从钻杆底端向地层灌入。如果地层的可灌性差,压力急剧上升,就会只向地层中松软区域窜浆,有时还会从钻杆周围涌到地表。花管灌浆则是在灌浆管前端的一段管上打许多直径 2～5 mm 小孔,使浆液从小孔中水平地喷到地层里。与钻杆灌浆法相比,由于灌浆管喷出的断面积明显增大,因此大大减小了压力急剧上升和浆液涌到地表层的可能性。灌浆钻杆的直径为 25～40 mm,前端 1～2 m 范围侧壁开孔眼,孔眼呈梅花形布置。有时为防止孔眼堵塞,可以在开口孔眼外包一圈橡皮环。

花管灌浆可用于砂砾层的渗透灌浆,也可用于土体的水泥水玻璃双液劈裂灌浆。与灌浆塞组合,还可用于孔壁较好的裂隙岩体灌浆。

2) 袖套管法

此法为法国 Soletanche 公司首创,故又称为 Soletanche 方法。袖套管法 20 世纪 50 年代在国际土木工程界得到了广泛的应用,国内于 80 年代末逐渐用于砂砾层渗透灌浆、软土层劈裂灌浆(SRF 工法)和深层(超过 30 m)土体劈裂灌浆。

袖套管法的主要优点为:①可根据需要灌注任何一个灌浆段,可进行重复灌浆;②可使用较高的灌浆压力,灌浆冒浆和窜浆的可能性小;③钻孔和灌浆作业可以分开,设备利用率高。其缺点为:①袖套管被具有一定强度的套壳料胶结,难以拔出重复利用,费管材;②每个灌浆段长度固定为 33～50 cm,不能根据地层的实际情况调整灌浆段长度。

袖套管法施工步骤如下。

(1) 钻孔 孔径一般为 80～100 mm,采用泥浆护壁,钻孔垂直度误差应小于 1%。

(2) 插入袖套管 袖套管一般用内径 50～60 mm 的塑料管,每隔 33～50 cm 钻一组射浆孔(即每米 2～3 组),外包橡皮套,管端封闭,管内充满水。袖套管插入钻孔时,应设法使袖套管位于钻孔的中心。

(3) 孔内灌套壳料 其作用是封闭单向袖管与钻孔壁之间的空隙。套壳料为泥浆。泥浆的配方直接影响灌浆效果,要求泥浆的收缩性小、脆性较高、早期强度高。

(4) 灌浆 在封闭泥浆达到一定强度后,在单向袖套管法内插入双向密封灌浆芯管进行分段灌浆。每段灌浆时,首先加大压力使浆液顶开橡皮套,挤破套壳料(即开环),然后浆液进入地层。

开环方法有快速法、慢速法、隔环法、间歇法等。

① 快速法 采用较大的起始泵压、较短的升压间隔时间和较大的压力增值进行开环,快速法使套壳的破碎程度和均匀性提高。

② 慢速法 用清水或浆液开环,泵压由小到大逐级施加,每级需稳定 2～3 min,并测读每级压力相应的吸水量,直至套壳开始吸水和压力有所下降,即为临界开环压力。

③ 隔环法 按 $n+2$ 的次序开环和灌浆,隔段开环灌浆。这种方法可降低中间环的开环压力,对处理开环压力特别大的灌浆段特别有效。

④ 间歇法 当采用较大压力仍不开环时,可在间歇一定时间后再用同样的压力重复开环,一般重复 2～3 次后即可收效,甚至能用比第一次开环时更小的压力达到

良好的开环。

3) 双重管双栓塞复合灌浆法

法国研究人员为了在土体中灌注凝胶时间较长的浆液,采用了塑料套管内加双塞的办法,并在塑管孔眼外套上一圈橡皮阀门,因而研制了 Soletanche 法。后来,日本研究了许多精密的灌浆方法,为了能灌注较短凝胶浆液,研制了双管喷射头。这些喷射头都设有单向阀门,只能让两种浆液在地层内混合,防止浆液在混合室内形成倒流堵塞管路。有的喷头既适合在灌注长凝胶浆液时使用,又适合在灌注短凝胶浆液时使用。若同时将这种喷头与 Soletanche 法组合,即为双重管双栓塞复合灌浆法。

Soletanche 法灌浆管为单管,双塞间为花管,而双重管双栓塞复合灌浆法的灌浆管为双重管,双栓塞间为具有单向阀的混合射枪。

复合灌浆是先用廉价、高强度的悬浊型(水泥)浆液进行脉状灌浆,充填大空隙,提高地层的均质性,防止昂贵的浆液流失,然后用黏度低、凝胶时间长的溶液型化学浆液进行渗透灌浆,提高地层的致密性。

4) 循环灌浆

在土体中常采用纯压式灌浆,而对吸浆率较小的裂隙岩体灌注水泥浆液或水泥黏土浆液时,则可采用循环灌浆,过剩的浆液可以从孔中再返回到灌浆泵继续循环灌浆。我国水电部门的防渗帷幕灌浆多采用循环灌浆工艺,其工序为:钻孔—钻孔冲洗—压水试验—灌浆—封孔。

2. 灌浆施工注意事项

(1) 灌浆孔的钻孔孔径一般为 70~110 mm,垂直偏差应小于 1%。灌浆孔有设计角度时应预先调节钻杆角度,倾角偏差不得大于 20″。

(2) 当钻孔钻至设计深度后,必须通过钻杆灌入封闭泥浆,直到孔口溢出泥浆方可提杆,当提杆至中间深度时,应再次灌入封闭泥浆,最后完全提出钻杆,封闭泥浆的 7 d 无侧限抗压强度宜为 0.3~0.5 MPa,浆液黏度为 80~90 s。

(3) 灌浆压力一般与加固深度的覆盖压力、建筑物的荷载、浆液黏度、灌注速度和灌浆量等因素有关。灌浆过程中压力是变化的,初始压力小,最终压力高,在一般情况下每加深 1 m 压力增加 20~50 kPa。

(4) 若进行第二次灌浆,化学浆液的黏度应较小,不宜采用自行密封式密封圈装置,宜采用两端用水加压的膨胀密封型灌浆芯管。

(5) 灌浆完后就要拔管,若不及时拔管,浆液会将管子凝住而增加拔管困难。拔管时宜使用拔管机。用塑料阀管灌浆时,灌浆芯管每次上拔高度应为 330 mm;花管灌浆时,花管每次上拔或下钻高度宜为 500 mm。拔出管后,及时刷洗灌浆管等,以便保持通畅洁净。拔出管后在土中留下的孔洞应用水泥砂浆或土料填塞。

(6) 灌浆的流量一般为 7~10 L/min。对充填型灌浆,流量可适当加大,但也不宜大于 20 L/min。

(7) 在满足强度要求的前提下,可用磨细粉煤灰或粗灰部分替代水泥,掺入量应通过试验确定,一般掺入量约为水泥质量的 20%~50%。

(8) 灌浆所用的水泥宜用 32.5 级或 42.5 级普通硅酸盐水泥;水泥浆的水灰比可取 0.6~2.0,常用的水灰比为 1.0。

(9) 为了改善浆液性能,可在水泥浆液拌制时加入如下外加剂。

① 加速浆体凝固的水玻璃,其模数应为 3.0~3.3。水玻璃掺量应通过试验确定,一般为水泥质量的 0.5%~3%。

② 提高浆液扩散能力和可泵性的表面活性剂(或减水剂),如三乙醇胺等,其掺量为水泥质量的 0.3%~0.5%。

③ 提高浆液的均匀性和稳定性,防止固体颗粒离析和沉淀而掺入的膨润土,其掺加量不宜大于水泥质量的 5%。

浆体必须经过搅拌机充分搅拌均匀后,才能开始灌注,并应在灌注过程中不停地缓慢搅拌,浆体在泵送前应经过筛网过滤。

(10) 冒浆处理。土层的上部压力小,下部压力大,浆液就有向上抬高的趋势。灌浆深度大,浆液上抬不明显;灌浆深度浅,浆液就会上抬较多,甚至会溢到地面上来。此时可采用间歇灌注法,即让一定数量的浆液注入上层孔隙大的土中后暂停工作,让浆液凝固,几次反复后,就可将上抬的通道堵死。或者加快浆液的凝固时间,使浆液压出灌浆管就尽快凝固。工程实践表明,需加固的土层之上,应有不少于 1 m 厚的土层,否则应采取措施防止浆液上冒。

(11) 灌浆顺序。灌浆顺序必须采用适合于地基条件、现场环境及灌浆目的的方法进行。一般不宜采用自灌浆地带某一端单向推进的灌注方式,应按跳孔间隔灌浆方式进行,保证先灌浆的孔内浆液的强度增加到一定的值,以防止串浆,从而提高灌浆的效率。对有地下动水流的特殊情况,应考虑浆液在动水流下的迁移效应,从水头高的一端开始灌浆。若灌浆范围内的土层的渗透系数相同,首先应完成最上层封顶灌浆,然后再按由上而下的原则进行灌浆,以防浆液上冒。如果土层的渗透系数随深度而增大,则应自下而上进行灌浆,灌浆时应采用先外围后内部的灌浆顺序。若灌浆范围以外有边界约束条件(能阻挡浆液流动的障碍物)时,也可采用自内侧开始顺次往外的灌浆方法。

17.6　质量检验

灌浆效果与灌浆质量的概念不完全相同。灌浆质量一般是指灌浆施工是否严格按设计和施工规范进行,例如灌浆材料的品种规格、浆液的性能、钻孔角度、灌浆压力等,都应符合规范的要求,否则应根据具体情况采取适当的补充措施。灌浆效果则指灌浆后能将地基土的物理力学性质改善到什么程度。

灌浆质量高不等于灌浆效果好。因此,设计和施工中,除应明确规定某些质量标准外,还应规定所要达到的灌浆效果及检验方法。

灌浆效果的检验,通常在灌浆结束后 28 d 方可进行,检验方法如下。

(1) 利用灌浆过程中的流量和压力自动记录曲线对灌浆量进行计算分析,从而判断灌浆效果。

(2) 利用静力触探测试加固前后土体力学指标的变化,用以了解加固效果。

(3) 在现场进行抽水试验,测定加固土体的渗透系数。

(4) 采用现场静载荷试验,测定加固土体的承载力和变形模量。

(5) 采用钻孔弹性波试验,测定加固土体的动弹性模量和动剪切模量。

(6) 采用标准贯入试验或轻便触探等动力触探试验测定加固土体的力学性能,此法可直接得到灌浆前后原位土的强度,从而进行对比。

(7) 进行室内试验。通过室内加固前后土的物理力学指标的对比试验,判断加固效果。

(8) 采用 γ 射线密度计法。它属于物理探测方法的一种,在现场可测定土的密度,用以检验灌浆效果。

(9) 试验电阻率法。将灌浆前后对土所测定的电阻率进行比较,根据电阻率差说明土体孔隙中浆液的存在情况。

在以上方法中,动力触探试验和静力触探试验最为简便实用。检验点一般为灌浆孔数的 2%～5%,如检验点的不合格率等于或大于 20%,或虽然小于 20% 但检验点的平均值达不到设计要求,在确认设计原则正确后应对不合格的灌浆区实施重复灌浆。

17.7 工程实例

1. 工程概况

某大厦基础采用联合基础,基坑深 9.0 m,桩身位于地表下 9.0～22.0 m,桩径分别为 1.2 m、1.5 m、1.8 m。地基土层为淤泥、粉细砂夹淤泥及砂层。淤泥层平均厚 6.0 m,分布不均匀。由于地下水位高,在灌注桩身混凝土时,因地下水涌入桩孔,使混凝土产生离析,水泥流失,桩身出现孔洞。经钻孔取样和采用动测法检测桩身质量,结果发现 47 根桩桩身混凝土有严重缺陷,未能达到设计要求,因此决定采用先灌水泥浆、后灌化学浆液的复合灌浆的方法进行处理。

2. 灌浆材料及性能

复合灌浆的基本原理是:将水泥浆液灌注到桩身较大的空隙中,填充空隙,改善桩身整体性,然后利用 EAA 环氧树脂浆液的高渗透性解决新旧混凝土之间的粘结力问题及充填细小孔隙,从而使桩基的整体强度得到提高。

灌浆材料:水泥采用 32.5 级普通硅酸盐水泥,并加入适量的黏土、塑化剂、早强剂,水泥浆液水灰比选用 1:1 和 0.6:1 两种,以 0.6:1 为主。化学浆材采用 EAA

环氧树脂浆液。

EAA 环氧树脂浆液具有较高的渗透性,可渗入渗透系数为 $10^{-6} \sim 10^{-8}$ cm/s 的材料中,固结体的强度较高,可满足桩基加固的要求。

3. 施工工艺及要求

(1) 钻孔:在桩径为 1200 mm 的桩顶采用地质钻机钻孔。为尽可能降低成本,将原布置的每桩 4 孔改为每桩 3 孔。两个水泥灌浆孔的间距为 600 mm,中间设一化学灌浆孔。其布置如图 17-4 所示。

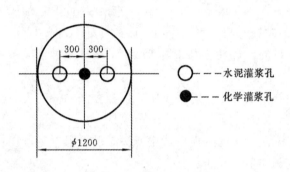

○——水泥灌浆孔

●——化学灌浆孔

图 17-4 桩的孔位布置图

(2) 灌浆顺序:先进行水泥灌浆,待固结 8~12 h 后,钻开中心孔,再进行化学灌浆。灌浆时,自上而下进行,钻一段,灌一段,重复灌浆直至进入基岩下 0.5 m。

(3) 灌浆段长:根据钻孔取样情况确定水泥灌浆段长,一般控制在 5.0 m 以内。化学灌浆前必须进行压水试验,只有当吸水量小于 1.0×10^{-2} L/min 时,方可进行化学灌浆,否则灌注水泥浆液。

(4) 浆液浓度:先灌水灰比为 3∶1 的水泥浆 100 L,视进浆量的大小及压力的变化情况改变浆液浓度,如进浆量大、压力不升高,则直接灌注水灰比为 0.6∶1 的水泥浆液;若吸浆量大,在降低灌浆压力的同时,在浆液中加入速凝剂,待凝结 3~4 h 后扫孔重灌。

(5) 灌浆压力:水泥灌浆压力为 1.0 MPa,化学灌浆压力为 1.5 MPa。

4. 加固效果分析

处理前后对每孔段进行简易取芯和压水试验,能较准确地确定处理的部位、被处理段的缺陷特征,有针对性地采取适宜的措施,除一根桩因破碎极为严重需做二次补强外,其他均为一次加固成功。从资料分析可知,水泥灌浆孔均达到和超出原设计灌浆压力,水泥灌浆平均单耗 113.26 L/m(以直径 1.8 m 桩计,水泥浆充填率达 44.6%,已达最大充填)。对于复杂的孔段采取综合有效的措施,以确保质量。对其中一根桩进行抽芯检测表明,岩芯结构完整,达到设计要求。采用低应变动力检测 47 根桩,其中Ⅰ类桩占 40%,其余为Ⅱ类桩。

习　题

一、问答题

1. 什么是灌浆法？灌浆有哪些作用？

2. 灌浆法可应用于哪些工程领域？

3. 灌浆材料有哪些？

4. 由于饱和黏土的渗透性较差，单纯的灌浆法效果不好，可采取什么措施增加其渗透性？

5. 根据灌浆机理，灌浆法分为哪些类型？

6. 灌浆法的施工方法有哪些？

7. 如何进行灌浆处理后的质量与效果检验？

二、选择题

1. 在所学的加固方法中，_____可以形成防渗帷幕。

A. 换填法　　　　B. 灌浆法　　　　C. 挤密法　　　　D. 排水固结

2. 在灌浆法中，灌浆所用的浆液是由主剂、溶剂及各种外加剂混合而成，通常所指的灌浆材料是指浆液中的_____。

A. 主剂　　　　B. 溶剂　　　　C. 外加剂　　　　D. 主剂和溶剂

18 特殊土地基处理

18.1 概述

我国幅员辽阔,各地的地理位置、气象条件、地层构造和成因,以及地基土的地质特征差异很大,有一些特殊种类的地基土分布在全国各地。这些特殊土各自具有不同于一般地基土的工程地质特征,如饱和软黏土的高压缩性、杂填土的不均匀性、黄土的湿陷性、膨胀土的胀缩性、冻土的冻胀变形特性以及地震区的地基液化性、震陷性等。本章简要介绍膨胀土地基、湿陷性黄土地基和液化地基的处理方法。

18.2 膨胀土地基处理

膨胀土一般是指黏粒成分主要由亲水性矿物组成,同时具有显著的吸水膨胀和失水收缩这两种变形特性的黏性土。

膨胀土是一类结构性不稳定的高塑性黏土,也是典型的非饱和土。它在世界范围内分布极广,迄今发现存在膨胀土的国家有 40 多个,遍及六大洲,其地理位置大致在北纬 60°到南纬 50°之间。我国是膨胀土分布最广的国家之一,先后有 20 多个省、市和自治区发现有膨胀土,主要分布在四川、湖北、陕西、云南、安徽、贵州、广西、广东、河南、河北、山西等地,总面积约在 10 万 km² 以上,成因以残积或残坡积为主。

膨胀土的典型特征是其具有裂隙性、胀缩性和超固结性,对气候变化特别敏感,主要原因是膨胀土颗粒组成中黏粒含量超过 30%,且蒙脱石、伊利石或蒙脱石-伊利石混层矿物等强亲水性矿物占主导地位,其"三性"(裂隙性、胀缩性和超固结性)对其强度都有强烈的衰减影响,使得膨胀土的工程性能极差,病害十分严重。在膨胀土地区修建的厂房、住宅、水利设施、机场、公路、铁路无不反映出因膨胀土各种不良工程性能造成的危害,如由地基土体含水量变化导致的土体不均匀胀缩变形极易引起建筑物变形和破坏。膨胀土边坡的失稳更是世界性的难题。当水通过裂隙渗入土体,土体遇水膨胀,当其膨胀受阻时,就会对支挡结构、衬砌或地下结构产生膨胀力,致使结构物发生破坏,尤其对铁路、公路、水渠的破坏作用更加突出,有"逢堑必崩、无堤不塌"之说,常常出现路面开裂、隆起或沉陷,路堤和路堑滑塌、边坡失稳等,且其对工程建设的危害往往具有多发性、反复性及长期潜在性,对其灾害防治十分困难。长期以来,国内外均十分重视膨胀土问题的研究。目前,很多铁路、公路、航空港、水利工程、城镇及跨流域调水工程等在膨胀土地区修建和营运,对膨胀土的研究已成为当前岩土工程的重要研究方向之一。

18.2.1 国内外膨胀土地基的研究进展

1. 膨胀土研究概况

早在 20 世纪 20 年代末 30 年代初,人们从黏土地基变形破坏和边坡失稳事故的分析中对膨胀土的特殊性就有了认识,遗憾的是这些问题并未引起研究者们的足够重视,直到 20 世纪 60 年代中期才有文献论述这方面的问题。由于建筑技术的发展,一些国家过去本来能够承受较大变形的轻载框架式建筑物,逐渐被承受变形较差的砖石结构所取代,随之在膨胀土地区便出现了房屋开裂的问题。工程技术人员逐步认识到除了结构物设计本身的原因外,还存在着地基土膨胀收缩等造成的危害问题。数十个国家和地区已认识到膨胀土工程问题正成为世界性的课题。国际膨胀土会议 1965 年在美国首次召开了第一届,到 1992 年共召开了七届。迄今为止,美国、英国、俄罗斯、日本和罗马尼亚等国家都先后制定了膨胀土试验及建筑设计规范,颁发了各国的标准文件。

我国对膨胀土的最早认识和实践始于铁路部门。20 世纪 50 年代初期,在修建成渝铁路时就首先遇到成都黏土的挑战。60 年代修建汉丹线、成昆线北段和 70 年代修建阳安线、襄渝线、焦枝线等都进一步揭示了膨胀土在我国的广泛存在以及它所产生的各种问题的严重性和复杂性。此后随着工业与民用建筑、铁路、水利、交通等工程建设施工、运行中所暴露的大量地基和边坡灾害问题,许多单位和学者相继开展了膨胀土试验研究,其主要特点是将土质学与土力学结合起来,在场地及地基评价中,强调了工程地质特征及地基土的胀缩变形量,在胀缩机理、试验技术、变形与强度特征,以及地基、边坡、堤坝等工程问题上,已取得了一定水平的研究成果,并制定了相关的膨胀土规范,基本上解决了膨胀土地区工业与民用建筑建设施工所遇到的问题,但针对高速铁路与高等级公路路基问题的专题研究尚不系统。

2. 膨胀土的定名和分类

国内外对膨胀土定名尚不统一。铁路系统主要考虑裂隙性与超固结性对边坡稳定性的影响以及路堤、基床修筑所需填料是否适用,取名为裂土(包括裂隙黏土和膨胀土);建工系统主要从地基承载力、地基胀缩变形影响基础和建筑物稳定性出发定名为膨胀土;欧美国家将裂隙黏土和膨胀土划分为两种性质不同的土。国内外各行业对膨胀土的判别标准和分类方法有很大出入。

3. 膨胀土地基工程实践与病害防治

结合工业与民用建筑、铁路和水利的地基、边坡、堤坝等工程,有关膨胀土路堤填筑方法与标准、土质改良与地基处理以及膨胀土病害整治和加固措施均取得了不少成果与经验,但膨胀土灾害仍屡屡发生,尤其是路堤下沉、基床翻浆冒泥和路基边坡的失稳十分严重。

以前水坝、堤防、铁路、路基、填土路堤填筑控制以轻型击实试验为依据,填筑含水量采用最佳含水量,常常以压实度为控制标准。近年来迅速发展的高等级公路填土和机场跑道等,不仅以重型击实为依据,且在控制填筑标准方面既要满足压实度控制标准,还要满足强度指标(CBR 值)要求。对于现有的膨胀土路堤填筑标准是否对控制高速铁路与高等级公路路堤下沉和翻浆冒泥最为有利,尚未取得共识。

国内外对膨胀土的物理和化学改良研究多年,如添加非膨胀性的粗砂等填料,添加生石灰、水泥、石膏和水玻璃等,对减轻或根治病害起到了较好的作用,但膨胀土地区的病害具有一定的特殊性,如何选择经济上合理、技术上可行的最佳改性方案还有待深入。即使是应用最广泛和经验积累最丰富的石灰土,实际上还存在如何将块状或过湿的膨胀土和生石灰充分拌和均匀及如何计量掺和比的问题。

目前,我国对膨胀土病害类型和危害程度制定了相应的病害判别标准,建立了膨胀土路基病害的一些数据库和技术数据。已提出的膨胀土路基病害防治措施达数十种,如用改性土桩与土工织物综合治理膨胀土基床病害,粉喷搅拌强化基床,土钉墙、尼龙网垫与植物护坡、素混凝土和改性土骨架护坡等,但对有发展前途的新技术原理、施工机械与工艺研究并不系统,以半封闭为主的新型柔性防护措施,特别是工程与植物防护结合的综合防护体系研究亦需加强,至今还没有建立一整套针对各种灾害特点和易于决策且可视化较高的灾害防治专家系统。

综上所述,国内外对膨胀土的研究虽然有 50 多年的历史,但对膨胀土的基本力学特性的认识与如何有效地整治膨胀土灾害,还存在着一系列难题。从现代工程需求出发,今后尚需重点在如下几方面作进一步的研究工作:

(1) 膨胀土的裂隙扩展与收缩对其工程特性影响的演化规律;
(2) 击实膨胀土的强度特征与水稳性能;
(3) 非饱和膨胀土的本构关系与渗流模型;
(4) 膨胀土边坡的破坏模式与稳定性分析方法;
(5) 膨胀土处理技术与施工工艺研究。

18.2.2 膨胀土地基的处理原则

膨胀土的工程灾害防治处理,按工程处理对象划分,可划分成建筑物地基的变形、边坡稳定性、堤坝填筑和洞室稳定性四个方面。地基处理主要针对建筑物地基变形与堤坝填筑,边坡与洞室稳定性主要是防护问题。引起膨胀土灾害的内因主要为亲水性矿物,以 SiO_2、Al_2O_3 和 Fe_2O_3 为主的化学成分,黏粒含量,孔隙比,含水量及其微结构和结构强度;外因是气候条件,如降雨及蒸发、作用压力、地形地貌及绿化、日照和室温。其中,膨胀土的水分转移与含水量变化是诱发其危害的关键因素,对其地基进行处理主要关注其胀缩性。

基于上述认识,膨胀土地基的处理总体原则应根据当地的气候条件、土质特性与胀缩等级、场地的工程地质及水文地质情况和建筑物(构筑物)结构类型等,结合当地经验和施工条件,通过综合技术经济比较,确定适宜的处理措施,尽量做到技术先进、经济合理。

膨胀土地基的处理原则应从上部结构与地基基础两方面着手,设计中除应着重抓住控制膨胀土胀缩性这一主要矛盾选择合理的地基处理方法外,还需考虑上部结构的措施加强构筑物的整体性与抗变形能力。

根据上述指导思想,膨胀土地基处理的基本原则如下。

(1) 在膨胀土地基设计及处理中,首先应考虑场地地形的复杂程度及其对工程的影响,根据地形地貌条件可将场地分为平坦与斜坡场地两类。针对前者,膨胀土地基按变形控制设计,并考虑气候条件,充分估计季节循环中地基在很长时间(如 10 年以上)可能发生的最大变形量及变形特征;后者除按变形控制设计外,还需验算地基的稳定性,防止外部水分侵入与水平变形给边坡带来的严重危害,结合排水系统、坡面防护和设置支挡结构物综合防治。

(2) 按照建筑物(构筑物)对地基不均匀胀缩变形的适应能力和使用要求进行分类并区别对待,膨胀土地基处理应根据不同类型采取相应措施,使可能发生的变形量减少到容许变形值范围内,同一建筑物尽量不跨越不同的地貌单元、不同土层和不同的工程地质分区,力求规划简单,而不局部突出或拐弯过多,必要时,宜设置沉降缝断开。对地基不均匀变形适应性较强的排架结构、高耸构筑物等,排架结构只需注意在基础梁底与地面间预留 100~150 mm 的膨胀间隙或回填松软材料、填充围护墙砌于基础梁之上即可,高耸构筑物一般可不作特殊处理;对地基不均匀变形具有一定适应性的建筑物(如钢筋混凝土框架结构、砖石排架结构、4 层以上的砌体结构),应采用必要的加强整体性的结构措施,如设置地梁、圈梁,设置水平钢筋加强角端和内外墙壁交接联结等;对地基不均匀胀缩变形适应力较差的建筑物(层数较少的砖石承重结构、无砂大孔混凝土和无筋中型砌块建筑物等),必须通过地基处理以减轻地基不均匀变形对建筑物的破坏,并辅以必要的结构措施巩固其整体性。

(3) 根据场地膨胀土的特性与胀缩等级、当地材料、工况类型与施工条件,并结合膨胀土埋深、厚度、大气影响和上部荷载等因素,从回避或减缓膨胀土的不良特性、保持膨胀土工程特性的相对稳定性、改良膨胀土的本身性质以克服其湿热敏感性,以及改变基础形式与埋深以提高地基的适应性四种可行途径,选用有针对性的单一或综合方法处理膨胀土地基。

18.2.3 膨胀土地基处理方法

目前国内外有关膨胀土地基处理的方法较多,加固技术也在逐渐发展,以下主要从加固机理、适用范围与施工技术几方面,结合膨胀土工程性质的多年研究成果与我国大量工程实践的应用效果介绍膨胀土地基的几种主要处理方法,并评述其发展趋向。

1. 换土法

换土法是将膨胀土全部或部分挖掉,换填非膨胀黏性土、砂土、砂砾土或灰土,以消除或减少地基胀缩变形,其本质是回避膨胀土的不良工程特性,从源头上改善地基,是膨胀土地基处理方法中最简单而且有效的方法。

膨胀土地基的换土厚度由胀缩变形计算确定,使剩余部分土的胀缩变形量在允许范围内。由于各地区的气候不同,在一定深度以下膨胀土含水量基本不受外界气候影响的临界深度和临界含水量有所不同,换土厚度应根据膨胀土的强弱和当地的气候特点确定,一般可采用 1.0~2.0 m(强膨胀土换土厚度可用 2.0 m,中膨胀土用 1.0~1.5 m),但具体换土厚度要根据调查后的临界深度来确定,最大厚度不宜超过 3.0 m。在地基下膨胀土层较薄情况下,该法比较可靠,且能彻底根治膨胀土的危害,主要适用于路床基底、渠道、膨胀性土层出露较浅的建筑场地或对不均匀变形有严格要求的建筑物地基,但对于大面积的膨胀土分布地区显得不经济,生态环境效益较差。

换土施工工艺简单,采用人工或机械挖除基底下一定深度的膨胀土,分层铺设非膨胀土或粗粒土,分层碾压;其换土效果与填料的含水量和干重度、土料土块尺寸、铺土厚度与碾压的质量等因素密切相关,如换土质量应符合各项技术指标要求,并采取一些诸如排水辅助措施能从根本上消除膨胀土的灾害。如湖北省襄十高速公路弱膨胀土路基,其填方基床与挖方路床均超挖 30~60 cm,采用 6%的石灰土换填,松铺厚度在 25 cm 左右,含水量控制在 $w_{op}+4\%$,路拌次数 2 遍,采用重型碾压机械碾压 4~5 遍,平均承载力与压实度分别达 179 kPa 和 91.3%,均超过 125 kPa 的承载力设计值与 85%的压实度规范要求。

膨胀土换土处理目前尚需针对地区气候条件进一步精确确定不同胀缩等级的膨胀土临界深度,以及分析对比该法与其他人工浅地基的综合效果。

2. 垫层法

垫层法与换土法施工过程基本相同,也主要应用于薄的膨胀土层及主要胀缩变形层不厚的情况;但对膨胀土层较厚的地基可采用部分挖除,铺设砂、碎石垫层抑制膨胀土的升降变形引起的危害,其作用主要是减少地基胀缩变形和调节膨胀土地基差异沉降量,具有补偿功能,此外,砂石层还可防止地下水毛细作用上升使地基不受冻胀作用的影响,施工简单,就地取材还能节约投资,故此法是处理膨胀土地基的一种较为适用和经济的方法。在平坦场地上Ⅰ、Ⅱ级膨胀土地基处理中,垫层法除可用于轻型建筑物地基处理外,还可广泛用于道路、堆场等,但在长期干旱地区而又有可能浸水的房屋中不宜采用。

我国对砂垫层的作用进行过室内模型试验和现场试验,认为砂垫层能够提高膨胀土地基的承载力,减小浸水湿化变形,垫层厚度为 0.5~0.8 m,可以降低膨胀力 25%~30%,且对差异沉降量的调节作用大小随外荷载大小而变化,荷载小于地基的极限承载力时,调节作用随荷载增大而增大;补偿作用则在外荷载作用下形成压密核的过程中产生,砂垫层的调节和补偿作用与垫层的厚度及宽度密切相关。

垫层材料宜采用级配良好且质地坚硬的粒料,砂子以中粗砂为好,碎石最大粒径不宜大于 50 mm,砂石含泥量不应超过 5%,其夯压效果关键是将砂石夯实加密至设计要求的密实度,施工时应控制砂石含水量为最优含水量时进行分层铺设,逐层振实或夯实,垫层厚度不应小于 300 mm,分层厚度一般为 150~200 mm,一般在基底两侧各拓宽 20 cm,基础两侧宜用与垫层相同的材料回填夯实,并做好防水处理使雨水不灌进砂石层内。

值得注意的是,膨胀土地基用砂石垫层置换基础下部分的膨胀土,对地基的胀缩变形起到缓冲作用,以减少地基胀缩变形量,但这种垫层置换法一般需配合上部结构整体加强,使上部结构适应地基变形,以保证建筑物的结构安全,对于这种地基、基础与上部结构的共同空间整体协同作用的研究还有待于深化。

3. 湿度控制法

湿度控制法是通过控制膨胀土含水量的变化,保持地基中的水分少受蒸发和降雨入渗的影响,从而抑制地基的胀缩变形。目前比较成功的保湿方法有:预浸水法、暗沟保湿法、帷幕保湿法和全封闭法。

1) 预浸水法

预浸水法是在施工前用人工方法增加地基土的含水量,使膨胀土层全部或部分膨胀,并维持高含水量,从而消除或减少膨胀变形量。我国幅员辽阔,气候差异大,膨胀土预浸水后难以保持土中的高含水量使土体积不发生变化,常在干旱季节产生更大的收缩变形,从而导致建筑物破坏。由于浸水后膨胀土的强度和变形指标急剧降低,承载力一般在 100 kPa 左右,在路基工程中,也无法保证路基所要求的足够强度和刚度,还会使路基因失水产生收缩变形,出现干裂缝。因此,在膨胀土上建造房屋基础时,预浸水法能否作为一种重要的地基处理技术,目前国内外均持怀疑态度。

预浸水只有在基底压力不大且能保持地基土现有含水量的少数建筑物上采用,如蓄水池、冷却塔等。其最常用的施工方法是在场地上挖一系列深 80 cm 的明沟,设置几排调整含水量的竖井,沟底铺 25 cm 厚的熟石灰再填满石子,沟内充水约 1 个月,直到周围的土都已湿润为止。

2) 暗沟保湿法

暗沟保湿法的原理与预浸水法相近,主要是利用膨胀土的胀缩性与含水量密切相关的原理让膨胀土地基充分浸水至膨胀稳定含水量,并保持该含水量不发生变化,则地基既不会产生膨胀变形,也不会产生收缩变形,从而保证建筑物不遭受地基胀缩变形而引起破坏。暗沟保湿法适用于有经常水源的三层以下房屋的处理,对于无经常水源的房屋、强膨胀土地基和长期干旱地区不得采用。

3) 帷幕保湿法

帷幕保湿法是将不透水材料做成的帷幕设置于建筑物两侧,用以截断地基中水分向外转移或地基外的水分进入地基,保证地基中水分的相对稳定,从而消除地基土胀缩变形。帷幕形式有砂帷幕、填砂的塑料薄膜帷幕、填土的塑料薄膜帷幕、沥青油毡帷幕以及塑料薄膜灰土帷幕等。

帷幕埋深由建筑场地条件和当地大气影响急剧层深度来确定,根据地基土层水分变化情况,在房屋四周分别采取不同帷幕深度以截断侧向土层水分的转移,帷幕配合 1.5 m 宽的散水进行地基处理的效果明显,尤其当膨胀土地基上部覆盖层为卵石、砂质土等透水层时,采用该法防止侧向渗水浸入地基的效果良好。帷幕保湿法既可用于新建房屋,也可用于已损坏房屋的修缮处理;前者通常情况下是在建房的同时建造帷幕。

建造帷幕时,帷幕深度应不小于基础的最小埋深;不透水材料可用油毡,但一般应选用较厚的聚乙烯薄膜,宜用两层,铺设时搭接部分不应少于 10 cm,并用热合处理;塑料薄膜如有撕裂等病疵时,应按搭接处理;隔水壁应采用 2∶8 或 3∶7 灰土回填,在塑料薄膜失效时,灰土仍可起防水作用,散水宽度一般不小于 1.5 m,但必须覆盖帷幕,做法严格遵守相关规范规定。

4) 全封闭法

由于全封闭法一般在膨胀土路堤中应用,又称为包盖法或包边路堤,主要在膨胀土广泛分布的地区使用。出于经济上的考虑和受填料条件所限,不得不采用弱膨胀土和中膨胀土填筑路堤时,直接用接近最佳含水量的中膨胀土、弱膨胀土填筑路堤堤心部位,用普通黏土或改性土作为路堤两边边坡与基底及顶面的封层,从而形成包心填方,让膨胀土永久地封存在非膨胀土之中,避免膨胀土与外界大气直接接触,保持膨胀土湿度的稳定,使其失去胀缩性,从而成为良好的路基填料。

为了确保封闭效果,有效地限制堤内膨胀土的湿度变化,封层应有相当的厚度。其中,边坡处往往是施工碾压的薄弱部位,如果封闭土层与路堤土一起分层填筑压实,并达到同样的压实度,则处理效果会更好。为此,在用膨胀土填筑路基时,每层松铺厚度宜控制在 30 cm 以内,先用普通黏土填包边层,之后再填筑膨胀土夹心层,包边层和夹心层同时碾压,压实后必须形成坡度为 4% 的人字形路拱,并形成平整的坡面。封顶层用普通黏土填筑,厚度一般不应小于 1.5 m,表面用光碾压路机碾压平整。边坡包边宽度应不小于 2.0 m,并按设计要求做好梯形路拱,每一段路堤按标准施工完毕后,人工刷好边坡,并拍打光实、平整。施工应选在非雨水季节或旱季。

我国曾在南昆铁路建设中,成功地将弱膨胀土很好地封闭在了普通黏土之中,获得了良好效果;而在湖北省襄荆高速公路膨胀土地段,采用了用石灰改性土包边处理中膨胀土的方案,取得了显著的经济效益和社会效益。

综上所述,湿度控制法是处理膨胀土的一种好方法,应视当地气候潮湿程度与膨胀土厚度而定,对于强膨胀土很厚的情况,具有较好的经济可行性。但迄今为止,对蒸发与降雨条件下膨胀土的湿度迁移规律与力学效应还未取得足够清晰的认识,因此,对湿度控制法处理膨胀土的设计理论还需作大量的研究,并在工程实践中不断完善。

4. 压实控制法

压实控制法的实质是用机械方法将膨胀土压实到所需要的状态,充分利用膨胀土的强度与胀缩特性随含水量、干密度及荷载应力水平的变化规律,尽量增大压实膨胀土的强度指标,提高地基承载力与减小膨胀土的胀缩性,以满足工程建设的要求。由于膨胀土的最大干密度随击实功的增大而增大,最优含水量随击实功的增大而减小。膨胀土的干密度增大的同时含水量减小,导致其凝聚力和内摩擦角增大,地基承载力增加;但其击实后的胀缩性并没有受到抑制。因此,该法应用范围有限,只针对弱膨胀土,且造价很低,适用于地基承载力满足要求而附加荷载又大于其膨胀力的建筑物,对轻型建筑可能会造成一定的破坏。实际应用较多的是通过合理控制压实标准,利用弱膨胀土作为路基填料来修建路堤。

国内外在确定膨胀土的压实标准时,综合考虑到膨胀土的初期强度、长期强度以及强度衰减、胀缩变形、施工工艺等因素的变化特征,认为只有选择合理的含水量和干密度指标,击实膨胀土才可能同时兼顾到较高的强度和较低的胀缩性。最新的研究成果表明,采用压实含水量较最佳含水量稍大而略低于塑限、干密度较最大干密度略低的控制原则,加之压实功控制得好,弱膨胀土既可获得较高的压实度与初期强度,又可得到较低的胀缩性以及较好的抗渗透性和较低的压缩性。因此,压实含水量与碾压或夯实功的科学控制是压实控制法处理弱膨胀土的关键。

应该说,国内外虽然对击实膨胀土的胀缩性与强度特性相互制约的关系研究多年,但还没有建立能获得广泛共识的定量关系,且各行业对压实的控制标准也存在着差异,这些都是值得深入探讨的问题。

5. 土质改良法

土质改良法,顾名思义就是在膨胀土中掺入其他材料,使其物理力学性质得到改善,克服其不良的干湿敏感性,使其能满足工程的需要。目前土质改良法的子类归属尚不规范,不同部门行业与工程手册等还没有统一。从膨胀土的土质改良实质出发,宜按其加固机理不同而区分。为此,可将膨胀土的土质改良法分为物理改良法、化学改良法与综合改良法。

1) 物理改良法

物理改良法是在膨胀土中添加其他非膨胀性固体材料,通过改变膨胀土原有的土颗粒组成级配,从而减弱膨胀土的胀缩能力,达到改善其工程特性的目的,常见的掺合料有风积土、砂砾土、粉煤灰与矿渣等。

现有的研究表明,对于某中等膨胀土掺入 40% 的风积土,虽然膨胀土的收缩性有明显的改善,但膨胀率仍很大;掺入粉煤灰和风积土各 20%,膨胀土的收缩性有明显的改善,其无荷载膨胀率仍较大,而在一定荷载作用下,膨胀率就迅速下降;如选用砂子作添加剂,随着砂子含量的增加,本质上是土中的黏粒含量减少了,对于给定的初始含水量和干密度砂粒改良土样,当土中砂的含量超过一定的界限时,由于土孔隙中大量的毛细管通道和相应的虹吸作用减小,土不再易膨胀,超过一定砂量将使重塑后的土样对膨胀不再敏感,存在着对应的临界掺砂量,临界掺砂量大约为 60%;如向膨胀土中掺入 10% 的石灰和 30% 的风积土,无论是其膨胀性还是其收缩性都大大降低,改良后的膨胀土几乎可当成普通土看待,混合土的工程性质良好。这些都证实,如单纯用物理改良法处理膨胀土,其应用范围是有限的,实际效果并不十分理想。

事实上,由于粉煤灰颗粒平均粒径大于膨胀土的平均粒径,又无胀缩性,在膨胀土中掺加适量的粉煤灰,随着混合土中粉煤灰剂量的增加,掺合土中无胀缩性骨架颗粒含量增多,致使其胀缩性减弱或消除,从而提高了土的强度。但掺入量较小时,对膨胀土的胀缩性没有很大的改良效果;掺入量较大时,由于粉煤灰从灰场运入到施工场地时含水量很高,而膨胀土本身又为过湿土,难以满足在实际施工中对含水量的规范要求。因此,单纯的粉煤灰用于膨胀土改良的实际工程鲜有成功的报道,一般都需结合化学改良法才能达到良好的应用效果,如掺石灰与粉煤灰进行膨胀土改良。至于砂砾石等其他掺合料也较少单独应用,在通常情况下均与石灰等化学改良添加剂按一定比例混合使用。

由于物理改良法并没有改变膨胀土的本性,因此采用该法处理膨胀土,除需掺合较高的添加材料外,主要适用于弱膨胀土的改良,实际选用时需慎重考虑。

2)化学改良法

化学改良法是利用在膨胀土中加入某种其他物质,并使添加材料与膨胀土中的黏土颗粒发生某种化学反应或物质交换过程,以达到降低膨胀土膨胀潜势、增加强度和提高水稳定性的目的。该种处理方法的最大优点在于能从本质上改善膨胀土的不良工程性质,理论上可以从根本上消除膨胀土的胀缩性,是国内外膨胀土工程处理技术中的热点领域,应用范围广阔。

当前,应用化学方法加固膨胀土的添加材料种类较多,既有固体添加剂,也有液体添加剂;按其化学成分划分还有无机添加剂与有机添加剂,如石灰、水泥、有机与无机化学浆液,现按添加剂的种类与施工工艺作简要概述。

(1)石灰土 石灰改良膨胀土的主要作用是使膨胀土的液限、膨胀性与黏粒含量降低,显著提高土的塑限与强度,增大最佳含水量与降低最大干密度,从本质上改变膨胀土的工程特性。由于石灰能有效抑制膨胀土的胀缩潜势,又具有经济与实施方便的优点,在工程界应用十分普遍。

关于石灰这种气硬性无机胶凝材料改良膨胀土的机理,一般将其归纳为生石灰消化放热反应、碳酸化(硬化)、离子交换与胶凝反应四种作用。其中,第一种作用主要是促进化学改性进程;第二种作用是改变土质成分及密度;第三种作用十分有限,因为天然土中的阳离子绝大部分为Ca^{2+}、Mg^{2+},石灰中的Ca^{2+}交换又无太大实际意义,除非膨胀土中的交换性阳离子Na^+、K^+占有相当大的比例。因此,石灰改性的主要作用为胶凝反应和碳酸化作用,这两种作用都发生了实质性的化学反应,即土中无定形矿物或黏土矿物中分离出来的SiO_2、Al_2O_3与石灰中游离出来的Ca^{2+}形成水化硅、铝酸钙胶体等新矿物,附着在土颗粒表面及颗粒之间,硬化后将土颗粒黏结在一起,起到良好的胶结作用。

由于改性土的物理、力学指标随石灰量的变化有两种关系:一种是指标随石灰含量的增加单调增加或减少,如抗压强度、塑限、pH值等;另一种是随石灰含量的增加,指标有最低值或最高值,如膨胀率、膨胀压力、塑性指数等。从膨胀土的改良目的出发,一方面要求土具有低膨胀性和高强度,另一方面要求经济可行。根据国内外资料,从降低膨胀土的膨胀性来看,一般加入2%~4%的石灰就能使其膨胀率和膨胀压力达到很小;而从提高土的强度角度考虑,在一定范围内石灰含量越高,改良土的强度也越高,但石灰含量超过一定限度后,改良土的强度会随石灰含量的增加而降低。考虑到在现场实际施工过程中,石灰和膨胀土掺合均匀度会比室内试验要差,一般加入6%左右的石灰能获得较好的改良效果,至于具体的最佳石灰含量值,应根据膨胀土的胀缩等级通过试验确定,总的原则是改性土的技术指标应属于非膨胀土的范畴,如自由膨胀率小于20%、胀缩总率小于70%等。石灰掺入量的常用范围为4%~10%。

采用石灰处理膨胀土时,应避免在雨季施工,且应保证施工的连续性与有效衔接,注意严格控制石灰剂量、石灰的均匀性、填料粒径、松铺厚度、拌和均匀程度与碾压遍数等影响工程质量的要素,并加强排水措施的实施和检测工作,以确保工程质量。

此外,掺拌石灰施工时易扬尘(尤其是掺生石灰),会造成一定的环境污染,且易使灰土出现龟裂现象,需要加强施工工艺的改进与一定的保湿措施。在国内外应用化学改良膨胀土的各种方法中,应用最广泛、最有效的还是石灰土,且积累的施工经验也最丰富。因此,采用石灰改良膨胀土不失为一种较好且较成熟的处理技术。

(2) 水泥土　水泥土是用土料、水泥和水经过拌和的混合物,应用于膨胀土地区的衬砌尤其广泛。作为一种水硬性胶凝材料,水泥与石灰的改性机理类似,主要机理是由于钙酸盐与铝的水化物及颗粒相互间的胶结作用,胶结物逐渐脱水和新生矿物的结晶作用,降低了膨胀土的液限和体积变形,增大了缩限和抗剪强度,从而明显提高了膨胀土的水稳定性与抗渗能力。

水泥土与石灰土的不同之处在于,前者的早期效应比后者明显,且水泥可产生更大的凝聚作用,引起的凝聚反应会使黏土层之间的胶结力增大,从而使土处于更加稳定的状态,其强度和耐久性比石灰土提高幅度更大;但就膨胀而言,石灰是更好的稳定掺和剂,水泥用于加固膨胀土的掺入量一般为4%~6%。

在工程实际应用中,常利用石灰与水泥混合添加剂来改良膨胀土,充分发挥石灰显著降低土的膨胀性和水泥显著增加土的强度的优势,两者比例视改良土要求而定。

(3) NCS固化剂　NCS固化剂是一种新型复合黏性土固化材料的简称,由石灰、水泥与合成的"SCA"添加剂改性而成。NCS加入填料中除具有石灰、水泥对土的改性作用外,它还会进一步使土粒和NCS发生一系列的物理化学反应,使膨胀土颗粒相互靠近,彼此聚集成土团,形成团粒化和砂质化结构,增强土的可压实性;同时,膨胀土颗粒在NCS水化反应中生成新的水化硅酸钙和水化铝酸钙,加强了土体的强度和稳定性。

NCS 固化剂掺入土中经拌和后,在初期主要表现为土的结团、塑性降低、最佳含水量增大和最大密实度降低等,后期变化主要表现为结晶结构的形成。NCS 固化剂主要有离子交换、碳酸化与胶凝三种作用。其中,生石灰所起的作用是吸水和使黏土砂质化,为固化后期与土粒发生胶凝反应提供后期强度;水泥熟料的作用是提供强度和增强土团粒之间的黏结;"SCA"添加剂提供早期强度,起强烈吸水、促进土粒砂化并生成针状矿物,具有"微型加筋"功能。

施工实践表明,NCS 固化剂具有较强的吸水性和显著提高土体强度的作用,且固化土具有较好的水稳定性和冻融稳定性;在天然含水量较高的地区,采用 6%～10%的 NCS 固化剂处理膨胀土,其收缩性小于石灰土,与采用石灰土处理土基及用石灰土作底基层相比,提高了路基、路面的整体强度,且在工程的管理、运输使用和配制混合料等方面都比常用的消石灰或生石灰方法简便,可以明显提高工程质量和加快施工进度,并易于控制密实度及均匀性,对施工操作人员与周围环境污染影响甚微,值得推广应用。

(4)压力喷注灌浆　压力喷注灌浆加固膨胀土是通过灌浆压力作用,充分利用膨胀土中存在的大量裂隙,将化学改良剂或胶凝材料配制成一定浓度的浆液灌入土体的裂隙和孔隙中,使浆液与土发生一系列的物理化学反应,达到土体改性、加固、抑制膨胀性的目的。

灌浆材料一般采用硅酸盐水泥、粉煤灰、生石灰、水玻璃和其他有机或无机化学浆液,施工时可根据工程需要单独采用一种材料或某几种材料按一定的比例混合使用。

由于受膨胀土遇水膨胀和低渗透性的影响,浆液在土体中的分布范围受到很大的限制,而且灌浆材料与膨胀土的物理化学反应主要集中在土体的裂隙面处,被裂隙面分割的较大土块内部的黏土矿物的胀缩性未得到抑制,压力灌浆在很多情况下加固土体的效果并不理想,应用范围有限。

压力喷注灌浆处理膨胀土地基在机理上有其先进性,但由于膨胀土的特殊性,采用此方法时遇到的主要问题是还没有形成简单、成熟、易行的施工工艺方法,具体实施起来较困难。

3)综合改良法

综合改良法是利用物理改良与化学改良加固机理,既改变膨胀土的物质组成结构,又改变其物理力学性质,集成化学改良土水稳定性较好、有较大的凝聚力和物理改良材料有较高内摩擦角及无胀缩性的优势,达到强化膨胀土土质改良的效果。由于该方法常充分利用一些固体废弃物与价格低廉的材料,如粉煤灰、矿渣与砂砾石等,有利于环境保护,且改良质量良好,因此得到了工程界的普遍重视。当前在膨胀土工程建设中应用较多的有二灰土、石灰砂砾料与矿渣复合料等。

二灰土是一种石灰与粉煤灰的混合物,用来作为添加剂处理膨胀土。由于石灰和粉煤灰之间的化学反应有效地激发了粉煤灰的活性,生成较多的水化硅酸钙、水化铝酸钙和水化硅铝酸钙等胶结物质,使混合料的强度大幅度提高、胀缩性大幅度下降,具有良好的水稳定性能和抗冻性能,且整体性强、施工方便、造价较为经济,常用于处理建筑物地基或路基。

石灰砂砾料是在石灰土的基础上,掺入一定量的砂砾石形成的混合物,综合了石灰土水稳定性较好、有较大的凝聚力和砂砾料有很高内摩擦角及无胀缩性的优势,改良效果良好。如在湖北省襄十高速公路膨胀土路基修建过程中,就采用了石灰砂砾料填筑 95 区顶层方案(石灰剂量为 6%,石灰、砂砾土的体积比为 3:2)。

矿渣复合料由膨胀土、矿渣、水泥和砂等组成。矿渣和加固剂水化后产生 $Ca(OH)_2$,在膨胀矿物表面形成固化层,增加了膨胀土的稳定性,提高了膨胀土的承载力。矿渣复合料养护 28 d 的抗压强度为 $5\sim8$ MPa,抗折强度为 $1.5\sim2.0$ MPa;矿渣复合料完全失去了膨胀土原有的遇水膨胀的特性,不仅其体积膨胀率为 0,渗透系数也几乎为 0。矿渣复合料具有广阔的应用前景,造价低、施工方便。

需要说明的是,在膨胀土的各种土质改良法中,均普遍存在着如何使添加剂均匀有效地改良膨胀土的施工问题,以及如何科学合理地确定质量控制指标与快速准确地进行掺入料计量的问题。因此,除需继续研究各种改良新方法外,加强其施工工艺的研究也十分必要。

6. 砂包基础与增大基础埋深

砂包基础是将基础置于砂层包围中,砂层选用砂、碎石、灰土等材料,厚度宜采用基础宽度的 1.5 倍,宽度宜采用基础宽度的 $1.8\sim2.5$ 倍,砂层不能采用水振法施工。由于砂包基础能释放地裂应力,在膨胀土地裂发育地区,对于中等膨胀土地基,采用砂包基础、地梁、油毡滑动层以及散水坡等结合处理可取得明显效果。如广西武宜县从 1974 年以来,采用上述方法处理普遍开裂的房屋,效果显著。

在季节分明的湿润区和半湿润区,地基胀缩等级属中等或中等偏弱的平原地区,由于这些地区的大气影响深度较深,选用墩式基础施工有一定困难而且不经济,增大基础埋深可以作为防治房屋产生过大不均匀沉降变形的一项长期处理措施,该方法在美国、加拿大等国家被普遍采用。

影响基础有效埋深的外界因素主要有两个:地表大气和地下水。由于地表以下 1 m 内土中含水量受人为活动和大气影响最大。对于平坦场地且地下水位较深的情况,膨胀土地基上建筑物基础埋深应大于或等于 1 m,通常取 $1\sim1.5$ m;如果常年地下水位较高,则在地下稳定水位以上 3 m 内,土内的含水量变化较小,可以使结构物下面的薄层膨胀土达到完全饱和,将基础埋置在这个深度或地下水位以下即可。常用的基础类型有砂垫层上的条基,砂垫层采用中、粗砂,厚 $30\sim50$ cm,在含水量约 10% 时分层夯实。

实际观测和调查研究表明,即使在同一地区,因地形地貌条件的差异以及土层胀缩性能的差异等因素的影响,其大气影响急剧层的深度也不同,所以在确定基础有效埋深时,应重视当地的建筑经验。

对于低层房屋,如以基础埋深为主要防治措施,可能会增加造价,因此通常采用独立墩式基础或宽散水等方法。当以宽散水为主要防治措施时,基础埋深可为 1 m;在半干旱区,大气影响急剧层深度一般为 2.5 m,遇复杂建筑场地,可能会更深,并与地形坡度有关,有时可达 5 m 或者更深,这时如采用本项处理方法,需注意条基已不经济,宜采用墩式基础或桩基。

7. 土工合成材料加固法

由于土工合成材料具有加筋、隔离、防护、防渗、过滤和排水等多种功能,国内外应用土工合成材料整治膨胀土已很广泛,尤其是在膨胀土路基工程中的应用十分普遍;如土工膜、土工格栅、土工格室以及土工网垫等,主要用于整治膨胀土路基基床与边坡浅层失稳。

对于膨胀土基床,主要利用土工膜与复合土工膜的隔水防渗作用,防止其翻浆冒泥;土工格室则对防治基床下沉外挤十分有效,原因在于通过格室的侧向限制作用与填料形成一个整体,从而提高土体的刚度和强度;而将复合土工膜(二布一膜)铺设在基床表层,除能起隔离(隔水、隔浆、隔渣)、排水、反滤作用外,还能起到分散基床应力、减少路堤填筑后的不均匀沉降、有效提高基床刚度的作用。施工时,土工膜和土工格室采用人工自一端向另一端铺设,复合土工膜设于基床表层,材料上下均铺设砂垫层(上 15 cm、下 5 cm),垫层底面设置不小于 4%的横向排水坡,施工作业应确保不损伤已铺土工膜,相邻复合土工膜的错接宽度不小于 0.5 m,并保证接头处不渗漏。

为了控制膨胀土路堤边坡的施工质量和增加边坡稳定性,通过在膨胀土路堤施工中分层水平铺设土工格栅作为路堤包边加强层,充分利用土工格栅与土体可共同承受内、外荷载作用,以及格栅与填土间的摩擦力和咬合力,使土中的垂直应力和水平应力经土工格栅面层水平扩散转化为土工格栅与土界面的剪应力,从而相应降低了土体受力,增大了整体抗剪强度,起到了固结边坡土体、加筋补强和防止边坡浅层溜塌、塌滑的效果。铺设土工格栅时,应拉紧展开,相邻土工格栅采用 U 形铁卡固定于土层表面,铺设完毕后不允许车辆碾压,为避免因土方的填筑而使土工格栅产生移位、隆起和变形,其上盖松填土厚度宜大于 40 cm,以便于推碾作业。按设计坡率进行刷坡时,应刷除施工填筑加宽部分,使边坡加筋土工格栅与坡面平齐,确保格栅不受损坏。

将土工网垫铺设于路堤边坡表面,能起先期保土和固定草种及防止表水冲刷、分解雨水集中的作用,土工网垫与植物根系、泥土牢固地结合在一起,可形成一层牢固的绿色保护层,防止雨水冲蚀、边坡溜塌和滑坡。在土工网垫沿边坡自上而下的铺设过程中,坡面网垫幅间搭接 5 cm,采用竹节钉或 U 形铁丝钉固定,幅内采用固定钉固定,间距不大于 1.0 m,施工中坡面要平整密实,且使网垫平顺并密贴坡面,否则植草难于在坡面生根成长。

应用土工合成材料处理膨胀土路基,由于施工简单,不需要特殊的施工机械和专业技术工人,又有利于环保,技术和经济效果均好,是一种值得采用和推广的方法。但目前对土工合成材料与土体相互作用的分析方法,尤其是其相互作用对土工合成材料变形的影响的研究还有待深入,此外,对土工合成材料长期使用性能与效果的合理评估也值得进一步研究。

总之,膨胀土的处理技术还在不断发展之中,除上述介绍的方法外,还有一些方法亦取得了较为理想的应用效果。在实际工程应用中,究竟采用何种单一方法或组合方法,还应根据本地区的实际情况而定,总的原则依然是安全、经济、可行、方便。

18.3　湿陷性黄土地基处理

我国湿陷性黄土的分布面积约占我国黄土总面积的60%,大部分分布在黄河中游地区,北起长城附近,南达秦岭,西自乌鞘岭,东至太行山,除河流沟谷切割地段和突出的高山外,湿陷性黄土几乎遍布该地区,面积达27万 km²,是我国黄土分布的典型地区。除此以外,在山东中部、甘肃河西走廊、西北内陆盆地、东北松辽平原等地也有零星分布,面积一般较小,且不连续。湿陷性黄土一般都覆盖在下卧的非湿陷性黄土层上,其厚度从几米到十几米,最厚达 30 m。

湿陷性黄土是黄土的一种。凡天然黄土在一定压力作用下,受水浸湿后,土的结构迅速破坏,发生显著的湿陷变形,强度也随之降低的称为湿陷性黄土。湿陷性黄土分为自重湿陷性黄土和非自重湿陷性黄土两种。自重湿陷性黄土在上覆土层自重应力下受水浸湿后,即发生湿陷。在自重应力下受水浸湿后不发生湿陷,需要在自重应力和由外荷载引起的附加应力共同作用下,受水浸湿才发生湿陷的称为非自重湿陷性黄土。湿陷性黄土地基的湿陷特性会给结构物带来不同程度的危害,使结构物产生大幅度的沉降、严重开裂和倾斜,甚至严重影响其安全和正常使用。

1. 湿陷性黄土地基的处理原则

我国湿陷性黄土分布很广,各地区黄土的差别很大,地基处理时应区别对待,并应结合以下特点:

(1) 湿陷性黄土的地区差别,如湿陷性和湿陷敏感性的强弱,承载能力及压缩性的大小和不均匀性的程度;

(2) 建筑物的使用特点,如用水量大小,地基浸水的可能性;

(3) 建筑物的重要性和其使用上对限制不均匀下沉的严格程度,结构对不均匀下沉的适应性;

(4) 材料及施工条件,以及当地的建筑经验。

湿陷性黄土地基处理,在处理深度和处理范围上区分如下:浅处理,即消除建筑物地基的部分湿陷量;深基础处理,即消除建筑物地基的全部湿陷量,这种方法包括采用桩基础或深基础穿透全部的湿陷性黄土层。

在湿陷性黄土地区建筑物的设计措施,主要有地基处理措施、防水措施和结构措施三种。

(1) 地基处理的常用方法有垫层、重锤夯实、强夯、土(或灰土)桩挤密和深层孔内夯扩等,这些方法可以完全或部分消除地基的湿陷性,或采用桩基础或深基础穿透湿陷性黄土层,使建筑物基础落在密实的非湿陷性土层上,以保证建筑物的安全和正常使用。

(2) 防水措施是用以防止大气降水、生产和生活用水以及污水渗入建筑物地基,其中包括建筑物场地排水、室内地面的防水、排水沟和管道的排水、防水等,是湿陷性黄土地区建筑物设计中不可缺少的措施。

(3) 结构措施的作用是使建筑物能适应或减少不均匀沉降,避免或减轻不均匀沉降所造成的危害。

在湿陷性黄土地区,国内外使用较多的地基处理方法有重锤表层夯实、强夯、垫层、挤密桩复合地基、预浸水、爆扩桩、化学加固和桩基础等。近年来,深层孔内夯扩桩、CFG 桩复合地基、高压喷射注浆法以及复合载体夯扩桩等也得到推广使用。保加利亚在湿陷性黄土地区多采用水泥土垫层和混凝土挤密短桩,俄罗斯在处理厚度大于 12 m 的黄土时,采用热处理和预浸水与水下爆扩相结合的方法。根据我国经验,灰土垫层、灰土(土)挤密桩可分别适用于处理厚度为 3 m 左右和 10 m 左右的湿陷性黄土层的湿陷性,10 m 以上的可采用深层孔内强夯法、CFG 桩复合地基以及桩基础等方法。预浸水法可以处理厚度大、自重湿陷性强烈的湿陷性黄土场地,但该方法处理后,距地表一定深度内的土层仍具有湿陷性,必须采用其他方法另作处理。

总之,在具体选用湿陷性黄土的处理方法时,应根据建筑场地的湿陷性类别、湿陷等级以及地区特点,首先考虑因地制宜和就地取材等原则,并根据施工技术可能达到的条件,经过技术经济比较后予以选用,必要时可考虑几种方法综合使用。

2. 湿陷性黄土地基处理方法

湿陷性黄土地基处理的目的是为了改善土的性质和结构,减小土的渗水性、压缩性,控制其湿陷性的发生,部分或全部消除湿陷性。

在黄土地区修筑建筑物,应首先考虑选用非湿陷性黄土地基,它比较经济和可靠。如确定基础在湿陷性黄土地基上,应尽量利用非自重湿陷性黄土地基,因为这种地基的处理要求比自重湿陷性黄土地基低。

桥梁工程中,对较高的墩、台和超静定结构应采用刚性扩大基础、桩基础或沉井等形式,并将底面设置到非湿陷性土层中。对一般结构的大中型桥梁、重要道路人工构造物,若建造在属Ⅱ级非自重湿陷性地基或各级自重湿陷性黄土地基上,应将其基础置于非湿陷性黄土层或对全部湿陷性黄土层进行处理并加强结构措施。对小桥涵及其附属工程和一般道路人工构造物,可视地基湿陷程度,对全部湿陷性土层进行处理,也可消除地基的部分湿陷性或仅采取结构措施。结构措施是指结构形式尽可能采用简支梁等对不均匀沉降不敏感的结构;加大基础刚度使受力较均匀;对长度较大和体形复杂的结构物,采用沉降缝将其分为若干独立单元等。

全部消除湿陷性的办法即处理自基底处至非湿陷性土层的顶面这一范围内的土层。部分消除湿陷性的办法即只处理基础底面以下适当深度的土层,因为这部分土层的湿陷量一般占总湿陷量的大部分。一般对非自重湿陷性黄土地基为 $1\sim3$ m,对自重湿陷性黄土地基为 $2\sim5$ m。

常用的处理湿陷性黄土地基的方法有如下几种。

1) 灰土或素土垫层法

在湿陷性黄土地基上设置土垫层是我国一种传统的地基处理方法,目前被广泛采用。具体作法如下:将处理范围内的湿陷性黄土全部挖除或挖到预计的深度,然后用灰土(石灰与土的体积比为 2∶8 或 3∶7)或素土分层夯实回填,垫层厚度及尺寸计算方法同砂砾垫层,压力扩散角 θ 对灰土采用30°,对素土采用22°;垫层厚度一般为 $1.0\sim3.0$ m。它消除了垫层范围内土的湿陷性,减轻或避免了地基附加应力产生的湿陷。如果将地基持力层内的湿陷性黄土部分挖除,采用垫层,可以使地基的非自重湿陷消除。该法施工简易,效果显著,是一种常用的地基浅层湿陷性处理或部分处理的方法。

2) 重锤夯实法及强夯法

重锤夯实法和强夯法适用于处理饱和度不大于 60% 的湿陷性黄土。

重锤夯实法能消除浅层的湿陷性。一般采用 $25\sim30$ kN 的重锤,落距 $4.0\sim4.5$ m,在最优含水量的情况下,可消除 $1.2\sim1.8$ m 深度内土层的湿陷性。在夯实层的范围内,土的物理力学性质获得显著改善,承载力提高、压缩性降低、湿陷性消除。非自重湿陷性黄土地基的湿陷起始压力较大,当用重锤处理部分湿陷性黄土层后,可减少甚至消除黄土地基的湿陷变形。重锤夯实法起吊设备简单,易于操作,施工速度快,造价低。

强夯法处理湿陷性黄土地基的优点为施工简单、效率高、工期短、对湿陷性黄土湿陷性消除的深度大,缺点是振动和噪音较大。根据国内使用记录,强夯法也能消除黄土的湿陷性,并可提高承载力。当锤重 $100\sim200$ kN,自由下落高度为 $10\sim20$ m 时,锤击两遍,可消除 $8\sim10$ m 深度范围内黄土的湿陷性。

3) 灰土(土)挤密桩法与深层孔内夯扩桩法

灰土(土)挤密桩法是一种复合地基处理方法,在第 7 章已经作了详细的介绍。该方法采用打入桩、冲钻或爆扩等方法在土中成孔,然后用素土、石灰土或将石灰与粉煤灰混合分层夯填桩孔而成桩,用挤密的方法破坏黄土地基的松散、大孔结构,以消除或减轻地基的湿陷性。此方法适用于消除 $5\sim10$ m 深度内地基土的湿陷性。灰土(土)挤密桩法对地基的加固效果,不仅与桩距有关,还与所处理的土层厚度和宽度有关。当土层处理宽度不足时(尤其是未消除全部黄土的湿陷性的情况下),可能使基础产生较大的沉降,甚至丧失稳定性,因此,土层处理宽度应符合规范要求。当进行整片处理时,宜设置 0.5 m 厚的灰土(土)垫层。

深层孔内夯扩桩法近些年在湿陷性黄土地区开始应用。该法采用螺旋钻成孔,孔径一般为 400 mm,夯锤重量一般为 20～30 kN,孔内填料在西安地区多用建筑垃圾及废料,在兰州地区一般采用素土或灰土。在成孔后,孔内分层夯填时,对孔周围土体进行挤密,其挤密的影响范围与夯锤的夯击能量有关,在消除孔周围土体湿陷性的同时,提高了地基土的承载力,其受力与灰土(土)挤密桩复合地基相似,所不同的是灰土(土)挤密桩在成孔的过程中对桩间土的挤密已完成绝大部分,而孔内夯扩桩对桩间土的挤密是在孔内充填土料的过程中完成的。该法的处理深度较深,可达 20 m 左右,且对地下水位没有限制。

4) 预浸水法

预浸水法是在修建建筑物前预先对湿陷性黄土场地大面积浸水,使土体在自重作用下发生湿陷,产生压密,以消除全部黄土层的自重湿陷性和深部土层的外荷载湿陷性,然后再修筑建筑物的一种处理湿陷性黄土的方法。

预浸水法一般适用于湿陷性黄土厚度大、湿陷性强烈的自重湿陷性黄土场地。当用于处理厚度大于 10 m 而自重湿陷量大于 50 cm 的自重湿陷性黄土场地时,浸水坑的边长不应小于湿陷性土层的厚度,坑内水位不应小于 30 cm,浸水时间以湿陷变形稳定为准。工程实践表明,这样一般可以消除地表以下 5 m 以内黄土的自重湿陷性和它下部土层的湿陷性,效果较好。但预浸水后,地表以下 5 m 内的土层还不能消除因外荷载所引起的湿陷变形,还需按非自重湿陷性黄土地基配合采用土垫层、重锤夯实法或强夯法等措施进行处理。由于此方法耗水量大(处理 1 m² 面积至少需要用水 5 t 以上),处理时间长(约 6～12 个月),所以预浸水法只能在水源充足,又有较长施工准备时间的条件下采用。此外,也应考虑预浸水对邻近建筑物和场地边坡稳定性的影响,因为附近地表可能产生开裂、下沉等。

5) 化学加固法

在我国,湿陷性黄土地区地基处理应用得较多并取得较丰富的实践经验的化学加固方法包括硅化加固法和碱液加固法。

硅化加固法中单液硅化法应用较多,是指将硅酸钠溶液($Na_2O \cdot nSiO_2$)(常称为液体水玻璃)灌入土中,当溶液和含有大量水溶性盐类的土相互作用时,会产生硅胶将土颗粒胶结,从而提高水的稳定性,消除黄土的湿陷性,提高土的强度。

碱液加固法是将具有一定浓度的 NaOH 溶液加热到 90℃～100℃,通过有孔铁管在其自重作用下灌入土中,利用 NaOH 溶液来加固黏性土,使土颗粒表面相互融合黏结。对于钙质饱和的黏性土(如湿陷性黄土)能获得较好的效果,对软土需同时使用 $CaCl_2$ 溶液。这是因为 $Ca(OH)_2$ 溶液注入土中后,土粒表层会逐渐发生膨胀和软化,进而发生表面的相互融合和胶结,但这种融合和胶结是非水稳性的,只有在土粒周围存在 $Ca(OH)_2$ 和 $Mg(OH)_2$ 的条件下,才能生成强度高且具有水硬性的钙铝硅酸盐络合物。这些络合物的生成将使土粒牢固胶结,强度大大提高,并且具有充分的水稳性。

由于黄土中钙、镁离子含量一般都较高(属于钙、镁离子饱和土),故采用单液硅化法加固就已足够。如果钙、镁离子含量较低,则需考虑采用碱液与氯化钙溶液的双液法加固。

单液硅化法和碱液法适用于处理地下水位以上渗透系数为 $0.10\sim2.00$ m/d 的湿陷性黄土等地基。在自重湿陷性黄土场地,对于Ⅱ级湿陷性地基,由于碱液法在自重湿陷性黄土地区使用较少,而且加固深度不足 5 m,为防止采用碱液法加固既有建筑物地基产生附加沉降,当采用碱液法加固时,应通过试验确定其可行性。

采用单液硅化法和碱液法加固湿陷性黄土地基,应于施工前在拟加固的建筑物附近进行单孔或多孔灌注溶液试验,确定灌注溶液的速度、时间、数量或压力等参数。

灌注溶液试验结束后,隔 $7\sim10$ 天,在试验范围的加固深度内测量加固土的半径,并取土样进行室内试验,测定加固土的压缩性和湿陷性等指标。必要时,应进行浸水载荷试验或其他原位测试,以确定加固土的承载力和湿陷性。

对酸性土和已渗入沥青、油脂及石油化合物的地基土,不宜采用单液硅化法和碱液法。

18.4 液化地基处理

1. 砂土地基液化的原因

液化是土由固体状态变成液体状态的一种现象。当砂土受到振动时,土颗粒处于运动状态,在惯性力作用下,砂土有增密趋势,如孔隙水来不及排出,孔压就会上升,并使有效应力减小,当有效应力下降到零时,土粒间就不再传递应力,从而完全丧失抗剪强度和承载力,此时土粒处于失重状态,可随水流动,成为液态,此即"液化"。地震、机器振动、打桩和爆破都可能引起土的液化,而以地震引起的大面积液化危害最大,它可导致公路与桥梁破坏、地面下沉、房屋开裂、坝体失稳等。

砂土是否会发生液化主要与土的性质、地震前土的应力状态、振动的特性等因素有关。

2. 液化地基处理措施

根据可液化地基危害性分析确定的地基液化等级,并按建筑物、公路、桥梁的重要性,结合具体情况综合确定地基抗液化措施。当液化土层较平坦且均匀时,可按表18-1选用,除丁类建筑外,不宜将未经处理的液化土层作为天然地基的持力层。

《建筑抗震设计规范》GBJ 50011—2001 提出了液化地基的抗液化措施,见表18-1。

(1) 表 18-1 中所列全部消除地基液化沉陷的措施,应符合下列要求。

表 18-1　抗液化措施

建筑类别	地基的液化等级		
	轻微	中等	严重
乙类	部分消除液化沉陷,或对基础和上部结构进行处理	全部消除液化沉陷,或部分消除液化沉陷且对基础和上部结构进行处理	全部消除液化沉陷
丙类	对基础和上部结构进行处理,亦可不采取措施	对基础和上部结构进行处理,或采取更高要求的措施	全部消除液化沉陷,或部分消除液化沉陷且对基础和上部结构进行处理
丁类	可不采取措施	可不采取措施	对基础和上部结构进行处理,或采取其他经济的措施

① 采用桩基础时,桩端伸入液化深度以下稳定土层中的长度应按计算确定,且对碎石土、砾砂、粗砂、中砂和坚硬黏性土尚不应小于 500 mm,对其他非岩石土尚不应小于 1 m。

② 采用深基础时,基础底面埋入液化深度以下稳定土层中的深度不应小于 500 mm。

③ 采用加密法,如振冲挤密、振动挤密、砂桩挤密、强夯等方法加固时,应处理至液化深度下界,且处理后土层的标准贯入锤击数的实测值应大于相应的临界值。

④ 挖除全部液化土层。

(2) 表 18-1 中所列部分消除地基液化沉陷的措施,应符合下列要求。

① 处理深度应使处理后地基液化指数减少。当判别深度为 15 m 时,地基液化指数不宜大于 4;当判别深度为 20 m 时,其值不宜大于 5;对独立基础与条形基础,尚不应小于基础底面下 5 m 和基础宽度的较大值。

② 处理深度范围内应挖除液化土层或采用加密法加固,使处理后土层的标准贯入锤击数的实测值大于液化临界值。

(3) 表 18-1 中所列关于减轻液化影响的基础和上部结构处理方面,可综合考虑采用下列措施。

① 选择合适的基础埋置深度。

② 调整基础底面面积,减少基础偏心。

③ 加强基础的整体性和刚度,如采用箱基、筏基或钢筋混凝土十字交叉条形基础,加设基础圈梁、基础系梁等。

④ 减轻荷载,增强上部结构的整体刚度和均匀对称性,合理设置沉降缝,避免采用对不均匀沉降敏感的结构形式等。

⑤ 管道穿过建筑处应预留足够尺寸或采用柔性接头等。

《公路抗震设计规范》JTJ 004—89 给出了公路抗液化措施原则(见表 18-2)。

表 18-2　公路抗液化措施原则

部　　位		路基液化等级			备　　注
		轻微	中等	严重	
特大桥、大桥,立交、跨线桥		B	A	A	两侧各 50 m 范围
中小桥、通道、涵洞		不处理	B	A	两侧 10~50 m 范围
一般路段	堤高>4 m	不处理	C	A	处理至坡脚外 3 m 左右
	堤高≤4 m	不处理	不处理	C	

注:表内措施未考虑倾斜场地的影响。A 表示全部消除液化的措施,基础应穿透液化层;B 表示基础结构
　和上部结构采取的构造措施,主要为减小或适应不均匀沉降的措施;C 表示部分消除液化的措施,即中
　心线两侧一定范围内(如 10 m)不处理或只进行简单处理,而在其外侧作处理。

18.5　工程实例

1. 工程概况

兰州某三跨连续单层工业厂房,建于 20 世纪 60 年代,建筑面积 10000 m^2,12 m
×7.8 m 柱网,钢筋混凝土薄壳屋面,12 m 跨腹梁。中列钢筋混凝土柱承重,独立基
础;边列混凝土墙承重,条形基础。

该场地位于Ⅲ级自重湿陷性黄土地区,当时对湿陷性黄土未作彻底处理。由于
车间内用水量大,地下管沟因年久失修而渗漏,最后导致基础不均匀沉陷,最大沉陷
量达 30 cm 以上;边列承重墙严重开裂,最大裂缝宽度达 25 mm,长度达 16 m。

2. 加固方案

加固方案采用在独立柱基上钻孔,再用单管高压喷射注浆形成的旋喷桩基础进
行托换,如图 18-1 所示。另外,改砖墙承重为柱承重,条形基础采用高压旋喷桩、混
凝土承台托换的方案,如图 18-2 所示。设计高压旋喷桩桩径 600 mm,桩端位于卵石
层上,桩端扩大头直径 800 mm,桩长约 15 m。

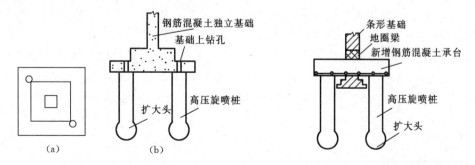

图 18-1　独立柱基加固方案　　　图 18-2　条形基础加固方案

扩大头采取复喷法成型(即在下部 1 m 桩旋喷后下降钻杆,使钻头喷嘴回到桩
底重复旋喷一次高压水泥浆),其强度为单喷法水泥土强度的 2~2.5 倍,进行了两组

单桩承载力试验,单桩极限承载力分别为 1676 kN 和 1225 kN,均满足设计要求。

3. 施工参数及施工顺序

通过对试桩进行开挖,检验外观和桩径,以及采用动测法对桩进行检验,证明旋喷桩满足设计要求,从而确认以下施工参数:送浆压力 23 MPa,送浆速度 62~65 L/min,旋转速度 20 r/min,提升速度 20 cm/min;浆液中水泥、水、氯化钠、三乙醇胺的质量比为 1∶1∶0.005∶0.0005。

施工开始前,根据旧房基础沉陷情况及竖向承重结构破坏程度,做好屋盖结构及梁端的支撑,避开或处理地下电缆和上下水管沟,切断车间电源,搬迁设备。施工程序如下。

(1) 将钻机安装在设计孔位上,并保持垂直。

(2) 一般黄土用 76 型振动钻孔机成孔,遇坚硬的地层和混凝土基础时,可使用地质钻机钻孔。

(3) 将装有喷嘴的喷管插入预定深度,振动钻机插管和钻孔两道工序可合二为一。地质钻机钻完后须拔出岩芯管,换旋喷管后再插入预定深度。为防止泥砂堵塞喷嘴,并防止加剧黄土湿陷,插管时由注水改为送压缩空气(空压机排气压力为 0.8 MPa),边插管边喷射。

(4) 旋喷管插入预定深度以后,即按设计配合比搅拌浆液,并按试验确定的施工参数边旋转边提升旋喷管。

4. 质量检验与加固效果

(1) 等浆液具有一定强度后,即开挖检查固结体的垂直度、直径、扩大头形状等,垂直度允许倾斜不大于 1.5%,桩中心位移不大于 50 mm。

(2) 旋喷桩养护 28 d 后,采用动测法检验桩身质量,确定单桩承载力并检查桩身断裂情况。

(3) 桩顶嵌入承台长度不小于 50 mm。

采用高压旋喷法基础托换,工艺简单、技术可行,可省去挖土、填方、运输的工作量,且工期缩短,成本比钻孔灌注桩低 1/3 左右。若采用"拆除重建"的方案,仅拆房费用估计为 20~30 万元,再加重新建设费,其费用将成倍增加。

该工程采用高压旋喷桩,计划工期 50 天,基础托换与土建加固等全部计划工期 120 天。实际高压旋喷桩成桩用时 40 天,旋喷桩累计长度约 2000 m,投资约 20 万元。全部土建加固 90 天完成,提前 30 天恢复生产。

习　题

一、问答题

1. 膨胀土地基处理方法有哪些? 处理原则是什么?

2. 湿陷性黄土地基有哪些处理方法? 何时应用预浸水法?

3. 液化地基有哪些处理措施?

二、选择题

1. 采用单液硅化法加固湿陷性黄土,指采用_____溶液。

A. $CaSO_4$ B. Na_2SO_4 C. $NaOH$ D. $Na_2O \cdot nSiO_2$

2. 在地基处理中,如遇砂性土地基,主要考虑解决砂土液化的问题,不宜采用的地基处理方法为_____。

A. 强夯法   B. 真空预压法   C. 砂桩挤密   D. 振冲挤密

3. 为消除黄土地基的湿陷性,采用_____的方法比较适宜。

A. 堆载预压   B. 开挖置换、强夯

C. 化学灌浆、强夯   D. 树根桩、垫层

4. 对于湿陷性黄土地基,可用_____方法处理。

A. 堆载预压   B. 挤密灰土桩

C. 深层搅拌桩   D. 水泥黏土浆液灌浆

附录　专业名词汉英对照表

A

安全储备　safety margin

安全措施　safety measure

安全度　level of safety

安全系数　factor of safety

岸壁　bulkhead wall

B

巴隆固结理论　Barron's consolidation theory

拔桩　pile extraction

拔桩机　pile drawer

拔桩试验　pile pulling test

坝基　dam foundation

坝址勘察　dam site investigation

坝趾　dam toe

坝踵　dam heel

板式振动压实机　vibrating plate compactor

板式基础　slab-foundation

板桩　sheeting pile

板桩挡土墙　sheet pile retaining wall

板桩截水墙　sheet pile cut-off

板桩锚定　sheet pile anchorage

板桩墙　sheet pile wall

板桩围堰　sheet pile enclosure

板桩帏幕　sheet pile curtain

半对数曲线　semilogarithmic graph

半固态　semi-solid state

半经验公式　semi-empirical formula

半无限弹性体　semi-infinite elastic solid

半重力式挡土墙　semi-gravity wall

剥蚀　degradation

薄壁取样机　thin wall sampler

薄层　thin stratum

薄膜式压力盒　membrane type pressure gauges

保守的设计　overdesign

饱和　saturation

饱和度　degree of saturation

饱和含水量　saturation moisture content

饱和密度(压实土)　zero air voids density

饱和土　saturated soil

饱和土密度　density of saturated soil

爆扩桩　blown tip pile

爆破振密　blast densification

爆炸法　dynamite method

爆炸挤密　explosive compaction

备用井　emergency shaft

被动破坏　passive failure

被动塑性平衡状态　passive state of plastic equilibrium

被动土压力　passive earth pressure

被动土压力系数　coefficientof passive earth pressure

被动桩　passive pile

本构定律　constitutive law

本构方程　constitutional equation

本构关系　constitutive relation

比奥固结理论 Biot's consolidation theory

比贯入阻力　specific penetration resistance

比例极限　proportional limit

比例加荷　proportional loading

比重　specific gravity

比重计　aerometer

比重瓶　density bottle

毕肖普简化条分法 Bishop's simplified method of slice

边冲边淤　cut-and-fill

边沟　side trench

边界条件　boundary layer

边坡　slope

边坡稳定性　slope stability

边载　surcharge

边桩　border pile

扁平度　flatness ratio

扁千斤顶　flat jack

变水头渗透试验　falling head permeability test

变形　deformation

变形控制　deformation control

变形模量　modulus of deformation

变形条件　deformation conditions

标定　calibration

标高　elevation

标准冻深　standard frost penetration

标准贯入试验　standard penetration test

标准贯入试验锤击数　standard penetration test blow count

标准贯入阻力　standard penetration resistance

标准筛　standard screen

表　gauge

表层压实　superficial compaction

表观抗剪强度　apparent shearing strength

表观内摩擦角　apparent angle of internal friction

冰冻法　refrigeration method

冰冻线　frost line

丙凝灌浆　acrylamide grouting

波长　wave length

波的传播　wave propagation

波动方程分析　wave equation analysis

波数　wave number

波速　wave velocity

泊松比　Poisson's ratio

补偿式基础　compensated foundation

补救措施　remedial measure

不对称荷载　unsymmetrical loading

不固结排水剪切试验　unconsolidated-drained test

不规则土层剖面　erratic soil profile

不均匀沉降　non-uniform settlement

不均匀冻胀　differential frost heave

不均匀级配　non-uniform grading

不均匀系数　coefficient of uniformity

不连续滑动面　broken sliding surface

不连续级配　gap gradation

不良地基　poor subsoil

不排水加载　undrained shear test

不排水剪切试验　undrained shear test

不排水三轴剪切强度　unconsolidated-undrained triaxial compression strength

不排水三轴试验　unconsolidated-undrained triaxial test

不透水边界　impervious boundary

不透水层　impervious layer

不透水地基　impervious foundation

不透水性　impermeability

不稳定边坡　unstable slope

部分饱和土　partially saturated soil

部分风化带　partially weathered zone

C

材料特性　material properties

材料阻尼　material damping

采样瓶　sampling bottle

参考值　reference value

参数　parameter

残余变形　residual deformation

残余强度　residual strength

残余应力　residual stress

侧限压缩模量　oedometric modulus

侧限压缩试验　confined compression test

侧向变形　lateral deformation

层理　bedding

层状地层　layered strata

层状黏土　layered clay

查勘　reconnaissance

场地复杂性　complexity of site

场地勘察　site investigation

场地烈度　site intensity

常规土工试验　routine soil test

常水头渗透试验　constant head permeability test

常水位　ordinary water level

长期荷载　longtime loading

长期强度　long-term strength

长期稳定性　long-term stability

超固结　overconsolidation

超固结比　overconsolidation ratio
超固结土　overconsolidated soil
超静水压力　excess hydrostatic pressure
超孔隙水压力　excess pore water pressure
超灵敏黏土　extra-sensitive clay
超填　overfill
超挖　overbreak
超载　superimposed load
沉淀　sedimentation
沉管法　pipe sinking
沉积　deposit
沉降　settlement
沉降测量　settlement measurement
沉降等值线　settle contour
沉降缝　settlement joint
沉降观测　settlement observation
沉降盒　settlement cell
沉降计　settlement gauge
沉降计算　settlement analysis
沉降计算深度　settlement calculation depth
沉降量　settlement
沉降曲线　settlement curve
沉降衰减　fading of settlement
沉降速率　rate of settlement
沉井　drilled caisson
沉箱　box caisson
沉锥法(液压试验)　falling cone method
衬砌　lining
城市填土　municipal landfill
成土因素　soil-forming factors
承载比　bearing ratio
承载力　bearing capacity
承载力因数　bearing capacity factors
承载面积　loaded area
持力层　bearing stratum
持续时间　duration
尺寸效应　size effect
尺度效应　scale effect
充盈系数　fullness coefficient
冲穿强度　puncture strength

冲穿阻力　puncture resistance
冲击荷载　impact load
冲击能　impact energy
冲击钻机　percussion drill
冲击钻孔　percussion borehole
冲积土　alluvial soil
冲剪破坏　punching failure
冲刷深度　depth of scour
冲抓法　percussion and grabbing method
重复荷载　repeated load
重塑黏土　remolded clay
重塑土样　remolded sample
抽砂泵　sand pump
抽水井　pumping well
抽水试验　pumping test
稠度　consistency
稠度界限　consistency limits
稠度试验　consistency test
稠度指数　consistency index
初波　primary wave
初步勘察　preliminary investigation
初凝　initial setting
初始固结　initial consolidation
初始固结压力　initial consolidation pressure
初始含水量　initial moisture content
初始孔隙水压力　initial pore water pressure
初始强度　initial strength
初始填筑条件　initial placement condition
初始应力　initial stress
初始切线模量　initial tangent modulus
出水量　yield of water
出逸点(渗流)　release point
出逸梯度　exit gradient
触变性　thixotropy
触探　penetration cone
触探试验　penetration test
触探仪　penetrometer
吹填土　dredger fill
纯剪　pure shear
次波　secondary wave

次固结 delayed consolidation

次固结沉降量 delayed settlement

次固结系数 coefficient of secondary consolidation

刺入破坏 punching failure

粗砾 coarse gravel

粗粒料 coarse aggregate

粗粒组含量 coarse fraction content

粗砂 coarse sand

脆性黏土 brittle clay

D

达西定律 Darcy's law

打入桩 driven pile

打桩 pile driving

打桩方法 piling method

打桩工程 pile work

打桩机 pile driver

打桩试验 driving test

打桩速率 rate of driving

大孔结构 macroporous structure

大孔土 macroporous soil

大孔隙比 macrovoid ratio

大主应变 major principal strain

大主应力 major principal stress

带壳混凝土桩 shelled concrete pile

带翼桩 pile with wings

带状预制排水板 bandshaped prefabricated drain

带状黏土 bandy clay

代表性土样 representative sample

袋装砂井 fabric-enclose sand drain

单排桩围堰 single row pile cofferdam

单位表面摩擦力 unit skin friction

单位侧面阻力 unit shaft resistance

单位端阻力 point resistance pressure

单位荷载 unit load

单向固结 one-dimensional consolidation

单液法(灌浆) single fluid process

单液灌浆 single shot grout

单轴抗拉强度 uniaxial tensile strength

单轴向压缩 uniaxial compression

单轴应力状态 uniaxial state of stress

单桩承载力 bearing capacity of a pile

单桩极限承载力 ultimate carrying capacity of single pile

单自由度体系 single-degree-of-freedom system

当量半径 equivalent radius

当量相对密度 equivalent relative density

挡板墙 sheeting wall

挡墙 bulkhead

挡土结构 retaining structure

挡土墙 retaining wall

导管 conductor pipe

导管法水下混凝土 tremie concrete

导坑(基础托换) approach pit

导水系数 coefficient of transmissibility

导水性 hydraulic conductivity

导桩 guide pile

到达历时(物探) arrival time

德鲁克-普拉格准则 Drucker-Prager criterion

等沉面(埋管) plane of equal settlement

等高线图 contour map

等渗压线 isosmotic pressure line

等速贯入试验(桩工) constant rate of penetration test

等速加荷固结试验 consolidation test under constant loading rate

等梯度固结试验 constant gradient test

等效固结压力 equivalent consolidation pressure

等效内摩擦角 equivalent angle of internal friction

等值梁法 equivalent beam method

邓肯-张模型 Duncan-Chang model

堤 dike

堤防隐患探测 dyke defect detecting

低桩承台 low pile cap

底垫层(路工) subbase course

底压力(隧道) bottom pressure

地表 ground surface

地表排水　surface drainage

地表水　open water

地层　stratum

地层压力　formation pressure

地基　foundation

地基-基础体系　soil-foundation system

地基沉降　setting of ground

地基处理　foundation treatment

地基冻结法　ground freezing

地基工程　ground engineering

地基固结　ground consolidation

地基加固　foundation improvement

地基勘探　foundation exploration

地基勘察　foundation investigation

地基排水　drainage of foundation

地基设计　foundation design

地基条件　ground condition

地基土　foundation soil

地基土剖面图　subsoil profile

地基压实　ground compaction

地梁　ground beam

地锚　anchorage

地面　ground surface

地面标高　ground level

地面沉降　ground settlement

地面加速度　ground acceleration

地面径流　surface runoff

地面隆起　land upheaval

地面水　superficial water

地面下沉　ground subsidence

地面下陷　ground loss

地面植被　ground vegetation

地球物理勘探　geophysical exploration

地下洞室　subsurface opening

地下防水　subsoil waterproofing

地下工程　underground engineering

地下结构物　underground structure

地下勘探　underground exploration

地下连续墙　diaphragm wall

地下潜蚀　subsurface erosion

地下室防水　basement water proofing

地下水　groundwater

地下水监测　groundwater monitoring

地下水流量　groundwater discharge

地下水人工补给　artificial recharge of ground water

地下水位　free water surface

地下水位漏斗线　cone of water-table depression

地下水位下降　decline of under-ground water level

地下铁道　subway

地陷　landsubsidence

地应力　geostatic stress

地震波　earthquake wave

地震场地烈度　seismic site intensity

地震反应谱　earthquake response spectrum

地震荷载　seismic load

地质报告　geological report

地质勘察　soil investigation

地质勘探　geological prospecting

地质剖面图　geological profile

地质情况　subsurface condition

地质水文学　geohydrology

地质条件　geological condition

地质柱状图　geological column

垫层　cushion

电动硅化法　electrosilicification

电动注浆液法　electro-kinetic injection

电法勘探　electric prospecting

电化学加固　electrochemical hardening

电渗加固　consolidation by electroosmosis

电渗排水　drainage by electroosmosis

电渗系数　electro-osmotic transmission coefficient

迭代法　iteration method

叠加法　method of superposition

叠置法　overlapping pile

顶板锚杆支护　roof bolting

顶导坑及平台法　top heading and bench method

顶管法　conduic jacking

定向　orientation

动承载力 dynamic bearing capacity

动基床反力 dynamic subgrade reaction

动力测桩 dynamic pile test

动力触探试验 dynamic penetration test

动力固结 dynamic consolidation

动力压实 dynamic compaction

动力置换法 dynamic replacement

冻结法 freezing method

冻结强度 frost strength

冻结深度 depth of frost line

冻土 frozen soil

独立基础 individual footing

端承桩 end-bearing pile

端阻力 end bearing

短期稳定性 short term stability

断层 broken course

堆石填方 rock fill

墩 pier

墩式基础 pier foundation

多层薄膜 multi-membrance

多层格栅 multi-grid

多层锚定系统 multi-anchorage

多级井点系统 multi-stage well point system

多节桩 multi-section pile

多孔介质 porous media

多功能三轴仪 multi-purpose triaxial test apparatus

多相体系 multiphase system

E

二维流 two-dimensional flow

二向固结 two-dimensional consolidation

F

筏式基础 mat foundation

法向力 normal force

法向总应力 total normal stress

反滤层 filter

反滤织物层 filter fabric mat

反循环旋转钻进 reverse-circulation rotary drilling

防渗 seepage prevention

防水层 waterproof strata

防水混凝土 waterproof concrete

非饱和土 unsaturated soil

非均质土 heterogeneous soil

非颗粒性灌浆 non-particulate grout

非自重湿陷性黄土 self-weight non-collapse loess

费伦纽斯条分法 Fellenius method of slices

分布荷载 distributed load

分层夯实 tamping in layers

分层压实 compaction in layers

分层总和法（地基沉降） layer-wise summation method

分级卸载 decrementation

分级压密 stage compaction

分界面 interface

分区 zoning

粉粒 silt

粉粒粒组 silt fraction

粉煤灰 flyash

粉煤灰加固土 fly ash stabilized soil

粉质黏土 silty clay

峰值 peak value

峰值强度 peak strength

风化 weathering

风化岩层 decayed rock

冯米塞斯准则 Von Mises criterion

浮容重 buoyant unit weight

覆盖层 covering layer

复打（桩工） redriving

复合地基 composite ground

G

盖帽屈服模型 capped yield model

刚度系数 coefficient of rigidity

刚性基础 rigid foundation

刚性角 pressure distribution angle of masonry foundation

钢板桩 steel sheet pile

钢管桩 steel pipe pile

钢筋笼 cage of reinforcement

钢筋网　mesh reinforcement

高程　elevation

高压灌浆　high pressure grouting

割线模量　secant modulus

格型挡土墙　cellular cofferdam

各向等压固结　isotropic consolidation

工程地质勘察　engineering
geologic investigation

工程地质条件　engineering geological condition

工程实录　case history

工地　building site

固结　consolidation

固结变形　consolidation deformation

固结不排水三轴压缩试验　consolidated
undrained triaxial compression test

固结沉降　consolidation settlement

固结度　degree of consolidation

固结灌浆　consolidation grouting

固结排水　drainage by consolidation

管桩　pipe pile

灌浆　grouting

灌浆材料　injection material

灌浆锚杆　grouted anchor

灌浆压力　grouting pressure

灌浆帷幕　grout curtain

灌注桩　cast-in-place pile

贯入深度　depth of penetration

贯入阻力　penetration resistance

硅化加固　silicification

H

H 型钢桩　steel H-pile

含水量　moistare content

夯　ram

夯板　tamping plate

夯坑(强夯)　crater

夯实　compaction

夯实回填土　tamped backfill

夯实扩底混凝土桩　compacted expanded
base concrete pile

夯实深度　compacted depth

荷载-沉降曲线　load-settlement curve

荷载传递　transmission of load

荷载传递机理　load transfer mechanism

滑动面　plane of sliding

滑坡整治　landslide correction

化学灌浆　chemical grouting

环境岩土工程学　environmental geotechnology

换土法　replacement method

灰土垫层　lime-soil cushion

灰土挤密桩　lime-soil compaction pile

回灌(地下水)　recycling

回填　back filling

回填密度　backfill density

回转钻进　rotating drilling

混凝土管桩　concrete tubular pile

混凝土桩　concrete pile

活塞取样器　piston sampler

J

击实试验　compaction test

击数　blow count

基本烈度　basic intensity

基层(路工)　base course

基础　footing

基础板　foundation slab

基础布置平面图　foundation layout plan

基础沉降　foundation settlement

基础底面　foundation base

基础垫层　blinding

基础隔振　foundation isolation

基础工程　foundation engineering

基础工程学　foundation engineering

基础梁　footing beam

基础埋置深度　depth of foundation

基础设计　foundation design

基础施工　foundation construction

基础托换　underpinning

基床　subgrade

基床反力系数　coefficient of subgrade reaction

基底净压力　net foundation pressure

基底隆起　bottom heave

基底压力　foundation pressure

基底标高　foundation level

基坑　foundation pit

基岩　bedrock

基桩　foundation pile

基准点　reference point

机动洛阳铲（中国产）　power-driven
　Luoyang spoon

机理　mechanism

极限承载力　ultimate bearing capacity

极限分析　limit analysis

极限荷载　ultimate load

极限抗拔力　ultimate pullout capacity

极限平衡状态　state of limit equilibrium

极限设计　limit design

极限值　limit value

极限状态设计　limit state design

极限阻力　limiting resistance

集合体　aggregation

集水井　collector well

集中荷载　concentrated load

级配　gradation

级配良好土　well graded soil

挤密灌浆　compaction grouting

挤密砂桩　compaction sand pile

挤密土桩法　soil compaction pile

挤淤法　displacement method

技术现状报告　state-of-the-art report

加工软化　work softening

加工硬化　work hardening

加固　consolidation

加固灌浆　stabilizing grout

加固作用　reinforcement

加荷速率　rate of loading

加荷与卸荷　loading and unloading

加筋土　reinforced earth

加速固结　accelerated consolidation

加州承载比（美国）　California Bearing Ratio

坚硬裂隙黏土　stiff-fissured clay

剪切变形　shear deformation

剪切波　distortional wave

剪切模量　modulus of elastcity in shear

剪切破坏　shear failure

剪切试验　shear test

剪切仪　shear apparatus

减压井　bleeder well

剑桥模型　Cambridge model

渐进破坏　progressive failure

渐进性破坏　successive failure

建筑材料　building material

建筑垃圾　building rubble

浆液　grout

降低地下水位　dewatering

降水漏斗　depression-cone

胶结黏土　bond clay

胶结作用　cementation

交变荷载　alternating load

交变应力　alternating stress

浇灌混凝土　concreting

搅拌桩　mixed-in-place pile

角点法　corner-points method

接触灌浆　contact grouting

接触面　surface of contact

接触面积　contact area

接触压力　contact pressure

接缝灌浆　joint grouting

接桩　pile extension

阶段灌浆　stage grouting

节理　cleavage

结构破坏　structural damage

结构黏聚力　structural cohesion

结合水　bound water

近海土力学　offshore soil mechanics

近海桩　offshore piles

经验常数　empirical constant

经验公式　empirical formula

经验值　empirical value

井出水量　capacity of well

井点排水　drainage by well point

静力触探试验　static cone penetration test

静水头　still water head

静水压力　hydrostatic pressure
静压桩工　silent piling
静载荷试验　static load test
静止水位　static water level
静止土压力　earth pressure at rest
静止土压力系数　coefficient of earth pressure at rest
径向固结　radial consolidation
径向固结系数　coefficient of consolidation for radial flow
就地灌注桩　in situ pile
就地搅拌桩　mixed-in-place pile
局部剪切破坏　local shear failure
矩形基础　rectangular foundation
聚合物加固　polymer stabilization
均匀沉降　uniform settlement
均匀级配　narrow gradation
均质土　homogenous soil
竣工后监测　post-construction monitoring

K

卡萨格兰德土分类法　Cassagrande's soil classification
开口管桩　open-end pipe-pile
开挖　excavation
开挖深度　excavation depth
抗拔区(加筋土)　resistant zone
抗拔试验(桩工)　uplift test
抗拔桩　tension pile
抗扯破强度　tearing strength
抗冲穿强度　puncture resistance
抗滑桩　anti-slide pile
抗剪强度　shear resistance
抗拉强度　tensile strength
抗倾覆安全度　safety against overturning
抗压强度　compressive strength
抗震设计　aseismatic design
颗粒形状　grain shape
壳体基础　shell foundation
可灌性　groutability
可夯实性　compactiblity

可靠性分析　reliability analysis
可逆变形　reversible deformation
可行性设计　feasibility design
可行性研究　feasibility study
孔隙　pore space
孔隙比　void ratio
孔隙率　porosity
孔隙水　pore water
孔隙水压力　neutral pressure
孔隙压力　pore pressure
孔隙压力系数　pore pressure coefficients
孔隙压力消散　pore pressure dissipation
控制梯度固结试验　consolidation test under controlled gradient
库仑定律　Coulomb's law
库仑抗剪强度公式　Coulomb's equation for shear strength
库仑土压力理论　Coulomb's earth pressure theory
跨孔法　crosshole method
快速压缩试验　fast compression test
扩底(桩工)　enlarged base
扩底墩　belled shaft
扩底桩　belled pile
扩展基础　spread footing

L

拉力　tensile force
拉伸破坏　tensile failure
拉伸试验　extension test
蜡封法　wax sealing method
朗肯被动区　passive Rankine zone
朗肯土压力理论　Rankine's earth pressure theory
离析现象　segregation
离心混凝土桩　centrifugal concrete pile
离心预应力混凝土桩　centrifugal prestressed concrete pile
理论时间曲线(固结)　theoretical time curve
理想液体　ideal liquid
砾砂　gravelly sand

砾石 chisel

立方体强度 cube strength

粒径 grain diameter

粒径大小 grain size

粒径分布 grain-size distribution

粒径分析 gradation test

粒径组成 grain size composition

沥青灌浆 asphaltic grouting

联合基础 combined footing

连续加荷固结试验 continual loading test

连续梁 continuous beam

量测误差 measuring error

量力环 load ring

裂缝反射（路工） crack reflection

裂隙 fissure

裂隙黏土 fissure clay

临界荷载 critical loading

临界孔隙比 critical void ratio

临界水力梯度 critical hydraulic gradient

灵敏度 degree of sensitivity

灵敏度系数 sensitivity ratio

灵敏黏土 sensitive clay

硫磺胶泥接桩 sulphuric cement pile coupling

流动法则 flow rule

流动性地基（流砂） flowing ground

流砂 drift sand

流网 flow net

路床 road base

路堤 embankment

路基 roadbed

路基稳定 subgrade stabilization

路面 pavement

路堑 cut

路堑边坡 cut slope

螺旋载荷板试验 screw plate test

螺旋桩 auger pile

M

埋深 depth of embedment

锚板 anchor plate

锚定挡墙 anchored bulkhead

锚定灌浆 anchor grout

锚杆 anchor rod

锚固 anchoring

锚固长度 anchorage length

锚桩 anchor pile

毛石基础 rubble stone footing

明挖 open cut

明挖隧道 open cut tunnel

模型试验 model test

摩擦/端承桩 friction/end bearing pile

摩擦角 friction angle

摩擦系数 coefficient of friction

摩擦阻力（桩） frictional resistance

摩尔-库仑理论 Mohr-Coulomb theory

摩尔包线 Mohr strength envelope

木桩 timber pile

N

难处理地基 difficult foundation

难处理土 troublesome soil

泥浆 mud

拟合法 fitting method

黏聚力 cohesion

P

排渗特性 drainage characteristics

排水 drainage

排水垫层 drainage blanket

排水井 drainage well

排水速度 discharge velocity

喷锚支护 combined bolting and shotcrete

喷射混凝土 shotcrete

喷射混凝土衬砌 shotcrete lining

喷射注浆 jet grouting

膨胀 expansion

膨胀力 expansive force

膨胀势 potential swell

膨胀试验 swelling test

膨胀土 expansive soil

膨胀系数 coefficient of swelling

膨胀性 expansibility

膨胀压力 expansive pressure

膨胀仪　expansion apparatus

膨胀黏土　expanded clay

膨胀指数　swell index

劈裂灌浆　fracture grouting

偏位　deviation

偏位桩　deflected pile

偏心荷载基础　eccentrically loaded footing

偏心距　eccentricity

偏压隧道　slope tunnel

偏应力　deviator stress

平均沉降　average settlement

平均粒径　average grain diameter

平均应力　average stress

破坏包线　envelope of failure

破坏面　failure surface

破坏准则　failure criterion

破裂面　rupture surface

Q

气幕法　air-curtain method

弃土　spoil

汽胎碾　rubber-tyred roller

铅直荷载　vertical load

千分表　dial

千斤顶　jack

潜在滑动面　potential surface of sliding

潜在破裂面　potential failure surface

浅层灌浆　shallow grouting

浅层滑动　shallow slide

浅层压实　shallow compaction

浅基础　shallow foundation

欠固结黏土　underconsolidated clay

墙基　wall foundation

墙或基础　wall fundation

强度　strength

强度包线　Mohr strength envelope

强度恢复(强夯法)　strength regain

强度损失　strength loss

强夯　dynamic compaction

切割射流　cutting jet

切土环刀　circular soil cutter

切线模量　tangent modulus

轻便触探试验锤击数　light sounding test blow count

倾覆力矩　overturning moment

倾角　angle of dip

清孔　borehole cleaning

清孔钻　clean-out auger

屈服函数　yield function

屈服应力　yield stress

屈服准则　yield criterion

取(土)样　soil sampling

取样间隔　sample interval

取样扰动　sampling disturbance

群桩　group pile

群桩效率　group efficiency

群桩折减系数　reduction factor of pile group

R

扰动土样　disturbed sample

人工地基　artificial ground

人工加固土　artificially improved soil

人工填方　artificial fill

人力夯　hand rammer

人力挖井　hand dug well

溶解　dissolution

容许沉降量　allowable settlement

容许承载力　allowable bearing value

容许荷载　admissible load

容许应力法　permissible stress-method

容重　unit weight

柔性荷载　flexible load

柔性基础　flexible foundation

蠕变沉降　creep settlement

蠕变荷载　creep load

入渗量　infiltration capacity

软层　soft stratum

软化　softening

软弱地基　soft foundation

软土　soft soil

软土的侧向挤出　lateral squeezing-out of soft soil

软黏土　mild clay

瑞利波　Rayleigh wave

S

三重管旋喷法　triple-pipe chemical
　churning process

三相土　tri-phase soil

三向固结　three-dimensional consolidation

三轴剪切试验　triaxial shear test

三轴拉伸试验　triaxial extension test

三轴压缩试验　triaxial compression test

三轴仪　triaxial apparatus

三轴应力状态　triaxial state of stress

砂袋护坡　sand bag revetment

砂袋护墙　sand bag wall

砂袋围堰　sand bag cofferdam

砂垫层　sand mat

砂井　sand drain

砂砾垫层　gravel-sand cushion

砂砾桩　sand-gravel pile

砂粒含量　sand content

砂质粉土　sandy silt

砂桩　sand column

筛分　sieving

筛分曲线　sieve curve

筛孔　mesh

射水沉桩　jetting piling

射水法　water jetting

设计荷载　design load

伸缩缝　expansion joint

深泵井　deep pumped well

深层沉降仪　deep settlement gauge

深层加固　deep consolidation

深层加密　deep densification

深层搅拌法　deep mixing method

深层石灰搅拌法　deep-lime-mixing method

深层压实　deep compaction

深基础　deep foundation

深开挖　deep excavation

渗流　seepage flow

渗流量　quantity of percolation

渗流速度　seepage velocity

渗流线　seepage line

渗透变形　seepage deformation

渗透力　seepage force

渗透试验　permeability test

渗透速度　velocity of permeability

渗透系数　coefficient of permeability

渗透性　permeability

声发射监测　acoustic emission monitoring

生活垃圾　consumer waste

施工程序　construction sequences

施工缝　construction joint

施工控制　construction control

湿容重　wet unit weight

湿陷　collapse

湿陷量　collapse settlement

湿陷系数　coefficient of collapsibility

湿陷性黄土　collapsible loess

十字板剪切试验　vane shear test

十字板抗剪强度　vane strength

石灰加固　lime stabilization

石灰土　lime soil

石灰桩　lime pile

时间-沉降曲线　time-settlement curve

时间固结曲线　time-consolidation curve

时效（强夯）　aging effect

使用荷载　working load

示意图　schematic diagram

势函数　potential function

室内试验　laboratory test

试行规范　tentative specification

试验打桩　test driving

试验土工学　experimental soil engineering

试验研究　experimental study

试桩　test pile

收缩沉降量　shrinkage settlement

收缩裂缝　contraction fissure

手动螺旋钻　hand-operated auger

手提击实仪　portable compacter

熟石灰　hydrated lime

树根桩　root pile

竖向固结系数　coefficient of vertical consolidation

数值分析　numerical analysis

数值积分　numerical integration

数值岩土力学　numerical geomechanics

双壁板桩围堰　double-wall sheet pile cofferdam

双桥式触探仪　double bridge

双曲线模型　hyperbolic model

双塞灌浆　double-packer grouting

双线性模型　bilinear model

双向排水　two-way drainage

双液法(灌浆)　two-fluid process

双液灌浆　two-shot grouting

水冲法　jetting process

水的容重　unit weight of water

水底隧道　submarine tunnel

水力冲填　hydraulic fill

水力劈裂　hydraulic fracture

水泥灌浆　cement grouting

水泥加固　cement stabilization

水泥加固土　cement-stabilized soil

水泥土加固　cement soil stabilization

水泥土加固法　soil cement processing

水平固结系数　coefficient of horizontal consolidation

水上打桩机　floating pile driver

水头　hydraulic head

水头损失　head lost

水位下降曲线　drawdown curve

水文地质学　hydrogeology

水下打桩　underwater pile driving

水下工程　underwater construction

水下混凝土　underwater concrete

水下开挖　underwater excavation

瞬时沉降　immediate settlement

瞬时荷载　instantaneous load

松软土　mellow soil

松砂　loose sand

送桩　follower

送桩器　chaser

素填土　plain fill

素土垫层　plain soil cushion

塑料板排水　plastic drain

塑料排水管　plastic drainage pipe

塑限　limit of plasticity

塑性平衡状态　state of plastic equilibrium

塑性破坏　plastic failure

塑性区最大深度　maximum depth of plastic zone

塑性势　plastic potential

塑性指数　plasticity index

碎石　break stone

碎石墩　stone pilla

碎石桩　gravel stone pile

缩颈(桩工)　gapping

缩颈现象　necking phenomena

缩限　shrinkage limit

T

太沙基固结理论　Terzaghi consolidation theory

坍落度　slump

弹塑性理论　elastio-plasticity theory

弹性半空间理论　elastic half-space theory

弹性半无限体　elastic semi-infinite body

弹性常数　elastic constant

弹性沉降　elastic settlement

弹性地基　elastic foundation

弹性模量　elastic modulus

套管灌浆　sleeve grouting

套管桩　cased pile

体积压缩系数　coefficient of volume compressibility

体积应变　volumetric strain

天然稠度试验　natural consistency test

天然地基　natural ground

天然含水量　field moisture

天然坡　natural slope

天然湿度　field moisture

填方 earth fill
填封土 sealed earth
填土 fill
填土地基 filled ground
条分法 finite slice method
条形基础 strip foundation
透水层 permeable layer
透水性试验 water permeability test
涂抹作用 smear
土层 soil strata
土层锚杆 earth anchor
土层剖面 soil profile
土的分层 soil stratification
土的分类 soil classification
土的骨架 soil skeleton
土的固结 soil consolidation
土的管涌 soil piping
土的加固 soil stabilization
土的加筋法 soil reinforcement
土的鉴定 soil identification
土的结构 soil structure
土的密度 density of soil
土的渗透性 soil permeability
土的性质 nature of soil
土的压实 soil compaction
土的种类 types of soil
土的组成 soil composition
土堤 earth embankment
土钉法(地基处理) soil nailing
土工 soil engineering
土工布 geofabric
土工布挡土墙 fabric retaining wall
土工布反滤层 filter fabric mat
土工垫 geomat
土工格栅 geogrid
土工工程 earthwork engineering
土工合成纤维织物 geosynthetics
土工聚合物 geopolymer
土工膜 geomembranes
土工网 geonets

土工织物 geotextile
土类 soil group
土粒 grain
土粒密度 density of solid particles
土粒容重 unit weight of solid particles
土力学 soil mechanics
土木工程 civil engineering
土木工程师 civil engineers
土坡临界高度 critical height of slope
土塞作用(桩工) plug effect
土体 soil body
土压力 earth pressure
土压力盒 earth pressure cell
土压力系数 earth pressure coefficient
土样 soil sample
土质地基 earth foundation
土质改良 soil improvement
土质勘察 soil investigation
土中水 soil water
土桩 earth pile
土钻 earth drill
托换工程 underpinning
托换桩 underpinned pile
拓宽 frontiers

W

挖方 cut excavation
外力 external force
外摩擦角 angle of external friction
外形尺寸 overall dimension
外业 field work
完好性检验(桩工) integrity testing
完整井 completely penetrated well
网状树根桩 reticulated root piles
微粒灌浆 particulate grouting
微型桩 mini-pile
帷幕灌浆 curtain grouting
文克勒地基 Winkler foundation
文克勒假设 Winkler's assumption
稳定水位 steady water level
稳定性分析 stability analysis

无侧限抗压强度　unconfined compression strength

无纺布　nonwoven fabric

无纺土工织物　nonwoven fabric

无套管桩　uncased pile

无黏性土　cohesionless soil

无支撑开挖　unbraced excavation

X

细长比　slenderness ratio

细粉土　fine silt

细粒含量百分率　percent fines

细粒料　fine aggregate

细粒土　fines

细砂　fine sand

下部结构　substructure

下拉荷载(桩工)　downdrag

下卧层　substratum

先期固结　preconsolidation

先期固结压力　preconsolidation pressure

纤维加强混凝土　fiber-reinforced concrete

现场拌合　mixed-in-place

现场试验　field test

现场载荷试验　field bearing test

线性关系　straight-line relation

相对沉降量　relative settlement

相对埋深(基础)　relative embedment

相对密度　density index

相互作用　interaction

箱型基础　box foundation

消散试验(孔隙水压力)　dissipation test

消声打桩　muffler piling

小型桩　micro-pile

歇后增长(桩的承载力)　freeze

斜桩　angle pile

卸荷　decompression

卸荷试验　unloading test

新近沉积黏土　young clay

悬臂式挡土墙　cantilever retaining wall

Y

压力　pressure

压力泵　forcing pump

压力分布　pressure distribution

压力灌浆　injection grout

压力泡　bulb of pressure

压路机　roller

压入桩　jacked pile

压实　compaction

压实度　degree of compaction

压实功　compaction effort

压实曲线　compaction curve

压实深度　compacted depth

压实填土　compacted fill

压实系数　compacting factor

压缩变形　compressive deformation

压缩模量　modulus of compressibility

压缩曲线　compression curve

压缩试验　compression test

压缩性　compressibility

压缩性土　compressible soil

压缩指数　compression index

盐渍土　salty soil

岩层锚杆　rock bolt

岩石灌浆　rock grout

岩体　rock mass

岩土工程　geotechnical engineering

岩土工程师　geotechnician

岩土工程学　geotechnics

岩土技术　geotechnique

验收试验　acceptance tests

液化　liquefaction

液限　limit of liquidity

液性指数　relative water content

液压千斤顶　hydraulic jack

隐蔽工程　embedded construction

应变　strain

应变控制试验　controlled-strain test

应变软化　strain softening

应变硬化　strain-hardening

应急井　emergency shaft

应力　stress

应力-应变关系　stress-strain relationship

应力比　stress ratio

应力场　stress field

应力重分布　stress redistribution

应力分布　stress distribution

应力集中　stress concentration

应力集中比(碎石桩)　stress concentration ratio

应力减除　stress relief

应力空间　stress space

应力控制试验　controlled-stress test

应力扩散　stress dispersion

应力历史　stress history

应力路径　stress path

应力水平　stress level

应力折减系数　stress reduction factor

影响深度　depth of influence

硬化　hardening

硬化参数　hardening parameter

硬黏土　firm clay

永久变形　permanent deformation

有纺土工织物　woven geotextile

有机质土　organic soil

有效沉降量(强夯)　effective deformation

有效内摩擦角　effective angle of internal friction

有效应力　effective stress

有效应力原理　principle of effective stress

有效黏聚力　effective cohesion

有桩基础　piled foundation

淤积黏土　warp clay

淤泥　muck

淤泥质土　mucky soil

淤填法　silting method

预计沉降量　predicted settlement

预浸水　prewetting

预试桩(托换工程)　pretest pile

预压　precompression

预压法　preloading

预压法(地基处理)　preloading method

预应力混凝土　prestressed concrete

预应力混凝土管柱　prestressed concrete drilled caisson

预应力混凝土桩　prestressed concrete pile

预置桩　preliminary pile

预制混凝土板桩　precast concrete sheet pile

预制混凝土桩　precast concrete pile

预制桩　pre-formed pile

预钻孔(桩工)　preboring

原位加固土柱　in-situ stabilized column

原位试验　in situ testing

原型观测　prototype observation

原型试验　prototype test

原状试样　intact specimen

原状土　undisturbed soil

圆弧分析法　circular arc analysis

圆形基础　circular foundation

圆锥触探试验　cone penetration test

Z

杂填土　miscellaneous fill

载荷板　loading plate

载荷试验　bearing test

再饱和　resaturation

再固结　reconsolidation

再压缩　recompression

暂行标准　interim criterion

噪音封闭器(桩工)　soundproof enclosure

遮帘作用(桩工)　barrier effect

折减因数　reduction factor

真空度　degree of vacuum

真空井点　vacuum well point

真空预压　vacuum preloading

真空预压法　vacuum method of preloading

真空预压法(软基加固)　atmospheric pressure method

振沉桩　vibrator sunk pile

振冲法　vibroflotation method

振冲碎石桩　vibro replacement stone column

振冲置换　vibroreplacement

振动拔桩机　vibrating extractor

振动沉桩法　vibrosinking

振动打桩　pile driving by vibration

振动夯　vibrating tamper

振动碾压法　compaction by vibrating roller

蒸汽打桩锤　steam pile hammer

正常固结土　normally consolidated soils

正态分布　normal distribution

支撑　bracing

支承桩　bearing pile

直剪试验　direct shear test

直剪仪　direct shear apparatus

置换率　displacement ratio

质量控制　quality control

中砂　medium sand

中心荷载　centric load

中性点(桩工)　neutral point

重锤夯实　heavy tamping

重力式挡土墙　gravity retaining wall

重型基础　heavy foundation

周期荷载　cyclic loading

轴对称　axial symmetry

轴对称固结　axially symmetric consolidation

轴向荷载　axial load

主动土压力　active earth pressure

主动土压力系数　coefficient of active
　earth pressure

主固结　primary consolidation

主桩　key pile

柱桩　column pile

柱状图　columnar section

注水压实　compaction by watering

桩　pile

桩(井)身摩擦　shaft resistance

桩承筏基　pile-supported raft

桩承基础　pile-supported footing

桩承台　pile cap

桩锤　pile hammer

桩锤垫　hammer cushion

桩的布置　arrangement of piles

桩的贯入　pile penetration

桩的隆起　pile heave

桩的完整性试验　pile integrity test

桩端　pile tip

桩端承力　point-bearing capacity

桩端阻力　tip resistance

桩基础　pile foundation

桩极限荷载　ultimate pile load

桩尖　pile tip

桩接头　pile splice

桩距　pile spacing

桩帽　capblock

桩身　pile shaft

桩数　number of piles

桩位布置图　piling plan

锥式液限仪　cone penetrometer for
　liquicl limit test

自重湿陷性黄土　self weight collapse loess

自重应力　geostatic stress

总侧面阻力　total shaft resistance

总沉降量　total settlement

总应力　total stress

足尺试验　full scale test

组合桩　composite pile

钻杆　bore rod

钻机　borer

钻孔　bore hole, drill hole

钻孔墩　drilled pier

钻孔灌注桩　bored pile

钻孔泥浆　drilling mud

钻孔桩　bored pile

最大干密度　maximum dry density

最大粒径　maximum particle size

最优含水量　optimum water content

最终沉降量　final settlement

最终贯入度(桩工)　final penetration

参 考 文 献

[1] 中华人民共和国行业标准. JGJJ 79—2002 建筑地基处理技术规范[S]. 北京:中国建筑工业出版社,2002.

[2] 龚晓南. 复合地基理论及工程应用[M]. 北京:中国建筑工业出版社,2002.

[3] 阎明礼,张东刚. CFG桩复合地基技术及工程实践[M]. 北京:中国水利水电出版社,2001.

[4] 刘松玉. 公路地基处理[M]. 南京:东南大学出版社,2001.

[5] 叶观宝,叶书麟. 地基加固新技术[M]. 北京:机械工业出版社,1999.

[6] 龚晓南. 地基处理新技术[M]. 西安:陕西科学技术出版社,1997.

[7] 阎明礼. 地基处理技术[M]. 北京:中国环境科学出版社,1996.

[8] 地基处理手册编写委员会. 地基处理手册[M]. 北京:中国建筑工业出版社,1988.

[9] 地基处理手册编写委员会. 地基处理手册[M]. 2版. 北京:中国建筑工业出版社,2000.

[10] 地基处理手册编写委员会. 地基处理手册[M]. 3版. 北京:中国建筑工业出版社,2008.

[11] 龚晓南. 地基处理技术发展与展望[M]. 北京:中国水利水电出版社,知识产权出版社,2004.

[12] 岩土注浆理论与工程实例编写组. 岩土注浆理论与工程实例[M]. 北京:科学出版社,2001.

[13] 中华人民共和国行业标准. JGJ 106—2003 建筑基桩检测技术规范[S]. 北京:中国建筑工业出版社,2003.

[14] 中华人民共和国国家标准. GBJ 112—1987 膨胀土地区建筑技术规范[S]. 北京:中国建筑工业出版社,1989.

[15] 中华人民共和国国家标准. GBJ 25—1990 湿陷性黄土地区建筑规范[S]. 北京:中国建筑工业出版社,1990.

[16] 王步云,赵秀芹. 砂石桩与低强度混凝土桩组合型复合地基在软土地基中的应用[J]. 岩土工程技术,1997(1):8-14.

[17] 陈龙珠,梁发云,严平,等. 带褥垫层刚-柔性桩复合地基试验研究[J]. 建筑结构学报,2004,25(3):125-129.

[18] 刘奋勇,杨晓斌,刘学. 混合桩型复合地基试验研究[J]. 岩土工程学报,2003,25(1):71-75.

[19] 郑俊杰,区剑华,袁内镇. 多元复合地基的理论与实践[J]. 岩土工程学报,2002,24(2):208-212.

[20] 郑俊杰,陈保国,ABUSHARAR S W,等. 双向增强体复合地基桩土应力比分析[J]. 华中科技大学学报(自然科学版),2007,35(7):110-113.

[21] ZHENG JUNJIE, ABUSHARAR S W, WANG XIANZHI. Three-dimensional nonlinear finite element modeling of composite foundation formed by CFG-lime piles [J]. Computers and Geotechnics,2008,35(4):637-643.

[22] ABUSHARAR S W, ZHENG JUNJIE, CHEN BAOGUO, et al. A simplified method for analysis of a piled embankment reinforced with geosynthetics[J]. Geotextiles and Geomembranes,2009,27(1):39-52.

[23] ABUSHARAR S W,ZHENG JUNJIE,CHEN BAOGUO. Finite element modeling of the consolidation behavior of multi-column supported road embankment. Computers and Geotechnics,2009,36(4):676-685.

[24] ZHENG JUNJIE,CHEN BAOGUO,LU YANER, et al. The performance of an embankment on soft ground reinforced with geosynthetics and pile walls[J]. Geosynthetics International,2009,16(3):173-182.

[25] 饶为国. 桩-网复合地基原理及实践[M]. 北京:中国水利水电出版社,2004.

[26] 胡立科. 桩承加筋土复合地基性状试验研究与有限元分析[D]. 杭州:浙江大学,2008.

[27] 张振栓,王占雷,杨志红,等. 夯实水泥土桩复合地基技术新进展[M]. 北京:中国建材工业出版社,2007.

图书在版编目(CIP)数据

地基处理技术(第二版)/郑俊杰 编著. —武汉:华中科技大学出版社,2009 年 9 月(2022.8 重印)
ISBN 978-7-5609-3164-7

Ⅰ.①地… Ⅱ.①郑… Ⅲ.①地基处理-高等学校-教材 Ⅳ.①TU472

中国版本图书馆 CIP 数据核字(2008)第 016113 号

地基处理技术(第二版)   郑俊杰 编著
Diji Chuli Jishu(dierban)

策划编辑:万亚军
责任编辑:刘 飞
责任校对:刘 竣
封面设计:张 璐
责任监印:周治超
出版发行:华中科技大学出版社(中国·武汉)   电话:(027)81321913
        武汉市东湖新技术开发区华工科技园   邮编:430223
录 排:华中科技大学惠友文印中心
印 刷:武汉科源印刷设计有限公司
开 本:880mm×1230mm 1/16
印 张:20.5
字 数:405 千字
版 次:2022 年 8 月第 2 版第 14 次印刷
定 价:59.80 元